网络控制系统的分析与综合

岳东 彭晨 Qinglong Han 著

本书的出版和所论课题的研究工作得到以下基金的资助:

国家自然科学基金(60474079)
教育部科学技术研究重点项目(03045)
江苏省高新技术项目

科 学 出 版 社

北 京

内 容 简 介

本书比较全面地介绍了作者和国内外学者近年来在网络控制系统分析和综合方面的研究成果. 书中介绍了网络控制系统的离散时间系统模型, 连续时间系统模型的建立方法及稳定性分析, 基于模型的镇定控制、预测控制、量化控制和滤波器设计, 并介绍了网络控制的联合设计与无线网络控制系统的跨层设计方法. 最后还介绍了网络控制系统的仿真方法.

本书可作为信息与控制类研究生教材, 也适合其他相关领域研究生参考, 还可供信息与控制类以及相关专业高等院校高年级大学生、教师和广大科技工作者、工程技术人员参考.

图书在版编目(CIP)数据

网络控制系统的分析与综合/岳东, 彭晨, Qinglong Han 著. —北京: 科学出版社, 2007

ISBN 978-7-03-018464-1

Ⅰ. 网… Ⅱ. ①岳… ②彭… ③Han… Ⅲ. 计算机网络-自动控制 Ⅳ. TP273

中国版本图书馆 CIP 数据核字(2007)第 007270 号

责任编辑: 陈玉琢 莫单玉 / 责任校对: 桂伟利
责任印制: 徐晓晨 / 封面设计: 王 浩

科学出版社 出版
北京东黄城根北街 16 号
邮政编码: 100717
http://www.sciencep.com

北京虎彩文化传播有限公司 印刷
科学出版社发行 各地新华书店经销
*
2007 年 1 月第 一 版 开本: B5(720×1000)
2020 年 8 月第二次印刷 印张: 17 1/4
字数: 326 000
定价: 98.00 元
(如有印装质量问题, 我社负责调换)

前　　言

我们把通过网络实现信息传输的应用系统称为网络应用系统(networked application systems, NAS). 例如电力系统、无线通讯系统、基于总线的过程控制系统、基于局域与广域网的通讯系统等，都可归入网络应用系统的范畴. 我们知道，按采用的物理通信信道的不同，从有线网络到无线网络，网络本身一直在发生着变化，网络的结构变得越来越复杂. 而网络作为信息流的传输媒介，其本身的不断发展，也给基于网络的各种应用系统提供了发展的机遇并提出了新的研究问题.

作为网络应用系统的一种，基于网络的各种反馈控制系统(networked control systems, NCS)的研究近年来受到普遍关注. 目前，NCS 的性能研究已成为国际学术界的研究重点，并得到了较大的发展. 一般来讲，根据网络传输媒介的不同，NCS 可以分为基于有线网络的 NCS(WNCS)、基于无线网络的 NCS(WiNCS)或基于混合网络的 NCS(HNCS). 近年来，有关 NCS 的分析与综合方面的研究受到了国内外学者的广泛关注，取得了一批研究成果. 例如，针对 WNCS，采用连续系统方法给出了非线性系统在网络环境下所允许的最大时滞，并依据网络特性给出了调度策略；通过构造含切换特性的辅助系统，研究了保证网络环境下连续线性系统稳定性问题，给出了充分必要判别条件；基于离散系统方法和混合系统方法，人们研究了网络环境下系统的稳定性问题，并给出了 LQG 随机最优控制、量化控制和预测控制设计结果. 传统的无线网络通常是作为有线网络的一种延伸，即所谓最后 10 米的概念就是针对无线网络提出来的. 然而，由于应用的方便性，组网和维护的便利性以及良好的可拓展性等特点，无线网络的应用变得越来越广泛. 在最近几年中，随着无线网络应用的发展，人们开始关注对 WiNCS 的研究. 例如，采用离散随机跳跃系统理论方法给出了一类 WiNCS 的镇定控制设计策略，其中考虑了数据丢失对系统控制性能的影响. 通过调节采样周期来减少网络拥塞，从而提高网络服务质量，并给出可调的控制策略，实现了初步的跨层优化设计目的. 考虑无线网络中协议层间互相的制约作用，将无线网络中的跨层优化设计方法引入到 WiNCS 的研究中，给出了一类 WiNCS 跨层优化设计方案等.

近年来，在国家自然科学基金、教育部科学技术研究重点项目和江苏省高新技术项目的资助下，我们研究小组开展了网络控制系统的分析与控制设计方面的研究. 提出了基于时滞相关的分析方法，并给出了控制设计和滤波器设计的系列结果. 本书总结了国内外学者和作者近年来在网络控制系统分析与综合方面的研究成果，介绍了网络控制系统的模型建立、稳定性分析、控制和滤波器设计等方面的内容.

本书在撰写过程中，得到了田恩刚、张益军、彭丽萍和何洁的帮助，在此表示感谢. 由于作者的水平有限，缺点和不足之处在所难免，恳请读者批评指正.

作　者

2006 年 10 月于南京师范大学

符 号 集

$[\cdot,\cdot)$	左闭右开区间
$(\cdot,\cdot]$	左开右闭区间
$\mathbb{Z}$	整数集合
$\mathbb{Z}_{\geqslant 0}$	非负整数集合
$\mathbb{R}_{\geqslant 0}$	$[0,\infty)$
$\mathcal{L}_2[t_0,\infty)$	$\left\{f:\int_{t_0}^{\infty}|f(s)|^2\mathrm{d}s<\infty,\ f(\cdot):\mathbb{R}_{\geqslant 0}\to\mathbb{R}^n\right\}$
$\mathbb{R}^n$	n 维欧几里得空间
$P>0$	P 为正定矩阵
$\in$	属于
$\subset$	包含于
$\to$	趋于
$\sum$	求和
$\prod$	乘积
$|a|$	标量 a 的绝对值
$\|x\|$	向量 x 的范数
$\|A\|$	矩阵 A 的范数
$\lambda_{\max}(A)$	矩阵 A 的最大特征值
$\lambda_{\min}(A)$	矩阵 A 的最小特征值
$\max$	最大值
$\min$	最小值
$\sup$	上确界
$\inf$	下确界
$\mathrm{diag}(a_1,\cdots,a_n)$	对角矩阵及对角元素
$\mathrm{tr}(A)$	矩阵 A 的迹

目　　录

第 1 章　概　　述

1.1　引　　言

随着计算机网络的广泛使用和网络技术的不断发展，控制系统的结构正在发生变化. 传统的控制模式往往通过点对点的专线将传感器信号传送到控制器，而后，再通过点对点的专线将控制信号传送到执行器. 此类结构模式下的控制系统往往布线复杂，使得系统成本增加，降低了系统的可靠性、抗干扰性和灵活性，扩展不方便. 特别地，随着地域的分散以及系统的不断复杂，采用传统布线设计的控制系统成本高、可靠性差、故障诊断和维护难等弊端更加突出. 为了解决这些问题，将网络引入到控制系统中，采用分布式控制系统来取代独立控制系统，使得众多的传感器、执行器和控制器等系统的主要功能部件通过网络相连接，相关的信号和数据通过通信网络进行传输和交换，从而避免了彼此间专线的敷设，而且可以实现资源共享、远程操作和控制，提高系统的诊断能力、方便安装与维护，并能有效减少系统的重量和体积、增加系统的灵活性和可靠性.

通过网络形成的反馈控制系统称为网络控制系统 NCS (networked control systems). 该类系统中，被控制对象与控制器以及控制器与驱动器之间是通过一个公共的网络平台连接的. 这种网络化的控制模式具有信息资源能够共享、连接线数大大减少、易于扩展、易于维护、高效率、高可靠性及灵活等优点，是未来控制系统的发展模式. 根据网络传输媒介的不同，网络环境可以是有线、无线或混合网络. 基于有线网络环境的控制系统称为有线网络控制系统 (Wired NCS 或 WNCS)；基于无线网络环境的控制系统称为无线网络控制系统 (Wireless NCS 或 WiNCS)；而基于混合网络环境的控制系统称为混合网络控制系统 (Hybrid NCS 或 HNCS). 以后除特别申明，我们所提到的 NCS 包含了 WNCS、WiNCS 和 HNCS.

尽管网络控制系统相比传统控制系统有许多优点，由于网络的介入，网络控制系统中信息的传输通过通信网络进行，而网络的带宽总是有限的，因此，数据包在网络传输过程中不可避免地出现碰撞以及排队等待. 在共享的数据网络中，除传送闭环控制系统的控制信息之外，还需要传送许多与控制任务无关的其他信息，因此，资源竞争和网络拥塞等现象在网络控制系统中是不可避免的. 而这些现象会导致数据传输的延迟，这种延迟称为网络时滞. 由于网络类型的不同，网络时滞可能是常数、时变的，甚至是随机的. 由于网络时滞的存在，网络控制系统的控制指令往往不能够及时执行，从而导致系统性能变差，严重的甚至会影响系统的稳定性.

由于共享网络往往存在网络阻塞和连接中断等现象, 虽然大多数网络都具有重新传输的机制, 它们也只能在一个有限的时间内传输, 超出这个时间后, 数据将被丢失. 另外, 由于控制系统对实时性要求很高, 当一个传感器节点在等待发送信息时, 若又收到新的信息, 从实时的角度考虑, 丢弃旧的信息, 只发送新收到的信息是更加合理的. 因此, 网络环境下系统还存在数据丢包现象. 在网络环境下, 被传输的数据通常有不同的路由选择, 这时会导致数据包的时序发生错乱. 网络上传送的信息和使用需要进行编码和解码, 由于网络环境存在不确定性, 通过网络传输的数据不可避免地会出现误码现象, 这导致了发送的信息与对象接收到的信息有一定的误差, 该误差将对系统性能产生直接的影响. 另外, 由于网络带宽的限制, 在网络控制中还存在着单包传输和多包传输等问题. 以上提到的网络时滞、数据丢包、误码和数据错序等问题在传统的控制系统中不存在或是可以忽略的, 因此基于传统的控制理论给出的控制设计和分析难以应用到网络控制系统中, 必须针对网络控制系统的特点给出控制设计与系统分析的新思想、新概念、新方法, 研究开发适合于网络环境的先进控制策略.

1.2 网络控制系统的结构

网络控制系统是一种空间分布式系统, 被控对象、传感器、控制器以及驱动器由一个有限带宽的数字通信网络连接. 早在 20 世纪 70 年代, Honeywell 分布式控制系统 (DCS) 已被使用. 在此类 DCS 中, 控制模块是集成一体的, 传感信息的传送、控制信号的产生以及控制信号的执行都在各自的模块中完成. 仅有一些开关信号、监测信息以及预警信息是通过网络进行传输的. 随着各类芯片价格的下降, 传感器和驱动器可以实现网络的连接, 并在网络环境中处于相互独立的节点位置. 目前的网络控制系统结构可以用图 1.1 描述.

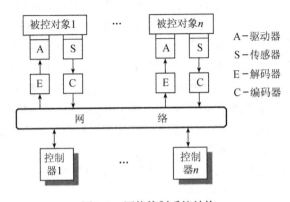

图 1.1 网络控制系统结构

由图 1.1 可以看出,在一个网络控制系统中,被控对象、传感器、控制器和驱动器可以分布在不同的物理位置,他们之间的信息交换由一个公共网络平台完成,这个网络平台可以是有线网络、无线网络或混合网络. 目前常用的网络环境有 DeviceNet, Ethernet, Firewire, Internet, WLAN (wireless local area network), WSN (wireless sensor network) 和 WMN (wireless mesh network) 等.

1.3　网络控制系统的特点及影响因素

传统的计算机控制系统中,通常假设信号传输环境是理想的,信号在传输过程中不受外界影响,或其影响可以忽略不计. 网络控制系统的性质很大程度上依赖于网络结构及相关参数的选择,这里包括传输率、接入协议 (MAC)、数据包长度、数据量化参数等. 在网络控制系统中,网络环境的影响通常是无法忽略的,这些影响因素包括以下几个主要方面:

(1) 信道带宽的限制

任何通信网络单位时间内所能够传输的信息量都是有限的. 例如, 基于 IEEE802.11a, IEEE802.11b 和 IEEE802.11g 协议的无线网络带宽指标分别为 11Mbps, 54Mbps 和 22Mbps. 在许多应用系统中,带宽的限制对整个网络控制系统的运行会有很大的影响,例如,用于安全需求的无人驾驶系统、传感网络、水下控制系统以及多传感 – 多驱动系统等. 对该类系统,如何在有限带宽的限制下设计出有效的控制策略,保证整个系统的动态性能,是一个需要重点解决的问题.

(2) 采样和延迟

通过网络传送一个连续时间信号,首先需要对信号进行采样,经过编码处理后通过网络传送到接收端,接收端再对其进行解码. 不同于传统的数字控制系统,网络控制系统中信号的采样频率通常是非周期的且时变的. 例如,在调度网络 (如基于 CSMA 协议的 DeviceNet 和 Ethernet) 中,节点在每次信号传送前要对网络状况进行检测,当网络通道闲时开始传送信号,否则,信号传送将处于等待状态. 因此,如果采样是周期性的,当传感器到控制器端网络处于忙状态时,势必会导致在传感器端储存大量待发信息. 此时,需要根据网络的现行状态及时调整采样频率,以缓解网络传输压力,保证网络环境的良好状态.

在网络控制系统中,除了控制器计算带来的延迟外,信号通过网络传输也会导致时间延迟. 网络延迟通常依赖于网络接入协议,不同的网络接入协议往往导致不同性质的网络延迟,可以是常数延迟、时变延迟甚至是随机延迟. 对周期服务网络,例如 IEEE802.4、令牌网、令环网、Profibus、IEEE802.5 等网络,控制信号与传感信号的传输是按照一个周期顺序进行调度的. 该类网络所导致的时间延迟是周期性的. 而如 DeviceNet 和 Ethernet 等网络,其接入协议是随机的,此类网络中,信号传输延迟的不确定性较周期服务网络的要大. 网络延迟产生的主要原因是信号在传输前的等待时间, 这是因为信号在由一个节点传送到另一个节点前, 节点首先要检测网络的拥塞程度, 只有当网络空闲时才开始传送新的信号, 而这个等待时间的长短是随机的, 因此导致的信号传输延迟也是随机的. 针对基于此类网络的控制系统, 在进行网络环境分析时, 需要给出随机延迟的数学描述, 通常假设延迟满足一定的统计规律, 例如满足泊松过程、Markov 链、流体模型以及 ARMA 模型.

将图 1.1 中被控对象、控制器以及驱动器的关系抽象出来, 可以用图 1.2 描述如下:

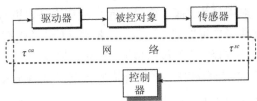

图 1.2　被控对象、控制器以及驱动器的关系图

整个闭环系统中, 信号从传感器到驱动器经历的时间延迟通常包括以下几个部分:

(i) 等待时间 τ^w. 数据在被传送出去之前的等待时间, 其诱导原因是网络的拥塞现象;

(ii) 数据的打包延迟 τ^f;

(iii) 网络传输延迟 τ^p. 由于传输速率以及传输距离的限制因素, 信号通过物理媒介进行传播往往需要一定的时间.

我们用 τ^{sc} 表示从传感器端到控制器端的时间延迟, τ^{ca} 表示从控制器端到驱动器的时间延迟. 总的网络延迟可表示为 $\tau = \tau^{sc} + \tau^{ca}$.

在一个实际系统中, 时间延迟通常会导致指令无法及时执行, 从而最终影响到系统性能, 情况严重的甚至会导致系统失稳. 下面给出一个例子, 说明网络延迟对系统性能及稳定性的影响.

例 1.1　考虑一类二阶系统的控制问题. 被控对象和控制器的传递函数分别为

$$被控对象: G_p(s) = \frac{1}{s^2 + 10s + 20} \tag{1.1}$$

$$控制器: G_c(s) = \frac{\beta(K_p s + K_i)}{s}, K_p = 62, K_i = 114 \tag{1.2}$$

其中 $G_c(s)$ 是一个 PI 控制器, K_p 是比例增益, K_i 是积分增益, β 是用来调节 K_p 和 K_i 的参数, 本例中取 $\beta < 1$.

下面针对不同的延迟 τ 的取值, 给出系统 (1.1)~(1.2) 的阶跃响应曲线图 (见

图 1.3) 和根轨迹曲线图 (见图 1.4). 图 1.3 显示, 当网络延迟 τ 越大时, 系统的性能明显降低, 即超调量变大、调节时间变长. 图 1.4 显示, 当网络延迟 τ 越大时, 根轨迹的主分支越向虚轴靠近, 在与虚轴的交界点处 β 值越小. 这说明 PI 控制器的调节范围变小, 使得闭环系统的稳定范围变窄, 从而降低了系统的稳定性.

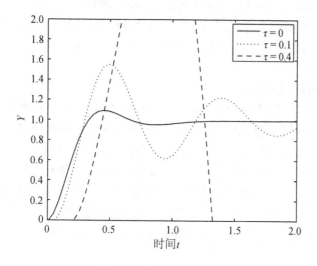

图 1.3 阶跃响应曲线图

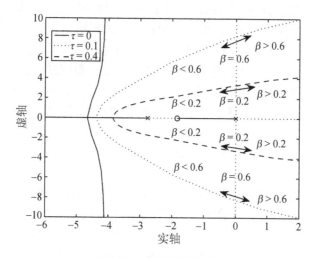

图 1.4 根轨迹曲线图

(3) 数据丢包

在基于 TCP 协议的网络中, 主要用于保证数据传输的可靠性, 未到达接收端的数据往往会被多次重复发送. 而对于网络控制系统, 由于系统数据的实时性要求比较高，因此，旧数据的重复发送对网络控制系统并不适用. 在实际的网络控制系统中，当新的采样数据或控制数据到达，未发出的旧信号将被删除. 另外，由于网络拥塞或数据的破坏等原因，都可能导致到达终点的数据与传送端传送的数据不吻合. 这些现象都被视为网络数据的丢失，即数据丢包. 关于数据丢包的数学描述通常采用两种方式. 一种是采用统计的方法，给出数据丢包的概率分布以及丢包比率；另一种是给出两个采样时刻间数据丢包的总额. 前者涉及的研究方法有随机系统理论、切换系统理论以及稳定性理论等 [1~3]①，而后者将采用基于变时滞系统理论的分析方法 [4, 5].

(4) 单包传输与多包传输

网络中数据的传输存在两种情况，即单包传输与多包传输. 单包传输需要首先将数据打在一个数据包里，然后进行传输. 而多包传输允许传感器数据或控制数据被分在不同的数据包内传输. 之所以要这么做，主要原因有两个. 一个是因为许多网络环境只允许传输比较小的数据包. 例如 DeviceNet 网络允许传输数据包的大小为 8 个字节，而 Ethernet 则可以允许所传输数据包包含 1500 字节的数据量. 另一个原因是，在一个网络控制系统中，传感器与驱动器往往分布在不同的物理位置，因此数据的传输是分布进行的，若采用将数据打在一个数据包内进行传输已不再适用.

传统的采样系统通常假设对象输出与控制输入同时进行传送，而该假设显然不适合多包传输类型的网络控制系统. 对于多包传输网络，从传感器发送的数据包到达控制器端的时间是不同的，那么控制器何时进行数据计算呢？在文献 [6] 中，人们提出在控制器端设置缓冲器，此时，控制器开始计算时刻为最后一个分数据包到达的时刻. 然而，由于数据丢包现象的存在，一组传感信息可能仅有一部分到达控制器端，其他数据包已丢失. 这就产生了一个问题，是否必须在接收到所有传感信息，才能够计算出可用的控制指令？多大比例的到达信息量是可以允许的呢？

1.4　国内外研究概况

网络控制系统的分析与综合是近年来国际控制领域研究的主题之一. 不同于传统的计算机控制，网络环境的影响使得网络控制系统具有许多新的特征，直接采用传统的控制理论，已无法设计出有效的控制策略，因此，需要针对网络控制系统的特点提出新的研究思路和研究手段. 近年来，IEEE Systems Magazine 和 IEEE Trans Automatic Control 等刊物相继出版了网络控制系统研究方面的专刊，每年国内外重要的学术会议也有大量网络控制方面的研究报告. 目前网络控制系统的研

---

① Xiong J X, Lam J. Stabilization of linear systems over networks with bounded packet loss. submitted, 2006.

究包括两个部分: 一是先进控制策略的设计与性能分析; 二是设计有效的网络调度策略. 先进控制策略用于保证系统性能良好, 而有效的调度策略能够保证好的网络质量, 减少网络延迟、数据丢包、误码以及错序等现象对网络控制系统的影响, 从而进一步提高控制系统的性能.

网络控制设计的主要方法有基于稳定性分析的方法和基于系统综合的方法.

基于稳定性分析的设计方法, 是首先在不考虑网络的状况下对系统控制设计, 之后在考虑网络的情况下进行系统性能分析, 确定允许的采样周期与网络环境参数以及它们之间的关系. 这方面的研究工作有 Walsh 等人 [7~9] 提出的摄动方法, 其针对连续线性与非线性系统研究了保证系统稳定所允许的最大延迟, 并依据网络特性提出了新的网络接入调度策略. Montestruque 在文献 [10] 中基于 Schur 稳定性, 提出了一种基于模型的网络镇定控制设计方案. 之后, Montestruque 还将文献 [11] 中方法进一步推广到了随机采样周期的情形. 在假设网络延迟小于采样周期的情况下, 文献 [12] 采用离散系统方法和混合系统方法, 研究了网络环境下系统的稳定性, 给出了所设计控制能够允许的网络诱导延迟的大小. 当考虑数据包丢失的情况下, 采用时滞系统理论 [4, 13] 与随机系统理论 [14]① , 人们研究了允许丢包的多少和概率限制.

基于系统综合的网络控制设计方法. 该方法在设计控制策略时, 同时也考虑了网络环境的影响. 此时, 控制策略参数是依赖于网络环境参数变化的. 例如, 在文献 [4], [13] 中, 控制增益参数的求解依赖于一组线性矩阵不等式, 而网络条件参数又直接影响到该组线性矩阵不等式的可解性. 当网络时滞满足一定概率分布情况下, 如满足有限状态的 Markov 链性质, Nilsson[15] 等在网络时滞小于采样周期的前提下, 采用随机控制的方法, 研究了网络系统稳定性和随机最优控制设计问题. 之后, 胡寿松等 [16] 将上述内容推广到了网络时滞大于采样周期的情形. 当传感器节点和执行器节点采用时间驱动, 控制器节点采用事件驱动, 同时在传感器和控制器节点发送端设置发送缓冲区时, 于之训等 [17] 得到了具有随机时变传输时滞的网络控制系统模型, 并基于随机控制理论给出了满足二次性能指标的最优控制律. 采用切换系统理论, Zhivoglyadov 等 [3] 针对网络控制系统提出了一种切换结构的控制器设计方法, 并研究了对不确定性的鲁棒性问题. 之后, Mu 等 [18] 将该方法推广到输出控制的设计中. 另外, 这方面的研究工作还可参考文献 [19]~[24] ②.

在网络控制系统中, 由于网络带宽的限制以及控制系统的时限要求, 采样及控制任务的信息传递必须在一定的时间内完成, 否则信息会产生较大的延迟, 从而降

---

① Xiong J L, Lam J. Stabilization of linear systems over networks with bounded packet loss. submitted, 2006.

② Hespanha J P, Xu Y G. A survey of recent results in networked control systems. http://www. ece. ucsb. edu/~hespanha /published/ncs_v15p.pdf.

低系统的控制性能, 严重时将会导致系统不稳定. 因此, 网络控制系统的性能不仅取决于控制算法的设计, 而且与采用的网络信息的调度算法密切相关. 网络控制系统中信息的调度主要在用户层或在传输层以上, 主要调度参数为信息传输周期及传递信息的优先级. 与传统的单处理器的任务调度相比, 网络控制系统中的信息传输调度主要完成报文的传输, 其传输周期、传输时限等都具有网络特点, 调度的主要目的在于用于提高网络的利用率和提高控制系统综合性能. 结合网络控制系统的特点, 近年来人们提出了一些有效的网络调度算法, 主要有 RM (Rate Monotonic) 算法 [25~27]、TOD (Try Once Discard) 算法 [8, 9]、基于 MADB 的多控制环采样调度算法 [28, 29]、模糊增益调度算法 [30~32] 以及基于网络 QoS (Quality of Service) 的控制增益调度算法 [33] ①等. 其中 RM 算法主要用来处理一系列不相关的、基于权限的、先占的、周期性实时网络传输任务调度; TOD-EDF 是一种给时间关键信息动态分配网络资源动态调度算法, 规定具有最大加权误差的节点先传输信息; 在单控制回路传送周期小于 MADB 约束下, 基于 MADB 的调度算法的目的是调度多控制环传送周期以尽可能使用有效网络资源; 模糊增益调度算法是在网络 QoS 变化状况下, 不改变控制器设计参数, 通过外加模糊调制器的办法改变控制器输出增益达到自适应调节的目的.

在以上介绍的研究方法中, 所设计的控制器一般仅能够在一定程度上抵消网络环境不确定性对闭环系统性能的影响. 当网络环境恶劣到一定程度时, 所设计的控制策略有可能失效. 那么是否可以设计出对网络环境的不确定性具有更强鲁棒性的控制策略呢? 在文献 [12] 中, Zhang 给出了一种基于 Smith 预估器的网络控制设计方法, 该方法可以在一定程度上补偿从传感器到控制器端的网络延迟, 当延迟为常数时甚至可以达到完全补偿. 最近几年, 采用预测理论方法, 人们提出了网络控制系统的预测控制设计思路, 基于状态观测的方法, 设计出了能够补偿从传感器到控制器端网络不确定性的预测控制 [34]. 当传感器到控制器网络通道或控制器到驱动器网络通道含不确定性时, 其预测控制的设计还可参考文献 [35], [36]②.

在上一节中提到, 实际的网络带宽是有限的, 为了节约网络带宽, 信号在传送之前要进行量化处理. 通过引入敏感参数与饱和值, Brockett 等 [37] 提出了一种新的量化器, 通过调节敏感参数, 可以证明量化后镇定控制器仍可保证原系统渐近稳定. 当仅考虑控制信号量化的情况, 文献 [38], [39] 分别研究了对数量化器的应用, 并给出了保证量化控制镇定系统的充分必要条件. 之后, 文献 [40] 研究了考虑网络不确定性时对数型量化控制的保成本性能分析, 给出了保成本量化控制设计的线

---

①彭晨, 岳东, 网络环境下基于 QoS 的网络控制器优化设计, 自动化学报, 已接收, 2006.
② Liu G P, Xia Y Q, Reesy D, Huy W S. Design and stability criteria of networked predictive control systems with random network delay in the feedback channel. IEEE SMC (in press).

性矩阵不等式条件. 近期, 采用基于时间或基于事件的方法, 文献 [41]~[44] ① 分别研究了连续时间系统与离散事件系统的量化控制设计问题, 提出了新的保证闭环渐近稳定的量化控制设计方案. 结合文献 [41],[42] 和 [44] 中方法以及时滞系统理论 [45~56], 作者与他人合作研究了考虑网络时滞与数据丢包因素影响的情况下, 量化控制的设计问题 ②.

状态估计对于控制策略的实现具有重要作用. 在过去的几十年里, 不考虑网络环境影响, 人们提出了许多有效的状态估计的方法 [53,57~64]. 例如 Kalman 滤波器和 Luenburger 观测器等. 近年来, 考虑网络不确定性, 人们将 Kalman 滤波方法推广到有数据丢失的网络情况下状态估计的研究中 [65]. 当网络中同时存在网络时滞、丢包以及错序的情况时, 文献 [66] 中给出了一种 H_∞ 滤波器设计方案.

在网络控制设计中, 控制的设计往往需要结合网络参数甚至网络拓扑结构的设计, 以达到整个系统的优化目标. 例如, 在研究无线网络控制系统设计中 [67], 人们提出了所谓跨层优化设计方法. 为了达到系统的优化目标, 不仅要考虑控制参数的设计, 同时也需要考虑网络各层协议参数的优化设计问题.

以上简述了近年来有关网络控制系统的分析与综合方面的主要研究成果及研究方法. 其中部分内容将在以后章节中详细介绍, 其他的一些成果读者可根据书后的文献查阅.

1.5　本书的主要内容

本书介绍作者和国内外学者近年来在网络控制系统分析和综合方面的研究成果, 内容分 9 章进行介绍.

第 1 章介绍网络控制系统的结构、特点以及网络对控制性能的影响因素, 同时介绍国内外学者在此主题上的研究概况.

第 2 章介绍网络控制系统的建模和稳定性分析. 内容包括: 离散时间系统模型的建立和稳定性分析; 连续时间系统模型的建立和稳定性分析.

第 3 章介绍基于模型的反馈控制设计. 内容包括: 基于离散时间模型的镇定反馈控制设计. 这里分别介绍了模型依赖设计方法、基于有界数据丢包率的设计方法、随机最优控制设计方法和时滞相关设计方法. 在基于连续时间模型的镇定反馈控制设计一节中, 介绍了模型依赖设计方法和时滞相关设计方法.

第 4 章介绍网络控制的联合设计方法. 内容包括: 网络控制系统中的 RM 静态

---

① Liberzon D. Quantization, time delays, and nonlinear stabilization. http://decision.csl. uiuc. edu/~liberzon/publication.html [2005].

② Yue D, Lam J. Persistent disturbance rejection via state feedback for networked control systems. submitted, 2006.

采样周期调度算法、MEF-TOD 动态调度算法和模糊增益调制方法以及控制器与网络服务质量的协作设计方法.

第 5 章介绍网络控制的预测设计方法. 内容包括：单输入 – 单输出系统的网络预测控制设计方法以及多输入 – 多输出系统的基于模型的网络预测控制设计方法.

第 6 章介绍网络控制系统的量化控制. 内容包括：时不变量化控制、时变量化控制. 前者主要介绍了对数量化器，离散系统的对数量化镇定控制、保成本控制和 H_∞ 控制、广义时滞系统的对数量化保成本控制和非理想网络环境下系统的对数量化控制. 后者主要介绍时变量化器和基于该量化器的时变量化控制设计方法.

第 7 章介绍网络控制系统的滤波器设计. 内容包括：基于 Kalman 滤波器的远程滤波器设计以及基于离散和连续 NCS 的 H_∞ 滤波器设计.

第 8 章介绍无线网络控制系统的跨层设计. 内容包括：无线网络基本结构和特点、跨层设计方法、无线网络控制系统结构以及无线网络控制系统的跨层设计.

第 9 章介绍网络控制系统仿真. 内容包括：网络控制系统仿真工具箱 TrueTime 的介绍、网络模拟器 NS2 的介绍以及网络控制仿真包 NCS_simu 的介绍.

第2章　网络控制系统的建模与稳定性分析

与传统控制系统相比较, 网络控制系统会更多地受到网络环境的影响. 比如, 网络延迟、数据丢包、错序以及单包与多包传输等, 都将直接影响到闭环系统的性能. 而不同的网络选型, 如 Can, DeviceNet, Elthenet 或 MSN 等, 上述网络参数的影响权重将有所不同. 对于一个被控对象, 当采用不同类型网络环境时, 所导致的网络控制系统的数学模型描述将有所不同. 研究网络控制系统的性质, 首先应该建立其数学模型. 近年来, 考虑到网络延迟的性质, 数据丢失的概率分布以及单包或多包传输等情况, 基于离散时间系统与连续时间系统结构, 给出了网络控制系统模型建立的方法, 并在建立模型的基础上, 研究了系统的性能分析. 采用的分析方法涉及随机系统理论、稳定性理论与 Lyapunov 函数方法等. 本章介绍网络控制系统的模型建立以及稳定性分析结果. 在 2.1 节中介绍基于离散时间系统的建模方法以及稳定性分析, 分别针对仅考虑网络延迟的影响 ① 和仅考虑数据丢包的影响 [14, 19] 的情况下, 给出了系统模型以及稳定性分析结果. 在 2.2 节中介绍基于连续时间系统的建模方法以及基于 (区间) 时滞相关的稳定性分析方法 [4, 13].

2.1　离散时间系统模型与稳定性分析

考虑一类线性时不变系统

$$\dot{x}(t) = Ax(t) + Bu(t) \tag{2.1}$$

$$y(t) = Cx(t) \tag{2.2}$$

其中 $x(t) \in \mathbb{R}^n$, $u(t) \in \mathbb{R}^m$, $y(t) \in \mathbb{R}^r$ 分别表示系统状态、控制输入与系统输出. A, B, C 为对应的适当维数的矩阵. 考虑网络环境的影响, 该系统的网络控制结构可以用图 2.1 描述.

---

① Cloosterman M, Wouw N, Heemels M, Nijmeijer H. Robust stability of networked-system with time-varying network-induced delays. In Preprint submitted to 45th IEEE Conference on Desicion Control, 2006.

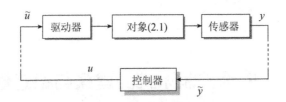

图 2.1　系统网络控制结构示意图

本节中, 假设系统的状态量是完全可测的, 因此, 传感器输出为 $x(t)$. 另外, 假设所设计的控制为如下类型的线性控制

$$u(t) = Kx(t) \tag{2.3}$$

这里 $K \in \mathbb{R}^{m \times n}$.

以下针对几种不同的网络环境, 采用离散化方法给出 (2.1) 的网络控制系统描述, 并基于该模型建立系统稳定性的判别条件. 以后没有特别申明, 我们总认为数据传输是单包的.

2.1.1　仅考虑网络延迟的影响

当传感器端数据的采样周期为 h, 第 k 步采样数据的传输延迟用 τ_k 表示, 那么, 如果已知 $\tau_k \leqslant h$, 对于一个采用零保持器的系统, 其网络控制系统模型可以表示为

$$\begin{aligned}
\dot{x}(t) &= Ax(t) + Bu(t) \\
u(t) &= \begin{cases} Kx(k), & t \in [kh + \tau_k, (k+1)h) \\ Kx(k-1), & t \in [kh, kh + \tau_k) \end{cases}
\end{aligned} \tag{2.4}$$

采用离散化方法, (2.4) 的离散化系统模型可表示为

$$x(k+1) = e^{Ah}x(k) + \Gamma_1(\tau_k)BKx(k) + \Gamma_2(\tau_k)BKx(k-1) \tag{2.5}$$

其中 $\Gamma_1(\tau_k) = \displaystyle\int_0^{h-\tau_k} e^{As}\mathrm{d}s$, $\Gamma_2(\tau_k) = \displaystyle\int_{h-\tau_k}^{h} e^{As}\mathrm{d}s$.

定义一个新的状态变量 $z(k) = \begin{bmatrix} x^{\mathrm{T}}(k), & x^{\mathrm{T}}(k-1) \end{bmatrix}^{\mathrm{T}}$, 由 (2.5) 可得到如下扩展形式

$$z(k+1) = \Phi(\tau_k)z(k) \tag{2.6}$$

其中

$$\Phi(\tau_k) = \begin{bmatrix} e^{Ah} + \Gamma_1(\tau_k)BK & \Gamma_2(\tau_k)BK \\ I & 0 \end{bmatrix}$$

当 $\tau_k = \tau$ 是已知常数, 对于给定的反馈矩阵 K, $\Phi(\tau)$ 是一个常数矩阵. 此时, 我们有如下结果:

定理 2.1 假设 $\tau < h$, 则系统(2.6)指数稳定的充分必要条件是 $\Phi(\tau)$ 为Schur稳定矩阵.

注 2.1 虽然一些特殊的网络协议能够保证网络延迟为常数, 如CAN总线协议, 然而, 许多其他的网络协议并不能保证网络延迟为常数, 例如DeviceNet、Ethenet和无线网络等, 这些网络环境导致的网络延迟通常是时变的. 为了将时变延迟进行常数化处理, 可在接收端引入一个缓冲区. 该缓冲区能够保证所有数据包从发送到接收处理的时间为一个常数, 从而保证网络延迟为常数. 这样的处理方法可以使得系统分析简化, 不足之处是, 数据包的网络延迟是按所有数据包传输延迟的最坏情形来考虑, 有可能导致分析与设计结果的保守性.

如果 τ_k 是时变的, 但 τ_k 的变化满足如下规律:

假设 2.1 τ_k 的变化周期为一个常数 M, 即, τ_k 的变化是按如下规律进行的

$$\left(\tau^1, \tau^2, \cdots \tau^M, \tau^1, \tau^2, \cdots, \tau^M, \cdots\right)$$

定理 2.2 τ_k 的变化满足假设2.1. 网络控制系统(2.6)是渐近稳定的充分必要条件是 Φ_0 的特征根位于单位圆内, 这里 $\Phi_0 = \prod\limits_{j=0}^{M-1} \Phi(\tau^{M-j})$.

以上给出了当 τ_k 的变化满足一些特殊条件时网络控制系统 (2.6) 稳定的充分必要条件. 下面针对一般情形下的 τ_k, 给出保证系统 (2.6) 稳定性的条件.

假设 2.2 $\tau_{\min} \leqslant \tau_k \leqslant \tau_{\max}, k \in \mathcal{Z}_{\geqslant 0}$.

定理 2.3 τ_k 的变化满足假设2.2. 如果存在一个正定对称矩阵 $P > 0$, 使得对 $\tau \in [\tau_{\min}, \tau_{\max}]$ 有

$$\Phi^{\mathrm{T}}(\tau)P\Phi(\tau) - P < 0 \tag{2.7}$$

成立, 则网络控制系统(2.6)是指数稳定的.

注 2.2 采用Lyapunov函数 $V(z) = z^{\mathrm{T}}(k)Pz(k)$, 可以很容易推导出定理2.3的结论.

由式 (2.7) 可见, 要想求解 (2.7), 需要验证无穷多个线性矩阵不等式, 这显然是不可行的. 下面给出一个方法, 可以通过验证有限个线性矩阵不等式, 得到保证系统稳定性的充分条件.

定义一个矩阵集合

$$\overline{\mathcal{A}} = \left\{ \overline{\Phi} \in R^{n \times n} : \bar{a}_{ij} = q_{ij} \text{或} \bar{a}_{ij} = r_{ij}, \quad i,j = 1,2,\cdots,n \right\} \tag{2.8}$$

其中 $\bar{a}_{ij}$ 是 $\overline{\Phi}$ 的第 i 行第 j 列的元素, $q_{ij} = \min_{\tau \in [\tau_{\min}, \tau_{\max}]} a_{ij}(\tau)$ 和 $r_{ij} = \max_{\tau \in [\tau_{\min}, \tau_{\max}]} a_{ij}(\tau)$ 分别是矩阵 $\Phi(\tau)$ 第 i 行第 j 列元素的最小与最大值.

定理 2.4　τ_k 满足假设2.2. 如果存在一个对称正定矩阵 P 使得对任何 $\overline{\Phi} \in \overline{\mathcal{A}}$,

$$\overline{\Phi}^{\mathrm{T}} P \overline{\Phi} - P < 0 \tag{2.9}$$

成立, 则网络控制系统(2.6)是渐近稳定的.

　　证明: 定义一个区间矩阵集合

$$\mathcal{A} = Co(\overline{\mathcal{A}}) = \left\{ \widehat{\Phi} = (\hat{a}_{ij}) : q_{ij} \leqslant \hat{a}_{ij} \leqslant r_{ij}, i, j = 1, 2, \cdots, n \right\}$$

显然, $\{ \Phi(\tau) | \tau \in [\tau_{\min}, \tau_{\max}] \} \subset \mathcal{A}$. 而由于 $\mathcal{A} = Co(\overline{\mathcal{A}})$, 因此, 对任意 $\widehat{\Phi} \in \mathcal{A}$, 存在 $\delta_i \geqslant 0$ 和 $\overline{\Phi}_i \in \overline{\mathcal{A}}, i = 1, 2, \cdots, L$, 使得

$$\widehat{\Phi} = \sum_{i=1}^{L} \delta_i \overline{\Phi}_i \tag{2.10}$$

这里 $\displaystyle\sum_{i=1}^{L} \delta_i = 1$, L 是集合 $\overline{\mathcal{A}}$ 的尺度, 即集合 $\overline{\mathcal{A}}$ 中矩阵的个数.

　　考虑如下系统

$$z(k+1) = \widehat{\Phi}_k z(k) \tag{2.11}$$

其中 $\widehat{\Phi}_k$ 的定义为 (2.10).

　　构造 Lyapunov 函数 $V(z(k)) = z^{\mathrm{T}}(k) P z(k)$, 这里 $P > 0$, 容易证明, 保证 $V(z(k+1)) - V(z(k)) < 0$ 的一个充分条件是

$$\left(\sum_{i=1}^{L} \delta_i \overline{\Phi}_i \right)^{\mathrm{T}} P \left(\sum_{i=1}^{L} \delta_i \overline{\Phi}_i \right) - P < 0 \tag{2.12}$$

利用 Schur 补, (2.12) 可写成如下等价形式

$$\sum_{i=1}^{L} \delta_i \begin{bmatrix} -P & -\overline{\Phi}_i^{\mathrm{T}} P \\ P \overline{\Phi}_i & -P \end{bmatrix} < 0 \tag{2.13}$$

　　由于 $\delta_i \geqslant 0$, 因此, (2.9) 保证 (2.13) 成立, 从而系统 (2.11) 是渐近稳定的. 由于

$$\{ \Phi(\tau) \mid \tau \in [\tau_{\min}, \tau_{\max}] \} \subset \mathcal{A}$$

因此知系统 (2.6) 是渐近稳定的.　　　　　　　　　　　　　　　■

　　注 2.3　矩阵集合 $\overline{\mathcal{A}}$ 中矩阵的个数 $L = 2^{n^2}$, 其中 n 是 $\Phi(\tau_k)$ 的维数. 而由于 $\Phi(\tau_k)$ 的特殊形式, 可知 $L = 2^{\frac{n^2}{2}}$, 因此, 为了验证系统(2.6)的渐近稳定性, 需要联立求解 $2^{\frac{n^2}{2}}$ 个线性矩阵不等式组.

针对时滞 τ_k 的几种不同情况，上面定理中给出了几个保证系统 (2.6) 渐近稳定的条件. 然而这些条件仅能保证系统 (2.4) 的解在采样点 $kh(k = 1, 2, \cdots)$ 的值渐近收敛到 0.

下面研究采样点之间系统状态量的变化趋势.

定理 2.5　如果系统(2.6)满足条件(2.9)，则系统(2.4)是渐近稳定的.

证明：定义 $\tilde{t} = t - kh$, $t \in [kh, (k+1)h]$ ，显然 $\tilde{t} \in [0, h]$. 因为 $\tau_k \in [0, h)$，因此，对 $\forall t \in [kh, (k+1)h)$，存在两种情况：

① $\tau_k > \tilde{t}$；② $\tau_k \leqslant \tilde{t}$.

当 $\tau_k > \tilde{t}$ ，由系统 (2.4) 可以求得

$$x(kh + \tilde{t}) = e^{A\tilde{t}}x(kh) + \int_0^{\tilde{t}} e^{As}\mathrm{d}sBKx(kh - h) \tag{2.14}$$

当 $\tau_k \leqslant \tilde{t}$ ，有

$$x(kh + \tilde{t}) = \left(e^{A\tilde{t}} + \int_0^{\tilde{t}-\tau_k} e^{As}\mathrm{d}sBK\right)x(kh) + \int_{\tilde{t}-\tau_k}^{\tilde{t}} e^{As}\mathrm{d}sBKx(kh - h) \tag{2.15}$$

对 (2.14) 和 (2.15) 两边取范数得到一个统一的估计式子

$$\|x(kh+\tilde{t})\| \leqslant \begin{cases} \max\left\{e^{\lambda_{\max}(A)h}, 1\right\}\|x(kh)\| + \frac{1}{\lambda_{\max}(A)}\left(e^{\lambda_{\max}(A)h} - 1\right) \\ \quad \cdot \|BK\|(\|x(kh)\| + \|x(kh-h)\|), & \lambda_{\max}(A) \neq 0 \\ (1 + h\|BK\|)\|x(kh)\| + h\|BK\|\|x(kh-h)\|, & \lambda_{\max}(A) = 0 \end{cases}$$

由上式可以容易证明定理 2.5 的结论.　　　　　　　　　　　　　　　■

例 2.1　考虑二阶连续线性系统

$$\dot{x}(t) = \begin{bmatrix} 0 & 1 \\ 0 & -1 \end{bmatrix} x(t) + \begin{bmatrix} 0 \\ 1 \end{bmatrix} u(t) \tag{2.16}$$

对应系统 (2.1) 有 $A = \begin{bmatrix} 0 & 1 \\ 0 & -1 \end{bmatrix}$, $B = \begin{bmatrix} 0 \\ 1 \end{bmatrix}$. 采样周期 $h = 1\mathrm{s}$，反馈增益矩阵 $K = \begin{bmatrix} -1, & -1 \end{bmatrix}$. 显然，当不考虑网络环境影响时，反馈控制 $u(t) = \begin{bmatrix} -1, & -1 \end{bmatrix} x(t)$ 能够保证系统 (2.16) 为渐近稳定的.

容易计算

$$e^{As} = \begin{bmatrix} 1 & 1 - e^{-s} \\ 0 & e^{-s} \end{bmatrix}$$

因此

$$e^{Ah} = \begin{bmatrix} 1 & 1 - e^{-h} \\ 0 & e^{-h} \end{bmatrix}_{h=1} = \begin{bmatrix} 1 & 0.6321 \\ 0 & 0.3679 \end{bmatrix}$$

$$\Gamma_1(\tau_k) = \int_0^{1-\tau_k} \mathrm{e}^{As}\,\mathrm{d}s = \int_0^{1-\tau_k} \begin{bmatrix} 1 & 1-\mathrm{e}^{-s} \\ 0 & \mathrm{e}^{-s} \end{bmatrix}\,\mathrm{d}s = \begin{bmatrix} 1-\tau_k & \mathrm{e}^{-1+\tau_k}-\tau_k \\ 0 & -\mathrm{e}^{-1+\tau_k}+1 \end{bmatrix}$$

$$\Gamma_2(\tau_k) = \int_{1-\tau_k}^1 \mathrm{e}^{As}\,\mathrm{d}s = \int_{1-\tau_k}^1 \begin{bmatrix} 1 & 1-\mathrm{e}^{-s} \\ 0 & \mathrm{e}^{-s} \end{bmatrix}\,\mathrm{d}s = \begin{bmatrix} \tau_k & \tau_k-\mathrm{e}^{-1+\tau_k}+\mathrm{e}^{-1} \\ 0 & \mathrm{e}^{-1+\tau_k}-\mathrm{e}^{-1} \end{bmatrix}$$

增广矩阵

$$\Phi(\tau_k) = \begin{bmatrix} 1-\mathrm{e}^{-1+\tau_k}+\tau_k & 0.6321-\mathrm{e}^{-1+\tau_k}+\tau_k \\ \mathrm{e}^{-1+\tau_k}-1 & 0.3679+\mathrm{e}^{-1+\tau_k}-1 \\ 1 & 0 \\ 0 & 1 \\[1em] -\tau_k+\mathrm{e}^{-1+\tau_k}-\mathrm{e}^{-1} & -\tau_k+\mathrm{e}^{-1+\tau_k}-\mathrm{e}^{-1} \\ -\mathrm{e}^{-1+\tau_k}+\mathrm{e}^{-1} & -\mathrm{e}^{-1+\tau_k}+\mathrm{e}^{-1} \\ 0 & 0 \\ 0 & 0 \end{bmatrix} \tag{2.17}$$

情况 1：$\tau_k = 0.2$

此时，

$$\Phi(0.2) = \begin{bmatrix} 0.7507 & 0.3828 & -0.1186 & -0.1186 \\ -0.5507 & -0.1828 & -0.0814 & -0.0814 \\ 1 & 0 & 0 & 0 \\ 0 & 1 & 0 & 0 \end{bmatrix}.$$

其特征根分别为 $0.1\pm0.4359\mathrm{i}$，0.3679，0. 利用定理 2.1 可知，当 $\tau_k = 0.2$ 时，系统 $z(k+1) = \Phi(0.2)z(k)$ 是渐近稳定的.

情况 2：τ_k 的变化为周期性的，满足 $(0.1, 0.2, 0.5, 0.1, 0.2, 0.5, \cdots)$，此时

$$\Phi(0.1) = \begin{bmatrix} 0.6934 & 0.3255 & -0.0613 & -0.0613 \\ -0.5934 & -0.2255 & -0.0387 & -0.0387 \\ 1 & 0 & 0 & 0 \\ 0 & 1 & 0 & 0 \end{bmatrix}$$

$$\Phi(0.5) = \begin{bmatrix} 0.8935 & 0.5256 & -0.2163 & -0.2163 \\ 0.3935 & 0.0256 & -0.2387 & -0.2387 \\ 1 & 0 & 0 & 0 \\ 0 & 1 & 0 & 0 \end{bmatrix}$$

则有

$$\Phi_0 = \Phi(0.1)\,\Phi(0.2)\,\Phi(0.5) = \begin{bmatrix} 0.0859 & 0.0347 & -0.1077 & -0.1077 \\ -0.1445 & -0.0947 & 0.1477 & 0.1477 \\ 0.4015 & 0.2662 & -0.2875 & -0.2875 \\ -0.5015 & -0.3662 & 0.1875 & 0.1875 \end{bmatrix}$$

其特征根分别为 $-0.08\pm0.06\mathrm{i}$, 0.0498, 0. 利用定理 2.2 可知，系统 $z(k+1) = \Phi(\tau_k)z(k)$ 是渐近稳定的.

情况 3：$\tau_k \in [0, 0.1]$

此时

$$q_{11} = \min_{\tau\epsilon[0,0.1]}\left(1 - \mathrm{e}^{-1+\tau} + \tau\right) = 0.6321$$

$$q_{12} = \min_{\tau\epsilon[0,0.1]}\left(0.6321 - \mathrm{e}^{-1+\tau} + \tau\right) = 0.2642$$

$$q_{13} = q_{14} = \min_{\tau\epsilon[0,0.1]}\left(-\tau + \mathrm{e}^{-1+\tau} - \mathrm{e}^{-1}\right) = -0.0613$$

$$q_{21} = \min_{\tau\epsilon[0,0.1]}\left(\mathrm{e}^{-1+\tau} - 1\right) = -0.6321$$

$$q_{22} = \min_{\tau\epsilon[0,0.1]}\left(0.3679 + \mathrm{e}^{-1+\tau} - 1\right) = -0.2642$$

$$q_{23} = q_{24} = \min_{\tau\epsilon[0,0.1]}\left(-\mathrm{e}^{-1+\tau} + \mathrm{e}^{-1}\right) = -0.0387$$

$$r_{11} = \max_{\tau\epsilon[0,0.1]}\left(1 - \mathrm{e}^{-1+\tau} + \tau\right) = 0.6934$$

$$r_{12} = \max_{\tau\epsilon[0,0.1]}\left(0.6321 - \mathrm{e}^{-1+\tau} + \tau\right) = 0.3255$$

$$r_{13} = r_{14} = \max_{\tau\epsilon[0,0.1]}\left(-\tau + \mathrm{e}^{-1+\tau} - \mathrm{e}^{-1}\right) = 0$$

$$r_{21} = \max_{\tau\epsilon[0,0.1]}\left(\mathrm{e}^{-1+\tau} - 1\right) = -0.5934$$

$$r_{22} = \max_{\tau\epsilon[0,0.1]}\left(0.3679 + \mathrm{e}^{-1+\tau} - 1\right) = -0.2255$$

$$r_{23} = r_{24} = \max_{\tau\epsilon[0,0.1]}\left(-\mathrm{e}^{-1+\tau} + \mathrm{e}^{-1}\right) = 0$$

显然，(2.8) 中的矩阵集合 $\bar{A}$ 中包含有 256 个矩阵，可以验证，对任何 $\overline{\Phi} \in \bar{A}$, $\overline{\Phi}^{\mathrm{T}}P\overline{\Phi} - P < 0$ 有一个公共的解 $P > 0$ 存在. 因此，利用定理 2.4 可知，系统 $z(k+1) = \Phi(z_k)z(k)$ 是渐近稳定的. $\qquad\square$

2.1.2　仅考虑数据丢包的影响

网络控制系统中的数据丢包现象，可以采用随机理论和确立性理论方法进行描述. 采用随机理论刻画数据丢包的方法，主要有 Bernoulli 过程、有限状态 Markov

链以及泊松过程. 确定性理论方法, 包括平均时间方法 [31] 和最大连续数据丢包界方法 [4, 13].

下面介绍几种考虑数据丢包影响的网络控制系统的数学描述方法, 并给出其稳定性分析判别条件. 本小节假设网络中的传输延迟影响可以忽略, 传感器、控制器以及驱动器均为时间驱动, 而且它们的时钟保持同步. 参考图 2.1 , 考虑到两个通道数据丢包的影响, 控制器端采用的信号和驱动器端采用信号分别为

$$\hat{x}(k) = \theta_k x(k) + (1 - \theta_k)\hat{x}(k-1) \tag{2.18}$$

和

$$\hat{u}(k) = \varphi_k u(k) + (1 - \varphi_k)\hat{u}(k-1) \tag{2.19}$$

其中 $\hat{x}(k)$ 和 $\hat{u}(k)$ 分别表示控制器端和驱动器端在 kh 时刻接收到的信号值, $\theta_k, \varphi_k \in \{0,1\}$. 当 $\theta_k = 1$, 表示从传感器到控制器网络无丢包. $\theta_k = 0$, 则表示发生了数据丢包. 对 φ_k 也类似. 控制器仍采用状态反馈形式, 即 $u(k) = K\hat{x}(k)$, 此时, (2.19) 可写成

$$\hat{u}(k) = \varphi_k \theta_k K x(k) + \varphi_k(1 - \theta_k)K\hat{x}(k-1) + (1 - \varphi_k)\hat{u}(k-1) \tag{2.20}$$

结合 (2.1) 和 (2.20) 得到如下离散化系统模型

$$\begin{aligned} x(k+1) = {} & [e^{Ah} + \varphi_k \theta_k \Gamma_0 BK] x(k) + \varphi_k(1 - \theta_k)\Gamma_0 BK\hat{x}(k-1) \\ & + (1 - \varphi_k)\Gamma_0 B\hat{u}(k-1) \end{aligned} \tag{2.21}$$

其中 $\Gamma_0 = \Gamma_1(0)$.

定义

$$z(k) = \left[\begin{array}{ccc} x^{\mathrm{T}}(k), & \hat{x}^{\mathrm{T}}(k-1), & \hat{u}^{\mathrm{T}}(k-1) \end{array}\right]^{\mathrm{T}}$$

结合 (2.19)~ (2.21) 有

$$z(k+1) = G(\theta_k, \varphi_k)z(k) \tag{2.22}$$

其中

$$G(\theta_k, \varphi_k) = \left[\begin{array}{ccc} e^{Ah} + \varphi_k \theta_k \Gamma_0 BK & \varphi_k(1 - \theta_k)\Gamma_0 BK & (1 - \varphi_k)\Gamma_0 B \\ \theta_k I & (1 - \theta_k)I & 0 \\ \varphi_k \theta_k K & \varphi_k(1 - \theta_k)K & (1 - \varphi_k)I \end{array}\right]$$

系统 (2.22) 为两个传输通道均存在数据丢包时系统状态的动态描述. 由于

$\theta_k, \varphi_k \in \{0, 1\}$，因此，整个闭环系统有以下 4 种情况：

$$
\begin{aligned}
E_1 : \quad & \theta_k = 0, \quad \varphi_k = 0 \\
E_2 : \quad & \theta_k = 0, \quad \varphi_k = 1 \\
E_3 : \quad & \theta_k = 1, \quad \varphi_k = 0 \\
E_4 : \quad & \theta_k = 1, \quad \varphi_k = 1
\end{aligned}
$$

定义函数：

$$
e_i(k) = \begin{cases} 1, & E_i \text{发生} \\ 0, & \text{其他} \end{cases}
$$

E_i 发生的概率可用下式求出

$$
r_i = \lim_{T \to \infty} \frac{1}{T} \sum_{k=0}^{T} e_i(k)
$$

定理 2.6　如果可以找到函数 $V(\cdot) : \mathbb{R}^n \to \mathbb{R}_{\geqslant 0}$ 以及常数 α_1, α_2, α_3 和 α_4 使得

$$
V(z(k+1)) - V(z(k)) \leqslant \left(\alpha_s^{-2} - 1 \right) V(z(k))
$$

和

$$
\alpha_1^{r_1} \alpha_2^{r_2} \alpha_3^{r_3} \alpha_4^{r_4} > \alpha > 1
$$

其中 $s \in \{1, 2, 3, 4\}$，则系统(2.22)的解满足

$$
\lim_{k \to \infty} \alpha^k \| z(k) \| = 0
$$

定理 2.6 的证明可参见文献 [19].

构造 V 函数为 $V(z) = z^{\mathrm{T}} P z$，则由定理 2.6 可推得如下推论

推论 2.1　如果存在正定矩阵 P 和常数 α_1, α_2, α_3 和 α_4 使得

$$
G_{E_j}^{\mathrm{T}} P G_{E_j} \leqslant \alpha_j^{-2} P
$$

$$
\alpha_1^{r_1} \alpha_2^{r_2} \alpha_3^{r_3} \alpha_4^{r_4} > \alpha > 1
$$

成立，则系统 (2.22) 的解满足

$$
\lim_{k \to \infty} \alpha^k \| z(k) \| = 0
$$

其中

$$G_{E_1} = G(0,0) = \begin{bmatrix} e^{Ah} & 0 & \Gamma_0 B \\ 0 & I & 0 \\ 0 & 0 & I \end{bmatrix}$$

$$G_{E_2} = G(0,1) = \begin{bmatrix} e^{Ah} & \Gamma_0 BK & 0 \\ 0 & I & 0 \\ 0 & K & 0 \end{bmatrix}$$

$$G_{E_3} = G(1,0) = \begin{bmatrix} e^{Ah} & 0 & \Gamma_0 B \\ I & 0 & 0 \\ 0 & 0 & I \end{bmatrix}$$

$$G_{E_4} = G(1,1) = \begin{bmatrix} e^{Ah} + \Gamma_0 BK & 0 & 0 \\ I & 0 & 0 \\ K & 0 & 0 \end{bmatrix}$$

下面考虑一种单通道的情况. 假设控制器到驱动器网络的数据丢包影响可以忽略. 事实上, 在许多实际的网络控制系统中, 控制器与驱动器通常可以放置在被控对象端, 因此, 控制器与驱动器间的通道可认为不存在数据丢包影响. 此时, (2.19) 成为

$$\hat{u}(k) = u(k) = K\hat{x}(k) = \theta_k K x(k) + (1 - \theta_k) K \hat{x}(k-1) \tag{2.23}$$

类似 (2.21) 可得

$$x(k+1) = \left[e^{Ah} + \theta_k \Gamma_0 BK \right] x(k) + (1 - \theta_k) \Gamma_0 BK \hat{x}(k-1) \tag{2.24}$$

定义一个新的状态变量 $z(k) = \begin{bmatrix} x^{\mathrm{T}}(k), & \hat{x}^{\mathrm{T}}(k-1) \end{bmatrix}^{\mathrm{T}}$. 结合 (2.18) 和 (2.24) 得

$$z(k+1) = G(\theta_k) z(k) \tag{2.25}$$

其中

$$G(\theta_k) = \begin{bmatrix} e^{Ah} + \theta_k \Gamma_0 BK & (1 - \theta_k) \Gamma_0 BK \\ \theta_k I & (1 - \theta_k) I \end{bmatrix}$$

为研究系统 (2.25) 的稳定性, 引入两个假设

假设 2.3   序列 $\{\theta_k, k = 1, 2, \cdots\}$ 是遍历的. 存在 $\theta_0 \in \mathbb{R}$ 使得

$$\theta_0 = \lim_{T \to \infty} \frac{1}{T} \sum_{k=0}^{T} \theta_k \tag{2.26}$$

注 2.4 当 $\theta_k \in \{0,1\}$，由(2.26)可知，$\theta_0 \in (0,1)$．

假设 2.4 θ_k 是一个离散的Markov链，其转换概率

$$p_{ij} = P_r\{\theta_{k+1} = j \mid \theta_k = i\}$$

满足 $p_{ij} \geqslant 0$ 且 $\displaystyle\sum_{j=0}^{1} p_{ij} = 1$, $i, j = 0, 1$.

首先考虑假设 2.3 下，系统 (2.25) 的稳定性分析. 注意 (2.25)，其也可以写成如下形式：

$$z(k+1) = \theta_k G_0 z(k) + (1 - \theta_k) G_1 z(k) \tag{2.27}$$

其中 $G_0 = \begin{bmatrix} \mathrm{e}^{Ah} + \varGamma_0 BK & 0 \\ I & 0 \end{bmatrix}$, $G_1 = \begin{bmatrix} \mathrm{e}^{Ah} & \varGamma_0 BK \\ 0 & I \end{bmatrix}$.

考虑一类 (2.27) 的推广形式

$$z(k+1) = \theta_k f_g(z(k)) + (1 - \theta_k) f_s(z(k)) \tag{2.28}$$

这里 $f_g(\cdot)$ 和 $f_s(\cdot)$ 为两个非线性函数，满足 $f_g(0) = f_s(0) = 0$. 显然，当 $f_g(z(k)) = G_0 z(k)$, $f_s(z(k)) = G_1 z(k)$, (2.28) 则退化为 (2.27)．

引入一些函数定义

定义 2.1

(1) 函数 $\rho : \mathbb{R} \geqslant 0 \to \mathbb{R}_{\geqslant 0}$ 称为 $\mathcal{K}$ 类（或 $\rho \in \mathcal{K}$），如果它连续，$\rho(0) = 0$ 且严格上升.

(2) 如果上述函数 $\rho \in \mathcal{K}$ 且是无界的，则称 $\rho \in \mathcal{K}_\infty$.

(3) 函数 $\varphi : \mathbb{R}_{\geqslant 0} \to \mathbb{R}_{\geqslant 0}$ 称为 $\mathcal{L}$ 类（或 $\varphi \in \mathcal{L}$），如果它连续非增且 $\displaystyle\lim_{t \to \infty} \varphi(t) = 0$．

(4) 函数 $\beta : \mathbb{R}_{\geqslant 0} \to \mathbb{R}_{\geqslant 0}$ 称为 $\mathcal{KL}$ 类，如果它关于第一个变量是 $\mathcal{K}$ 类的，关于第二个变量是 $\mathcal{L}$ 类的.

针对系统 (2.28)，需要如下假设

假设 2.5

(1) 存在函数 $\rho_1, \rho_2 \in \mathcal{K}_\infty$, $V : \mathbb{R}^n \to \mathbb{R}_{\geqslant 0}$ 且存在常数 $\lambda_1 \in [0,1)$，使得对 $\forall x \in \mathbb{R}^n$

$$\rho_1(\|x\|) \leqslant V(x) \leqslant \rho_2(\|x\|) \tag{2.29}$$

$$V(f_g(x)) \leqslant \lambda_1 V(x) \tag{2.30}$$

(2) 存在常数 $\lambda_2 > 1$ 使得对 $\forall x \in \mathbb{R}^n$

$$V(f_s(x)) \leqslant \lambda_2 V(x) \tag{2.31}$$

(3) 序列 $\{\theta_k\}$ 是遍历的, 存在 θ_0 使得

$$\theta_0 = \lim_{T \to \infty} \frac{1}{T} \sum_{k=0}^{T} \theta_k$$

定理 2.7　如果假设2.5成立, 且有

$$\lambda_1^{\theta_0} \lambda_2^{(1-\theta_0)} < 1 \tag{2.32}$$

则系统(2.28)几乎每个解都渐近收敛到原点.

　　证明: 因为 $\theta_k \in \{0, 1\}$, 因此有

$$\sum_{k=0}^{T} \left(\theta_k \log \lambda_1 + (1 - \theta_k) \log \lambda_2 \right) = \sum_{k=0}^{T} \log \left(\theta_k \lambda_1 + (1 - \theta_k) \lambda_2 \right) \tag{2.33}$$

由 (2.32) 有 $\theta_0 \log \lambda_1 + (1 - \theta_0) \log \lambda_2 < 0$, 因此

$$\log \lambda_1 \left(\lim_{T \to \infty} \frac{1}{T} \sum_{k=0}^{T} \theta_k \right) + \log \lambda_2 \left(1 - \left(\lim_{T \to \infty} \frac{1}{T} \sum_{k=0}^{T} \theta_k \right) \right) < 0$$

结合 (2.33), 得到

$$\lim_{T \to \infty} \frac{1}{T} \sum_{k=0}^{T} \log \left(\theta_k \lambda_1 + (1 - \theta_k) \lambda_2 \right) < 0$$

进一步有

$$\lim_{T \to \infty} \frac{1}{T} \prod_{k=0}^{T} \left(\theta_k \lambda_1 + (1 - \theta_k) \lambda_2 \right) = 0 \tag{2.34}$$

注意

$$\begin{aligned}
V(z(k+1)) &= V(\theta f_g(z(k)) + (1 - \theta_k) f_s(z(k))) \\
&= \theta_k V(f_g(z(k))) + (1 - \theta_k) V(f_s(z(k))) \\
&\leqslant \theta_k \lambda_1 V(z(k)) + (1 - \theta_k) \lambda_2 V(z(k)) \\
&= (\theta_k \lambda_1 + (1 - \theta_k) \lambda_2) V(z(k)) \\
&= \lambda_1^{\theta_k} \lambda_2^{(1-\theta_k)} V(z(k))
\end{aligned} \tag{2.35}$$

由 (2.29)、(2.34) 和 (2.35), 我们可以容易推得定理结论. ■

　　定理 2.7 给出了保证系统解渐近性质的条件, 下面将给出一个结果, 该结果保证系统瞬态性质的概率界.

定理 2.8 如果假设2.5成立, 且存在一个常数 $\delta > 0$ 使得

$$\lambda_1^{\theta_0} \lambda_2^{(1-\theta_0)} < \mathrm{e}^{-\delta} \tag{2.36}$$

则存在一个常数 $\eta > 0$, 使得对任意 $\varepsilon > 0$ 都可以找到一个 $\mathcal{KL}$ 类函数 β_ε, 使得对所有 $k \in \mathcal{Z}_{\geqslant 0}$

$$P_r \left\{ \|z(k)\| > \beta_\varepsilon \left(\|z(0)\|, k \right) \right\} \leqslant \min \left\{ \varepsilon, \mathrm{e}^{-\eta k} \right\} \tag{2.37}$$

为证明定理 2.8, 我们需要如下引理 2.1.

引理 2.1 设 $\{\theta_i; i = 1, 2, \cdots, k\}$ 是一个在 $\{0, 1\}$ 中取值且均值为 θ_0 的遍历序列, 则对任意 $\varepsilon > 0$ 和 $k \in \mathcal{Z}_{\geqslant 0}$, 有

$$P_r \left\{ \sum_{i=0}^{k} (\theta_0 - \theta_i) \geqslant \varepsilon k \right\} \leqslant \exp \left(-\frac{\varepsilon^2}{2} k \right) \tag{2.38}$$

定理 2.8 的证明:

由 (2.35) 可以推得

$$V(z(k)) \leqslant \prod_{j=0}^{k-1} \left(\lambda_1^{\theta_j} \lambda_2^{(1-\theta_j)} \right) V(z(0)) \tag{2.39}$$

定义参数 $\eta \in R_{>0}$, $k^* \in \mathcal{Z}_{\geqslant 0}$ 和 $M \in R_{\geqslant 0}$ 分别为

$$\eta = \frac{1}{2} \left(\frac{\delta}{\log \left(\frac{\lambda_1}{\lambda_2} \right)} \right)^2 \tag{2.40}$$

$$k^* = \min \left\{ k \in \mathcal{Z}_{\geqslant 0}, k \geqslant -\frac{\log \varepsilon}{\eta} \right\} \tag{2.41}$$

$$M = \left(\mathrm{e}^\delta \left(\frac{\lambda_1}{\lambda_2} \right)^{\theta_0} \right)^{-k^*} \tag{2.42}$$

令 $\Psi = \mathrm{e}^\delta \lambda_1^{\theta_0} \lambda_2^{(1-\theta_0)}$. 定义函数 $\beta_\varepsilon \in \mathcal{KL}$ 为

$$\beta_\varepsilon(s, k) = \rho_1^{-1} \left(\Psi^k M \rho_2(s) \right) \tag{2.43}$$

可以证明, 对所有 $k \geqslant 0$,

$$\begin{aligned}
&P \left\{ \|z(k)\| > \beta_\varepsilon \left(\|z(0)\|, k \right) \right\} \\
&= P_r \left\{ \|z(k)\| > \rho_1^{-1} \left(\Psi^k M \rho_2 \left(\|z(0)\| \right) \right) \right\} \\
&\leqslant P_r \left\{ \|z(k)\| > \rho_1^{-1} \left(\Psi^k M V(z(0)) \right) \right\} \\
&= P_r \left\{ \rho_1 \left(\|z(k)\| \right) > \Psi^k M V(z(0)) \right\} \\
&\leqslant P_r \left\{ V(z(k)) > \Psi^k M V(z(0)) \right\}
\end{aligned} \tag{2.44}$$

下面分两种情况分析, 即 $k < k^*$ 和 $k \geqslant k^*$.

当 $k < k^*$ 时, 由 (2.42) 中 M 的定义和条件 (2.36) 可以看出, 对 $k < k^*$,

$$\Psi^k M = \left(e^\delta \lambda_1^{\theta_0} \lambda_2^{(1-\theta_0)} \right)^{k-k^*} \lambda_2^{k^*} \geqslant \lambda_2^{k^*}$$

因此, 由 (2.44) 可知, 对 $k < k^*$ 有

$$P_r \left\{ V\left(z\left(k \right) \right) > \Psi^k M V\left(z\left(0 \right) \right) \right\} \leqslant P_r \left\{ V\left(z\left(k \right) \right) > \lambda_2^{k^*} V\left(z\left(0 \right) \right) \right\}$$

然而, 由 (2.39) 可知

$$V\left(z\left(k \right) \right) \leqslant \lambda_2^k V\left(z\left(0 \right) \right), \quad \forall k \geqslant 0$$

因此, 可以推知

$$P_r \left\{ V\left(z\left(k \right) \right) > \lambda_2^{k^*} V\left(z\left(0 \right) \right) \right\} = 0, \quad \forall k < k^*$$

换言之, 对所有 $k < k^*$, 有

$$P_r \left\{ \| z\left(k \right) \| > \beta_\varepsilon \left(\| z\left(0 \right) \|, k \right) \right\} = 0 \tag{2.45}$$

下面来考虑 $k \geqslant k^*$ 情形.

注意

$$M = \left(\frac{\lambda_2}{e^\delta \lambda_1^{\theta_0} \lambda_2^{(1-\theta_0)}} \right)^{k^*} \geqslant 1$$

由 (2.44) 可以推知

$$P_r \left\{ V\left(z\left(k \right) \right) > \Psi^k M V\left(z\left(0 \right) \right) \right\}$$
$$\leqslant P_r \left\{ V\left(z\left(k \right) \right) > \Psi^k V\left(z\left(0 \right) \right) \right\}$$
$$\leqslant P_r \left\{ V\left(z\left(0 \right) \right) \prod_{j=0}^{k-1} \left(\lambda_1^{\theta_j} \lambda_2^{(1-\theta_j)} \right) > \Psi^k V\left(z\left(0 \right) \right) \right\}$$
$$= P_r \left\{ V\left(z\left(0 \right) \right) \left(\prod_{j=0}^{k-1} \left(\lambda_1^{\theta_j} \lambda_2^{(1-\theta_j)} \right) - \Psi^k \right) > 0 \right\} \tag{2.46}$$

由于函数 $V\left(\cdot \right)$ 是正定的, 因此 (2.46) 大于 0 的充分必要条件

$$\prod_{j=0}^{k-1} \left(\lambda_1^{\theta_j} \lambda_2^{(1-\theta_j)} \right) > \prod_{j=0}^{k-1} \left(e^\delta \lambda_1^{\theta_0} \lambda_2^{(1-\theta_0)} \right)$$

两边取 log 得到

$$\sum_{j=0}^{k-1} (\theta_0 - \theta_j) > -\frac{\delta k}{\log\left(\dfrac{\lambda_1}{\lambda_2}\right)} \tag{2.47}$$

注意 $\dfrac{\lambda_1}{\lambda_2} < 1$, 因此 (2.47) 式的右端为正. 利用引理 2.1 可推知

$$P_r \left\{ \prod_{j=0}^{k-1} (\theta_0 - \theta_j) > -\frac{\delta k}{\log\left(\dfrac{\lambda_1}{\lambda_2}\right)} \right\} \leqslant e^{-\eta k} \tag{2.48}$$

结合 (2.46) 与 (2.48), 可以证明

$$P_r \left\{ \|z(k)\| > \beta_\varepsilon (\|z(0)\|, k) \right\} \leqslant e^{-\eta k}$$

由 k^* 的定义, 上式可得

$$P_r \left\{ \|z(k)\| > \beta_\varepsilon (\|z(0)\|, k) \right\} \leqslant e^{-\eta k^*} \leqslant \varepsilon \tag{2.49}$$

进一步, 结合 (2.45) 和 (2.49) 可得, 对 $\forall k \in \mathcal{Z}_{\geqslant 0}$,

$$P_r \left\{ \|z(k)\| > \beta_\varepsilon (\|z(0)\|, k) \right\} \leqslant \min \left\{ \varepsilon, e^{-\eta k} \right\} \qquad \blacksquare$$

考虑系统 (2.27), 对应 (2.28) 可知, 此时有

$$f_g (z(k)) = G_0 z(k), \quad f_s (z(k)) = G_1 z(k) \tag{2.50}$$

因为 (A, B) 可控, 则 $(e^{Ah}, \Gamma_0 B)$ 可控, 因此, 可采用线性系统理论方法设计一矩阵 K, 使得 $e^{Ah} + \Gamma_0 BK$ 的特征根位于单位圆内. 此时 G_0 也为一稳定矩阵, 即 G_0 的特征根位于单位圆内. 考虑一线性矩阵不等式

$$G_0^{\mathrm{T}} P G_0 - \lambda_1 P < 0 \tag{2.51}$$

其中 $\lambda_1 \in [0, 1)$.

假设 2.6 对 $\lambda_1 \in [0, 1)$, 存在一个正定矩阵 P 使(2.51)成立.

构造一个函数 $V(z(k)) = z^{\mathrm{T}}(k) P z(k)$, 结合 (2.51) 可知, V 函数满足 (2.29) 和 (2.30), 这里 $\rho_1(\|x\|) = \lambda_{\min}(P) \|x\|^2$, $\rho_2(\|x\|) = \lambda_{\max}(P) \|x\|^2$, 取 $\lambda_2 = \lambda_{\max}\left(P^{-\frac{1}{2}} G_1^{\mathrm{T}} P G_1 P^{-\frac{1}{2}}\right)$.

推论 2.2 若假设2.6成立, 且序列 $\{\alpha_k\}$ 满足假设条件2.5中的(3), 则只要(2.32)式满足, 系统(2.27)的每个解几乎都渐近收敛到原点.

注 2.5　推论2.2的结论可直接由定理2.7推得. 进一步, 利用定理2.8可有以下推论.

推论 2.3　若假设2.6成立且序列 $\{\alpha_k\}$ 满足假设2.5中的(3), 则只要(2.36)满足, 存在一个常数 $\eta > 0$, 使得对任意 $\varepsilon > 0$ 都可以找到一个 $\mathcal{KL}$ 类函数 β_ε 使得对所有 $k \in \mathcal{Z}_{\geqslant 0}$,

$$P_r\left\{\|z(k)\| > \beta_\varepsilon\left(\|z(0)\|, k\right)\right\} \leqslant \min\left\{\varepsilon, \mathrm{e}^{-\eta k}\right\}$$

下面研究当系统 (2.25) 满足假设 2.4 时, 系统的稳定性.

定义 2.2　若对初始状态 $(z(0), \theta_0)$, 存在常数 $0 < \alpha < 1$ 和 $\beta > 0$, 使得对 $\forall k \geqslant 0$ 有

$$\mathbf{E}\left[\|z(k)\|^2 \mid z(0), \theta_0\right] < \beta\alpha^k\|z(0)\|^2$$

则称系统(2.25)的解是指数均方稳定的.

定理 2.9　系统(2.25)的解是指数均方稳定的充分必要条件为, 存在矩阵 $P_i > 0\,(i = 0, 1)$ 使得下式成立

$$G_i^{\mathrm{T}}\left(\sum_{j=0}^{1} p_{ij}P_j\right)G_i - P_i < 0, \quad i = 0, 1 \tag{2.52}$$

如果 θ_k 是一个 Bernouli 过程, $p_{00} = p_{10} = p$ 且 $p_{01} = p_{11} = 1 - p$, 有如下结论

定理 2.10　若 $p_{00} = p_{10} = p$ 且 $p_{01} = p_{11} = 1 - p$, 系统(2.25)的解为指数均方稳定的充分必要条件为, 存在矩阵 $P > 0$ 使得下式成立

$$pG_0^{\mathrm{T}}PG_0 + (1 - p)G_1^{\mathrm{T}}PG_1 - P < 0 \tag{2.53}$$

注 2.6　定理2.9和定理2.10分别是文献[23]中定理1和定理2的直接推论. 使用定理2.9, 需要联立求解一组线性矩阵不等式. 当满足定理2.10条件时, 求解(2.53)是比较容易的. 通过设计合适的矩阵 K, 可使得矩阵 G_0 是稳定的, 即其特征根位于单位圆内. 然而, G_1 是非稳定的. 由(2.53)可以看出, 要想使(2.53)有解, 需要 $G_0^{\mathrm{T}}PG_0$ 项占主导作用, 即需要 p 的值比较大.

例 2.2　考虑系统 (2.16). 不同的是, 这里我们仅考虑数据丢包的影响, 而忽略网路延迟对系统的影响. 另外, 假设控制器与驱动器间网络中的数据丢包现象可以忽略, 即仅考虑传感器到控制器间网络的数据丢包, 此时

$$\varGamma_0 = \begin{bmatrix} 1 & 0.3679 \\ 0 & 0.6321 \end{bmatrix}$$

因此, 对应 (2.25) 可得其增广矩阵为

$$G\left(\theta_k\right) = \begin{bmatrix} 1 - 0.3679\theta_k & 0.6321 - 0.3679\theta_k & -0.3679\left(1 - \theta_k\right) & -0.3679\left(1 - \theta_k\right) \\ -0.6321\theta_k & 0.3679 - 0.6321\theta_k & -0.6321\left(1 - \theta_k\right) & -0.6321\left(1 - \theta_k\right) \\ \theta_k & 0 & 1 - \theta_k & 0 \\ 0 & \theta_k & 0 & 1 - \theta_k \end{bmatrix}$$

当 $\theta_k = 1$ 时

$$G_0 = \begin{bmatrix} 0.6321 & 0.2642 & 0 & 0 \\ -0.6321 & -0.2642 & 0 & 0 \\ 1 & 0 & 0 & 0 \\ 0 & 1 & 0 & 0 \end{bmatrix}$$

当 $\theta_k = 0$ 时

$$G_1 = \begin{bmatrix} 1 & 0.6321 & -0.3679 & -0.3679 \\ 0 & 0.3679 & -0.6321 & -0.6321 \\ 0 & 0 & 1 & 0 \\ 0 & 0 & 0 & 1 \end{bmatrix}$$

取 $\lambda_1 = 0.5$, 求解 (2.51) 得

$$P = \begin{bmatrix} 1.4762 & 0.5597 & -0.2737 & -0.0619 \\ 0.5597 & 1.3998 & 0.2539 & 0.0524 \\ -0.2737 & 0.2539 & 0.4807 & 0.1442 \\ -0.0619 & -0.0524 & 0.1442 & 0.3777 \end{bmatrix}$$

因此 $\lambda_2 = 4.5277$. 此时, 由 (2.32) 可知, θ_0 的最小允许值为 0.6854, 也即只要当 $\theta_0 > 0.6854$, 利用推论 2.2 可知, 系统 (2.16) 的解渐近收敛到 0.

如果 θ_k 满足 Bernouli 过程, 且 $p = 0.7$, 利用 Matlab 的 LMI 工具可知 (2.53) 有解为

$$P = \begin{bmatrix} 107.2154 & 67.5643 & -47.3078 & -39.1281 \\ 67.5643 & 119.3522 & -16.3332 & -27.9344 \\ -47.3078 & -16.3332 & 97.0249 & 69.4510 \\ -39.1281 & -27.9344 & 69.4510 & 87.2058 \end{bmatrix}$$

进一步, 由 (2.53) 可以求出最小允许的 p 值为 0.67 . $\qquad\qquad\square$

2.2　连续时间系统模型与稳定性分析

上一节中, 基于离散时间系统模型研究了网络延迟和数据丢包对系统性能的影响, 介绍了当网络延迟小于采样周期时, 系统稳定性的判别条件. 虽然也有结果讨论了网络延迟大于采样周期时系统稳定的分析 [12, 16] , 但结果尚很初步. 下面介绍一种基于连续时间系统模型的网络控制系统建模方法, 并给出当考虑网络延迟、数据丢包和错序时系统的稳定性分析.

考虑连续线性系统 (2.1) , 系统中传感器采用时钟驱动, 控制器和驱动器为事件驱动. 控制器采用线性状态反馈, 即 $u(t) = Kx(t)$. 保持器采用零阶保持器, 其输出为分段常数函数. 考虑到网络诱导延迟和数据丢包等对系统的影响, 以数据到达驱动器端时刻为基准, (2.1) 的闭环系统可描述为

$$\dot{x}(t) = Ax(t) + Bu(t), \quad t \in [i_k h + \tau_k, i_{k+1}h + \tau_{k+1}) \qquad (2.54)$$
$$u(t^+) = Kx(t - \tau_k), \quad t \in \{i_k h + \tau_k, k = 1, 2, \cdots\}$$

其中 h 是采样周期, $i_k(k = 1, 2, 3, \cdots)$ 为一些正整数且有 $\{i_1, i_2, i_3, \cdots\} \subset \{0, 1, 2, \cdots\}$. τ_k 表示第 $i_k h$ 个数据包从传感端到驱动端所经过的传输时间. 显然有关系, $\bigcup\limits_{k=1}^{\infty}[i_k h + \tau_k, i_{k+1}h\tau_{k+1}) = [t_0, \infty)$, $t_0 \geqslant 0$. 假设在第一个控制信号到达驱动器端之前 $u(t) = 0$.

注 2.7　在 (2.54) 中, $\{i_1, i_2, i_3, \cdots\}$ 是 $\{0, 1, 2, \cdots\}$ 的一个子集, 而且无需要求 $i_{k+1} > i_k$. 当 $\{i_1, i_2, i_3, \cdots\} = \{0, 1, 2, \cdots\}$, 则意味网络数据传输中不存在丢包. 如果 $i_{k+1} > i_k + 1$, 其意味 $h + \tau_{k+1} > \tau_k$. 特别地, 当 $\tau_k = \tau_0$ 且 $\tau_k < h$ 时, 上述关系成立. 由于驱动器为事件驱动的, 因此, (2.54) 可以表示成

$$\dot{x}(t) = Ax(t) + BKx(i_k h), \quad t \in [i_k h + \tau_k, i_{k+1}h + \tau_{k+1}) \qquad (2.55)$$
$$x(t) = x(t_0 - \eta) e^{A(t - t_0 + \eta)} \triangleq \phi(t), \quad t \in [t_0 - \eta, t_0]$$

这里 η 为 $\{(i_{k+1} - i_k)h + \tau_{k+1}, k = 1, 2, \cdots\}$ 的一个上确界, $\phi(t)$ 可视为系统的初始函数.

定义 2.3　如果存在常数 $\alpha > 0$ 和 $\beta > 0$ 使得系统 (2.55) 的解满足

$$\|x(t)\| \leqslant \alpha \sup_{t_0 - \eta \leqslant s \leqslant t_0} \|\phi(s)\| e^{-\beta t}, \quad t \geqslant t_0$$

则称系统 (2.55) 是指数渐近稳定的.

定理 2.11 给定 $\eta > 0$，如果存在矩阵 P, M_i, N_i $(i = 1, 2, 3)$ 和正定矩阵 $T > 0$，使得下列LMI有解

$$
\left[
\begin{array}{cc}
N_1 + N_1^{\mathrm{T}} - M_1 A - A^{\mathrm{T}} M_1^{\mathrm{T}} & N_2^{\mathrm{T}} - N_1 - A^{\mathrm{T}} M_2^{\mathrm{T}} - M_1 BK \\
* & -N_2 - N_2^{\mathrm{T}} - M_2 BK - K^{\mathrm{T}} B^{\mathrm{T}} M_2^{\mathrm{T}} \\
* & * \\
* & *
\end{array}
\right.
$$

$$
\left.
\begin{array}{cc}
N_3^{\mathrm{T}} - A^{\mathrm{T}} M_3^{\mathrm{T}} + M_1 + P & \eta N_1 \\
-N_3^{\mathrm{T}} + M_2 - K^{\mathrm{T}} B^{\mathrm{T}} M_3^{\mathrm{T}} & \eta N_2 \\
M_3 + M_3^{\mathrm{T}} + \eta T & \eta N_3 \\
* & -\eta T
\end{array}
\right] < 0 \qquad (2.56)
$$

且

$$
(i_{k+1} - i_k) h + \tau_{k+1} \leqslant \eta, \quad k = 1, 2, 3, \cdots \qquad (2.57)
$$

其中 "$*$" 表示矩阵的对称项，则系统(2.55)是指数渐近稳定的.

证明： 构造 Lyapunov 泛函为

$$
V(t) = x^{\mathrm{T}}(t) P x(t) + \int_{t-\eta}^{t} \int_{s}^{t} \dot{x}^{\mathrm{T}}(\theta) T \dot{x}(\theta) \, \mathrm{d}v \mathrm{d}s \qquad (2.58)
$$

对 $t \in [i_k h + \tau_k, i_{k+1} h + \tau_{k+1})$，求 $V(t)$ 关于时间的导数得

$$
\begin{aligned}
\dot{V}(t) = {} & 2 x^{\mathrm{T}}(t) P \dot{x}(t) + 2 \left[x^{\mathrm{T}}(t) N_1 + x^{\mathrm{T}}(i_k h) N_2 + \dot{x}^{\mathrm{T}}(t) N_3 \right] \\
& \times \left[x(t) - x(i_k h) - \int_{i_k h}^{t} \dot{x}(s) \, \mathrm{d}s \right] + 2 \left[x^{\mathrm{T}}(t) M_1 + x^{\mathrm{T}}(i_k h) M_2 + \dot{x}^{\mathrm{T}}(t) M_3 \right] \\
& \times \left[-A x(t) - BK x(i_k h) + \dot{x}(t) \right] + \eta \dot{x}^{\mathrm{T}}(t) T \dot{x}(t) \\
& - \int_{t-\eta}^{t} \dot{x}^{\mathrm{T}}(s) T \dot{x}(s) \, \mathrm{d}s
\end{aligned} \qquad (2.59)
$$

这里用到了牛顿–莱布尼兹公式

$$
x(t) - x(i_k h) - \int_{i_k h}^{t} \dot{x}(s) \, \mathrm{d}s = 0
$$

由于 (2.57) 成立，可以证明以下关系

$$
-\int_{t-\eta}^{t} \dot{x}^{\mathrm{T}}(s) T \dot{x}(s) \, \mathrm{d}s \leqslant -\int_{i_k h}^{t} \dot{x}^{\mathrm{T}}(s) T \dot{x}(s) \, \mathrm{d}s \qquad (2.60)
$$

和

$$-2\left[x^{\mathrm{T}}\left(t\right)N_1 + x^{\mathrm{T}}\left(i_k h\right)N_2 + \dot{x}^{\mathrm{T}}\left(t\right)N_3\right]\int_{i_k h}^{t}\dot{x}\left(s\right)\mathrm{d}s$$

$$\leqslant \eta e^{\mathrm{T}}\left(t\right)NT^{-1}N^{\mathrm{T}}e\left(t\right) + \int_{i_k h}^{t}\dot{x}^{\mathrm{T}}\left(s\right)T\dot{x}\left(s\right)\mathrm{d}s \tag{2.61}$$

其中 $e^{\mathrm{T}}\left(t\right) = \left[\begin{array}{ccc} x^{\mathrm{T}}\left(t\right), & x^{\mathrm{T}}\left(i_k h\right), & \dot{x}^{\mathrm{T}}\left(t\right)\end{array}\right]$, $N^{\mathrm{T}} = \left[\begin{array}{ccc} N_1^{\mathrm{T}}, & N_2^{\mathrm{T}}, & N_3^{\mathrm{T}}\end{array}\right]$.

结合 (2.59)~(2.61), 可得

$$\dot{V}\left(t\right) \leqslant e^{\mathrm{T}}\left(t\right)\Omega e\left(t\right), \quad t \in [i_k h + \tau_k, i_{k+1}h + \tau_{k+1}) \tag{2.62}$$

其中

$$\Omega = \left[\begin{array}{cc} N_1 + N_1^{\mathrm{T}} - M_1 A - A^{\mathrm{T}}M_1^{\mathrm{T}} & N_2^{\mathrm{T}} - N_1 - A^{\mathrm{T}}M_2^{\mathrm{T}} - M_1 BK \\ * & -N_2 - N_2^{\mathrm{T}} - M_2 BK - K^{\mathrm{T}}B^{\mathrm{T}}M_2^{\mathrm{T}} \\ * & * \end{array}\right.$$

$$\left.\begin{array}{c} N_3^{\mathrm{T}} - A^{\mathrm{T}}M_3^{\mathrm{T}} + M_1 + P \\ -N_3^{\mathrm{T}} + M_2 - K^{\mathrm{T}}B^{\mathrm{T}}M_3^{\mathrm{T}} \\ M_3 + M_3^{\mathrm{T}} + \eta T \end{array}\right] + \eta NT^{-1}N^{\mathrm{T}}.$$

显然 $\Omega < 0$ 与 (2.56) 是等价的, 定义 $\lambda = \lambda_{\min}\left(-\Omega\right)$, 由 (2.62) 可得

$$\dot{V}\left(t\right) \leqslant -\lambda\left\|x\left(t\right)\right\|^2 - \lambda\left\|\dot{x}\left(t\right)\right\|^2, \quad t \in [i_k h + \tau_k, i_{k+1}h + \tau_{k+1}) \tag{2.63}$$

定义函数

$$W\left(t\right) = \mathrm{e}^{\varepsilon t}V\left(t\right) \tag{2.64}$$

在区间 $[i_k h + \tau_k, i_{k+1}h + \tau_{k+1})$ 上对 $W\left(t\right)$ 关于时间 t 求导得

$$\dot{W}\left(t\right) = \varepsilon\mathrm{e}^{\varepsilon t}V\left(t\right) + \mathrm{e}^{\varepsilon t}\dot{V}\left(t\right)$$

$$\leqslant \varepsilon\mathrm{e}^{\varepsilon t}V\left(t\right) - \lambda\mathrm{e}^{\varepsilon t}\left\|x\left(t\right)\right\|^2 - \lambda\mathrm{e}^{\varepsilon t}\left\|\dot{x}\left(t\right)\right\|^2$$

对上式两边从 $i_k h + \tau_k$ 到 t 取积分得

$$W\left(t\right) - W\left(i_k h + \tau_k\right) \leqslant \int_{i_k h + \tau_k}^{t}\varepsilon\mathrm{e}^{\mathrm{e}s}V\left(s\right)\mathrm{d}s - \lambda\int_{i_k h + \tau_k}^{t}\mathrm{e}^{\mathrm{e}s}\left\|x\left(s\right)\right\|^2\mathrm{d}s$$

$$-\lambda\int_{i_k h + \tau_k}^{t}\mathrm{e}^{\mathrm{e}s}\left\|\dot{x}\left(s\right)\right\|^2\mathrm{d}s \tag{2.65}$$

由于 $V(t)$ 在 $[t_0, \infty)$ 上是连续的, 因此 $W(t)$ 也是连续的. 由 (2.65) 可以进一步推知

$$W(t) - W(t_0) \leqslant \int_{t_0}^{t} \varepsilon e^{es} V(s) \, ds - \lambda \int_{t_0}^{t} e^{es} \|x(s)\|^2 \, ds - \lambda \int_{t_0}^{t} e^{es} \|\dot{x}(s)\|^2 \, ds \quad (2.66)$$

结合 (2.58)、(2.64) 和 (2.66) 可以证明, 当 $\varepsilon > 0$ 充分小时, 可以找到一个常数 $\rho > 0$, 使得

$$V(t) \leqslant \rho \sup_{t_0 - \eta \leqslant s \leqslant t_0} \|\phi(s)\|^2 e^{-\varepsilon t}, \quad t \geqslant t_0 \quad (2.67)$$

因此, 可推知

$$\|x(t)\| \leqslant \sqrt{\lambda_{\min}^{-1}(P) \rho} \sup_{t_0 - \eta \leqslant s \leqslant t_0} \|\phi(s)\| e^{-\left(\frac{\varepsilon t}{2}\right)}, \quad t \geqslant t_0 \quad (2.68)$$

$\blacksquare$

注 2.8 在系统(2.54)中, 若 $i_{k+1} < i_k$, 则表明有数据错序发生. 由定理 2.11可以看出, 数据错序会导致保守性结果. 事实上, 若 $i_{k+1} < i_k < i_{k+2}$ 且 η 满足(2.57), 因此, $(i_{k+2} - i_{k+1}) h - \tau_{k+2} \leqslant \eta$ 而 $i_{k+2} - i_k < i_{k+2} - i_{k+1}$, 因此, 对同一个 τ_{k+2}, 当有错序发生时, 主动丢弃数据包 $x(i_{k+1}h)$ 可以导致保守性小的结果. 另外, 主动丢弃旧的数据包, 可以节约网络带宽从而减少网络延迟 $\tau_k (k = 1, 2, \cdots)$, 也同时使得系统能够允许更多的数据丢包量.

下面给出数据丢包的量化方法.

定义

$$m = \sup_{k} \{i_{k+1} - i_k, k = 1, 2, \cdots\} \quad (2.69)$$

显然 m 是正整数. 允许传输率的下界 γ 定义为

$$\gamma = \frac{1}{m} \quad (2.70)$$

注 2.9 γ 表示系统能够容忍数据丢包的一个度. 已知 η 满足(2.57)且 $\tau_k \leqslant \tau_0$, 则

$$(i_{k+1} - i_k) h \leqslant \eta - \tau_0 \quad (2.71)$$

可保证(2.57)成立. 定义 $m_0 = \sup_{k} \{i_{k+1} - i_k, k = 1, 2, \cdots\}$, $i_{k+1} - i_k$ 满足(2.71). 则有 $m \geqslant m_0$. 因此, 允许传输率的下界 γ 是小于 $\frac{1}{m_0}$ 的一个数. 另外, 由(2.71)可见, 快采样周期减少 h 值, 可以提高 m_0 的允许值, 从而可以减小允许传输率的下界 γ 值.

注 2.10　若 $i_k = k$，表明没有数据丢包发生. 此时，(2.57)成为 $h + \tau_{k+1} \leqslant \eta$. 进而，若 $\tau_k = \tau_0$ 为一常数，有 $h + \tau_0 \leqslant \eta$. 由此式可见，快采样周期可以允许大的网络延迟. 对于传统计算机控制，假设 $\tau_0 = 0$，则有 $h \leqslant \eta$. 此时，定理2.11提供了一个最大允许采样周期的判别方法.

定理 2.11 给出了当网络环境满足条件 (2.57) 时，系统 (2.55) 稳定性的判别条件. 在许多实际系统，网络延迟包含网络传输延迟、等待延迟和计算延迟，而对一个给定的网络，其网络传输延迟通常是一个常数，我们用 τ_m 表示. 因此，(2.54) 中的 $\tau_k \geqslant \tau_m$. 另外，实际系统中，系统不仅受到参数建模误差的影响，而且还受到外来干扰因素的影响. 此时，系统模型可以描述为

$$\dot{x}(t) = Ax(t) + Bu(t) + B_\varpi \varpi(t) \tag{2.72}$$

$$x(t_0) = x_0 \tag{2.73}$$

$$z(t) = Cx(t) + Du(t) \tag{2.74}$$

其中 $x(t) \in \mathbb{R}^n$、$u(t) \in \mathbb{R}^m$ 和 $z(t) \in \mathbb{R}^r$ 表示状态量、控制输入和控制输出，A, B, B_ϖ, C 和 D 为适当维数的矩阵，$\varpi(t) \in \mathcal{L}_2[t_0, \infty)$ 为外来干扰. 假设 $\varpi(t) = 0$, $t \leqslant t_0$，且在第一个控制信号到达驱动端前 $u(t) = 0$. 考虑网络环境的影响，类似系统 (2.55)，由 (2.72)~(2.74) 可得到其基于网络的闭环系统的描述为

$$\dot{x}(t) = Ax(t) + Bu(t) + B_\varpi \varpi(t) \tag{2.75}$$

$$z(t) = Cx(t) + Du(t), \quad t \in [i_k h + \tau_k, i_{k+1} h + \tau_{k+1}) \tag{2.76}$$

$$u(t^+) = Kx(t - \tau_k), \quad t \in \{i_k h + \tau_k, k = 1, 2, \cdots\} \tag{2.77}$$

(2.75)~(2.77) 的等价形式为

$$\dot{x}(t) = Ax(t) + BKx(i_k h) + B_\varpi \varpi(t) \tag{2.78}$$

$$x(t) = \Phi(t, t_0 - \eta)x(t_0 - \eta) \triangleq \phi(t), \quad t \in [t_0 - \eta, t_0] \tag{2.79}$$

$$z(t) = Cx(t) + DKx(i_k h), \quad t \in [i_k h + \tau_k, i_{k+1} h + \tau_{k+1}) \tag{2.80}$$

其中，$\Phi(t, t_0 - \eta)$ 是下矩阵方程的解

$$\dot{\Phi}(t, t_0 - \eta) = A\Phi(t, t_0 - \eta), \quad t \in [t_0 - \eta, t_0]$$

假设 2.7　*存在两个常数 $\eta > 0$ 和 $\tau_m \geqslant 0$ 使得*

$$(i_{k+1} - i_k)h + \tau_{k+1} \leqslant \eta,$$

$$\tau_k \geqslant \tau_m, \quad k = 1, 2, \cdots$$

这里 $\eta \geqslant \tau_m$.

下面在假设 2.7 下, 研究系统 (2.78)~(2.80) 的稳定性和 H_∞ 性质, 为此, 给出如下定义

定义 2.4 系统(2.78)~(2.80)是内指数渐近稳定且满足 H_∞ 范数界 γ, 若下列满足

(1) 当 $\varpi(t) = 0$, 存在常数 $\alpha > 0$ 和 $\beta > 0$ 使得系统(2.78)~(2.80)的解满足

$$\|x(t)\| \leqslant \alpha \sup_{t_0 - \leqslant s \leqslant t_0} \|\phi(s)\| e^{-\beta t}, t \geqslant t_0$$

(2) 在零初始条件下, 控制输出 $z(t)$ 满足 $\|z(t)\|_2 \leqslant \gamma \|\varpi(t)\|_2$.

定理 2.12 给定 τ_m, η 和 γ, 如果存在矩阵 $P_k (k = 1, 2, 3)$, $T_j > 0$, $R_j > 0 (j = 1, 2)$ 和矩阵 N_i, S_i 和 $M_i (i = 1, 2, 3, 4)$ 使得下列LMI成立

$$\begin{bmatrix} \Xi_{11} & * \\ \Xi_{21} & \Xi_{22} \end{bmatrix} < 0 \tag{2.81}$$

$$\begin{bmatrix} P_1 & P_2 \\ P_2^T & P_3 \end{bmatrix} > 0 \tag{2.82}$$

其中

$$\Xi_{11} = \begin{bmatrix} \Gamma_{11} & * & * & * \\ \Gamma_{21} & \Gamma_{22} & * & * \\ \Gamma_{31} & \Gamma_{32} & \Gamma_{33} & * \\ \Gamma_{41} & \Gamma_{42} & \Gamma_{43} & \Gamma_{44} \end{bmatrix}$$

$$\Xi_{21} = \begin{bmatrix} \tau_0 P_3 & 0 & -\tau_0 P_3 & \tau_0 P_2^T \\ \eta N_1^T & \eta N_2^T & \eta N_3^T & \eta N_4^T \\ \delta S_1^T & \delta S_2^T & \delta S_3^T & \delta S_4^T \\ C & DK & 0 & 0 \\ -B_\varpi^T M_1^T & -B_\varpi^T M_2^T & -B_\varpi^T M_3^T & -B_\varpi^T M_4^T \end{bmatrix}$$

$$\Xi_{22} = \mathrm{diag}\left(-\tau_0 T_2, -\eta R_1, -\delta R_2, -I, -\gamma^2 I\right)$$

$$\Gamma_{11} = P_2 + P_2^T + T_1 + \tau_0 T_2 + N_1 + N_1^T - M_1 A - A^T M_1^T$$

$$\Gamma_{21} = N_2 - N_1^T + S_1^T - M_2 A - K^T B^T M_1^T$$

$$\Gamma_{31} = N_3 - P_2^T - S_1^T - M_3 A$$

$$\Gamma_{41} = M_1^T + N_4 + P_1 - M_4 A$$

$$\Gamma_{22} = -N_2 - N_2^T + S_2 + S_2^T - M_2 BK - K^T B^T M_2^T$$

$$\Gamma_{32} = -N_3 + S_3 - S_2^{\mathrm{T}} - M_3 BK$$

$$\Gamma_{42} = -N_4 + S_4 + M_2^{\mathrm{T}} - M_4 BK$$

$$\Gamma_{33} = -T_1 - S_3 - S_3^{\mathrm{T}}$$

$$\Gamma_{43} = -S_4 + M_3^{\mathrm{T}}$$

$$\Gamma_{44} = M_4 + M_4^{\mathrm{T}} + \eta R_1 + 2\delta R_2,$$

则系统(2.78)~(2.80)是内指数渐近稳定且满足 H_∞ 范数界 γ.

证明: 定义

$$\tau_0 = \frac{\eta + \tau_m}{2}, \delta = \frac{\eta - \tau_m}{2}$$

构造 Lyapunov 泛函为

$$
\begin{aligned}
V(t) = {} & x^{\mathrm{T}}(t) P_1 x(t) + 2x^{\mathrm{T}}(t) P_2 \left(\int_{t-\tau_0}^{t} x(s)\,\mathrm{d}s \right) \\
& + \left(\int_{t-\tau_0}^{t} x^{\mathrm{T}}(s)\,\mathrm{d}s \right) P_3 \left(\int_{t-\tau_0}^{t} x(s)\,\mathrm{d}s \right) \\
& + \int_{t-\tau_0}^{t} x^{\mathrm{T}}(s) T_1 x(s)\,\mathrm{d}s + \int_{t-\tau_0}^{t} \int_{s}^{t} x^{\mathrm{T}}(v) T_2 x(v)\,\mathrm{d}v\mathrm{d}s \\
& + \int_{t-\eta}^{t} \int_{s}^{t} \dot{x}^{\mathrm{T}}(v) R_1 \dot{x}(v)\,\mathrm{d}v\mathrm{d}s + 2\delta \int_{t-\tau_0+\delta}^{t} \dot{x}^{\mathrm{T}}(s) R_2 \dot{x}(s)\,\mathrm{d}s \\
& + \int_{t-\tau_0-\delta}^{t-\tau_0+\delta} \int_{\delta}^{t-\tau_0+\delta} \dot{x}^{\mathrm{T}}(v) R_2 \dot{x}(v)\,\mathrm{d}v\mathrm{d}s
\end{aligned}
\tag{2.83}
$$

对 $t \in [i_k h + \tau_k, i_{k+1} h + \tau_{k+1})$, 求 $V(t)$ 关于时间 t 的导数得到

$$
\begin{aligned}
\dot{V}(t) = {} & 2x^{\mathrm{T}}(t) P_1 \dot{x}(t) + 2\dot{x}^{\mathrm{T}}(t) P_2 \int_{t-\tau_0}^{t} x(s)\,\mathrm{d}s \\
& + 2x^{\mathrm{T}}(t) P_2 (x(t) - x(t-\tau_0)) \\
& + 2(x(t) - x(t-\tau_0)) P_3 \int_{t-\tau_0}^{t} x(s)\,\mathrm{d}s \\
& + x^{\mathrm{T}}(t)(T_1 + \tau_0 T_2) x(t) - x^{\mathrm{T}}(t-\tau_0) T_1 x(t-\tau_0) \\
& - \int_{t-\tau_0}^{t} x^{\mathrm{T}}(s) T_2 x(s)\,\mathrm{d}s + \dot{x}^{\mathrm{T}}(t)(\eta R_1 + 2\delta R_2) \dot{x}(t) \\
& - \int_{t-\eta}^{t} \dot{x}^{\mathrm{T}}(s) R_1 \dot{x}(s)\,\mathrm{d}s - \int_{t-\tau_0-\delta}^{t-\tau_0+\delta} \dot{x}^{\mathrm{T}}(s) R_2 \dot{x}(s)\,\mathrm{d}s \\
& + 2e^{\mathrm{T}}(t) N \left[x(t) - x(i_k h) - \int_{i_k h}^{t} \dot{x}(s)\,\mathrm{d}s \right]
\end{aligned}
$$

$$+2e^{\mathrm{T}}(t) S\left[x(i_k h) - x(t - \tau_0) - \int_{t-\tau_0}^{i_k h} \dot{x}(s)\,\mathrm{d}s\right]$$

$$+2e^{\mathrm{T}}(t) M\left[-Ax(t) - BKx(i_k h) - B_{\varpi}\varpi(t) + \dot{x}(t)\right]$$

$$+\left[Cx(t) + DKx(i_k h)\right]^{\mathrm{T}}\left[Cx(t) + DKx(i_k h)\right]$$

$$-\gamma^2 \varpi^{\mathrm{T}}(t)\varpi(t) - z^{\mathrm{T}}(t) z(t) + \gamma^2 \varpi^{\mathrm{T}}(t)\varpi(t) \tag{2.84}$$

这里 $e^{\mathrm{T}}(t) = \left[x^{\mathrm{T}}(t),\ x^{\mathrm{T}}(i_k h),\ x^{\mathrm{T}}(t - \tau_0),\ \dot{x}^{\mathrm{T}}(t)\right]$, $N^{\mathrm{T}} = \left[N_1^{\mathrm{T}},\ N_2^{\mathrm{T}},\ N_3^{\mathrm{T}},\ N_4^{\mathrm{T}}\right]$, $S^{\mathrm{T}} = \left[S_1^{\mathrm{T}},\ S_2^{\mathrm{T}},\ S_3^{\mathrm{T}},\ S_4^{\mathrm{T}}\right]$, $M^{\mathrm{T}} = \left[M_1^{\mathrm{T}},\ M_2^{\mathrm{T}},\ M_3^{\mathrm{T}},\ M_4^{\mathrm{T}}\right]$.

在 (2.84) 中，我们用到了以下恒等式

$$e^{\mathrm{T}}(t) N\left[x(t) - x(i_k h) - \int_{i_k h}^{t} \dot{x}(s)\,\mathrm{d}s\right] = 0$$

$$e^{\mathrm{T}}(t) S\left[x(i_k h) - x(t - \tau_0) - \int_{t-\tau_0}^{i_k h} \dot{x}(s)\,\mathrm{d}s\right] = 0$$

$$e^{\mathrm{T}}(t) M\left[-Ax(t) - BKx(i_k h) - B_{\varpi}\varpi(t) + \dot{x}(t)\right] = 0$$

容易证明，对 $t \in [i_k h + \tau_k, i_{k+1} h + \tau_{k+1})$,

$$-2e^{\mathrm{T}}(t) N \int_{i_k h}^{t} \dot{x}(s)\,\mathrm{d}s \leqslant \eta e^{\mathrm{T}}(t) N R_1^{-1} N^{\mathrm{T}} e(t) + \int_{i_k h}^{t} \dot{x}^{\mathrm{T}}(s) R_1 \dot{x}(s)\,\mathrm{d}s \tag{2.85}$$

和

$$-2e^{\mathrm{T}}(t) S \int_{t-\tau_0}^{i_k h} \dot{x}(s)\,\mathrm{d}s \leqslant \delta e^{\mathrm{T}}(t) S R_2^{-1} S^{\mathrm{T}} e(t)$$

$$+ \left\{ \begin{array}{ll} \displaystyle\int_{t-\tau_0}^{i_k h} \dot{x}^{\mathrm{T}}(s) R_2 \dot{x}(s)\,\mathrm{d}s, & t < \tau_0 + i_k h \\[4mm] \displaystyle\int_{i_k h}^{t-\tau_0} \dot{x}^{\mathrm{T}}(s) R_2 \dot{x}(s)\,\mathrm{d}s, & t \geqslant \tau_0 + i_k h \end{array} \right. \tag{2.86}$$

$$\int_{i_k h}^{t} \dot{x}^{\mathrm{T}}(s) R_1 \dot{x}(s)\,\mathrm{d}s \leqslant \int_{t-\eta}^{t} \dot{x}^{\mathrm{T}}(s) R_1 \dot{x}(s)\,\mathrm{d}s \tag{2.87}$$

另外，可以证明，当 $t < \tau_0 + i_k h$ 时，

$$\int_{t-\tau_0}^{i_k h} \dot{x}^{\mathrm{T}}(s) R_2 \dot{x}(s)\,\mathrm{d}s \leqslant \int_{t-\tau_0-\delta}^{t-\tau_0+\delta} \dot{x}^{\mathrm{T}}(s) R_2 \dot{x}(s)\,\mathrm{d}s \tag{2.88}$$

当 $t \geqslant \tau_0 + i_k h$ 时，

$$\int_{i_k h}^{t-\tau_0} \dot{x}^{\mathrm{T}}(s) R_2 \dot{x}(s)\,\mathrm{d}s \leqslant \int_{t-\tau_0-\delta}^{t-\tau_0+\delta} \dot{x}^{\mathrm{T}}(s) R_2 \dot{x}(s)\,\mathrm{d}s \tag{2.89}$$

结合 (2.84)~(2.89) 得到, 当 $t \in [i_k h + \tau_k, i_{k+1} h + \tau_{k+1})$,

$$\dot{V}(t) \leqslant \left[\begin{array}{ccc} e^{\mathrm{T}}(t) & \displaystyle\int_{t-\tau_0}^{t} x^{\mathrm{T}}(s)\,\mathrm{d}s & \varpi^{\mathrm{T}}(t) \end{array} \right] \left\{ \left[\begin{array}{cc} \Xi_{11} & * \\ \tilde{\Xi}_{21} & \tilde{\Xi}_{22} \end{array} \right] + \eta \tilde{N} R_1^{-1} \tilde{N}^{\mathrm{T}} \right.$$

$$\left. + \delta \tilde{S} R_2^{-1} \tilde{S}^{\mathrm{T}} + \tilde{C} \tilde{C}^{\mathrm{T}} \right] \left[\begin{array}{c} e(t) \\ \displaystyle\int_{t-\tau_0}^{t} x(s)\,\mathrm{d}s \\ \varpi(t) \end{array} \right] \tag{2.90}$$

其中

$$\tilde{\Xi}_{21} = \left[\begin{array}{cccc} P_3 & 0 & -P_3 & P_2^{\mathrm{T}} \\ -B_\varpi^{\mathrm{T}} M_1^{\mathrm{T}} & -B_\varpi^{\mathrm{T}} M_2^{\mathrm{T}} & -B_\varpi^{\mathrm{T}} M_3^{\mathrm{T}} & -B_\varpi^{\mathrm{T}} M_4^{\mathrm{T}} \end{array} \right]$$

$$\tilde{\Xi}_{22} = \mathrm{diag}\left(-\frac{1}{\tau_0} T_2, \quad -\gamma^2 I \right)$$

$$\tilde{N}^{\mathrm{T}} = \left[\begin{array}{ccc} N^{\mathrm{T}} & 0 & 0 \end{array} \right]$$

$$\tilde{S}^{\mathrm{T}} = \left[\begin{array}{ccc} S^{\mathrm{T}} & 0 & 0 \end{array} \right]$$

$$\tilde{C}^{\mathrm{T}} = \left[\begin{array}{cccccc} C & DK & 0 & 0 & 0 & 0 \end{array} \right]$$

利用 Schur 补且结合 (2.81) 和 (2.90) 得到, 当 $t \in [i_k h + \tau_k, i_{k+1} h + \tau_{k+1})$,

$$\dot{V}(t) \leqslant -z^{\mathrm{T}}(t) z(t) + \gamma^2 \varpi^{\mathrm{T}}(t) \varpi(t) \tag{2.91}$$

对上式从 $i_k h + \tau_k$ 到 $t \in [i_k h + \tau_k, i_{k+1} h + \tau_{k+1})$ 积分得

$$V(t) - V(i_k h + \tau_k) \leqslant -\int_{i_k h + \tau_k}^{t} z^{\mathrm{T}}(s) z(s)\,\mathrm{d}s + \int_{i_k h + \tau_k}^{t} \gamma^2 \varpi^{\mathrm{T}}(s) \varpi(s)\,\mathrm{d}s \tag{2.92}$$

由于 $\displaystyle\bigcup_{k=1}^{\infty} [i_k h + \tau_k, i_{k+1} h + \tau_{k+1}) = [t_0, \infty)$ 且 $V(t)$ 是关于 t 连续的, 因此, 由 (2.92) 可得

$$V(t) - V(t_0) \leqslant -\int_{t_0}^{t} z^{\mathrm{T}}(s) z(s)\,\mathrm{d}s + \int_{t_0}^{t} \gamma^2 \varpi^{\mathrm{T}}(s) \varpi(s)\,\mathrm{d}s \tag{2.93}$$

令 $t \to \infty$ 且考虑零初始条件, 由 (2.93) 得到

$$\int_{t_0}^{\infty} z^{\mathrm{T}}(s) z(s)\,\mathrm{d}s \leqslant \gamma^2 \int_{t_0}^{\infty} \varpi^{\mathrm{T}}(s) \varpi(s)\,\mathrm{d}s \tag{2.94}$$

即

$$\|z(t)\|_2 \leqslant \gamma \|\varpi(t)\|_2$$

下面证明内指数稳定性. 设 $\varpi(t) = 0$, 利用 Lyapunov 泛函 (2.83), 对 $t \in [i_k h + \tau_k, i_{k+1} h + \tau_{k+1})$ 求其关于时间 t 的导数有,

$$
\dot{V}(t) \leqslant \left[\begin{array}{cc} e^{\mathrm{T}}(t) & \displaystyle\int_{t-\tau_0}^t x^{\mathrm{T}}(s)\,\mathrm{d}s \end{array}\right] \left\{ \left[\begin{array}{cc} \Xi_{11} & * \\ \hat{\Xi}_{21} & -\dfrac{1}{\tau_0}T_2 \end{array}\right] + \eta \left[\begin{array}{c} N \\ 0 \end{array}\right] R_1^{-1} \left[\begin{array}{cc} N^{\mathrm{T}}, & 0 \end{array}\right] \right.
$$
$$
\left. + \delta \left[\begin{array}{c} S \\ 0 \end{array}\right] R_2^{-1} \left[\begin{array}{cc} S^{\mathrm{T}}, & 0 \end{array}\right] \right\} \times \left[\begin{array}{c} e(t) \\ \displaystyle\int_{t-\tau_0}^t x(s)\,\mathrm{d}s \end{array}\right] \tag{2.95}
$$

其中 $\hat{\Xi}_{21} = \left[\begin{array}{cccc} P_3, & 0, & -P_3, & P_2^{\mathrm{T}} \end{array}\right]$.

利用条件 (2.81), 由 (2.95) 可推得

$$
\dot{V}(t) \leqslant -\lambda \|x(t)\|^2 - \lambda \|\dot{x}(t)\|^2 \tag{2.96}
$$

其中 $\lambda = \min\{\lambda_{\min}(W_1), \lambda_{\min}(W_2)\}$.

利用定理 2.11 的证明方法可得到内指数渐近稳定性. ■

定理 2.11 和定理 2.12 给出了当系统参数矩阵为已知情况下, 网络环境对系统性能的影响, 并给出了保证系统稳定或 H_∞ 性能的充分条件. 实际系统中, 由于建模误差等原因, 系统模型中参数往往是不确定的. 假设系统参数矩阵中存在一有界摄动, 针对 (2.72)~(2.74), 假设矩阵 A 和 B 中含有不确定性, C 和 D 是已知矩阵. A 和 B 可以表示成 $A + \Delta A(t)$ 和 $B + \Delta B(t)$, 其中 $\Delta A(t)$ 和 $\Delta B(t)$ 满足广义匹配条件, 即

$$
\left[\begin{array}{cc} \Delta A(t), & \Delta B(t) \end{array}\right] = G F(t) \left[\begin{array}{cc} E_1, & E_2 \end{array}\right] \tag{2.97}
$$

其中 $G, E_i\,(i=1,2)$ 是常数矩阵, $F(t)$ 满足 $\|F(t)\| \leqslant 1$.

此时, 考虑网络环境的影响, 闭环系统可表示成

$$
\dot{x}(t) = [A + \Delta A(t)]x(t) + [B + \Delta B(t)]u(t) + B_\varpi \varpi(t) \tag{2.98}
$$
$$
x(t) = \Phi(t, t_0 - \eta)x(t_0 - \eta) \stackrel{\triangle}{=} \phi(t), \quad t \in [t_0 - \eta, t_0] \tag{2.99}
$$
$$
z(t) = Cx(t) + DKx(i_k h), \quad t \in [i_k h + \tau_k, i_{k+1} h + \tau_{k+1}) \tag{2.100}
$$

其中 $\Phi(t, t_0 - \eta)$ 是下矩阵方程的解

$$
\dot{\Phi}(t, t_0 - \eta) = [A + \Delta A(t)]\Phi(t, t_0 - \eta), \quad t \in [t_0 - \eta, t_0]
$$

利用定理 2.12 和 (2.97), 可得到与系统 (2.98)~(2.100) 有关的如下 H_∞ 性能分析结果.

定理 2.13　对给定 τ_m, η 和 γ, 若存在矩阵 $P_k\,(k=1,2,3)$, $T_3>0$, $R_3>0(j=1,2)$ 和矩阵 N_i, S_i, $M_i\,(1=1,2,3,4)$ 以及标量 $\varepsilon>0$, 使得下列LMI成立

$$\begin{bmatrix} \Psi_{11} & * \\ \Psi_{21} & \Psi_{22} \end{bmatrix} < 0$$

$$\begin{bmatrix} P_1 & P_2 \\ P_2^{\mathrm{T}} & P_3 \end{bmatrix} > 0 \tag{2.101}$$

其中

$$\Psi_{11} = \begin{bmatrix} \Gamma_{11}' & * & * & * \\ \Gamma_{21}' & \Gamma_{22}' & * & * \\ \Gamma_{31}' & \Gamma_{32}' & * & * \\ \Gamma_{41}' & \Gamma_{42}' & \Gamma_{43}' & \Gamma_{44}' \end{bmatrix}$$

$$\Psi_{21} = \begin{bmatrix} \tau_0 P_3 & 0 & -\tau_0 P_3 & \tau_0 P_2^{\mathrm{T}} \\ \eta N_1^{\mathrm{T}} & \eta N_2^{\mathrm{T}} & \eta N_3^{\mathrm{T}} & \eta N_4^{\mathrm{T}} \\ \delta S_1^{\mathrm{T}} & \delta S_2^{\mathrm{T}} & \delta S_3^{\mathrm{T}} & \delta S_4^{\mathrm{T}} \\ C & DK & 0 & 0 \\ -B_{\varpi}^{\mathrm{T}}M_1^{\mathrm{T}} & -B_{\varpi}^{\mathrm{T}}M_2^{\mathrm{T}} & -B_{\varpi}^{\mathrm{T}}M_3^{\mathrm{T}} & -B_{\varpi}^{\mathrm{T}}M_4^{\mathrm{T}} \\ G^{\mathrm{T}}M_1^{\mathrm{T}} & G^{\mathrm{T}}M_2^{\mathrm{T}} & G^{\mathrm{T}}M_3^{\mathrm{T}} & G^{\mathrm{T}}M_4^{\mathrm{T}} \end{bmatrix}$$

$$\Psi_{22} = \mathrm{diag}\left(-\tau_0 T_2, \ -\eta R_1, \ -\delta R_2, \ -I, \ -\gamma^2 I, \ -\varepsilon I \right)$$

$$\Gamma_{11}' = P_2 + P_2^{\mathrm{T}} + T_1 + \tau_0 T_2 + N_1 + N_1^{\mathrm{T}} - M_1 A - A^{\mathrm{T}}M_1^{\mathrm{T}} + \varepsilon E_a^{\mathrm{T}}E_a$$

$$\Gamma_{21}' = N_2 - N_1^{\mathrm{T}} + S_1^{\mathrm{T}} - M_2 A - K^{\mathrm{T}}B^{\mathrm{T}}M_1^{\mathrm{T}} + \varepsilon K^{\mathrm{T}}E_b^{\mathrm{T}}E_a$$

$$\Gamma_{31}' = N_3 - P_2^{\mathrm{T}} - S_1^{\mathrm{T}} - M_3 A$$

$$\Gamma_{41}' = M_1^{\mathrm{T}} + N_4 + P_1 - M_4 A$$

$$\Gamma_{22} = -N_2 - N_2^{\mathrm{T}} + S_2 + S_2^{\mathrm{T}} - M_2 BK - K^{\mathrm{T}}B^{\mathrm{T}}M_2^{\mathrm{T}} + \varepsilon K^{\mathrm{T}}E_b^{\mathrm{T}}E_a K$$

$$\Gamma_{32}' = -N_3 + S_3 - S_2^{\mathrm{T}} - M_3 BK$$

$$\Gamma_{42}' = -N_4 + S_4 - M_2^{\mathrm{T}} - M_4 BK$$

$$\Gamma_{33}' = -T_1 - S_3 - S_3^{\mathrm{T}}$$

$$\Gamma_{42}' = -S_4 + M_3^{\mathrm{T}}$$

$$\Gamma_{44}' = M_4 + M_4^{\mathrm{T}} + \eta R_1 + 2\eta R_2$$

则系统(2.98)~(2.100)是内鲁棒指数渐近稳定且满足 H_∞ 范数界 γ.

例 2.3 考虑如下系统

$$\dot{x}(t) = \begin{bmatrix} 0 & 1 \\ 0 & -0.1 \end{bmatrix} x(t) + \begin{bmatrix} 0 \\ 0.1 \end{bmatrix} u(t) \tag{2.102}$$

当考虑外扰动对系统影响时, (2.102) 表示成

$$\dot{x}(t) = \begin{bmatrix} 0 & 1 \\ 0 & -0.1 \end{bmatrix} x(t) + \begin{bmatrix} 0 \\ 0.1 \end{bmatrix} u(t) + \begin{bmatrix} 0.1 \\ 0.1 \end{bmatrix} \varpi(t) \tag{2.103}$$

$$z(t) = \begin{bmatrix} 0, & 1 \end{bmatrix} x(t) + 0.1 u(t) \tag{2.104}$$

这里反馈控制采用 $u(t) = \begin{bmatrix} -3.75, & -11.5 \end{bmatrix}$. 该控制是在不考虑网络环境影响的情况下设计出的. 利用定理 2.11 和定理 2.12, 可以分别给出保证闭环稳定性设计的性能指标的网络环境要求, 即求出最大允许的 η 值, 利用定理 2.11 得到最大允许 η 值为 0.8695. 当网络延迟 τ_k 的下界存在, 为简单起见, 考虑 $\tau_k = \hat{\tau}$ 为常数且无数据丢包的情形. 此时, 由定理 2.11 可得 $\eta_{\max} = 0.8695$, 则最大允许延迟为 $\hat{\tau}_{\max} = 0.8695 - h$. 当 $h = 0.3$, $\hat{\tau}_{\max} = 0.5695$. 然而, 利用定理 2.12, 当 $h = 0.3$, $\hat{\tau}_{\max} = 0.6916$, 此时, $\eta_{\max} = 0.9916$. 显然, 利用定理 2.12 求出的结果要优于利用定理 2.11 求出的结果, 这主要是因为在定理 2.12 中我们利用了时滞的下界信息.

当 $\tau_m = 0$ 时, 对 $\eta = 0.8695$ 的网络条件, 利用定理 2.12 可求得 H_∞ 范数界的最小值 $\gamma_{\min} = 6.82$. 考虑延迟 τ_k 有下界的情况, 为简单起见, 设 $\tau_k = \hat{\tau}$ 为常数, 则当 $h = 0.3$ 和 $\hat{\tau} = 0.5695$ 时, $\gamma_{\min} = 1.26$. □

第3章 基于模型的反馈控制设计

当考虑网络环境的影响, 例如, 网络延迟和数据丢包等时, 上一章讨论了网络控制系统的建模, 同时给出了在不同情况下系统性能分析结果, 给出了系列判别条件. 在给出的结果中, 使用的控制律是在不考虑网络环境影响时给出的. 本章分别基于离散时间模型和连续时间模型, 在考虑网络环境的影响下, 讨论反馈控制的设计问题. 在 3.1 节中介绍了基于离散时间模型的反馈控制设计方法, 包括模型依赖设计方法 [10] ①、基于有界数据丢包率的设计方法 ②、随机最优控制设计方法 [15] 以及时滞相关设计方法, 在 3.2 节中介绍了基于连续时间模型的反馈控制设计方法, 包括模型依赖设计方法 [10] ① 和时滞相关设计方法 [4, 13, 68].

3.1 基于离散时间模型的反馈控制设计

3.1.1 模型依赖设计方法

考虑如下被控对象

$$x(t+1) = Ax(t) + Bu(t) \tag{3.1}$$

$$y(t) = Cx(t) + Du(t) \tag{3.2}$$

其中 $t \in [t_k, t_{k+1})$, t_k 为采样时刻, $t_{k+1} - t_k = h$, h 为一正整数.

本节考虑从传感器到控制器为网络连接的情形. 在控制端构造一个和 (3.1) 具有相同结构的系统

$$\hat{x}(t+1) = \hat{A}\hat{x}(t) + \hat{B}u(t) \tag{3.3}$$

$$\hat{y}(t) = \hat{C}\hat{x}(t) + \hat{D}u(t) \tag{3.4}$$

控制策略采用

$$u(t) = K\hat{x}(t) \tag{3.5}$$

---

① Montestruque L, Antsaklis P. Model-based networked control system-stability. http://www.nd.edu/~isis/techreports/isis-2002-001.pdf [2001].

② Xiong J L, Lam J. Stabilization of linear systems over networks with bounded packet loss. submitted, 2006.

假设传感器与驱动器数据更新的时刻是同步的，那么在每个采样时刻 t_k 有 $\hat{x}(t_k) = x(t_k)$. 首先考虑状态量完全可测的情况，对于状态量不完全可测时，将采用构造观测器的方法，这部分内容将在后面给出.

基于状态反馈的控制系统结构可用图 3.1 描述.

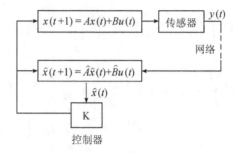

图 3.1　基于状态反馈的控制系统结构图

定义 $e(t) = x(t) - \hat{x}(t)$，结合 (3.3) 和 (3.5) 可得

$$z(t+1) = \Phi z(t), \quad t \in [t_k, t_{k+1}) \tag{3.6}$$

其中 $z(t) = \begin{bmatrix} x(t) \\ e(t) \end{bmatrix}$，$\Phi = \begin{bmatrix} A+BK & -BK \\ \tilde{A}+\tilde{B}K & \hat{A}-\tilde{B}K \end{bmatrix}$，$\tilde{A} = A - \hat{A}$，$\tilde{B} = B - \hat{B}$. 显然，$e(t_k) = 0$.

定理 3.1　系统(3.6)是指数渐近稳定的充分必要条件为

$$M = \begin{bmatrix} I & 0 \\ 0 & 0 \end{bmatrix} \Phi^h \begin{bmatrix} I & 0 \\ 0 & 0 \end{bmatrix} \tag{3.7}$$

的特征根均位于单位圆内.

证明：对于 $t \in [t_k, t_{k+1})$，(3.6) 的系统响应为

$$z(t) = \Phi^{t-t_k} \begin{bmatrix} x(t_k) \\ 0 \end{bmatrix} = \Phi^{t-t_k} z(t_k) \tag{3.8}$$

而

$$z(t_k) = \begin{bmatrix} I & 0 \\ 0 & 0 \end{bmatrix} z(t_k) \tag{3.9}$$

结合 (3.8) 和 (3.9) 有

$$z(t_k) = \begin{bmatrix} I & 0 \\ 0 & 0 \end{bmatrix} \Phi^h z(t_{k-1}) \tag{3.10}$$

由 (3.8) 和 (3.10) 可推得

$$z(t) = \Phi^{t-t_k} \left(\begin{bmatrix} I & 0 \\ 0 & 0 \end{bmatrix} \Phi^h \right)^k z(t_0) \tag{3.11}$$

可以证明 $\left(\begin{bmatrix} I & 0 \\ 0 & 0 \end{bmatrix} \Phi^h \right)^k$ 具有形式 $\begin{bmatrix} G^k & N \\ 0 & 0 \end{bmatrix}$. 因此

$$\begin{aligned} \left(\begin{bmatrix} I & 0 \\ 0 & 0 \end{bmatrix} \Phi^h \right)^k z(t_0) &= \left(\begin{bmatrix} I & 0 \\ 0 & 0 \end{bmatrix} \Phi^h \right)^k \begin{bmatrix} x(t_0) \\ 0 \end{bmatrix} \\ &= \begin{bmatrix} G^k & N \\ 0 & 0 \end{bmatrix} \begin{bmatrix} x(t_0) \\ 0 \end{bmatrix} \\ &= \begin{bmatrix} G^k x(t_0) \\ 0 \end{bmatrix} \\ &= \begin{bmatrix} G^k & 0 \\ 0 & 0 \end{bmatrix} \begin{bmatrix} x(t_0) \\ 0 \end{bmatrix} \\ &= \left(\begin{bmatrix} I & 0 \\ 0 & 0 \end{bmatrix} \Phi^h \begin{bmatrix} I & 0 \\ 0 & 0 \end{bmatrix} \right)^k \begin{bmatrix} x(t_0) \\ 0 \end{bmatrix} \end{aligned}$$

则有

$$z(t) = \Phi^{t-t_k} \left(\begin{bmatrix} I & 0 \\ 0 & 0 \end{bmatrix} \Phi^h \begin{bmatrix} I & 0 \\ 0 & 0 \end{bmatrix} \right)^k z(t_0), t \in [t_k, t_{k+1}) \tag{3.12}$$

下面证明定理的充分性

对 (3.12) 两边取范数有

$$\begin{aligned} \|z(t)\| &= \left\| \Phi^{t-t_k} \left(\begin{bmatrix} I & 0 \\ 0 & 0 \end{bmatrix} \Phi^h \begin{bmatrix} I & 0 \\ 0 & 0 \end{bmatrix} \right)^k z(t_0) \right\| \\ &\leqslant \left\| \Phi^{t-t_k} \right\| \left\| \left(\begin{bmatrix} I & 0 \\ 0 & 0 \end{bmatrix} \Phi^h \begin{bmatrix} I & 0 \\ 0 & 0 \end{bmatrix} \right)^k \right\| \|z(t_0)\| \end{aligned} \tag{3.13}$$

注意

$$\left\| \Phi^{t-t_k} \right\| \leqslant (\bar{\sigma}(\Phi))^{t-t_k} \leqslant (\bar{\sigma}(\Phi))^h = K_1 \tag{3.14}$$

其中 $\bar{\sigma}(\Phi)$ 表示 Φ 的最大奇异值.

由于 $\left(\begin{bmatrix} I & 0 \\ 0 & 0 \end{bmatrix} \Phi^h \begin{bmatrix} I & 0 \\ 0 & 0 \end{bmatrix} \right)$ 的特征根位于单位圆内, 因此, 存在 K_2 和

$\alpha_1 > 0$ 使得

$$\left\| \left(\begin{bmatrix} I & 0 \\ 0 & 0 \end{bmatrix} \Phi^h \begin{bmatrix} I & 0 \\ 0 & 0 \end{bmatrix} \right)^k \right\| \leqslant K_2 \mathrm{e}^{-\alpha_1 k} \tag{3.15}$$

而

$$K_2 \mathrm{e}^{-\alpha_1 k} < K_2 \mathrm{e}^{-\alpha_1 \frac{t-1}{h}} = K_3 \mathrm{e}^{-\alpha t} \tag{3.16}$$

其中 $K_3 = K_2 \mathrm{e}^{\frac{\alpha_1}{h}}$, $\alpha = \frac{\alpha_1}{h}$.

结合 (3.13)~(3.16) 得

$$\| z(t) \| \leqslant K_1 K_3 \mathrm{e}^{-\alpha t} \| z(t_0) \| \tag{3.17}$$

再证明必要性.

假设系统 (3.6) 是稳定的, 但 $\left(\begin{bmatrix} I & 0 \\ 0 & 0 \end{bmatrix} \Phi^h \begin{bmatrix} I & 0 \\ 0 & 0 \end{bmatrix} \right)$ 至少有一个特征根位

于单位圆之外, 而由 (3.6) 的稳定性知道, $\| z(t_k) \| \to 0$, $k \to \infty$, 因此, $\| x(t_k) \| \to 0$,

$k \to \infty$.

定义 Φ^j 为

$$\Phi^j = \begin{bmatrix} W(j) & X(j) \\ Y(j) & Z(j) \end{bmatrix}$$

结合 (3.9) 和 (3.12), 可以推得

$$\begin{aligned} z(t_{k+1}) &= \begin{bmatrix} I & 0 \\ 0 & 0 \end{bmatrix} \begin{bmatrix} W(h)(W(h))^k & 0 \\ Y(h)(W(h))^k & 0 \end{bmatrix} \begin{bmatrix} I & 0 \\ 0 & 0 \end{bmatrix} z(t_0) \\ &= \begin{bmatrix} (W(h))^{k+1} & 0 \\ 0 & 0 \end{bmatrix} z(t_0) \end{aligned} \tag{3.18}$$

前面假设 $\left(\begin{bmatrix} I & 0 \\ 0 & 0 \end{bmatrix} \Phi^h \begin{bmatrix} I & 0 \\ 0 & 0 \end{bmatrix} \right)$ 的特征根至少有一个位于单位圆之外, 因

此, 该特征根一定也是 $W(h)$ 的特征根. 由 (3.18) 可以证明, $\| x(t_{k+1}) \| = \| (W(h))^{k+1}$

$x(t_0) \| \to \infty$, $k \to \infty$, 该结果与系统 (3.6) 的稳定性矛盾. ∎

前面在假设状态量是完全可测的情况下, 设计了控制器 (3.5). 而许多实际系统的状态量通常是不完全可测的, 能够获得的信息为对象的输出, 即 $y(t)$. 为实现控制 (3.5), 需要在对象输出端构造一个观测器, 其结构为

$$\bar{x}(t+1) = \left(\hat{A} - L\hat{C} \right) \bar{x}(t) + \begin{bmatrix} \hat{B} - L\hat{D} & L \end{bmatrix} \begin{bmatrix} u(t) \\ y(t) \end{bmatrix} \tag{3.19}$$

控制系统结构由图 3.2 描述

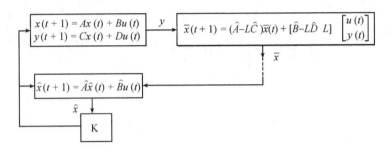

图 3.2   控制系统结构

定义 $e(t) = \bar{x}(t) - \hat{x}(t)$, 由 (3.1)、(3.3) 和 (3.19) 得如下扩展系统

$$z(t+1) = \Phi z(t), \quad t \in [t_k, t_{k+1}) \tag{3.20}$$

其中

$$z(t) = \left[\begin{array}{ccc} x^{\mathrm{T}}(t), & \bar{x}^{\mathrm{T}}(t), & e^{\mathrm{T}}(t) \end{array} \right]^{\mathrm{T}}$$

$$\Phi = \left[\begin{array}{ccc} A & BK & -BK \\ LC & \hat{A} - L\hat{C} + \hat{B}K + L\tilde{D}K & -\hat{B}K - L\tilde{D}K \\ LC & L\tilde{D}K - L\hat{C} & \hat{A} - L\tilde{D}K \end{array} \right]$$

$$\tilde{A} = A - \hat{A}, \quad \tilde{B} = B - \hat{B}, \quad \tilde{C} = C - \hat{C}, \quad \tilde{D} = D - \hat{D}.$$

针对系统 (3.20) 有如下结论, 该结论的证明方法类似于定理 3.2, 此处略 [1][10].

定理 3.2   系统(3.20)是指数渐近稳定的充分必要条件是

$$\left[\begin{array}{ccc} I & 0 & 0 \\ 0 & I & 0 \\ 0 & 0 & 0 \end{array} \right] \Phi^h \left[\begin{array}{ccc} I & 0 & 0 \\ 0 & I & 0 \\ 0 & 0 & 0 \end{array} \right]$$

的特征根均位于单位圆内.

例 3.1   考虑如下系统

$$x(t+1) = \left[\begin{array}{cc} 1 & 1 \\ 0 & 1 \end{array} \right] x(t) + \left[\begin{array}{c} 0 \\ 1 \end{array} \right] u(t) \tag{3.21}$$

状态反馈增益 $K = \begin{bmatrix} -1, & -2 \end{bmatrix}$. 显然, 当不考虑网络环境影响时, 在控制 $u(t) = [-1, -2]x(t)$ 的作用下, 系统 (3.21) 是稳定的. 利用 (3.21) 参数矩阵的随机摄动产生如下模型

$$\hat{x}(t+1) = \begin{bmatrix} 1.3626 & 1.6636 \\ -0.2410 & 1.0056 \end{bmatrix} \hat{x}(t) + \begin{bmatrix} 0.4189 \\ 0.8578 \end{bmatrix} u(t) \quad (3.22)$$

按照 (3.7), 对不同的 h 取值, 对应的 M 的特征根分别为

h	M 的特征根			
1	$(-0.0325 + 0.1507\mathrm{i}) \times 10^{-15}$	$(-0.0325 - 0.1507\mathrm{i}) \times 10^{-15}$	0	0
2	-0.4058	0	0	0
3	$0.2308+0.5637\mathrm{i}$	$0.2308-0.5637\mathrm{i}$	0	0
4	0.8489	0.3994	0	0
5	1.6522	0.0617	0	0

由此可见, 当 $h \geqslant 5$ 时, 网络控制系统是不稳定的. 当 $h \leqslant 4$ 时, 所构造的网络控制系统是稳定的. □

3.1.2 基于有界数据丢包率的设计方法

考虑如下线性离散系统

$$x(k+1) = Ax(k) + Bu(k) \quad (3.23)$$
$$x(0) = x_0$$

其中 $x(k) \in \mathbb{R}^n$ 和 $u(k) \in \mathbb{R}^m$ 分别表示状态量和控制输入, A 和 B 是两个常数矩阵. 本小节仅考虑网络传输中的数据丢包对系统性能的影响. 传感器采用时钟驱动, 控制器和驱动器采用事件驱动. 控制策略采用线性状态反馈 $u(k) = Kx(k)$.

定义序列

$$I = \{i_1, i_2, i_3, \cdots\} \quad (3.24)$$

其中 i_k 对应到达驱动器端的数据包 $Kx(i_k)$. 若 $i_k \in I$, 则表明数据包 $Kx(i_k)$ 未被丢失.

定义 3.1 数据丢包过程定义为

$$\{\eta(i_k) = i_{k+1} - i_k; i_k \in I\} \quad (3.25)$$

其中 $\eta(i_k) \in \mathcal{S} = \{1, 2, \cdots, q\}$, $q = \max\limits_{i_k \in I}(i_{k+1} - i_k)$.

下面针对 $\eta(i_k)$ 的不同分布特性, 讨论系统的性能分析以及反馈增益 K 的设计问题. 给出两个假设:

假设 3.1 $\eta(i_k)$ 在 $\mathcal{S}$ 中的取值是任意的.

假设 3.2 $\eta(i_k)$ 在 $\mathcal{S}$ 中的取值过程满足离散Markov 链分布，其转换概率矩阵为 $\Pi = (\pi_{ij}) \in \mathbb{R}^{q \times q}$ ，其中

$$\pi_{ij} = P_r\{n(i_{k+1}) = j \mid \eta(i_k) = i\}, \quad i,j \in \mathcal{S}$$

并且 $\sum_{j=i}^{q} \pi_{ij} = 1$ 对任何 $i \in \mathcal{S}$ 成立.

以下分别在假设 3.1 和 3.2 下，研究反馈增益 K 的设计问题. 首先给出假设 3.1 下反馈增益 K 的设计方法.

由于驱动器采用零阶保持，因此，控制输入为

$$u(k) = Kx(i_k), k \in [i_k : i_{k+1} - 1], \quad i_k \in I$$

显然，$u(k) = 0$, $k \in [0 : i_1 - 1]$ 为初始控制输入. 因此，闭环系统为

$$x(k+1) = Ax(k) + BKx(i_k), k \in [i_k : i_{k+1} - 1], \quad i_k \in I \tag{3.26}$$

引理 3.1   在假设3.1下，如果存在矩阵 $P_i > 0 \, (i \in \mathcal{S})$ 使得下矩阵不等式对所有 $i, j \in \mathcal{S}$ 成立

$$\left(A^j + B_j K\right)^{\mathrm{T}} P_j \left(A^j + B_j K\right) - P_i < 0 \tag{3.27}$$

其中 $B_j = \left(A^{j-1} + \cdots + A + I\right) B$ ，则系统(3.26)是渐近稳定的.

证明：由 (3.26) 可推得

$$x(i_{k+1}) = \left[A^{\eta(i_k)} + B_{\eta(i_k)} K\right] x(i_k), \quad i_k \in I \tag{3.28}$$

其中 $B_{\eta(i_k)} = \left(A^{\eta(i_k)-1} + \cdots + A + I\right) B$, 初始条件为 $x(i_1) = A^{i_1} x_0$.

构造如下依赖于数据丢包的 Lyapunov 函数

$$V(k) = x^{\mathrm{T}}(k) P_{(k-i_k)} x(k), k \in [i_k + 1 : i_{k+1}], \quad i_k \in I \tag{3.29}$$

令 $i = \eta(i_{k-1}) = i_k - i_{k-1}$, $j = \eta(i_k) = i_{k+1} - i_k$, 则有

$$V(i_k) = x^{\mathrm{T}}(i_k) P_i x(i_k) \tag{3.30}$$

$$V(i_{k+1}) = x^{\mathrm{T}}(i_{k+1}) P_j x(i_{k+1}) = x^{\mathrm{T}}(i_k) \left(A^j + B_j K\right)^{\mathrm{T}} P_i \left(A^j + B_j K\right) x(i_k)$$

因此，

$$V(i_{k+1}) - V(i_k) = x^{\mathrm{T}}(i_k) \left[\left(A^j + B_j K\right)^{\mathrm{T}} P_j \left(A^j + B_j K\right) - P_i\right] x(i_k) < 0 \tag{3.31}$$

对任何 $x(i_k) \neq 0$ 成立. 由此可知, $\lim\limits_{i_k \to \infty} V(i_k) = 0$, 因此 $\lim\limits_{i_k \to \infty} \|x(i_k)\|^2 = 0$.

由 (3.26) 可推知，当 $k \in [i_k + 1 : i_{k+1}]$，

$$x(k) = (A^r + B_r K) x(i_k)$$

其中 $r = k - i_k \in \mathcal{S}$, $B_r = \left(A^{r-1} + \cdots + A + I\right)B$, 因此有

$$V(k) = x^{\mathrm{T}}(k) P_{(k-i_k)} x(k) = x^{\mathrm{T}}(i_k) \left[\left(A^r + B_r K\right)^{\mathrm{T}} P_r \left(A^r + B_r K\right)\right] x(i_k)$$

从而可以证明

$$V(k) - V(i_k) < 0 \tag{3.32}$$

对任何 $x(i_k) \neq 0$ 成立. 上面已证 $\lim\limits_{i_k \to \infty} V(i_k) = 0$, 因此由上式知, $\lim\limits_{k \to \infty} V(k) = 0$, 从而知 $\lim\limits_{k \to \infty} \|x(k)\|^2 = 0$.

由 (3.31) 和 (3.32) 容易证明系统的稳定性, 从而可知系统 (3.26) 是渐近稳定的. ∎

定理 3.3 在假设3.1下, 如果存在矩阵 $X_i > 0 \, (i \in \mathcal{S})$, $G \in \mathbb{R}^{n \times n}$ 和 $Y \in \mathbb{R}^{m \times n}$ 使得下列关联LMI成立

$$\begin{bmatrix} -G - G^{\mathrm{T}} + X_i & \left(A^j G + B_j Y\right)^{\mathrm{T}} \\ A^j G + B_j Y & -X_j \end{bmatrix} < 0, \quad i, j \in \mathcal{S} \tag{3.33}$$

其中 $B_j = \left(A^{j-1} + \cdots + A + I\right)B$, 则当反馈增益 $K = YG^{-1}$ 时, 系统(3.26)是渐近稳定的.

证明: 由 (3.33) 可推得

$$\begin{bmatrix} A^j + B_j K, & I \end{bmatrix} \begin{bmatrix} -G - G^{\mathrm{T}} + X_i & \left(A^j G + B_j Y\right)^{\mathrm{T}} \\ A^j G + B_j Y & -X_j \end{bmatrix} \begin{bmatrix} \left(A^j + B_j K\right)^{\mathrm{T}} \\ I \end{bmatrix}$$

$$= \left(A^j + B_j K\right) X_i \left(A^j + B_j K\right)^{\mathrm{T}} - X_j < 0 \tag{3.34}$$

令 $P_i = X_i^{-1}$, 可以证明 (3.34) 等价于 (3.27). ∎

下面讨论在假设 3.2 下反馈增益 K 的设计问题.

定义 3.2 对初始条件 x_0, 若(3.26)的解满足 $\lim\limits_{k \to \infty} \mathbf{E}\left(\|x(k, x_0)\|^2\right) = 0$, 则称(3.26)是均方稳定的.

引理 3.2 在假设3.2下, 系统(3.26)是均方稳定的, 当且仅当存在矩阵 $P_i > 0$ $(i \in \mathcal{S})$ 使得对所有 $i \in \mathcal{S}$ 满足

$$\sum_{j=1}^{q} \left[\pi_{ij} \left(A^j + B_j K\right)^{\mathrm{T}} P_j \left(A^j + B_j K\right) - P_i\right] < 0 \tag{3.35}$$

其中 $B_j = \left(A^{j-1} + \cdots + A + I\right)B$.

证明: 充分性

取 Lyapunov 函数 (3.29), 则有

$$V(i_k) = x^{\mathrm{T}}(i_k) P_{\eta(i_{k-1})} x(i_k) \tag{3.36}$$

令 $i = \eta(i_{k-1}) = i_k - i_{k-1}$, $j = \eta(i_k) = i_{k+1} - i_k$, 则有

$$
\begin{aligned}
&\mathbf{E}\left(V\left(i_{k+1}\right) \mid \eta\left(i_{k-1}\right) = i\right) - V\left(i_k\right) \\
&= \mathbf{E}\left(x^{\mathrm{T}}\left(i_{k+1}\right) P_{\left(i_{k+1}-i_k\right)} x\left(i_{k+1}\right) \mid \eta\left(i_{k-1}\right) = i\right) - x^{\mathrm{T}}\left(i_k\right) P_{\eta\left(i_{k-1}\right)} x\left(i_k\right) \\
&= \mathbf{E}\left(x^{\mathrm{T}}\left(i_k\right)\left(A^{\eta\left(i_k\right)} + B_{\eta\left(i_k\right)} K\right)^{\mathrm{T}} P_{\eta\left(i_k\right)}\left(A^{\eta\left(i_k\right)} + B_{\eta\left(i_k\right)} K\right) x\left(i_k\right) \mid \eta\left(i_{k-1}\right) = i\right) \\
&\quad - x^{\mathrm{T}}\left(i_k\right) P_i x\left(i_k\right) \\
&= x^{\mathrm{T}}\left(i_k\right)\left(\sum_{j=i}^{q}\left[\pi_{ij}\left(A^j + B_j K\right)^{\mathrm{T}} P_j\left(A^j + B_j K\right)\right] - P_i\right) x\left(i_k\right) < 0 \quad (3.37)
\end{aligned}
$$

由 (3.37) 可得

$$
\lim_{i_k \to \infty} \mathbf{E}\left(V\left(i_k\right)\right) = 0
$$

因此

$$
\lim_{i_k \to \infty} \mathbf{E}\left(\left\|x\left(i_k, x\left(i_1\right)\right)\right\|^2\right) = 0
$$

对 $k \in [i_k + 1 : i_{k+1} - 1]$, 有

$$
V(k) = x^{\mathrm{T}}(k) P_{(k-i_k)} x(k) = x^{\mathrm{T}}\left(i_k\right)\left[\left(A^r + B_r K\right)^{\mathrm{T}} P_r\left(A^r + B_r K\right)\right] x\left(i_k\right) \quad (3.38)
$$

其中 $r = k - i_k$.

令 $\alpha = \max_{r \in \mathcal{S}}\left\|P_r^{-\frac{1}{2}}\left(A^r + B_r K\right)^{\mathrm{T}} P_r\left(A^r + B_r K\right) P_r^{-\frac{1}{2}}\right\|$, 则由 (3.38) 得

$$
V(k) \leqslant \alpha V\left(i_k\right), k \in [i_k + 1 : i_{k+1}], \quad i_k \in I
$$

因此, 可推知 $\lim_{k \to \infty} E\left(\left\|x\left(k, x_0\right)\right\|^2\right) = 0$.

必要性

由于 (3.26) 的均方稳定意味着 (3.28) 的均方稳定, 而由文献 [69],[70] 的定理可证得必要性. ∎

定理 3.4　在假设3.2下, 如果存在矩阵 $X_i > 0$, $G \in R^{n \times n}$ 和 $Y \in R^{m \times n}$ 使得下列关联LMI有解

$$
\begin{bmatrix}
-G - G^{\mathrm{T}} + X_i & \sqrt{\pi_{i1}}\left(AG + BY\right)^{\mathrm{T}} & \cdots & \sqrt{\pi_{iq}}\left(A^q G + B_q Y\right)^{\mathrm{T}} \\
\sqrt{\pi_{i1}}\left(AG + BY\right) & -X_1 & \cdots & 0 \\
\vdots & \vdots & & \vdots \\
\sqrt{\pi_{iq}}\left(A^q G + B_q Y\right) & 0 & \cdots & -X_q
\end{bmatrix} < 0, \quad i \in \mathcal{S}
$$

$$\tag{3.39}$$

则当 $K = YG^{-1}$, 系统(3.26)是均方稳定的.

证明：对 (3.39) 左右两边分别乘矩阵

$$
\begin{bmatrix}
\sqrt{\pi_{i1}}\,(A+BK) & I & \cdots & 0 \\
\vdots & & & \vdots \\
\sqrt{\pi_{iq}}\,(A^q+B_qK) & 0 & \cdots & I
\end{bmatrix}
$$

和该矩阵的转置得

$$
\begin{bmatrix}
\sqrt{\pi_{i1}}\,(A+BK) \\
\vdots \\
\sqrt{\pi_{iq}}\,(A^q+B_qK)
\end{bmatrix}
X_i
\begin{bmatrix}
\sqrt{\pi_{i1}}\,(A+BK)^{\mathrm{T}} & \cdots & \sqrt{\pi_{iq}}\,(A^q+B_qK)^{\mathrm{T}}
\end{bmatrix}
$$

$$
+
\begin{bmatrix}
-X_1 & \cdots & 0 \\
\vdots & & \vdots \\
0 & \cdots & -X_q
\end{bmatrix}
< 0 \tag{3.40}
$$

(3.40) 等价于

$$
\begin{bmatrix}
-X_i^{-1} & \sqrt{\pi_{i1}}\,(A+BK)^{\mathrm{T}} & \cdots & \sqrt{\pi_{iq}}\,(A^q+B_qK)^{\mathrm{T}} \\
\sqrt{\pi_{i1}}\,(A+BK) & -X_1 & \cdots & 0 \\
\vdots & \vdots & & \vdots \\
\sqrt{\pi_{iq}}\,(A^q+B_qK) & 0 & \cdots & -X_q
\end{bmatrix}
< 0 \tag{3.41}
$$

定义 $P_i = -X_i^{-1}$，可证 (3.41) 与 (3.35) 等价. ∎

例 3.2 考虑如下线性系统

$$
\dot{x}(t) =
\begin{bmatrix}
-1 & 0 & -0.5 \\
1 & -0.5 & 0 \\
0 & 0 & 0.5
\end{bmatrix}
x(t) +
\begin{bmatrix}
0 \\
0 \\
1
\end{bmatrix}
u(t) \tag{3.42}
$$

当取采样周期 $h = 0.5s$, (3.42) 的离散化系统为

$$
x(k+1) =
\begin{bmatrix}
0.6065 & 0 & -0.2258 \\
0.3445 & 0.7788 & -0.0536 \\
0 & 0 & 1.2840
\end{bmatrix}
x(k) +
\begin{bmatrix}
-0.0582 \\
-0.0093 \\
0.5681
\end{bmatrix}
u(k) \tag{3.43}
$$

假设数据丢包的上界为 $q = 5$. 在假设 3.1 下，采用定理 3.3, 对应 (3.33) 的解

为

$$X_1 = \begin{bmatrix} 0.9537 & -0.0712 & 0.0418 \\ -0.0712 & 1.3955 & 0.1127 \\ 0.0418 & 0.1127 & 1.0597 \end{bmatrix}$$

$$X_2 = \begin{bmatrix} 0.8634 & -0.0673 & 0.0343 \\ -0.0673 & 1.2941 & 0.0914 \\ 0.0343 & 0.0914 & 0.09172 \end{bmatrix}$$

$$X_3 = \begin{bmatrix} 0.8247 & -0.0824 & 0.0630 \\ -0.0824 & 1.2242 & 0.0919 \\ 0.0630 & 0.0919 & 0.7973 \end{bmatrix}$$

$$X_4 = \begin{bmatrix} 0.7994 & -0.1031 & 0.0982 \\ -0.1031 & 1.1663 & 0.1235 \\ 0.0982 & 0.1235 & 0.7599 \end{bmatrix}$$

$$X_5 = \begin{bmatrix} 0.7844 & -0.1282 & 0.6963 \\ -0.1282 & 1.1116 & 0.1707 \\ 0.0963 & 0.1707 & 0.9115 \end{bmatrix}$$

所设计的反馈控制增益为

$$K = \begin{bmatrix} 0.0399, & 0.0217, & -0.8172 \end{bmatrix}$$

当系统数据丢包特征符合假设 3.2, 且有

$$\Pi = \begin{bmatrix} 0.5 & 0.2 & 0.1 & 0.1 & 0.1 \\ 0.2 & 0.5 & 0.3 & 0 & 0 \\ 0 & 0.2 & 0.5 & 0.3 & 0 \\ 0 & 0 & 0.2 & 0.5 & 0.3 \\ 0.1 & 0.1 & 0.1 & 0.2 & 0.5 \end{bmatrix}$$

采用定理 3.4, 对应 (3.39) 的解为,

$$X_1 = \begin{bmatrix} 13.1501 & -0.3550 & 0.2153 \\ -0.3550 & 13.1935 & 0.1091 \\ 0.2153 & 0.1091 & 13.0586 \end{bmatrix}, \qquad X_2 = \begin{bmatrix} 13.1501 & -0.3550 & 0.2153 \\ -0.3550 & 13.1935 & 0.1091 \\ 0.2153 & 0.1091 & 13.0586 \end{bmatrix},$$

$$X_3 = \begin{bmatrix} 13.1501 & -0.3550 & 0.2153 \\ -0.3550 & 13.1935 & 0.1091 \\ 0.2153 & 0.1091 & 13.0586 \end{bmatrix}, \quad X_4 = \begin{bmatrix} 13.1501 & -0.3550 & 0.2153 \\ -0.3550 & 13.1935 & 0.1091 \\ 0.2153 & 0.1091 & 13.0586 \end{bmatrix},$$

$$X_5 = \begin{bmatrix} 13.1501 & -0.3550 & 0.2153 \\ -0.3550 & 13.1935 & 0.1091 \\ 0.2153 & 0.1091 & 13.0586 \end{bmatrix}, \quad K = \begin{bmatrix} 0.0249, & 0.0121, & -0.8115 \end{bmatrix}.$$

$\square$

3.1.3 随机最优控制设计方法

考虑如下连续被控对象

$$\dot{x}(t) = Ax(t) + Bu(t) + Gv(t) \tag{3.44}$$
$$y(t) = Cx(t) + \varpi(t)$$

其中 $x(t) \in \mathbb{R}^n$, $y(t) \in \mathbb{R}^r$, $u(t) \in \mathbb{R}^m$ 分别表示系统状态输出和控制输入, $\varpi(t) \in \mathbb{R}^r$ 和 $v(t) \in \mathbb{R}^q$ 表示外扰动, A, B, C 和 G 分别为已知矩阵. 控制器与传感器以及驱动器之间是通过一个网络平台连接的, 关于该网络有以下假设.

假设 3.3

(1) 传感器的采样周期为一个固定常数 h;

(2) 传感器到控制器的延迟 τ^{sc} 和控制器到驱动器的延迟 τ^{ca} 是随机时变的, 每个延迟间是独立的且它们的概率分别是已知的;

(3) $\tau^{sc} + \tau^{ca} < h$;

(4) 在 k 时刻, $k-1$ 时刻以前的有关延迟的信息是已知的.

在假设 3.3 下, 采用通常的离散化方法, 可由 (3.44) 得到如下离散化系统模型

$$x(k+1) = \Psi x(k) + \Gamma_0(\tau_k^{sc}, \tau_k^{ca}) u(k) + \Gamma_1(\tau_k^{sc}, \tau_k^{ca}) u(k-1) + v_k \tag{3.45}$$
$$y(k) = Cx(k) + \varpi_k \tag{3.46}$$

其中 $\Psi = \mathrm{e}^{Ah}$, $\Gamma_0(\tau_k^{sc}, \tau_k^{ca}) = \int_0^{h - \tau_k^{sc} - \tau_k^{ca}} \mathrm{e}^{As} \mathrm{d}s B$, $\Gamma_1(\tau_k^{sc}, \tau_k^{ca}) = \int_{h - \tau_k^{sc} - \tau_k^{ca}}^{h} \mathrm{e}^{As} \mathrm{d}s B$, v_k 和 ϖ_k 为均值为零的白噪声, 其协方差矩阵分别为 R_1 和 R_2.

定义

$$\mathcal{Y}_k = \{y(k), y(k-1), \cdots, \tau_k^{sc}, \tau_{k-1}^{sc}, \cdots, \tau_{k-1}^{ca}, \tau_{k-2}^{ca}, \cdots, u(k), u(k-1), \cdots\}$$

$\mathcal{Y}_k$ 中所包含的信息, 在计算控制信号 $u(k)$ 时将被使用. 因此, $u(k)$ 是 $\mathcal{Y}_k$ 的一个函数, 即 $u(k) = f(\mathcal{Y}_k)$.

为设计优化控制, 选取如下目标函数

$$J_N = x^{\mathrm{T}}(N) Q_N x(N) + \mathbf{E} \sum_{k=0}^{N-1} \begin{bmatrix} x(k) \\ u(k) \end{bmatrix}^{\mathrm{T}} Q \begin{bmatrix} x(k) \\ u(k) \end{bmatrix} \tag{3.47}$$

其中 Q 是一个对称矩阵并具有如下结构

$$Q = \begin{bmatrix} Q_{11} & Q_{12} \\ Q_{12}^{\mathrm{T}} & Q_{22} \end{bmatrix}$$

Q 是半正定的, Q_{22} 是正定的.

首先假设对象的状态量是可测的且不考虑噪声的影响, 此时, $y(k) = x(k)$, 给出如下定理

定理 3.5   保证指标函数(3.47) 最小的反馈控制律为

$$u^*(k) = -L(\tau_k^{sc}) \begin{bmatrix} x(k) \\ u^*(k-1) \end{bmatrix} \tag{3.48}$$

其中

$$L(\tau_k^{sc}) = \left(Q_{22} + \tilde{S}_{k+1}^{22} \right)^{-1} \left[\begin{array}{cc} Q_{12}^{\mathrm{T}} + \tilde{S}_{k+1}^{21}, & \tilde{S}_{k+1}^{23} \end{array} \right]$$

$$\tilde{S}_{k+1}(\tau_k^{sc}) = \mathop{\mathbf{E}}_{\tau_k^{ca}} \left\{ G^{\mathrm{T}}(\tau_k^{sc}, \tau_k^{ca}) S_{k+1} G(\tau_k^{sc}, \tau_k^{ca}) \mid \tau_k^{sc} \right\}$$

$$G(\tau_k^{sc}, \tau_k^{ca}) = \begin{bmatrix} \Psi & \Gamma_0(\tau_k^{sc}, \tau_k^{ca}) & \Gamma_1(\tau_k^{sc}, \tau_k^{ca}) \\ 0 & I & 0 \end{bmatrix}$$

$$S_k = \mathop{\mathbf{E}}_{\tau_k^{sc}} \left\{ F_1^{\mathrm{T}}(\tau_k^{sc}) Q F_1(\tau_k^{sc}) + F_2^{\mathrm{T}}(\tau_k^{sc}) \tilde{S}_{k+1}(\tau_k^{sc}) F_2(\tau_k^{sc}) \right\}$$

$$F_1(\tau_k^{sc}) = \begin{bmatrix} I & 0 \\ -L(\tau_k^{sc}) \end{bmatrix}, F_2(\tau_k^{sc}) = \begin{bmatrix} I & 0 \\ -L(\tau_k^{sc}) \\ 0 & I \end{bmatrix}$$

$$S_N = \begin{bmatrix} Q_N & 0 \\ 0 & 0 \end{bmatrix}$$

证明: 引入一个新的状态变量

$$z(k) = \begin{bmatrix} x(k) \\ u(k-1) \end{bmatrix}$$

利用关于 S_k 和 α_k 的动态规划有，

$$
\begin{aligned}
z^{\mathrm{T}}(k) S_k z(k) + \alpha_k &= \min_{u(k)} \mathop{\mathbf{E}}_{\tau_k^{sc}, \tau_k^{ca}, v(k)} \left\{ \begin{bmatrix} x(k) \\ u(k) \end{bmatrix}^{\mathrm{T}} Q \begin{bmatrix} x(k) \\ u(k) \end{bmatrix} \right. \\
&\qquad \left. + z^{\mathrm{T}}(k+1) S_{k+1} z(k+1) \right\} + \alpha_{k+1} \\
&= \mathop{\mathbf{E}}_{\tau_k^{sc}} \min_{u(k)} \mathop{\mathbf{E}}_{\tau_k^{ca}, v(k)} \left\{ \begin{bmatrix} x(k) \\ u(k) \end{bmatrix}^{\mathrm{T}} Q \begin{bmatrix} x(k) \\ u(k) \end{bmatrix} \right. \\
&\qquad \left. + z^{\mathrm{T}}(k+1) S_{k+1} z(k+1) \mid \tau_k^{sc} \right\} + \alpha_{k+1} \\
&= \mathop{\mathbf{E}}_{\tau_k^{sc}} \min_{u(k)} \left\{ \begin{bmatrix} x(k) \\ u(k) \end{bmatrix}^{\mathrm{T}} Q \begin{bmatrix} x(k) \\ u(k) \end{bmatrix} + \begin{bmatrix} x(k) \\ u(k) \\ u(k-1) \end{bmatrix}^{\mathrm{T}} \right. \\
&\qquad \left. \tilde{S}_{k+1}(\tau_k^{sc}) \begin{bmatrix} x(k) \\ u(k) \\ u(k-1) \end{bmatrix} \right\} + \alpha_{k+1} + \operatorname{tr}\left(S_{k+1}^{11} R_1 \right) \quad (3.49)
\end{aligned}
$$

在 (3.49) 的第一个等式中利用了 τ_k^{sc} 为已知的假设，第二个等式则要用到 $[x^{\mathrm{T}}(k), \quad u^{\mathrm{T}}(k)]^{\mathrm{T}}$ 与 τ_k^{ca} 的无关性以及 $\tilde{S}_{k+1}(\tau_k^{sc})$ 的定义. 对上式求关于 $u(k)$ 的最小可得到控制 (3.48). 由于 Q 对称，因此，S_k 和 $\tilde{S}_k$ 也是对称的. ■

当 $x(k)$ 可测量，定理 3.5 给出了一个基本状态量的最优控制设计方法. 然而，许多实际系统中，状态量是不完全可测的，此时，我们需要利用状态估计的方法，来重现状态量的信息. 下面给出一个考虑网络环境影响时的最优状态估计方法.

定理 3.6 考虑离散化系统对象(3.45)~(3.46)，估计器的状态输出能够保证误差变化

$$
\mathbf{E}\left\{ [x(k) - \hat{x}_k]^{\mathrm{T}} [x(k) - \hat{x}_k] \mid Y_k \right\} \quad (3.50)
$$

最小，其中 $\hat{x}_k$ 为如下估计器的输出

$$
\hat{x}_{k|k} = \hat{x}_{k|k-1} + \bar{K}_k \left(y(k) - C \hat{x}_{k|k-1} \right) \quad (3.51)
$$

这里

$$\hat{x}_{k+1|k} = \Psi \hat{x}_{k|k-1} + \Gamma_0\left(\tau_k^{sc}, \tau_k^{ca}\right) u\left(k\right) + \Gamma_1\left(\tau_k^{sc}, \tau_k^{ca}\right) u\left(k-1\right) + K_k\left(y\left(k\right) - C\hat{x}_{k|k-1}\right)$$

$$\hat{x}_{0|-1} = \mathbf{E}\left(x_0\right)$$

$$P_{k+1} = \Psi P_k \Psi^{\mathrm{T}} + R_1 - \Psi P_k C^{\mathrm{T}}\left[CP_k C^{\mathrm{T}} + R_2\right]^{-1} CP_k \Psi$$

$$P_0 = R_0 = E\left(x_0 x_0^{\mathrm{T}}\right)$$

$$K_k = \Psi P_k C\left[CP_k C^{\mathrm{T}} + R_2\right]^{-1}$$

$$\bar{K}_k = P_k C^{\mathrm{T}}\left[CP_k C^{\mathrm{T}} + R_2\right]^{-1}$$

证明：由假设 3.3 知，在计算第 $k+1$ 步的 $\hat{x}_{k+1|k}$ 时，k 步以前的 τ_k^{sc} 和 τ_k^{ca} 是已知的，因此 $\Gamma_0\left(\tau_k^{sc}, \tau_k^{ca}\right)$ 和 $\Gamma_1\left(\tau_k^{sc}, \tau_k^{ca}\right)$ 已知. 利用标准的 Kalman 滤波器分析方法可以证明以上估计器的最优性能. ∎

注 3.1   滤波器增益 K_k 和 $\bar{K}_k$ 与 τ_k^{sc} 和 τ_k^{ca} 无关. 估计器误差为高斯的且均值为0, 协方差满足

$$P_{k|k} = P_k - P_k C^{\mathrm{T}}\left[CP_k C^{\mathrm{T}} + R_2\right]^{-1} CP_k$$

利用估计器 (3.51) 的输出 $\hat{x}_{k|k}$ 可以设计基于状态估计的随机最优控制.

定理 3.7   考虑离散化系统对象(3.45)~(3.46), 保证指标函数(3.47)最小的控制律为

$$u^*\left(k\right) = -L\left(\tau_k^{sc}\right) \begin{bmatrix} \hat{x}_{k|k} \\ u_{k-1}^* \end{bmatrix} \tag{3.52}$$

其中

$$L\left(\tau_k^{sc}\right) = \left(Q_{22} + \tilde{S}_{k+1}^{22}\right)^{-1}\left[\ Q_{12}^{\mathrm{T}} + \tilde{S}_{k+1}^{21}, \quad \tilde{S}_{k+1}^{23}\ \right]$$

$\tilde{S}_k$ 按定理3.5中计算, $\hat{x}_{k|k}$ 为定理3.6中的最小变差估计.

为证明定理 3.7, 需要以下的两个引理.

引理 3.3 $\mathbf{E}\left[\cdot \mid y\right]$ 表示给定 y 的条件均值. 假设函数 $f\left(y, u\right) = \mathbf{E}\left[l\left(x, y, u\right) \mid y\right]$ 对所有 $y \in \mathcal{Y}$ 关于 $u \in \mathcal{U}$ 有唯一的最小值. 用 $u^0\left(y\right)$ 表示对应 $f\left(y, u\right)$ 最小的 u 值, 则

$$\min_{u(y)} \mathbf{E}l\left(x, y, u\right) = \mathbf{E}l\left(x, y, u^0\left(y\right)\right) = \mathbf{E}_y\left\{\min \mathbf{E}l\left(x, y, u\right) \mid y\right\} \tag{3.53}$$

其中 E_y 表示关于 y 分布的均值.

该引理的证明可参见文献 [15].

引理 3.4 采用估计器(3.51)并满足定理3.6中的条件, 则下关系成立

$$
\mathop{\mathbf{E}}_{\tau_k^{sc},\varpi(k+1),v(k)}\left\{\begin{bmatrix}\hat{x}_{k+1|k+1}\\u(k)\end{bmatrix}^{\mathrm{T}}S_{k+1}\begin{bmatrix}\hat{x}_{k+1|k+1}\\u(k)\end{bmatrix}\;\bigg|\;\mathcal{Y}_k\right\}
$$

$$
=\begin{bmatrix}\hat{x}_{k|k}\\u(k)\\u(k-1)\end{bmatrix}^{\mathrm{T}}\tilde{S}_{k+1}\left(\tau_k^{sc}\right)\begin{bmatrix}\hat{x}_{k|k}\\u(k)\\u(k-1)\end{bmatrix}+\mathrm{tr}\left(R_1 C^{\mathrm{T}}\bar{K}^{\mathrm{T}}S_{k+1}^{11}\bar{K}_{k+1}C\right)
$$

$$
+\mathrm{tr}\left(R_2\bar{K}_{k+1}^{\mathrm{T}}S_{k+1}^{11}\bar{K}_{k+1}\right)+\mathrm{tr}\left(P_{k|k}\Psi^{\mathrm{T}}C^{\mathrm{T}}\bar{K}_{k+1}^{\mathrm{T}}S_{k+1}^{11}\bar{K}_{k+1}C\Psi\right)
$$

其中 S_{k+1}^{11} 为 S_K 中第 $(1,1)$ 个元素.

证明 类似于定理 3.5 中的计算方法, 利用定理 3.6 中的方程有

$$
\hat{x}_{k+1|k+1}=\left(I-\bar{K}_{k+1}C\right)\hat{x}_{k+1|k}+\bar{K}_{k+1}y(k+1)
$$

$$
=\left(I-\bar{K}_{k+1}C\right)\left\{\Psi\hat{x}_{k|k}+\Gamma_0\left(\tau_k^{sc},\tau_k^{ca}\right)u(k)+\Gamma_1\left(\tau_k^{sc},\tau_k^{ca}\right)u(k-1)\right\}
$$

$$
+\bar{K}_{k+1}\left\{C\left(\Psi x(k)+\Gamma_0\left(\tau_k^{sc},\tau_k^{ca}\right)u(k)+\Gamma_1\left(\tau_k^{sc},\tau_k^{ca}\right)u(k-1)+v(k)\right)\right.
$$

$$
\left.+\varpi(k+1)\right\}\tag{3.54}
$$

引用估计误差 $\tilde{x}(k)=x(k)-\hat{x}_{k|k}$, 显然其与 $\hat{x}_{k|k}$ 正交.

(3.54) 写成

$$
\hat{x}_{k+1|k+1}=\Psi\hat{x}_{k|k}+\Gamma_0\left(\tau_k^{sc},\tau_k^{ca}\right)u(k)+\Gamma_1\left(\tau_k^{sc},\tau_k^{ca}\right)u(k-1)
$$

$$
+\bar{K}_{k+1}C\Psi\tilde{x}(k)+\bar{K}_{k+1}Cv(k)+\bar{K}_{k+1}\varpi(k+1)\tag{3.55}
$$

由此, 可得到

$$
\begin{bmatrix}\hat{x}_{k+1|k+1}\\u(k)\end{bmatrix}=G\left(\tau_k^{sc},\tau_k^{ca}\right)\begin{bmatrix}\hat{x}_{k|k}\\u(k)\\u(k-1)\end{bmatrix}+H\begin{bmatrix}\hat{x}_{k|k}\\u(k)\\u(k-1)\end{bmatrix}\tag{3.56}
$$

其中

$$
G\left(\tau_k^{sc},\tau_k^{ca}\right)=\begin{bmatrix}\Psi&\Gamma_0\left(\tau_k^{sc},\tau_k^{ca}\right)&\Gamma_1\left(\tau_k^{sc},\tau_k^{ca}\right)\\0&I&0\end{bmatrix}
$$

$$
H=\begin{bmatrix}\bar{K}_{k+1}C\Psi&\bar{K}_{k+1}C&\bar{K}_{k+1}\\0&0&0\end{bmatrix}
$$

综上, 可以推得

$$
\begin{aligned}
&\mathop{\mathbf{E}}_{\tau_k^{sc},\varpi(k+1),v(k)}\left\{
\begin{bmatrix} \hat{x}_{k+1|k+1} \\ u(k) \end{bmatrix}^{\mathrm{T}}
\begin{bmatrix} \hat{x}_{k+1|k+1} \\ u(k) \end{bmatrix}^{\mathrm{T}} S_{k+1}
\begin{bmatrix} \hat{x}_{k+1|k+1} \\ u(k) \end{bmatrix} \mid \mathcal{Y}_k \right\} \\
&=\begin{bmatrix} \hat{x}_{k|k} \\ u(k) \\ u(k-1) \end{bmatrix}^{\mathrm{T}}
\mathop{\mathbf{E}}_{\tau_k^{ca}}\left(G^{\mathrm{T}}\left(\tau_k^{sc},\tau_k^{ca}\right)S_{k+1}G\left(\tau_k^{sc},\tau_k^{ca}\right)\mid\tau_k^{sc}\right)
\begin{bmatrix} \hat{x}_{k|k} \\ u(k) \\ u(k-1) \end{bmatrix} \\
&\quad+\mathop{\mathbf{E}}_{v(k),\varpi(k+1)}\left\{
\begin{bmatrix} \tilde{x}(k) \\ v(k) \\ \varpi(k+1) \end{bmatrix}^{\mathrm{T}}
H^{\mathrm{T}}\tilde{S}_{k+1}H
\begin{bmatrix} \tilde{x}(k) \\ v(k) \\ \varpi(k+1) \end{bmatrix} \mid \mathcal{Y}_k \right\} \\
&=\begin{bmatrix} \hat{x}_{k|k} \\ u(k) \\ u(k-1) \end{bmatrix}^{\mathrm{T}}
\tilde{S}_{k+1}\left(\tau_k^{sc}\right)
\begin{bmatrix} \hat{x}_{k|k} \\ u(k) \\ u(k-1) \end{bmatrix}
+\mathrm{tr}\left(P_{k|k}\Psi^{\mathrm{T}}C^{\mathrm{T}}\bar{K}_{k+1}^{\mathrm{T}}S_{k+1}^{11}\bar{K}_{k+1}C\Psi\right) \\
&\quad+\mathrm{tr}\left(R_2\bar{K}_{k+1}^{\mathrm{T}}S_{k+1}^{11}\bar{K}_{k+1}\right)+\mathrm{tr}\left(R_1C^{\mathrm{T}}\bar{K}_{k+1}^{\mathrm{T}}S_{k+1}^{11}\bar{K}_{k+1}C\right)
\end{aligned}
\tag{3.57}
$$

这里

$$
\tilde{S}_{k+1}\left(\tau_k^{sc}\right)=\mathop{\mathbf{E}}_{\tau_k^{ca}}\left(G^{\mathrm{T}}\left(\tau_k^{sc},\tau_k^{ca}\right)S_{k+1}G\left(\tau_k^{sc},\tau_k^{ca}\right)\mid\tau_k^{sc}\right)
\tag{3.58}
$$

在 (3.57) 的证明中, 第一个等式的前半部分成立是因为 $\hat{x}_{k|k}, u(k)$ 和 $u(k-1)$ 与 $\tilde{x}(k)$, τ_k^{ca}, $v(k)$, $\varpi(k+1)$ 无关, 后半部分是因为 H 不依赖于 τ_k^{ca}. 第二个等式成立是因为 $\tilde{x}(k)$ 不依赖于 $v(k)$ 和 $\varpi(k+1)$. ■

利用上面引理, 可以完成定理 3.7 的证明如下

证明: 重复利用引理 3.4 可得到如下关于 W 的动态规划递推式

$$
\begin{aligned}
W\left(\hat{x}_{k|k},P_{k|k},k\right)&=\mathop{\mathbf{E}}_{\tau_k^{ca}}\min_{u(k)}\mathbf{E}\left\{
\begin{bmatrix} x(k) \\ u(k) \end{bmatrix}^{\mathrm{T}} Q
\begin{bmatrix} x(k) \\ u(k) \end{bmatrix} \right. \\
&\quad\left.+W\left(\hat{x}_{k+1|k+1},P_{k+1|k+1},k+1\right)\mid\mathcal{Y}_k\right\} \\
&=\mathop{\mathbf{E}}_{\tau_k^{sc}}\min_{u(k)}\mathbf{E}\left\{
\begin{bmatrix} x(k) \\ u(k) \end{bmatrix}^{\mathrm{T}} Q
\begin{bmatrix} x(k) \\ u(k) \end{bmatrix} \right. \\
&\quad\left.+W\left(\hat{x}_{k+1|k+1},P_{k+1|k+1},k+1\right)\mid\hat{x}_{k|k},P_{k|k},\tau_k^{sc}\right\}
\end{aligned}
\tag{3.59}
$$

(3.59) 的初始条件为

$$
W\left(\hat{x}_{N|N},P_{N|N},N\right)=\mathbf{E}\left\{x^{\mathrm{T}}(N)Q_N x(N)\mid\hat{x}_{N|N},P_{N|N}\right\}
\tag{3.60}
$$

下面要证明两个事情

(1) (3.59) 有一个二次形式的解, 即

$$W\left(\hat{x}_{k|k}, P_{k|k}, k\right) = \begin{bmatrix} \hat{x}_k \\ u\left(k-1\right) \end{bmatrix}^{\mathrm{T}} S_k \begin{bmatrix} \hat{x}_k \\ u\left(k-1\right) \end{bmatrix} + s_k \tag{3.61}$$

(2) 当 $x\left(k\right)$ 用 $\hat{x}_{k|k}$ 取代, 在控制 (3.48) 下, (3.59) 达到最小.

利用定理 3.6, (3.60) 可以写成

$$W\left(\hat{x}_{N|N}, P_{N|N}, N\right) = \hat{x}_{N|N}^{\mathrm{T}} Q_N \hat{x}_{N|N} + \mathrm{tr}\left(Q_N P_{N|N}\right) \tag{3.62}$$

采用归纳法, 假设对 $k+1$ (3.61) 成立, 下面我们证明对 k(3.61) 也成立.

我们有

$$\begin{aligned}
W\left(\hat{x}_{k|k}, P_{k|k}, k\right) = \mathop{\mathbf{E}}_{\tau_k^{sc}} \lim_{u(k)} &\left\{ \begin{bmatrix} \hat{x}_{k|k} \\ u\left(k\right) \end{bmatrix}^{\mathrm{T}} Q \begin{bmatrix} \hat{x}_{k|k} \\ u\left(k\right) \end{bmatrix} + \mathrm{tr}\left(P_{k|k} Q_1\right) \right. \\
&+ \begin{bmatrix} \hat{x}_{k|k} \\ u\left(k\right) \\ u\left(k-1\right) \end{bmatrix}^{\mathrm{T}} \tilde{S}_{k+1}\left(\tau_k^{sc}\right) \begin{bmatrix} \hat{x}_{k|k} \\ u\left(k\right) \\ u\left(k-1\right) \end{bmatrix} \\
&+ \mathrm{tr}\left(R_1 C^{\mathrm{T}} \bar{K}^{\mathrm{T}} S_{k+1}^{11} \bar{K}_{k+1} C\right) + \mathrm{tr}\left(R_2 K_{k+1}^{\mathrm{T}} S_{k+1}^{11} K_{k+1}\right) \\
&\left. + \mathrm{tr}\left(P_{k|k} \Psi^{\mathrm{T}} C^{\mathrm{T}} \bar{K}_{k+1}^{\mathrm{T}} S_{k+1}^{11} \bar{K}_{k+1} C \Psi\right) + s_{k+1} \right\}
\end{aligned} \tag{3.63}$$

将 (3.49) 与 (3.63) 比较, 可以证明, 利用如下控制, (3.63) 取极小

$$u^*\left(k\right) = -\left(Q_{22} + \tilde{S}_{k+1}^{22}\right)^{-1} \begin{bmatrix} Q_{12}^{\mathrm{T}} + \tilde{S}_{k+1}^{21}, & \tilde{S}_{k+1}^{23} \end{bmatrix} \begin{bmatrix} \hat{x}_{k|k} \\ u^*\left(k-1\right) \end{bmatrix} \tag{3.64}$$

其中 $\tilde{S}_{k+1}$ 的定义如前. 将 (3.64) 代入 (3.63) 并计算 $\mathop{\mathbf{E}}_{\tau_k^{sc}}$, 可以看到, $W(\hat{x}_{k|k}, P_{k|k}, k)$ 具有 (3.61) 的二次形式. 综上可以完成归纳推理, 从而定理得证. ∎

注 3.2 在计算最优控制时, $L\left(\tau_k^{sc}\right)$ 的计算非常复杂. 下面给出一个次优控制设计方法, 次优控制结构为

$$u\left(k\right) = -L\left[\Psi_k^p \Gamma_k^p\right] \begin{bmatrix} \hat{x}_{k|k} \\ u\left(k-1\right) \end{bmatrix} \tag{3.65}$$

其中

$$\Psi_k^p = \mathrm{e}^{A\left(\tau_k^{sc} + \mathbf{E}\tau_k^{ca}\right)}, \quad \Gamma_k^p = \int_0^{\tau_k^{sc} + \mathbf{E}\tau_k^{ca}} \mathrm{e}^{As} \mathrm{d}s B$$

L 是在不考虑时滞影响时的最优状态反馈向量，$\mathbf{E}_{\tau_k^{ca}}$ 表示 τ_k^{ca} 的均值，$\Psi_k^p \hat{x}_{k|k} + \Gamma_k^p u(k)$ 可视为从时刻 kh 的状态估计预估其状态估计值. 显然，相比最优控制(3.52) 和(3.64)，(3.65)只需要较少的计算量.

注 3.3　以上介绍了当网络延迟小于采样周期情况下，系统(3.45)~(3.46)的随机最优和次优控制设计方法. 然而，实际系统中，如基于Internet和无线网络的系统，网络延迟往往会大于一个采样周期. h 表示采样周期，假设 $\tau_k = \tau_k^{sc} + \tau_k^{ca} < qh$($q$ 是正整数). 当 $q = 1$ 时，则退化为系统(3.45)~(3.46)中讨论的情形. 当 $q > 1$ 时，在每个采样区间内 $[kh, (k+1)h]$ 最多可以有 $q+1$ 个数据包到达，到达时刻分别为 $kh + \tau_i^k$，$i = 0, 1, \cdots, q$，$\tau_i^k > \tau_{i+1}^k$. 则由(3.44)可得到如下离散化系统模型

$$x(k+1) = \Psi x(k) + \sum_{i=0}^{q} B_i^k u(k) + v(k) \tag{3.66}$$

$$y(k) = Cx(k) + \varpi(k) \tag{3.67}$$

其中 $\Psi = \mathrm{e}^{Ah}$，$B_i^k = \int_{t_i^k}^{t_{i-1}^k} \mathrm{e}^{A(h-s)} \mathrm{d}s B$，$t_1^k = h$，$t_q^k = 0$，$v(k) = \int_{kh}^{(k+1)h} \mathrm{e}^{A[(k+1)h-s]} v(s) \mathrm{d}s$，$\varpi(k) = \varpi(kh)$. 基于模型(3.66)~(3.67)，可以设计当网络延迟大于一个采样周期时的随机最优控制. 具体设计内容本书不再给出，有兴趣的读者可参考文献[16].

3.1.4　时滞相关设计方法

考虑如下线性离散系统

$$x(k+1) = [A + \Delta A(k)] x(k) + [B + \Delta B(k)] u(k) + B_1 \varpi(k) \tag{3.68}$$

$$z(k) = Cx(k) + Du(k) \tag{3.69}$$

$$x(0) = x_0 \tag{3.70}$$

其中 $x(k) \in \mathbb{R}^n$，$u(k) \in \mathbb{R}^m$，$z(k) \in \mathbb{R}^q$ 和 $\varpi(k) \in \mathbb{R}^p$ 分别表示状态向量、控制输入、控制输出和外扰动. $x_0 \in \mathbb{R}^n$ 表示初始条件. A，B，C 和 D 为相应维数的常数矩阵. $\Delta A(k)$ 和 $\Delta B(k)$ 表示参数摄动. 以后为简单起见，用 ΔA 和 ΔB 表示 $\Delta A(k)$ 和 $\Delta B(k)$. ΔA 和 ΔB 满足广义匹配条件

$$\begin{bmatrix} \Delta A, & \Delta B \end{bmatrix} = GF(k) \begin{bmatrix} E_a, & E_b \end{bmatrix} \tag{3.71}$$

其中 G，E_a 和 E_b 为常数矩阵，$F(k)$ 为不确定项，且满足 $\|F(k)\| \leqslant 1$.

假设传感器和驱动器采用时间驱动，控制采用事件驱动，采用的控制策略具有如下形式

$$u(k) = Kx(k) \tag{3.72}$$

当考虑到网络诱导延迟和数据丢包的影响, 驱动端所使用的控制信号可描述为

$$u(k) = Kx(k - n(k)) \tag{3.73}$$

这里 $n(k) \in \mathbb{Z}_{\geqslant 0}$ 为一正整数, 包含时间延迟和数据丢包等因素的影响. 假设 $n(k) \in [n_{\min}, n_{\max}]$, 这里 $0 \leqslant n_{\min} \leqslant n_{\max}$, 且 $n_{\min}$ 和 $n_{\max}$ 均为整数.

注 3.4 如果采用无线网络媒介, $n(k)$ 可表示成 $n(k) = \bar{n}(k)l$, 这里 l 为两跳之间所需时间量, $\bar{n}(k) \in \mathbb{Z}_{\geqslant 0}$ 表示信号传输所经历的跳的个数.

将 (3.73) 代入 (3.68) 和 (3.69) 得

$$x(k+1) = [A + \Delta A(k)] x(k) + [B + \Delta B(k)] Kx(k - n(k)) + B_1 \varpi(k) \tag{3.74}$$

$$z(k) = Cx(k) + DKx(k - n(k)) \tag{3.75}$$

下面将给出反馈增益 K 的设计, 使得在网络环境满足一定条件时, 控制 (3.73) 能够保证系统 (3.74)~(3.75) 鲁棒渐近稳定且满足一定的 H_∞ 性能指标, 即满足:

(1) 当 $\varpi(k) = 0$, 系统 (3.74) 对所有允许的 ΔA 和 ΔB 是鲁棒渐近稳定的.

(2) 在零初始条件下, 控制输出 $z(k)$ 对任何 $\varpi(k) \in l^2$ 满足 $\|z(k)\|_2 \leqslant \gamma \|\varpi(k)\|_2$, 这里 $l^2 = \left\{ \alpha(k) \mid \sum\limits_{k=1}^{\infty} \|\alpha(k)\|^2 < \infty \right\}$.

下面引理给出保证 (3.74)~(3.75) 满足 H_∞ 性能指标的分析结果

引理 3.5 给定标量 $n_{\max}$, $n_{\min}$ 和 γ, 如果存在矩阵 $P_k (k = 1, 2, 3)$, $T_j > 0$, $R_j (j = 1, 2)$ 和矩阵 N_i, S_i, $M_i (i = 1, 2, 3, 4)$ 使得下列 LMI 有解

$$\begin{bmatrix} \Xi_{11} & * \\ \Xi_{21} & \Xi_{22} \end{bmatrix} < 0 \tag{3.76}$$

$$\begin{bmatrix} P_1 & * \\ P_2^{\mathrm{T}} & P_3 \end{bmatrix} > 0 \tag{3.77}$$

其中

$$\Xi_{11} = \begin{bmatrix} \Gamma_{11} & * & * & * \\ \Gamma_{21} & \Gamma_{22} & * & * \\ \Gamma_{31} & \Gamma_{32} & \Gamma_{33} & * \\ \Gamma_{41} & \Gamma_{42} & \Gamma_{43} & \Gamma_{44} \end{bmatrix}$$

$$
\Xi_{21} = \begin{bmatrix}
P_3^{\mathrm{T}} & 0 & -P_3^{\mathrm{T}} & P_2 \\
n_{\max}N_1^{\mathrm{T}} & n_{\max}N_2^{\mathrm{T}} & n_{\max}N_3^{\mathrm{T}} & n_{\max}N_4^{\mathrm{T}} \\
n_\delta S_1^{\mathrm{T}} & n_\delta S_2^{\mathrm{T}} & n_\delta S_3^{\mathrm{T}} & n_\delta S_4^{\mathrm{T}} \\
-B_{\bar\omega}^{\mathrm{T}}M_1^{\mathrm{T}} & -B_{\bar\omega}^{\mathrm{T}}M_2^{\mathrm{T}} & -B_{\bar\omega}^{\mathrm{T}}M_3^{\mathrm{T}} & -B_{\bar\omega}^{\mathrm{T}}M_4^{\mathrm{T}} \\
C & DK & 0 & 0
\end{bmatrix}
$$

$$
\Xi_{22} = \mathrm{diag}\left(-\frac{1}{(n_{\tau-1})}T_2, \quad -n_{\max}R_1, \quad -n_\delta R_2, \quad -\gamma^2 I \quad, -I \right)
$$

$$
\Gamma_{11} = P_2 + P_2^{\mathrm{T}} + P_3 + T_1 + n_\tau T_2 + N_1 + N_1^{\mathrm{T}} - M_1\left(I - A - \Delta A\right) \\
+ \left(I - A - \Delta A\right)^{\mathrm{T}} M_1^{\mathrm{T}}
$$

$$
\Gamma_{21} = -N_1^{\mathrm{T}} + N_2 + S_1^{\mathrm{T}} + M_2\left(I - A - \Delta A\right) - K^{\mathrm{T}}\left(B + \Delta B\right)^{\mathrm{T}} M_1^{\mathrm{T}}
$$

$$
\Gamma_{22} = -N_2 - N_2^{\mathrm{T}} + S_2 + S_2^{\mathrm{T}} - M_2^{\mathrm{T}}\left(B + \Delta B\right)K - K^{\mathrm{T}}\left(B + \Delta B\right)^{\mathrm{T}} M_2
$$

$$
\Gamma_{31} = -P_2^{\mathrm{T}} + N_3 - S_1^{\mathrm{T}} + M_3\left(I - A - \Delta A\right)
$$

$$
\Gamma_{32} = -N_3 - S_2^{\mathrm{T}} + S_3 - M_3\left(B + \Delta B\right)K
$$

$$
\Gamma_{33} = -P_3 - T_1 - T_2 - S_3 - S_3^{\mathrm{T}}
$$

$$
\Gamma_{41} = P_1 + P_2 + N_4 + M_4\left(I - A - \Delta A\right) + M_1^{\mathrm{T}}
$$

$$
\Gamma_{42} = -N_4 + S_4 - M_4\left(B + \Delta B\right)K + M_2^{\mathrm{T}}
$$

$$
\Gamma_{43} = -S_4 + M_3^{\mathrm{T}}
$$

$$
\Gamma_{44} = P_1 + n_{\max}R_1 + 2n_\delta R_2 + M_4 + M_4^{\mathrm{T}}
$$

$$
n_\tau = \left\lceil \frac{n_{\max} + n_{\min}}{2} \right\rceil, \quad n_\delta = \left\lceil \frac{n_{\max} - n_{\min}}{2} \right\rceil
$$

这里 $\lceil x \rceil$ 等于 x 的整数部分加上 1. 则系统 $(3.74) \sim (3.75)$ 是鲁棒渐近稳定的且满足 H_∞ 性能指标 γ.

证明：令 $y(k) = x(k+1) - x(k)$, 且构造 Lyapunov 函数为

$$
\begin{aligned}
V(x, k) = {} & x^{\mathrm{T}}(k)P_1 x(k) + 2x^{\mathrm{T}}(k)P_2 \sum_{i=k-n_\tau}^{k-1} x(i) \\
& + \sum_{i=k-n_\tau}^{k-1} x^{\mathrm{T}}(i)P_3 \sum_{j=k-n_\tau}^{k-1} x(j) \\
& + \sum_{i=k-n_\tau}^{k-1} x^{\mathrm{T}}(i)T_1 x(i) + \sum_{i=1}^{n_\tau}\sum_{j=k-i}^{k-1} x^{\mathrm{T}}(j)T_2 x(j) \\
& + \sum_{i=1}^{n_{\max}}\sum_{j=k-i}^{k-1} y^{\mathrm{T}}(j)R_1 y(j) + 2n_\delta \sum_{i=k-n_\tau+n_\delta}^{k-1} y^{\mathrm{T}}(i)R_2 y(i)
\end{aligned}
$$

$$+ \sum_{i=n_\tau-n_\delta}^{n_\tau+n_\delta-1} \sum_{j=k-i}^{k-n_\tau+n_\delta-1} y^{\mathrm{T}}(j) R_2 y(j) \tag{3.78}$$

这里 $\begin{bmatrix} P_1 & * \\ P_2^{\mathrm{T}} & P_3 \end{bmatrix} > 0$, $T_i > 0$ 和 $R_i > 0$, $(i = 1, 2)$.

计算 $\Delta V = V(x, k+1) - V(x, k)$ 得

$$\begin{aligned}
\Delta V &= V(x, k+1) - V(x, k) \\
&= x^{\mathrm{T}}(k)(P_2 + P_2^{\mathrm{T}} + P_3 + T_1 + n_\tau T_2)x(k) \\
&\quad - 2x^{\mathrm{T}}(k)P_2 x(k - n_\tau) + 2x^{\mathrm{T}}(k)(P_1 + P_2^{\mathrm{T}})y(k) \\
&\quad - x^{\mathrm{T}}(k - n_\tau)(P_3 + T_1 + T_2)x(k - n_\tau) \\
&\quad + y^{\mathrm{T}}(k)(P_1 + n_m R_1 + 2n_\delta R_2)y(k) \\
&\quad + 2y^{\mathrm{T}}(k)P_2 \sum_{i=k-n_\tau+1}^{k-1} x(i) - 2x^{\mathrm{T}}(k - n_\tau)P_3 \sum_{i=k-n_\tau+1}^{k-1} x(i) \\
&\quad + 2x^{\mathrm{T}}(k)P_3 \sum_{i=k-n_\tau+1}^{k-1} x(i) - \sum_{i=k-n_\tau+1}^{k-1} x^{\mathrm{T}}(i)T_2 x(i) \\
&\quad - \sum_{i=k-n_m}^{k-1} y^{\mathrm{T}}(i)R_1 y(i) - \sum_{i=k-n_m+1}^{k-n_m} y^{\mathrm{T}}(i)R_2 y(i) \\
&\quad + 2\theta^{\mathrm{T}}(k)N[x(k) - x(k - n(k)) - \sum_{i=k-n(k)}^{k-1} y(i)] \\
&\quad + 2\theta^{\mathrm{T}}(k)S[x(k - n(k)) - x(k - n_\tau) \\
&\quad - \sum_{i=k-n_\tau}^{k-n(k)-1} y(i)] + 2\theta^{\mathrm{T}}(k)M[(I - A - \Delta A)x(k) \\
&\quad - (B + \Delta B)Kx(k - n(k)) - B_1\omega(k) + y(k)] \\
&\quad - \gamma^2 \omega^{\mathrm{T}}(k)\omega(k) + [Cx(k) + DKx(k - n(k))]^{\mathrm{T}} \\
&\quad \times [Cx(k) + DKx(k - n(k))] - z^{\mathrm{T}}(k)z(k) \\
&\quad + \gamma^2 \omega^{\mathrm{T}}(k)\omega(k) \tag{3.79}
\end{aligned}$$

其中

$$e^{\mathrm{T}}(k) = [x^{\mathrm{T}}(k), \ x^{\mathrm{T}}(k - n(k)), \ x^{\mathrm{T}}(k - n_\tau), \ y^{\mathrm{T}}(k)]$$
$$N^{\mathrm{T}} = [N_1^{\mathrm{T}}, \ N_2^{\mathrm{T}}, \ N_3^{\mathrm{T}}, \ N_4^{\mathrm{T}}], \quad S^{\mathrm{T}} = [S_1^{\mathrm{T}}, S_2^{\mathrm{T}}, S_3^{\mathrm{T}}, S_4^{\mathrm{T}}]$$
$$M^{\mathrm{T}} = [M_1^{\mathrm{T}}, \ M_2^{\mathrm{T}}, \ M_3^{\mathrm{T}}, \ M_4^{\mathrm{T}}]$$

由于 $n(k) \in [n_{\min}, n_{\max}]$ ，可以证明

$$-2e^{\mathrm{T}}(k)N \sum_{i=k-n(k)}^{k-1} y(i) \leqslant n_{\max}e^{\mathrm{T}}(k)NR_1^{-1}N^{\mathrm{T}}e(k) + \sum_{i=k-n(k)}^{k-1} y^{\mathrm{T}}(i)R_1y(i)$$

$$\leqslant n_{\max}e^{\mathrm{T}}(k)NR_1^{-1}N^{\mathrm{T}}e(k) + \sum_{i=k-n_{\max}}^{k-1} y^{\mathrm{T}}(i)R_1y(i) \tag{3.80}$$

$$-2e^{\mathrm{T}}(k)S \sum_{i=k-n_\tau}^{k-n(k)-1} y(i) \leqslant n_\delta e^{\mathrm{T}}(k)SR_2^{-1}S^{\mathrm{T}}e(k) + \sum_{i=k-n_\tau}^{k-n(k)-1} y^{\mathrm{T}}(i)R_2y(i)$$

$$\leqslant n_\delta e^{\mathrm{T}}(k)SR_2^{-1}S^{\mathrm{T}}e(k) + \sum_{i=k-n_{\max}+1}^{k-n_{\mathrm{mim}}} y^{\mathrm{T}}(i)R_2y(i) \tag{3.81}$$

结合 (3.79)~(3.81) 得

$$\Delta V + z^{\mathrm{T}}(k)z(k) - \gamma^2\omega^{\mathrm{T}}(k)\omega(k)$$

$$\leqslant \begin{bmatrix} e(k) \\ \sum_{i=k-n_\tau+1}^{k-1} x(i) \\ \omega(k) \end{bmatrix}^{\mathrm{T}} \left\{ \begin{bmatrix} \Xi_{11} & * \\ \Xi'_{21} & \Xi'_{22} \end{bmatrix} + \bar{C}^{\mathrm{T}}\bar{C} \right.$$

$$\left. +n_{\max}\bar{N}R_1^{-1}\bar{N}^{\mathrm{T}} + n_\delta\bar{S}R_2^{-1}\bar{S}^{\mathrm{T}} \right\} \begin{bmatrix} \theta(k) \\ \sum_{i=k-n_\tau+1}^{k-1} x(i) \\ \omega(k) \end{bmatrix} \tag{3.82}$$

其中

$$\Xi'_{21} = \begin{bmatrix} P_3^{\mathrm{T}} & 0 & -P_3^{\mathrm{T}} & P_2 \\ -B_1^{\mathrm{T}}M_1^{\mathrm{T}} & -B_1^{\mathrm{T}}M_2^{\mathrm{T}} & -B_1^{\mathrm{T}}M_3^{\mathrm{T}} & -B_1^{\mathrm{T}}M_4^{\mathrm{T}} \end{bmatrix}$$

$$\Xi'_{22} = \mathrm{diag}\{ -1/(n_\tau-1)T_2, \ -\gamma^2 I \}, \quad \bar{N}^{\mathrm{T}} = [N^{\mathrm{T}}, \ 0, \ 0]$$

$$\bar{S}^{\mathrm{T}} = [S^{\mathrm{T}}, \ 0, \ 0], \quad \bar{C}^{\mathrm{T}} = [C, \ DK, \ 0, \ 0, \ 0, \ 0]$$

利用 Schur 补及 (3.76), (3.77) 和 (3.82)，可以证明

$$\Delta V + z^{\mathrm{T}}(k)z(k) - \gamma^2\omega^{\mathrm{T}}(k)\omega(k) \leqslant 0 \tag{3.83}$$

在零初始条件下, 可由上式得到

$$\sum_{k=1}^{\infty} z^{\mathrm{T}}(k)z(k) - \gamma^2 \sum_{k=1}^{\infty} \omega^{\mathrm{T}}(k)\omega(k) \leqslant -V(\infty) \leqslant 0 \tag{3.84}$$

对于 $\varpi(k) = 0$ 的情形, 结合 (3.76)~(3.77), 由 (3.82) 得

$$\Delta V < 0$$

因此, 可得到引理的结论. ∎

利用引理 3.5 并结合关系 (3.71), 可得到以下鲁棒性分析结果.

引理 3.6 给定标量 $n_{\max}, n_{\min}, \gamma$, 如果存在矩阵 $P_k(k=1,2,3), T_j > 0, R_j > 0(j=1,2)$ 和矩阵 $N_i, S_i, M_i(i=1,2,3,4)$ 以及标量 $\varepsilon > 0$, 使得下列 LMI 有解

$$\begin{bmatrix} \Sigma_{11} & * \\ \Sigma_{21} & \Sigma_{22} \end{bmatrix} < 0 \tag{3.85}$$

$$\begin{bmatrix} P_1 & * \\ P_2^{\mathrm{T}} & P_3 \end{bmatrix} > 0, \quad T_j > 0, \quad R_j > 0 \tag{3.86}$$

其中

$$\Sigma_{11} = \begin{bmatrix} \Delta_{11} & * & * & * \\ \Delta_{21} & \Delta_{22} & * & * \\ \Delta_{31} & \Delta_{32} & \Delta_{33} & * \\ \Delta_{41} & \Delta_{42} & \Delta_{43} & \Delta_{44} \end{bmatrix}$$

$$\Sigma_{21} = \begin{bmatrix} P_3^{\mathrm{T}} & 0 & -P_3^{\mathrm{T}} & P_2 \\ n_{\max} N_1^{\mathrm{T}} & n_{\max} N_2^{\mathrm{T}} & n_{\max} N_3^{\mathrm{T}} & n_{\max} N_4^{\mathrm{T}} \\ n_\delta S_1^{\mathrm{T}} & n_\delta S_2^{\mathrm{T}} & n_\delta S_3^{\mathrm{T}} & n_\delta S_4^{\mathrm{T}} \\ C & DK & 0 & 0 \\ -B_1^{\mathrm{T}} M_1^{\mathrm{T}} & -B_1^{\mathrm{T}} M_2^{\mathrm{T}} & -B_1^{\mathrm{T}} M_3^{\mathrm{T}} & -B_1^{\mathrm{T}} M_4^{\mathrm{T}} \\ G^{\mathrm{T}} M_1^{\mathrm{T}} & G^{\mathrm{T}} M_2^{\mathrm{T}} & G^{\mathrm{T}} M_3^{\mathrm{T}} & G^{\mathrm{T}} M_4^{\mathrm{T}} \end{bmatrix}$$

$$\Sigma_{22} = \mathrm{diag}\left(-1/(n_\tau - 1)T_2, \quad -n_{\max} R_1, \quad -n_\delta R_2, \quad -I, \quad -\gamma^2 I, \quad -\varepsilon I \right)$$

$$\Delta_{11} = P_2 + P_2^{\mathrm{T}} + P_3 + T_1 + n_\tau T_2 + N_1 + N_1^{\mathrm{T}}$$
$$\qquad + M_1(I - A) + (I - A)^{\mathrm{T}} M_1^{\mathrm{T}} + \varepsilon E_a^{\mathrm{T}} E_a$$

$$\Delta_{21} = -N_1^{\mathrm{T}} + N_2 + S_1^{\mathrm{T}} + M_2(I - A) - K^{\mathrm{T}} B^{\mathrm{T}} M_1^{\mathrm{T}} + \varepsilon K^{\mathrm{T}} E_b^{\mathrm{T}} E_a$$

$$\Delta_{22} = -N_2 - N_2^{\mathrm{T}} + S_2 + S_2^{\mathrm{T}} - M_2 B K - K^{\mathrm{T}} B^{\mathrm{T}} M_2 + \varepsilon K^{\mathrm{T}} E_b^{\mathrm{T}} E_b K$$

$$\Delta_{31} = -P_2^{\mathrm{T}} + N_3 - S_1^{\mathrm{T}} + M_3(I - A)$$

$$\Delta_{32} = -N_3 - S_2^{\mathrm{T}} + S_3 - M_3 B K$$

$$\Delta_{33} = -P_3 - T_1 - T_2 - S_3 - S_3^{\mathrm{T}}$$

$$\Delta_{41} = P_1 + P_2 + N_4 + M_4(I - A) + M_1^{\mathrm{T}}$$

$$\Delta_{42} = -N_4 + S_4 - M_4 B K + M_2^{\mathrm{T}}$$

$$\Delta_{43} = -S_4 + M_3^{\mathrm{T}}$$

$$\Delta_{44} = P_1 + n_{\max} R_1 + 2 n_\delta R_2 + M_4 + M_4^{\mathrm{T}}$$

则系统(3.74)~(3.75)是鲁棒渐近稳定的且满足 H_∞ 性能指标 γ.

利用引理 3.6 , 可得到如下反馈增益 K 的设计结果.

定理 3.8　给定标量 $\rho_i(i = 2, 3, 4)$, $n_{\max}$, $n_{\min}$, γ, 如果存在矩阵 $\tilde{P}_k(k = 1, 2, 3)$, $\tilde{T}_j > 0$, $\tilde{R}_j > 0 (j = 1, 2)$ 和矩阵 $\tilde{N}_l$, $\tilde{S}_l$ $(l = 1, 2, 3, 4)$, 非奇异矩阵 X 和矩阵 Y 以及标量 $\varepsilon > 0$, 使得如下LMI 有解

$$\begin{bmatrix} \Sigma'_{11} & * \\ \Sigma'_{21} & \Sigma'_{22} \end{bmatrix} < 0 \tag{3.87}$$

$$\begin{bmatrix} \tilde{P}_1 & * \\ \tilde{P}_2^{\mathrm{T}} & \tilde{P}_3 \end{bmatrix} > 0, \quad \tilde{T}_j > 0, \quad \tilde{R}_j > 0 \tag{3.88}$$

其中

$$\Sigma'_{11} = \begin{bmatrix} \Delta'_{11} & * & * & * \\ \Delta'_{21} & \Delta'_{22} & * & * \\ \Delta'_{31} & \Delta'_{32} & \Delta'_{33} & * \\ \Delta'_{41} & \Delta'_{42} & \Delta'_{43} & \Delta'_{44} \end{bmatrix}$$

$$\Sigma'_{21} = \begin{bmatrix} \tilde{P}_3^{\mathrm{T}} & 0 & -\tilde{P}_3^{\mathrm{T}} & \tilde{P}_2 \\ n_{\max}\tilde{N}_1^{\mathrm{T}} & n_{\max}\tilde{N}_2^{\mathrm{T}} & n_{\max}\tilde{N}_3^{\mathrm{T}} & n_{\max}\tilde{N}_4^{\mathrm{T}} \\ n_\delta \tilde{S}_1^{\mathrm{T}} & n_\delta \tilde{S}_2^{\mathrm{T}} & n_\delta \tilde{S}_3^{\mathrm{T}} & n_\delta \tilde{S}_4^{\mathrm{T}} \\ -B_1^{\mathrm{T}} & -\rho_2 B_1^{\mathrm{T}} & -\rho_3 B_1^{\mathrm{T}} & -\rho_4 B_1^{\mathrm{T}} \\ CX^{\mathrm{T}} & DY & 0 & 0 \\ E_a X^{\mathrm{T}} & E_b Y & 0 & 0 \end{bmatrix}$$

$$\Sigma'_{22} = \mathrm{diag} \Big(-(n_\tau - 1)\tilde{T}_2, \quad -n_{\max}\tilde{R}_1, \quad -n_\delta\tilde{R}_2, \quad -\gamma^2 I, \quad -I, \quad -\varepsilon I \Big)$$

$$\Delta'_{11} = \tilde{P}_2 + \tilde{P}_2^{\mathrm{T}} + \tilde{P}_3 + T_1 + n_\tau \tilde{T}_2 + \tilde{N}_1 + \tilde{N}_1^{\mathrm{T}} + (I - A)X^{\mathrm{T}}$$
$$\quad\quad + X(I - A)^{\mathrm{T}} + \varepsilon GG^{\mathrm{T}}$$

$$\Delta'_{21} = -\tilde{N}_1^{\mathrm{T}} + \tilde{N}_2 + \tilde{S}_1^{\mathrm{T}} + \rho_2(I - A)X^{\mathrm{T}} - Y^{\mathrm{T}}B^{\mathrm{T}} + \varepsilon\rho_2 GG^{\mathrm{T}}$$

$$\Delta'_{22} = -\tilde{N}_2 - \tilde{N}_2^{\mathrm{T}} + \tilde{S}_2 + \tilde{S}_2^{\mathrm{T}} - \rho_2 BY - \rho_2 Y^{\mathrm{T}}B^{\mathrm{T}} + \varepsilon\rho_2^2 GG^{\mathrm{T}}$$

$$\Delta'_{31} = -\tilde{P}_2^{\mathrm{T}} + \tilde{N}_3 - \tilde{S}_1^{\mathrm{T}} + \rho_3(I - A)X^{\mathrm{T}} + \varepsilon\rho_3 GG^{\mathrm{T}}$$

$$\Delta'_{32} = -\tilde{N}_3 - \tilde{S}_2^{\mathrm{T}} + \tilde{S}_3 - \rho_3 BY + \varepsilon\rho_3 GG^{\mathrm{T}}$$

$$\Delta'_{33} = -\tilde{P}_3 - \tilde{T}_1 - \tilde{T}_2 - \tilde{S}_3 - \tilde{S}_3^{\mathrm{T}} + \varepsilon\rho_3^2 GG^{\mathrm{T}}$$

$$\Delta'_{41} = \tilde{P}_1 + \tilde{P}_2 + \tilde{N}_4 + \rho_4(I - A)X^{\mathrm{T}} + X + \varepsilon\rho_4 GG^{\mathrm{T}}$$

$$\Delta'_{42} = -\tilde{N}_4 + \tilde{S}_4 - \rho_4 BY + \rho_2 X + \varepsilon\rho_2\rho_4 GG^{\mathrm{T}}$$

$$\Delta'_{43} = -\tilde{S}_4 + \rho_3 X + \varepsilon\rho_3\rho_4 GG^{\mathrm{T}}$$

$$\Delta'_{44} = \tilde{P}_1 + n_{\max}\tilde{R}_1 + 2n_\delta\tilde{R}_2 + \rho_4 X + \rho_4 X^{\mathrm{T}} + \varepsilon\rho_4^2 GG^{\mathrm{T}}$$

则当反馈增益 $K = YZ^{-\mathrm{T}}$ 时，系统(3.74)~(3.75)鲁棒渐近稳定且满足 H_∞ 性能指标 γ.

证明：在 (3.85) 中令 $M_1 = M_0$, $M_2 = \rho_2 M_0$, $M_3 = \rho_3 M_0$, $M_4 = \rho_4 M_0$ 且 $\rho_4 \neq 0$, 并用 (3.19)' 表示. 显然 (3.19)' 成立, 则 M_0 为一非奇异矩阵. 令 $X = M_0^{-1}$, 对 (3.19)' 两边左乘 $\mathrm{diag}(X, X, X, X, X, X, X, I, I, I)$ 且右乘其转置, 并用 $\mathrm{diag}(X, X)$ 和其转置分别左乘和右乘 (3.86), 可以得到 (3.87) 和 (3.88), 其中 $\tilde{P}_k = XP_kX^{\mathrm{T}} (K = 1, 2, 3)$, $\tilde{N}_i = XN_iX^{\mathrm{T}}$, $\tilde{S}_i = XS_iX^{\mathrm{T}} (i = 1, 2, 3, 4)$, $\tilde{T}_j = XT_jX^{\mathrm{T}}$, $\tilde{R}_j = XR_jX^{\mathrm{T}} (j = 1, 2)$, $Y = KX^{\mathrm{T}}$. 因此, 结合引理 3.6 可以证明定理结论. ∎

在使用定理 3.8 时, 如何选择 $\rho_i (i = 2, 3, 4)$ 是重要的. 对于 ρ_i 的不同选择, 决定了计算结果的保守程度. 下面我们利用一种改进的遗传算法来搜寻全局最优参数 $\rho_i (i = 2, 3, 4)$, 使得 (3.87)~(3.88) 有解, 且 $n_{\max}$ 尽可能的大. 根据本文需解决问题的特点, 我们在基本遗传算法的基础上, 增加了局部搜索机制, 从而加速算法的收敛速度.

个体适应度的计算公式采用

$$f(x, y) = \begin{cases} \max\{0.8 - \tanh(10x), 0.01\}, & x > 0 \\ \min\{\tanh(0.1y) - \tanh(10x), 1\}, & x < 0 \end{cases} \tag{3.89}$$

这里 x 表示求解 (3.87)~(3.88) 时求解器返回结果的第一个值 $t_{\min}$, y 表示个体对应的 $n_{\max}$ 值.

遗传算法的基本框架如图 3.3(a) 所示，其中 Gen 和 GenMax 分别表示算法迭代的次数和最大次数. 计算个体适应度的算法如图 3.3(b) 所示，其中计算适应度的公式为 $f(t_{\min}, n_{\max})$.

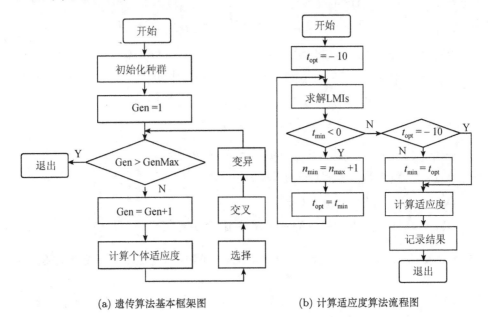

(a) 遗传算法基本框架图　　　　　　　　(b) 计算适应度算法流程图

图 3.3　利用遗传算法搜索 LMIs 参数的算法流程图

例 3.3　考虑系统 (3.68)∼ (3.70)，其中参数矩阵为

$$A = \begin{bmatrix} 1 & 0.1 \\ 0.1 & 0.8 \end{bmatrix}, B = \begin{bmatrix} 0.2 & 0 \\ 0.1 & -0.1 \end{bmatrix}, B_1 = \begin{bmatrix} 0.1 & 0 \\ 0.1 & -0.1 \end{bmatrix}$$

$$C = \begin{bmatrix} -0.41 & 0.1 \\ 0.1 & -0.1 \end{bmatrix}, G = \begin{bmatrix} 0 & 0 \\ 0.1 & 0.1 \end{bmatrix}, E_a = \begin{bmatrix} 0.1 & 0 \\ 0.1 & 0.1 \end{bmatrix}$$

$$E_b = \begin{bmatrix} 0 & 0 \\ -0.1 & 0 \end{bmatrix}, D = 0$$

表 3.1 为遗传算法参数选择，表 3.2 给出了当 $\varpi(k) = 0$ 时，(3.68)∼(3.70) 有解的 $\rho_i (i = 2, 3, 4)$ 的搜索值及对应的 $n_{\max}$ 和 $n_{\min}$ 值.

表 3.1　遗传算法参数选择

种群数	编码长度	参数跨度	交叉概率	突变概率
50	20	$[-70, 70]$	0.6	0.1

表 3.2 ρ_i 的搜索值及 $n_{\min}$ 和 $n_{\max}$ 值

$n_{\min}$	$n_{\max}$	ρ_2	ρ_3	ρ_4	K	步数
1	8	-0.0634	0.1710	5.2559	$\begin{bmatrix} -0.5145 & -0.0938 \\ -0.9665 & 0.2876 \end{bmatrix}$	179
1	12	-0.4199	-0.1780	8.7730	$\begin{bmatrix} -0.3611 & -0.0407 \\ -0.3195 & 0.4894 \end{bmatrix}$	229
1	16	0.4706	-0.1618	82.5000	$\begin{bmatrix} 0.0474 & 0.0781 \\ 1.6012 & 0.9859 \end{bmatrix}$	658
1	16	1.5001	0.1000	219.7955	$\begin{bmatrix} 0.0501 & 0.0687 \\ 1.5930 & 0.9170 \end{bmatrix}$	713

给定 $n_{\min} = 1$ 和 $n_{\max} = 8$, 求解 $(3.87) \sim (3.88)$ 可得

$$\gamma_{\min} = 2.2140, K = \begin{bmatrix} -0.4458 & -0.2210 \\ -0.7595 & -0.3575 \end{bmatrix}.$$

$\square$

3.2 基于连续时间模型的反馈控制设计

3.2.1 模型依赖设计方法

考虑如下线性连续系统

$$\dot{x}(t) = Ax(t) + Bu(t) \tag{3.90}$$

$$y(t) = Cx(t) \tag{3.91}$$

其中 $x(t) \in \mathbb{R}^n$、$u(t) \in \mathbb{R}^m$ 和 $y(t) \in \mathbb{R}^q$ 表示系统状态、控制输入和系统输出, A、B 和 C 为相应维数的常数矩阵.

下面将考虑当传感器到驱动器利用网络连接时, 如何设计使不稳定对象镇定的控制策略. 为此, 首先在控制器端构造一个系统, 其模型可表示为

$$\dot{\hat{x}}(t) = \hat{A}\hat{x}(t) + \hat{B}u(t) \tag{3.92}$$

反馈控制器设计为

$$u(t) = K\hat{x}(t) \tag{3.93}$$

控制系统结构如图 3.4 所示.

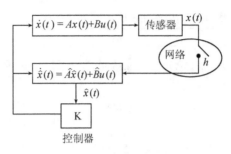

图 3.4　控制系统结构

　　首先讨论系统 (3.90) 的状态完全可测的情形, 此时传感器输出为 $x(t)$. 假设传感器的采样周期为 h, 也即传感器每 h 秒向控制端发送一个状态信息. 模型 (3.92) 在接收到传感器信息的同时 (即 kh 时刻) 更新 (3.92) 的状态量, 即取 $\hat{x}(kh) = x(kh)$.

　　定义误差变量

$$e(t) = x(t) - \hat{x}(t) \tag{3.94}$$

$$\tilde{A} = A - \hat{A}, \quad \tilde{B} = B - \hat{B} \tag{3.95}$$

显然, $e(kh) = 0,\ k = 0, 1, 2, \cdots$.

　　结合 (3.90), (3.92), (3.93) 和 (3.94), 可得到如下扩展系统

$$\dot{z}(t) = \Lambda z(t), \quad t \in [kh, (k+1)h) \tag{3.96}$$

$$z(kh) = \begin{bmatrix} x(kh^-) \\ 0 \end{bmatrix} \tag{3.97}$$

其中 $z(t) = \begin{bmatrix} x(t) \\ e(t) \end{bmatrix}$, $\Lambda = \begin{bmatrix} A + BK & -BK \\ \tilde{A} + \tilde{B}K & \hat{A} - \tilde{B}K \end{bmatrix}$.

　　定理 3.9　系统 (3.96) $\sim$ (3.97) 是指数渐近稳定的充分必要条件为矩阵 $\begin{bmatrix} I & 0 \\ 0 & 0 \end{bmatrix}$ $e^{\Lambda h} \begin{bmatrix} I & 0 \\ 0 & 0 \end{bmatrix}$ 的特征根在单位圆内.

　　证明：首先从 (3.96)$\sim$(3.97) 给出解 $z(t)$ 的表达式.

　　在区间 $[kh, (k+1)h)$ 内系统 (3.96)$\sim$(3.97) 的解为

$$z(t) = e^{\Lambda(t-kh)} z(kh) \tag{3.98}$$

因为在时刻 kh, 有 $z(kh) = \begin{bmatrix} x(kh^-) \\ 0 \end{bmatrix}$, 此式可写成

$$z(kh) = z(kh^-) \tag{3.99}$$

结合 (3.98) 和 (3.99) 有

$$z(kh) = \begin{bmatrix} I & 0 \\ 0 & 0 \end{bmatrix} z[(k-1)h] \tag{3.100}$$

由 (3.98), 并反复使用 (3.100) 可推知

$$z(t) = e^{\Lambda(t-kh)} \left(\begin{bmatrix} I & 0 \\ 0 & 0 \end{bmatrix} e^{\Lambda h} \right)^k z(0) \tag{3.101}$$

容易验证 $\begin{bmatrix} I & 0 \\ 0 & 0 \end{bmatrix} e^{\Lambda h}$ 具有形式 $\begin{bmatrix} M & N \\ 0 & 0 \end{bmatrix}$, 因此 $\left(\begin{bmatrix} I & 0 \\ 0 & 0 \end{bmatrix} e^{\Lambda h} \right)^k$ 具有形式 $\begin{bmatrix} M^k & P \\ 0 & 0 \end{bmatrix}$.

而

$$\left(\begin{bmatrix} I & 0 \\ 0 & 0 \end{bmatrix} e^{\Lambda h} \right)^k \begin{bmatrix} x(0) \\ 0 \end{bmatrix} = \begin{bmatrix} M^K x(0) & 0 \\ 0 & 0 \end{bmatrix} = \begin{bmatrix} M^K & 0 \\ 0 & 0 \end{bmatrix} \begin{bmatrix} x(0) \\ 0 \end{bmatrix}$$

$$= \left(\begin{bmatrix} I & 0 \\ 0 & 0 \end{bmatrix} e^{\Lambda h} \begin{bmatrix} I & 0 \\ 0 & 0 \end{bmatrix} \right)^k \begin{bmatrix} x(0) \\ 0 \end{bmatrix} \tag{3.102}$$

利用 (3.102), (3.101) 可写成

$$z(t) = e^{\Lambda(t-kh)} \left(\begin{bmatrix} I & 0 \\ 0 & 0 \end{bmatrix} e^{\Lambda h} \begin{bmatrix} I & 0 \\ 0 & 0 \end{bmatrix} \right)^k z(0), \quad t \in [kh, (k+1)h) \tag{3.103}$$

充分性 对 (3.103) 两边取范数

$$\|z(t)\| \leqslant \left\| e^{\Lambda(t-kh)} \right\| \left\| \left(\begin{bmatrix} I & 0 \\ 0 & 0 \end{bmatrix} e^{\Lambda h} \begin{bmatrix} I & 0 \\ 0 & 0 \end{bmatrix} \right)^k \right\| \|z(0)\| \tag{3.104}$$

因为

$$\left\| e^{\Lambda(t-kh)} \right\| \leqslant e^{\bar{\sigma}\Lambda h} \triangleq K_1 \tag{3.105}$$

其中 $\bar{\sigma}(\Lambda)$ 表示矩阵 Λ 的最大奇异值. 由于 $\begin{bmatrix} I & 0 \\ 0 & 0 \end{bmatrix} e^{\Lambda h} \begin{bmatrix} I & 0 \\ 0 & 0 \end{bmatrix}$ 的特征值位于单位圆内, 因此存在 $\alpha_1 > 0$, $K_2 > 0$ 使得

$$\left\| \left(\begin{bmatrix} I & 0 \\ 0 & 0 \end{bmatrix} e^{\Lambda h} \begin{bmatrix} I & 0 \\ 0 & 0 \end{bmatrix} \right)^k \right\| \leqslant K_2 e^{-\alpha_1 k} \tag{3.106}$$

而对 $t \in [kh, (k+1)h)$,

$$K_2 e^{-\alpha_1 k} \leqslant K_2 e^{-\alpha_1 \frac{t}{n}} = K_3 e^{-\alpha t} \tag{3.107}$$

这里 $K_3 = K_2$, $\alpha = \dfrac{\alpha_1}{h}$. 结合 (3.104)~(3.107) 得

$$\|z(t)\| \leqslant K_1 K_3 e^{-\alpha t} \|z(0)\|. \tag{3.108}$$

必要性　假设系统 (3.96) 是稳定的, 且 $\begin{bmatrix} I & 0 \\ 0 & 0 \end{bmatrix} e^{\Lambda h} \begin{bmatrix} I & 0 \\ 0 & 0 \end{bmatrix}$ 的特征外根有至少一个位于单位圆之外. 由 (3.96) 解的稳定性知

$$\|z(kh)\| \to 0, k \to \infty.$$

设 $e^{\Lambda \tau}$ 具有形式

$$e^{\Lambda \tau} = \begin{bmatrix} W(\tau) & X(\tau) \\ Y(\tau) & Z(\tau) \end{bmatrix}$$

则

$$\begin{aligned} z(t) &= e^{\Lambda(t-kh)} \left(\begin{bmatrix} I & 0 \\ 0 & 0 \end{bmatrix} e^{\Lambda h} \begin{bmatrix} I & 0 \\ 0 & 0 \end{bmatrix} \right)^k z(0) \\ &= \begin{bmatrix} W(t-kh) & X(t-kh) \\ Y(t-kh) & Z(t-kh) \end{bmatrix} \begin{bmatrix} (\varpi(h))^k & 0 \\ 0 & 0 \end{bmatrix} z(0) \\ &= \begin{bmatrix} W(t-kh) \left(W(h)^k \right) & 0 \\ Y(t-kh) \left(W(h)^k \right) & 0 \end{bmatrix} z(0) \end{aligned} \tag{3.109}$$

在 $(k+1)h^-$ 时刻, 有

$$z\left((k+1)h^- \right) = \begin{bmatrix} (W(h))^{k+1} & 0 \\ Y(h)(W(h))^k & 0 \end{bmatrix} z(0) \tag{3.110}$$

由上假设, $\begin{bmatrix} I & 0 \\ 0 & 0 \end{bmatrix} e^{\Lambda h} \begin{bmatrix} I & 0 \\ 0 & 0 \end{bmatrix}$ 至少有一个特征根位于单位圆之外. 因此, 此不稳定特征根一定也是 $W(h)$ 的特征根, 由 (3.110) 可以看出

$$\left\| x\left((k+1)h^- \right) \right\| = \left\| (W(h))^{k+1} x(0) \right\| \to \infty, K \to \infty$$

此与系统 (3.96) 的稳定性矛盾. ■

以上讨论了当系统状态量完全可测时控制的设计, 并给出保证闭环系统指数稳定的充要条件. 下面进一步讨论利用系统输出实现反馈控制的方法. 与图 3.4 所

描述的系统结构图不同, 由于此时传感器所采集的信号是 $y(t)$, 因此, 为了实现模型 (3.92) 在每个采样时刻 kh 状态量的更新, 需要在传感器端设置一个状态估计器. 此时系统结构可用图 3.5 描述.

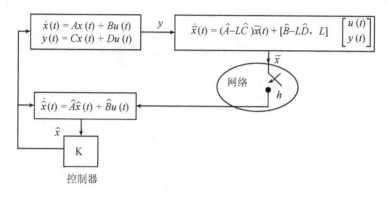

图 3.5 基于观测器的控制系统结构

被控对象由下列方程描述

$$\dot{x}(t) = Ax(t) + Bu(t) \tag{3.111}$$

$$y(t) = Cx(t) + Du(t) \tag{3.112}$$

观测器为

$$\dot{\bar{x}}(t) = \left(\hat{A} - L\hat{C} \right) \bar{x}(t) + \left[\begin{array}{cc} \hat{B} - L\hat{D}, & L \end{array} \right] \left[\begin{array}{c} u(t) \\ y(t) \end{array} \right] \tag{3.113}$$

动态控制系统为

$$\dot{\hat{x}}(t) = \hat{A}\hat{x}(t) + \hat{B}u(t) \tag{3.114}$$

$$u(t) = K\hat{x}(t) \tag{3.115}$$

在 kh 时刻, 取 $\hat{x}(kh) = \bar{x}(kh)$, 从而系统 (3.114) 完成一次更新. 定义误差变量 $e(t) = \bar{x}(t) - \hat{x}(t)$. 显然, $e(t)$ 满足

$$e(t) = \begin{cases} \bar{x}(t) - \hat{x}(t), & t \in [kh, (k+1)h) \\ 0, & t = kh \end{cases} \tag{3.116}$$

将 (3.112) 和 (3.115) 分别代入 (3.111), (3.113), (3.114) 得

$$\dot{x}(t) = Ax(t) + BK\hat{x}(t) \tag{3.117}$$

$$\dot{\hat{x}}(t) = \left(\hat{A} + \hat{B}K \right) \hat{x}(t) \tag{3.118}$$

$$\dot{\bar{x}}(t) = \left[\begin{array}{ccc} LC & \hat{B}K + L\tilde{D}K & \hat{A} - L\hat{C} \end{array} \right] \left[\begin{array}{c} x(t) \\ \hat{x}(t) \\ \bar{x}(t) \end{array} \right] \qquad (3.119)$$

其中 $\tilde{D} = D - \hat{D}$.

定义变量 $z(t) = \left[\begin{array}{ccc} x^{\mathrm{T}}(t), & \bar{x}^{\mathrm{T}}(t), & e^{\mathrm{T}}(t) \end{array} \right]^{\mathrm{T}}$, 结合 (3.117)~(3.119) 可得如下系统

$$\dot{z}(t) = \Lambda z(t), \quad t \in [kh, (k+1)h) \qquad (3.120)$$

$$z(kh) = \left[\begin{array}{c} x(kh^-) \\ \bar{x}(kh^-) \\ 0 \end{array} \right] \qquad (3.121)$$

其中

$$\Lambda = \left[\begin{array}{ccc} A & BK & -BK \\ LC & \hat{A} - L\hat{C} + \hat{B}K + L\tilde{D}K & -\hat{B}K - L\tilde{D}K \\ LC & L\tilde{D}K - L\hat{C} & \hat{A} - L\tilde{D}K \end{array} \right]$$

定理 3.10 系统 (3.120) ~ (3.121) 是指数渐近稳定的充分必要条件为

$$\left[\begin{array}{ccc} I & 0 & 0 \\ 0 & I & 0 \\ 0 & 0 & 0 \end{array} \right] \mathrm{e}^{\Lambda h} \left[\begin{array}{ccc} I & 0 & 0 \\ 0 & I & 0 \\ 0 & 0 & 0 \end{array} \right]$$

的特征根均位于单位圆内.

定理 3.10 的证明类似定理 3.9 的证明, 此处略.

注 3.5 定理 3.9 和定理 3.10 中给出的结果, 均未考虑网络延迟对系统稳定性的影响. 在定理 3.9 和定理 3.10 的基础上, 文献[10]研究了当网络延迟小于采样周期的正整数时, 镇定控制的设计, 给出了保证系统指数稳定的条件. 详细内容可参考文献[10].

例 3.4 考虑系统 (3.90), 其中

$$A = \left[\begin{array}{cc} 0 & 1 \\ 0 & 0 \end{array} \right], B = \left[\begin{array}{c} 0 \\ 1 \end{array} \right] \qquad (3.122)$$

所设计的反馈增益矩阵为 $K = \left[\begin{array}{cc} -1, & -2 \end{array} \right]$.

(1) 取 $\hat{A} = \begin{bmatrix} 0 & 0 \\ 0 & 0 \end{bmatrix}$，$\hat{B} = \begin{bmatrix} 0 \\ 0 \end{bmatrix}$．此时，控制与驱动节点使用零保持器．计算

$$\Lambda = \begin{bmatrix} A+BK & -BK \\ \tilde{A}+\tilde{B}K & \hat{A}-\tilde{B}K \end{bmatrix} = \begin{bmatrix} 0 & 1 & 0 & 0 \\ -1 & -2 & 1 & 2 \\ 0 & 1 & 0 & 0 \\ -1 & -2 & 1 & 2 \end{bmatrix}$$

容易验证，当 $h < 1$ 时，矩阵 $\begin{bmatrix} I & 0 \\ 0 & 0 \end{bmatrix} e^{\Lambda h} \begin{bmatrix} I & 0 \\ 0 & 0 \end{bmatrix}$ 的特征根位于单位圆内．因此，当采样周期 $h < 1$ 时，此时系统 (3.92) 的更新周期 $h < 1$，在控制 (3.93) 作用下，系统 (3.90) 是指数渐近稳定的．

(2) 随机选取与 (3.122) 具有相似结构的矩阵 $\hat{A}$ 和 $\hat{B}$ 为

$$\hat{A} = \begin{bmatrix} -0.5395 & 1.7990 \\ -0.7126 & -0.4972 \end{bmatrix}, \hat{B} = \begin{bmatrix} 0.3030 \\ 0.0076 \end{bmatrix} \tag{3.123}$$

计算

$$\Lambda = \begin{bmatrix} A+BK & -BK \\ \tilde{A}+\tilde{B}K & \hat{A}-\tilde{B}K \end{bmatrix} = \begin{bmatrix} 0 & 1.0000 & 0 & 0 \\ -1.0000 & -2.0000 & 1.0000 & 2.0000 \\ 0.8425 & -0.1930 & -0.8425 & 1.1930 \\ -0.2778 & -1.4836 & 0.2778 & 1.4836 \end{bmatrix}$$

容易验证，当 $h = 1.2$ 时，矩阵 $\begin{bmatrix} I & 0 \\ 0 & 0 \end{bmatrix} e^{\Lambda h} \begin{bmatrix} I & 0 \\ 0 & 0 \end{bmatrix}$ 的绝对值最大特征根为 0.9873．可以看出，当选取与系统 (3.122) 有相似结构的控制系统模型时，所允许的更新周期可能较大．当然，(2) 中所选取的 $\hat{A}$ 和 $\hat{B}$ 比 (1) 中的要复杂，因此，控制系统 (3.92)~(3.93) 也较复杂．对于实际系统的控制，可根据网络环境的限制，选择不同的系统 (3.92) 的参数矩阵． □

3.2.2 时滞相关设计方法

研究网络控制系统 (2.55) 的稳定性以及网络控制系统 (2.72)~(2.74) 的鲁棒 H_∞ 性能分析时，在考虑了网络延迟、数据丢包与错序等对系统的影响下，分别得到了定理 2.11 和定理 2.13．利用定理 2.11 和定理 2.13 可以得到以下相应的反馈增益 K 的求解条件．

定理 3.11　对给定的 $\eta > 0$ 和 $\rho_j > 0(j = 2, 3)$, 如果存在矩阵 $\tilde{P} > 0$, $T > 0$, 非奇异矩阵 X 和任意适当维数的矩阵 Y 和 $\tilde{N}_i\,(i = 1, 2, 3)$ 使得下面LMI成立

$$\begin{bmatrix} \tilde{N}_1 + \tilde{N}_1^{\mathrm{T}} - AX^{\mathrm{T}} - XA^{\mathrm{T}} & \tilde{N}_2 - \tilde{N}_1 - \rho_2 XA^{\mathrm{T}} - BY \\ * & -\tilde{N}_2 - \tilde{N}_2^{\mathrm{T}} - \rho_2 BY - \rho_2 Y^{\mathrm{T}} B^{\mathrm{T}} \\ * & * \\ * & * \end{bmatrix}$$

$$\left.\begin{matrix} \tilde{N}_3 - \rho_3 XA^{\mathrm{T}} + X^{\mathrm{T}} + \tilde{P} & \eta\tilde{N}_1 \\ -\tilde{N}_3^{\mathrm{T}} + \rho_2 X^{\mathrm{T}} - \rho_3 Y^{\mathrm{T}} B^{\mathrm{T}} & \eta\tilde{N}_2 \\ \rho_3 X + \rho_3 X^{\mathrm{T}} + \eta\tilde{T} & \eta\tilde{N}_3 \\ * & -\eta\tilde{T} \end{matrix}\right] < 0 \tag{3.124}$$

$$(i_{k+1} - i_k)\,h + \tau_{k+1} \leqslant \eta, \quad k = 1, 2, \cdots \tag{3.125}$$

则当 $K = YX^{-\mathrm{T}}$ 时, 系统 (2.55) 是指数渐近稳定的.

证明:　在 (2.56) 中, 令 $M = M_1$, $M_2 = \rho_2 M$ 且 $M_3 = \rho_3 M$, 其中 $\rho_3 \neq 0$. 因此, (2.56) 成立意味着 M 是非奇异的. 进一步定义 $X = M^{-1}$, $Y = KX^{\mathrm{T}}$, $\tilde{P} = XPX^{\mathrm{T}}$, $\tilde{N}_i = XN_iX^{\mathrm{T}}$, $\tilde{T} = XTX^{\mathrm{T}}$. 对 (2.56) 左乘 $\mathrm{diag}\begin{pmatrix} X, & X, & X, & X \end{pmatrix}$, 右乘 $\mathrm{diag}\begin{pmatrix} X^{\mathrm{T}}, & X^{\mathrm{T}}, & X^{\mathrm{T}}, & X^{\mathrm{T}} \end{pmatrix}$, 可以证明 (3.124) 的可解性保证 (2.56) 成立. ■

利用定理 3.11 类似的证明方法, 可由定理 2.13 得如下结果

定理 3.12　对给定的 $\rho_l\,(l = 1, 2, 3, 4)$, τ_m, η, γ, 如果存在矩阵 $\tilde{P}_k(k = 1, 2, 3)$, $\tilde{T}_j > 0$, $\tilde{R}_j > 0\,(j = 1, 2)$, 非奇异矩阵 X 和任意适当维数的矩阵 $\tilde{N}_i$ 和 $\tilde{S}_i(i = 1, 2, 3, 4)$ 以及标量 $\mu > 0$ 使得下面的LMI成立

$$\begin{bmatrix} \Phi_{11} & * \\ \Phi_{21} & \Phi_{22} \end{bmatrix} < 0$$

$$\begin{bmatrix} \tilde{P}_1 & \tilde{P}_2 \\ \tilde{P}_2^{\mathrm{T}} & \tilde{P}_3 \end{bmatrix} > 0$$

其中

$$\Phi_{11} = \begin{bmatrix} \Sigma_{11} & * & * & * \\ \Sigma_{21} & \Sigma_{22} & * & * \\ \Sigma_{31} & \Sigma_{32} & \Sigma_{33} & * \\ \Sigma_{41} & \Sigma_{42} & \Sigma_{43} & \Sigma_{44} \end{bmatrix}$$

$$\Phi_{21} = \begin{bmatrix} \tau_0 \tilde{P}_3^{\mathrm{T}} & 0 & -\tau_0 \tilde{P}_3^{\mathrm{T}} & \tau_0 \tilde{P}_2^{\mathrm{T}} \\ \eta \tilde{N}_1^{\mathrm{T}} & \eta \tilde{N}_2^{\mathrm{T}} & \eta \tilde{N}_3^{\mathrm{T}} & \eta \tilde{N}_4^{\mathrm{T}} \\ \delta \tilde{S}_1^{\mathrm{T}} & \delta \tilde{S}_2^{\mathrm{T}} & \delta \tilde{S}_3^{\mathrm{T}} & \delta \tilde{S}_4^{\mathrm{T}} \\ CX^{\mathrm{T}} & DY & 0 & 0 \\ -B_{\varpi}^{\mathrm{T}} & -\rho_2 B_{\varpi}^{\mathrm{T}} & -\rho_3 B_{\varpi}^{\mathrm{T}} & -\rho_4 B_{\varpi}^{\mathrm{T}} \\ E_a X^{\mathrm{T}} & E_b Y & 0 & 0 \end{bmatrix}$$

$$\Phi_{22} = \mathrm{diag}\,(-\tau_0 \tilde{T}_2, \quad -\eta \tilde{R}_1, \quad -\delta \tilde{R}_2, \quad -I, \quad -\gamma^2 I, \quad -\mu I)$$

$$\Sigma_{11} = \tilde{P}_2 + \tilde{P}_2^{\mathrm{T}} + T_1 + \tau_0 \tilde{T}_2 + \tilde{N}_1 + \tilde{N}_1^{\mathrm{T}} - AX^{\mathrm{T}} - XA^{\mathrm{T}} + \mu GG^{\mathrm{T}}$$

$$\Sigma_{21} = \tilde{N}_2 - \tilde{N}_1^{\mathrm{T}} + \tilde{S}_1^{\mathrm{T}} - \rho AX^{\mathrm{T}} - Y^{\mathrm{T}}B^{\mathrm{T}} + \mu \rho_2 GG^{\mathrm{T}}$$

$$\Sigma_{22} = -\tilde{N}_2 - \tilde{N}_2^{\mathrm{T}} + \tilde{S}_2 + \tilde{S}_2^{\mathrm{T}} - \rho_2 BY - \rho_2 Y^{\mathrm{T}}B^{\mathrm{T}} + \mu \rho_2^2 GG^{\mathrm{T}}$$

$$\Sigma_{31} = \tilde{N}_3 - \tilde{P}_2^{\mathrm{T}} - \tilde{S}_1^{\mathrm{T}} - \rho_3 - AX^{\mathrm{T}} + \mu \rho_3 GG^{\mathrm{T}}$$

$$\Sigma_{32} = -\tilde{N}_3 + \tilde{S}_3 - \tilde{S}_2^{\mathrm{T}} - \rho_3 BY + \mu \rho_3 \rho_2 GG^{\mathrm{T}}$$

$$\Sigma_{33} = -\tilde{T}_1 - \tilde{S}_3 - \tilde{S}_3^{\mathrm{T}} + \mu \rho_3^2 GG^{\mathrm{T}}$$

$$\Sigma_{41} = X + \tilde{N}_4 + \tilde{P}_1 - \rho_4 AX^{\mathrm{T}} + \mu \rho_4 GG^{\mathrm{T}}$$

$$\Sigma_{42} = -\tilde{N}_4 + \tilde{S}_4 + \rho_2 X - \rho_4 BY + \mu \rho_2 \rho_4 GG^{\mathrm{T}}$$

$$\Sigma_{43} = -\tilde{S}_4 + \rho_3 X + \mu \rho_3 \rho_4 GG^{\mathrm{T}}$$

$$\Sigma_{44} = \rho_4 X + \rho_4 X^{\mathrm{T}} + \eta \tilde{R}_1 + 2\delta \tilde{R}_2 + \mu \rho_4^2 GG^{\mathrm{T}}$$

则当 $K = YX^{-\mathrm{T}}$ 时, $(2.98) \sim (2.100)$ 是内鲁棒指数渐近稳定且满足 H_∞ 范数界 γ.

例 3.5 考虑系统 (2.102), 取 $\rho_2 = 0.2$, $\rho_3 = 20$, 应用定理 3.11 可得 $\eta_{\max} = 402$, 相应的反馈增益矩阵 $K = \begin{bmatrix} -0.0025, & -0.0118 \end{bmatrix}$. □

例 3.6 考虑如下不确定网络控制系统

$$\dot{x}(t) = \left(\begin{bmatrix} -1 & 0 & -0.5 \\ 1 & -0.5 & 0 \\ 0 & 0 & 0.5 \end{bmatrix} + \Delta A(t) \right) x(t) + \begin{bmatrix} 0 \\ 0 \\ 1 \end{bmatrix} u(t) + \begin{bmatrix} 1 \\ 1 \\ 1 \end{bmatrix} \varpi(t) \quad (3.126)$$

$$z(t) = \begin{bmatrix} 1, & 0, & 1 \end{bmatrix} x(t) + 0.1u(t) \quad (3.127)$$

其中 $\|\Delta A(t)\| \leqslant 0.01$. 假设网络中数据丢包的影响可以忽略, 并且 $\tau_m = 0.1$, 即网络诱导延迟的下界为 0.1. 采样周期选取为 $h = 0.2$. 取 $\rho_2 = \rho_3 = 0.2$, $\rho_4 = 2$, 应用定理 3.12 可求解得 $\eta_{\max} = 0.5$ 且最小允许 H_∞ 范数界为 $\gamma_{\min} = 1.9$, 对应的 X 和

Y 为

$$X = \begin{bmatrix} -4.8685 & -1.6898 & 4.5822 \\ 1.4794 & -130.3345 & -0.3929 \\ 2.4762 & 0.0790 & -4.7527 \end{bmatrix}$$

$$Y = \begin{bmatrix} -3.7066 \\ -0.0765 \\ 5.2430 \end{bmatrix}^{\mathrm{T}}$$

则反馈增益为 $K = \begin{bmatrix} -0.5425, & -0.0014, & -1.3858 \end{bmatrix}$. 另外, 由关系 $h + \tau_{k+1} \leqslant \eta$, $k = 1, 2, \cdots$, 求得最大允许的诱导延迟为 0.3. 取初始条件为 $x_1(0) = 0.5$, $x_2(0) = -0.5$ 和 $x_3(0) = 1.2$, 假设扰动为 $\varpi(t) = \begin{cases} 0.3, & 2 \leqslant t \leqslant 4 \\ 0, & \text{其他} \end{cases}$ 且网络环境满足 $h + \tau_{k+1} \leqslant 0.3$. 图 3.6 为在控制 $u(t) = [-0.5425, -0.0014, -1.3858]x(t)$ 的作用下, 系统 (3.126) 解的动态响应.   □

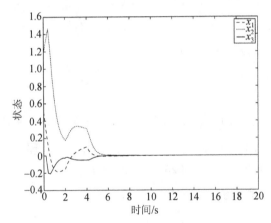

图 3.6　系统 (3.126) 解的动态响应示意图

当系统状态是完全可测时, 定理 3.11 和定理 3.12 给出了保证闭环系统稳定且满足 H_∞ 性能指标的状态反馈增益设计方法. 下面介绍, 利用状态观测量构造动态输出反馈控制的方法. 网络控制系统的结构如图 3.7 所示

被控对象是一个线性时不变系统

$$\dot{x}(t) = Ax(t) + Bu(t) \tag{3.128}$$

$$y(t) = Cx(t) \tag{3.129}$$

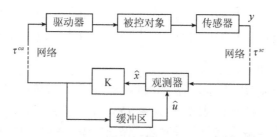

图 3.7 基于观测器的网络控制系统结构示意图

传感器的采样周期为 h^s, 观测器输出的采样周期为 h^a. 假设系统输出 $y(kh^s)$ 到达控制器端的时刻为 $kh^s + \tau_k^{sc}$, 其中 τ_k^{sc} 表示输出延迟. 观测器构造如下

$$\dot{\hat{x}}(t) = A\hat{x}(t) + B\hat{u}(t) + L\left(y(kh^s) - C\hat{x}(kh^s)\right), \tag{3.130}$$
$$\forall t \in \left[kh^s + \tau_k^{sc}, (k+1)h^s + \tau_{k+1}^{sc}\right]$$

其中 $\hat{u}(t)$ 是观测器的输入, 其在时刻 t 的取值将依赖于控制器到驱动器的网络环境. 控制信号 $-K\hat{x}(lh^a)$ 将在 $lh^a + \tau^{ca}$ 时刻到达驱动器. 作用于被控对象的控制量为

$$u(t) = -K\hat{x}(lh^a), \forall t \in [lh^a + \tau^{ca}, (l+1)h^a + \tau^{ca}] \tag{3.131}$$

τ^{ca} 表示控制信号从控制器端到驱动器端的传输延迟. 本小节假设 τ^{ca} 是一个常数.

定义两个时滞函数

$$\bar{\tau}^{sc} = t - kh^s, t \in \left[kh^s + \tau_k^{sc}, (k+1)h^s + \tau_{k+1}^{sc}\right]$$
$$\bar{\tau}^{ca} = t - lh^s, t \in [lh^a + \tau^{ca}, (l+1)h^a + \tau^{ca}]$$

显然, $\bar{\tau}^{sc}$ 和 $\bar{\tau}^{ca}$ 满足

$$\bar{\tau}^{sc} \in \left[\min_k(\tau_k^{sc}), h^s + \max_k(\tau_{k+1}^{sc})\right], \quad k \in Z_{\geqslant 0}$$
$$\bar{\tau}^{ca} \in [\tau^{ca}, h^a + \tau^{ca}]$$

情形 I $\tau^{ca} = 0$

此时, 控制器位于驱动器端, 也即不考虑控制器到驱动器端网络环境的影响. 因此, $u(t) = \hat{u}(t)$.

定义误差变 $e(t) = x(t) - \hat{x}(t)$, 则由 (3.128)~(3.131) 得到闭环系统

$$\begin{bmatrix} \dot{\hat{x}}(t) \\ \dot{e}(t) \end{bmatrix} = \begin{bmatrix} A & 0 \\ 0 & A \end{bmatrix} \begin{bmatrix} \hat{x}(t) \\ e(t) \end{bmatrix}$$

$$+ \begin{bmatrix} 0 & LC \\ 0 & -LC \end{bmatrix} \begin{bmatrix} \hat{x}(t-\bar{\tau}^s) \\ e(t-\bar{\tau}^s) \end{bmatrix} + \begin{bmatrix} -BK & 0 \\ 0 & 0 \end{bmatrix} \begin{bmatrix} \hat{x}(t-\bar{\tau}^{ca}) \\ e(t-\bar{\tau}^{ca}) \end{bmatrix} \tag{3.132}$$

情形 II　$\tau^{ca} \neq 0$ 且已知

(1) 假设在 lh^a 时刻, 向驱动器发送的控制信号为 $-K\hat{x}(lh^a)$. $-K\hat{x}(lh^a)$ 到达驱动器的时刻为 $lh^a + \tau^{ca}$, 因此, 当 $t \in [lh^a + \tau^{ca}, (l+1)h^a + \tau^{ca})$ 时, $u(t) = -K\hat{x}(lh^a)$. 在控制器端设立一个缓冲区, 保证在 $lh^a + \tau^{ca}$ 时刻, $\hat{u}(lh^a + \tau^a) = -K\hat{x}(lh^a)$ 且当 $t \in [lh^a + \tau^{ca}, (l+1)h^a + \tau^{ca})$ 时, $\hat{u}(t) = -K\hat{x}(lh^a)$.

定义误差函数 $e(t) = x(t) - \hat{x}(t)$, 由 (3.128)~(3.131) 得到闭环系统为

$$\begin{bmatrix} \dot{\hat{x}}(t) \\ \dot{e}(t) \end{bmatrix} = \begin{bmatrix} A & 0 \\ 0 & A \end{bmatrix} \begin{bmatrix} \hat{x}(t) \\ e(t) \end{bmatrix} + \begin{bmatrix} 0 & LC \\ 0 & -LC \end{bmatrix} \begin{bmatrix} \hat{x}(t-\bar{\tau}^s) \\ e(t-\bar{\tau}^s) \end{bmatrix}$$
$$+ \begin{bmatrix} -BK & 0 \\ 0 & 0 \end{bmatrix} \begin{bmatrix} \hat{x}(t-\bar{\tau}^{ca}) \\ e(t-\bar{\tau}^{ca}) \end{bmatrix} \tag{3.133}$$

从形式上看, (3.132) 和 (3.133) 是一样的. 但在 (3.132) 中 $\bar{\tau}^{ca} \in [0, h^a]$, 而在 (3.133) 中 $\bar{\tau}^{ca} \in [\tau^{ca}, h^a + \tau^{ca}]$.

(2) 假设在 lh^a 时刻, 向驱动器发送的控制信号为

$$\hat{u}(t) = -Kz(t - h^a - \tau^{ca}), \quad t \in [lh^a + \tau^{ca}, (l+1)h^a + \tau^{ca}] \tag{3.134}$$

其中 $z(t)$ 是状态变量 $x(t + h^a + \tau^{ca})$ 的估计, 满足如下动态方程

$$\dot{z}(t) = Az(t) + B\hat{u}(t + h^a + \tau^{ca}) + L(y(kh^s) - Cz(kh^s - h^a - \tau^{ca})) \tag{3.135}$$
$$t \in \left[kh^s + \tau_k^{sc}, (k+1)h^s + \tau_{k+1}^{sc} \right]$$

由 (3.134) 可见, lh^a 时刻向驱动器发送的控制信号是 $-Kz(t)$ 在区间 $[(l-1)h^a, lh^a)$ 上的一段连续函数信息. 该信息可由 (3.135) 式获得. 由于连续函数可以用多项式逼近, 因此, 在实际系统中, 通过网络传输的信息可以是多项式的参数.

将 (3.134) 代入 (3.135) 得

$$\dot{z}(t) = (A - BK)z(t) + L(y(t - \bar{\tau}^{sc}) - Cz(t - h^a - \tau^{ca} - \bar{\tau}^{sc})) \tag{3.136}$$

定义误差变量 $e(t) = x(t + h^a + \tau^{ca}) - z(t)$, 由 (3.128), (3.129), (3.136) 得到闭环系统

$$\begin{bmatrix} \dot{z}(t) \\ \dot{e}(t) \end{bmatrix} = \begin{bmatrix} A - BK & 0 \\ 0 & A \end{bmatrix} \begin{bmatrix} z(t) \\ e(t) \end{bmatrix} + \begin{bmatrix} 0 & LC \\ 0 & -LC \end{bmatrix} \begin{bmatrix} z(t - h^a - \tau^{ca} - \bar{\tau}^{sc}) \\ e(t - h^a - \tau^{ca} - \bar{\tau}^{sc}) \end{bmatrix}. \tag{3.137}$$

针对不同的网络环境, 以上得到闭环系统的不同描述, 即 (3.132), (3.133), (3.137). 这些系统可以统一用如下含两个状态时滞的方程描述

$$\dot{\bar{x}}(t) = A_0\bar{x}(t) + \sum_{i=1}^{2} A_i\bar{x}(t - \tau_i(t)) \tag{3.138}$$

其中 $\tau_i(t) \in [\tau_{im}, \tau_{iM})$ 且 $\dot{\tau}_i(t) = 1, a.e.$ 以后为方便起见, 通常用 τ_i 代替 $\tau_i(t)$.

容易看出, 对应 (3.132), (3.133) 和 (3.137), 分别有

(1)

$$\bar{x}(t) = \begin{bmatrix} \hat{x}^{\mathrm{T}}(t) & e^{\mathrm{T}}(t) \end{bmatrix}^{\mathrm{T}} \quad A_0 = \begin{bmatrix} A & 0 \\ 0 & A \end{bmatrix}$$

$$A_1 = \begin{bmatrix} 0 & LC \\ 0 & -LC \end{bmatrix} \quad A_2 = \begin{bmatrix} -BK & 0 \\ 0 & 0 \end{bmatrix}$$

(2)

$$\bar{x}(t) = \begin{bmatrix} \hat{x}^{\mathrm{T}}(t) & e^{\mathrm{T}}(t) \end{bmatrix}^{\mathrm{T}} \quad A_0 = \begin{bmatrix} A & 0 \\ 0 & A \end{bmatrix}$$

$$A_1 = \begin{bmatrix} 0 & LC \\ 0 & -LC \end{bmatrix} \quad A_2 = \begin{bmatrix} -BK & 0 \\ 0 & 0 \end{bmatrix}$$

(3)

$$\bar{x}(t) = \begin{bmatrix} z^{\mathrm{T}}(t) & e^{\mathrm{T}}(t) \end{bmatrix}^{\mathrm{T}} \quad A_0 = \begin{bmatrix} A - BK & 0 \\ 0 & A \end{bmatrix}$$

$$A_1 = \begin{bmatrix} 0 & LC \\ 0 & -LC \end{bmatrix} \quad A_2 = \begin{bmatrix} 0 & 0 \\ 0 & 0 \end{bmatrix}$$

下面首先对系统 (3.138) 给出保证系统稳定性的充分条件之后, 再基于该充分条件给出求解增益矩阵 K 和 L 的算法.

引理 3.7 假设 $a(\cdot) \in \mathbb{R}^n$, $b(\cdot) \in \mathbb{R}^m$ 且 $N(\cdot) \in \mathbb{R}^{n \times m}$ 在区间 Ω 上有定义, 则对任意矩阵 $X \in \mathbb{R}^{n \times n}$, $Y \in \mathbb{R}^{n \times m}$ 和 $Z \in \mathbb{R}^{m \times m}$, 下式成立

$$-2\int_{\Omega} a^{\mathrm{T}}(s)Nb(s)\,\mathrm{d}s \leqslant \int_{\Omega} \begin{bmatrix} a(s) \\ b(s) \end{bmatrix}^{\mathrm{T}} \begin{bmatrix} X & Y-N \\ Y^{\mathrm{T}}-N^{\mathrm{T}} & Z \end{bmatrix} \begin{bmatrix} a(s) \\ b(s) \end{bmatrix} \mathrm{d}s$$

$$\begin{bmatrix} X & Y \\ Y^{\mathrm{T}} & Z \end{bmatrix} \geqslant 0$$

证明参见文献 [71].

定理 3.13　如果存在 $2n \times 2n$ 矩阵 $P_1 > 0$, P_2, P_3, S_i, R_i 和 $4n \times 4n$ 矩阵 Z_{1i}, Z_{2i} 和 $2n \times 4n$ 矩阵 T_i $(i = 1, 2)$ 使得下列LMI成立

$$\begin{bmatrix} \Psi & P^{\mathrm{T}} \begin{bmatrix} 0 \\ A_1 \end{bmatrix} - T_1^{\mathrm{T}} & P^{\mathrm{T}} \begin{bmatrix} 0 \\ A_2 \end{bmatrix} - T_2^{\mathrm{T}} \\ * & -S_1 & 0 \\ * & * & -S_2 \end{bmatrix} < 0 \tag{3.139}$$

$$\begin{bmatrix} R_i & \begin{bmatrix} 0 & A_i^{\mathrm{T}} \end{bmatrix} P \\ * & Z_{2i} \end{bmatrix} \geqslant 0, \quad i = 1, 2 \tag{3.140}$$

$$\begin{bmatrix} R_i & T_i \\ * & Z_{1i} \end{bmatrix} \geqslant 0, \quad i = 1, 2 \tag{3.141}$$

其中

$$\Psi = P^{\mathrm{T}} \begin{bmatrix} 0 & I \\ A_0 & -I \end{bmatrix} + \begin{bmatrix} 0 & I \\ A_0 & -I \end{bmatrix}^{\mathrm{T}} P + \Phi$$

$$\Phi = \sum_{i=1}^{2} \left(\begin{bmatrix} S_i & 0 \\ 0 & \tau_{iM} R_i \end{bmatrix} + (\tau_{iM} - \tau_{im}) Z_{2i} + \tau_{im} Z_{1i} + \begin{bmatrix} T_i \\ 0 \end{bmatrix} + \begin{bmatrix} T_i \\ 0 \end{bmatrix}^{\mathrm{T}} \right)$$

$$P = \begin{bmatrix} P_1 & 0 \\ P_2 & P_3 \end{bmatrix}$$

则系统 (3.138) 是渐近稳定的.

证明　将 (3.138) 写成如下等价形式

$$\dot{\bar{x}}(t) = \bar{y}(t) \tag{3.142}$$

$$-\bar{y}(t) + \sum_{i=0}^{2} A_i \bar{x}(t) - \sum_{i=1}^{2} A_i \int_{t-\tau_i}^{t} \bar{y}(s) \, \mathrm{d}s = 0 \tag{3.143}$$

构造 Lyapunov 函数为

$$V(t) = \bar{x}^{\mathrm{T}}(t) P \bar{x}(t) + \sum_{i=1}^{2} \int_{-\tau_{iM}}^{0} \int_{t+\theta}^{t} \bar{y}^{\mathrm{T}}(s) R_i \bar{y}(s) \, \mathrm{d}s \mathrm{d}\theta + \sum_{i=1}^{2} \int_{t-\tau_{im}}^{t} \bar{x}^{\mathrm{T}}(t) S_i \bar{x}(s) \, \mathrm{d}s \tag{3.144}$$

其中 $i = 1, 2$, $P_1 > 0$. 对 $V(t)$ 求关于时间 t 的导数得

$$\dot{V}(t) \leqslant \tilde{x}^{\mathrm{T}}(t) \tilde{\Psi} \tilde{x}(t) - \sum_{i=1}^{2} \bar{x}^{\mathrm{T}}(t - \tau_{im}) S_i \bar{x}(t - \tau_{im}) - \sum_{i=1}^{2} \int_{t-\tau_{iM}}^{t} \bar{y}^{\mathrm{T}}(s) R_i \bar{y}(s) \, \mathrm{d}s + \eta \tag{3.145}$$

这里

$$\tilde{x}(t) = \left[\begin{array}{cc} \bar{x}^{\mathrm{T}}(t), & \bar{y}^{\mathrm{T}}(t) \end{array}\right]^{\mathrm{T}}$$

$$\tilde{\Psi} = P^{\mathrm{T}} \left[\begin{array}{cc} 0 & I \\ \sum\limits_{i=0}^{2} A_i & -I \end{array}\right] + \left[\begin{array}{cc} 0 & I \\ \sum\limits_{i=1}^{2} A_i & -I \end{array}\right]^{\mathrm{T}} P + \sum_{i=1}^{2} \left[\begin{array}{cc} S_i & 0 \\ 0 & \tau_{iM} R_i \end{array}\right]$$

$$\eta = \sum_{i=1}^{2} 2\tilde{x}^{\mathrm{T}}(t) P^{\mathrm{T}} \left[\begin{array}{c} 0 \\ A_i \end{array}\right] \int_{t-\tau_i}^{t} \bar{y}(s)\,\mathrm{d}s$$

利用引理 3.7 可得到如下估计

$$\eta \leqslant \sum_{i=1}^{2} \int_{t-\tau_{im}}^{t} \left[\begin{array}{c} \bar{y}(s) \\ \tilde{x}(t) \end{array}\right]^{\mathrm{T}} \left[\begin{array}{cc} R_i & T_i - \left[\begin{array}{cc} 0, & A_i^{\mathrm{T}} \end{array}\right] P \\ * & Z_{1i} \end{array}\right] \left[\begin{array}{c} \bar{y}(s) \\ \tilde{x}(t) \end{array}\right] \mathrm{d}s$$

$$+ \sum_{i=1}^{2} \int_{t-\tau_i}^{t-\tau_{im}} \left[\begin{array}{c} \bar{y}(s) \\ \tilde{x}(t) \end{array}\right]^{\mathrm{T}} \left[\begin{array}{cc} R_i & \tilde{T}_i - \left[\begin{array}{cc} 0, & A_i^{\mathrm{T}} \end{array}\right] P \\ * & Z_{2i} \end{array}\right] \left[\begin{array}{c} \bar{y}(s) \\ \tilde{x}(t) \end{array}\right] \mathrm{d}s$$

$$= \sum_{i=1}^{2} \int_{t-\tau_i}^{t} \bar{y}^{\mathrm{T}}(s) R_i \bar{y}(s)\,\mathrm{d}s + 2\sum_{i=1}^{2} \int_{t-\tau_i}^{t-\tau_{im}} \bar{y}^{\mathrm{T}}(s) \left(\tilde{T}_i - \left[\begin{array}{cc} 0, & A_i^{\mathrm{T}} \end{array}\right] P\right) \tilde{x}(t)\,\mathrm{d}s$$

$$+ 2\sum_{i=1}^{2} \int_{t-\tau_{im}}^{t} \bar{y}^{\mathrm{T}}(s) \left(T_i - \left[\begin{array}{cc} 0, & A_i^{\mathrm{T}} \end{array}\right] P\right) \tilde{x}(t)\,\mathrm{d}s$$

$$+ \sum_{i=1}^{2} \tilde{x}^{\mathrm{T}}(t) \left(\tau_{im} Z_{1i} + (\tau_i - \tau_{im} Z_{2i})\right) \tilde{x}(t)$$

其中

$$\left[\begin{array}{cc} R_i & T_i \\ * & Z_{1i} \end{array}\right] \geqslant 0, \left[\begin{array}{cc} R_i & \tilde{T}_i \\ * & Z_{2i} \end{array}\right] \geqslant 0$$

选取 $\tilde{T}_i = \left[\begin{array}{cc} 0, & A_i^{\mathrm{T}} \end{array}\right] P$, 有

$$\eta \leqslant \sum_{i=1}^{2} \int_{t-\tau_i}^{t} \bar{y}^{\mathrm{T}}(s) R_i \bar{y}(s)\,\mathrm{d}s + 2\sum_{i=1}^{2} \bar{x}^{\mathrm{T}}(t) \left(T_i - \left[\begin{array}{cc} 0, & A_i^{\mathrm{T}} \end{array}\right] P\right) \tilde{x}^{\mathrm{T}}(t)$$

$$- 2\sum_{i=1}^{2} \bar{x}^{\mathrm{T}}(t-\tau_{im}) \left(T_i - \left[\begin{array}{cc} 0, & A_i^{\mathrm{T}} \end{array}\right] P\right) \tilde{x}^{\mathrm{T}}(t)$$

$$+ \sum_{i=1}^{2} \tilde{x}^{\mathrm{T}}(t) \left(\tau_{im} Z_{1i} + (\tau_{iM} - \tau_{im} Z_{2i})\right) \tilde{x}(t)$$

将上式代入 (3.145), 并利用条件 (3.139) 可知 $\dot{V}(t) < 0$, 从而可推知定理结论成立. ■

当增益矩阵 K 和 L 已知时, 定理 3.13 给出了保证系统稳定性的充分条件 (3.139)~(3.141), 利用这些条件可以求解出所允许的时滞界. 下面介绍求解增益矩阵 K 和 L 的方法和算法. 为此需要如下引理 [72].

引理 3.8　假设 $Q(M)$ 是一个对称矩阵, 矩阵变量 M 和 N 是相互独立的, 则存在一个对称矩阵 $N > 0$ 使得

$$J^{\mathrm{T}}(M)NU + U^{\mathrm{T}}NJ(M) + Q(M) < 0$$

成立的充分必要条件是存在对称矩阵 X 和 Y 以及标量 $\alpha > 0$ 使得 $X = \alpha^2 Y^{-1}$ 和

$$\begin{bmatrix} U^{\mathrm{T}}XU - Q(M) & J^{\mathrm{T}}(M) + \alpha U^{\mathrm{T}} \\ * & Y \end{bmatrix} < 0,$$

这里 $J(M)$ 是 M 的矩阵函数, U 是一个已知常数矩阵.

定理 3.14　如果存在 $2n \times 2n$ 矩阵 $P_1 > 0, X_1 > 0, X_2 > 0, Y_1, Y_2, S_i, R_i, 4n \times 4n$ 矩阵 $Z_{1i}, Z_{2i}, 2n \times 4n$ 矩阵 $T_i, n \times 1$ 矩阵 $L, 1 \times n$ 矩阵 K 和标量 $\varepsilon > 0$ 使得下列矩阵不等式成立

$$\begin{bmatrix} U_0^{\mathrm{T}}XU_0 - Q_0 & J_0^{\mathrm{T}}(K,L) + \varepsilon U_0^{\mathrm{T}} \\ * & Y \end{bmatrix} > 0 \tag{3.146}$$

$$\begin{bmatrix} U_i^{\mathrm{T}}XU_i - Q_i & J_i^{\mathrm{T}}(K,L) + U_i^{\mathrm{T}} \\ * & Y \end{bmatrix} > 0 \tag{3.147}$$

$$\begin{bmatrix} R_i & T_i \\ * & Z_{1i} \end{bmatrix} > 0, \quad i = 1,2 \tag{3.148}$$

其中

$$X = \begin{bmatrix} X_1 & 0 \\ 0 & X_2 \end{bmatrix}, \quad Y = \begin{bmatrix} Y_1 & 0 \\ 0 & Y_2 \end{bmatrix}, \quad X = \varepsilon^2 Y^{-1}$$

$$Q_0 = \begin{bmatrix} \Gamma & -T_1^{\mathrm{T}} & -T_2^{\mathrm{T}} \\ * & -S_1 & 0 \\ * & * & -S_2 \end{bmatrix}, \quad U_0 = \begin{bmatrix} I & 0 & 0 & 0 \\ 0 & I & 0 & 0 \end{bmatrix},$$

$$\Gamma = \begin{bmatrix} 0 & P_1 \\ P_1 & 0 \end{bmatrix} + \Phi$$

$$J_0\left(K,L\right) = \begin{bmatrix} A_0 & -I & A_1 & A_2 \\ A_0 & -I & A_1 & A_2 \end{bmatrix}.$$

$$Q_i = -\begin{bmatrix} R_i & 0 \\ 0 & Z_{2i} \end{bmatrix}, \quad U_i = \begin{bmatrix} 0 & I & 0 \\ 0 & 0 & I \end{bmatrix}$$

$$J_i\left(K,L\right) = -\begin{bmatrix} A_i & 0 & 0 \\ A_i & 0 & 0 \end{bmatrix}, \quad i = 1,2.$$

则闭环系统 (3.132), (3.133) 或 (3.137) 是渐近稳定的.

证明: 当取 $N = \begin{bmatrix} P_2 & 0 \\ 0 & P_3 \end{bmatrix}$, 则 (3.139) 和 (3.140) 分别可表示为

$$J_0^{\mathrm{T}}\left(K,L\right)NU_0 + U_0^{\mathrm{T}}XJ_0\left(K,L\right) + Q_0 < 0$$

$$J_i^{\mathrm{T}}\left(K,L\right)NU_i + U_i^{\mathrm{T}}XJ_i\left(K,L\right) + Q_i < 0, \quad i = 1,2$$

利用引理 3.8 可完成定理的证明. ■

在定理 3.14 的求解条件中包含一个等式, $XY = \alpha^2 I$, 为了求解含此限制的矩阵不等式条件 (3.146)~(3.148), 基于锥补线性化方法 [73] 有以下求解算法.

算法:

(1) 选取 ε;

(2) 求解出 X_0 和 Y_0, 其满足 (3.146)~(3.148) 和

$$\begin{bmatrix} X & I \\ I & \alpha^2 Y \end{bmatrix} \geqslant 0 \tag{3.149}$$

(3) 设定 $X_j = X_{j-1}$, $Y_j = Y_{j-1}$ 且通过求解下优化问题得到 X_{j+1} 和 Y_{j+1}

$$\sum\nolimits_j = \min \mathrm{tr}\left(X_j Y + X Y_j\right)$$

满足: (3.146)~(3.149);

(4) 如果停止条件满足, 则完成计算. 否则, 设定 $j = j+1$ 且若 $j < c$ (一个事先取定的数), 则转到 (3) 或增加 ε 且转到 (2).

注 3.6 (4) 中的停止条件我们选 $N = \varepsilon^{-1}X$.

例 3.7 考虑如下线性系统

$$\dot{x}\left(t\right) = \begin{bmatrix} 0 & 1 \\ 0 & -0.1 \end{bmatrix} x\left(t\right) + \begin{bmatrix} 0 \\ 0.1 \end{bmatrix} u\left(t\right) \tag{3.150}$$

$$y\left(t\right) = x_1\left(t\right) \tag{3.151}$$

该系统的输出是状态向量的第一个变量. 假设网络延迟为零, 传感器的采样周期 $h^s = 0.5$. 当控制策略采用 (3.130)~(3.131) 时, 利用定理 3.14 求解得到

$$K = \left[\begin{array}{cc} 3.3348, & 9.9103 \end{array}\right], L = \left[\begin{array}{cc} 0.6772, & 0.1875 \end{array}\right]^{\mathrm{T}}$$

且所允许的驱动采样周期满足 $h^a \leqslant 0.7330$. 若控制策略采用 (3.134)~(3.135), 则有

$$K = \left[\begin{array}{cc} 28.5347, & 83.8626 \end{array}\right], L = \left[\begin{array}{cc} 0.3518, & 0.0492 \end{array}\right]^{\mathrm{T}}$$

且 $h^a \leqslant 0.976$. 显然, 后者允许的驱动器采样周期更大.　　　　　　　　　　　□

第4章 网络控制的联合设计方法

在第 3 章中介绍了在一定网络环境下系统控制参数的设计, 给出了一系列基于模型的设计方法以及求解条件. 然而, 由于网络环境的影响, 网络控制系统的性能不仅决定于控制策略的选择, 而且与网络服务质量有着密切的关系. 在网络服务质量波动甚至恶化, 不能满足预先假定的网络性能要求下, 如何改变控制器设计, 以最大可能地保证网络控制系统的性能; 在网络服务质量优于要求的网络性能下, 如何自适应的调节或改变控制器的设计, 充分利用有效网络资源, 提高系统综合性能, 都是控制与网络设计时必须考虑的问题. 因此, 为了提高网络控制系统的综合性能, 需要将控制策略的选择与网络服务质量的调节相结合, 此种设计问题又可称为网络控制的联合设计问题. 目前有关联合设计方法主要有两种: 一种是辅助调度方法 [30, 31, 33], 此种方法需要在假设一定网络环境下设计出控制策略, 而后选择合适的调度算法用于保证所需要的网络服务质量; 另一种是控制器设计与网络服务质量相联合方法 ①[74, 75]. 此种方法通过在线测量或预估网络服务质量, 以此作为网络控制器设计的参数. 它融合控制与通信领域等相关学科知识, 以优化网络与控制系统综合性能为目标, 通过在线调节控制器参数, 以适应网络环境的变化, 最终实现控制系统与网络环境的联合设计.

4.1 网络控制系统中的辅助调度方法

在网络控制系统中, 由于网络带宽的限制以及控制系统的时限要求, 采样及控制任务的信息传递必须在一定的时间内完成, 否则信息会产生较大的延迟, 从而降低系统的控制性能, 严重时将会导致系统不稳定. 因此, 网络控制系统的性能不仅取决于控制算法的设计, 而且与采用的网络信息的调度算法密切相关. 我们知道, 连接控制系统的网络采用串行的工作方式, 且带宽有限. 当多个控制系统共享网络时, 网络资源很难保证信息及时可靠地传送到目的端, 这些会直接影响整个系统的控制性能, 甚至会导致系统不稳定. 例如, 在一个由 n 个 NCSs 耦合而成的系统中, 如图 4.1 所示, 每个子系统都需要占用一定的网络带宽来保证自身系统的稳定. 若所有的子系统同时进行数据传输, 此时有限的网络资源 (网络带宽和

---

①彭晨, 岳东. 网络环境下基于网络 QoS 的网络控制器优化设计. 自动化学报, (已接收), 2006.

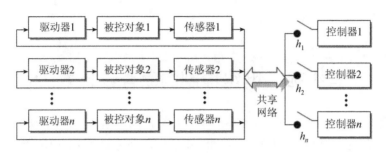

图 4.1　一组 NCS 的调度示意图

设备处理能力) 上将承受巨大的网络负载. 若负载量超过网络的处理能力, 在网络中传输的数据延迟和丢包率将会增大, 网络的整体性能下降. 因此对于 NCS 而言, 我们有必要为其设计一个合理高效的调度算法, 用以保证控制策略的实现.

　　网络控制系统中信息的调度主要在用户层或在传输层以上, 主要调度参数为信息传输周期及传递信息的优先级. 与传统的单处理器的任务调度相比, 网络控制系统中的信息传输调度主要完成报文的传输, 其传输周期、传输时限等都具有网络特点, 调度的主要目的在于用于提高网络的利用率和提高控制系统综合性能. 结合网络控制系统的特点, 近年来人们提出了一些有效的网络调度算法, 主要有 RM (Rate Monotonic) 算法 [25~27]、MEF–TOD (Maximum Error First–Try Once Discard) 调度算法 [8, 9] 以及模糊增益调度算法 [30~32] 等. 其中 RM 算法主要用来处理一系列不相关的、基于权限的、先占的、周期性实时网络传输任务调度; MEF–TOD 是一种给时间关键信息动态分配网络资源的动态调度算法, 规定具有最大加权误差的节点先传输信息; 模糊增益调度算法是在网络 QoS 变化状况下, 不改变控制器设计参数, 通过外加模糊调制器的办法改变控制器输出增益达到自适应调节的目的.

4.1.1　网络调度策略的基本概念

　　在 NCS 中, 信息的调度主要集中在用户层或传输层上, 用来决定相关节点数据传送的周期和优先级. 仿照单处理器调度算法的定义, 我们将 NCS 中和网络调度策略相关的基本概念定义如下, 其相关示意图如图 4.2 所示.

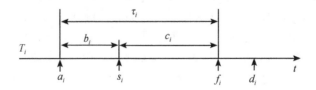

图 4.2　网络调度相关的时间参数

定义 4.1　对于一个数据传输任务 T_i, 其传输的周期为 h_i, 与 T_i 相关的参数

定义如下,

(1) **到达时间** (Arrival time): 数据打包完毕, 并调入传输队列, 准备传输的时刻, 记为 a_i. 往往指一个传输任务的开始.

(2) **开始时间** (Start time): 数据包开始传输的时刻, 记为 s_i.

(3) **闭锁时间** (Blocking time): 数据包从达到队列到开始传输的一段等待时间, 记为 b_i. 则 $b_i = s_i - a_i$. 一个传输任务的闭锁时间包括两部分内容, 一是等待更高优先级的报文传送完毕所需的等待时间, 记为 $b_{h,i}$; 另一部分是等待正在传输的低级别的传输任务完成所需时间 (由于网络调度策略是非占先 (non-preemptive) 的), 记为 $b_{l,i}$, 因此 $b_i = b_{h,i} + b_{l,i}$. 另外, 我们记最差情况下闭锁时间和相应的等待时间为 $\bar{b}_i$、$\bar{b}_{h,i}$ 和 $\bar{b}_{l,i}$.

(4) **传输时间** (Transmission time): 数据包从源结点到目标结点所需的传输时间, 记为 c_i. 在理想状态下, c_i 仅和数据包的大小以及网络的数据传输速率有关.

(5) **结束时间** (Finishing time): 数据包传输结束的时刻, 记为 f_i.

(6) **传输延迟** (Transmission delay): 数据包从到达传输队列到传输完毕所经历的时间, 记为 τ_i, 因此 $\tau_i = f_i - a_i$ 或 $\tau_i = b_i + c_i$.

(7) **截止时间** (Deadline): 保证系统控制性能不受影响的数据包结束时间的最大值, 记为 d_i. 一般而言, $d_i \leqslant a_i + h_i$.

定义 4.2 对于一组网络传输任务, 在某一调度策略下, 所有的任务均能在其截止时间 d_i 之前结束, 则称这组传输任务是可调度的, 或称这一调度策略是可行的.

定义 4.3 对于 N 个网络数据传输任务 $T_1, T_2, \cdots, T_N$, T_i 的传输时间和传输周期分别为 c_i 和 h_i, 则网络的利用率 U 定义为,

$$U = \sum_{i=1}^{N} \frac{c_i}{h_i}$$

和其他调度算法一样, 网络调度算法是一个右连续的分段函数 $\sigma: \mathbb{R}^+ \to \mathbb{N}$. 若将网络看作一块单处理器, 网络上的数据传输任务看作单处理器上的计算任务, 那么我们就可以利用和单处理器的任务调度算法相似的方法来研究网络的调度算法. 但值得注意的是, 网络调度和单处理器的任务调度也存在着区别,

- 网络控制系统中的信息传输调度主要完成报文的传输, 其传输周期、传输时限等都具有网络特点;

- 传输的报文信息一旦在网络中开始传输就必须传输完成, 通常不能够被其他数据传输请求中断, 因此网络传输具有非先占性特点.

目前, 网络调度存在的主要问题是如何在保证未来网络延迟的有界性、数据传输的安全可靠性和提高有效带宽利用率基础上, 对 NCS 控制系统性能进行联合

优化.

4.1.2　RM 静态采样周期调度算法

速率单调 (Rate Monotonic, RM) 算法最初由 Liu 和 Layland 提出, 并在单处理器任务调度中得到了广泛的应用. 所谓的 RM 调度, 就是为每一个周期任务指定一个固定的优先级, 该优先级按照任务周期的长短顺序排列, 任务周期越短, 其优先级越高, 调度总是试图最先运行周期最短的任务. RM 是一种静态的固定优先权限调度策略, 优先级在任务执行前分配并且不随时间改变. 当新到达的任务周期比当前处理的任务周期更短时, 当前执行任务让位于新到任务. 以下是满足 RM 算法调度可行性的充分条件.

定理 4.1　对于由 N 个不相关的、先占的、周期性调度任务组成的集合, 若处理器利用率 U 满足:

$$U = \sum_{i=2}^{N} \frac{c_i}{h_i} \leqslant N(2^{1/N} - 1)$$

则该实时任务集可由 RM 算法调度. 其中 h_i 为第 i 个任务的周期, c_i 为相应第 i 个任务的计算时间.

注 4.1　定理 4.1 的证明可参阅文献 [25] 中定理 6.1. 从定理 4.1 中容易看出, 若 U 的最大值小于 $\ln 2 \approx 0.693(N \to \infty)$, 则任意周期性的调度任务总可以利用 RM 算法调度.

网络调度任务是非先占型的调度任务, 在定理 4.1 的基础上, 我们得到能判断一组网络调度任务可行性的充分条件, 具体的证明过程有兴趣的读者可参阅文献 [26] 中定理 16.

定理 4.2　由 N 个不相关的、非先占的、周期性任务集 (用 i 的降序代表权限优先级, $i = 1$ 表示最高优先级, $i = N$ 表示最低优先级) 是可调度的, 若对于任意 $i \in \{1, 2, \cdots, N\}$,

$$\frac{c_1}{h_1} + \frac{c_2}{h_2} + \cdots + \frac{c_i}{h_i} + \frac{\bar{b}_{l,i}}{h_i} \leqslant i(2^{1/i} - 1)$$

其中 $\bar{b}_{l,i}$ 为相应第 i 个任务由于最低权限引起的最差情况下的闭锁时间, 即

$$\bar{b}_{l,i} = \max_{j=i+1, \cdots, N} c_j$$

例 4.1　考虑具有相同闭环性能的网络控制对象 s_1, s_2, s_3, 传输周期上界分别为 0.0208s, 0.0232s 和 0.0368s. 根据 RM 调度规则, 越小的传输周期, 分配的权限越高, 对 s_1, s_2, s_3 分配传输权限为 1, 2, 3. 假设 NCS 网络的传输周期分别为 $h_1 = 0.026$s, $h_2 = 0.030$s, $h_3 = 0.034$s 且具有相同的网络传输时间

$c_1 = c_2 = c_3 = 0.004\text{s}$. 显然最坏情况下的闭锁时间为 $\bar{b}_{l,1} = \bar{b}_{l,2} = 0.004\text{s}$. 根据定理 4.2, 网络可调度性分析如下:

对 $i = 1$

$$\frac{c_1}{h_1} + \frac{\bar{b}_{l,1}}{h_1} = 0.3077 \leqslant 1(2^1 - 1) = 1$$

对 $i = 2$

$$\frac{c_1}{h_1} + \frac{c_2}{h_2} + \frac{\bar{b}_{l,2}}{h_2} = 0.4205 \leqslant 2(2^{1/2} - 1) = 0.8284$$

对 $i = 3$

$$\frac{c_1}{h_1} + \frac{c_2}{h_2} + \frac{c_3}{h_3} = 0.4048 \leqslant 3(2^{1/3} - 1) = 0.7798$$

根据定理 4.2, 在选择的传输周期下利用 RM 调度算法, 网络控制对象 s_1, s_2, s_3 是可调度的. □

前面我们介绍了如何利用 RM 算法判断一组网络任务调度的可行性, 作为一个拓展, 我们自然地会联想到这么一个问题, 对于网络的某个性能指标, 如何选择最优的网络调度策略, 使得该性能指标达到最优.

考虑如图 4.1 由 N 个 NCS 组成的耦合系统, 每一网络的传输周期为 h_i, 上界为 $h_{s,i}$, 传输时间为 c_i. 假设对每个 NCS 都定义一个性能指标, 其为传输周期 h_i 的函数, 记为 $J_i(h_i)$, 因此我们得到如下优化问题

$$\min(\text{或 } \max) \, J(h_i) = \sum_{i=1}^{N} J_i(h_i)$$

约束条件:

- RM 调度算法约束:

$$h_1 \leqslant \cdots \leqslant h_N,$$
$$\frac{c_1}{h_1} + \frac{c_2}{h_2} + \cdots + \frac{c_i}{h_i} + \frac{\bar{b}_{l,i}}{h_i} \leqslant i(2^{1/i} - 1), \quad i = 1, 2, \cdots, N$$

- NCS 稳定性约束条:

$$h_i \leqslant h_{s,i} - \bar{b}_i, \quad i = 1, 2, \cdots, N.$$

其中 $h_{s,i}$ 表示使 NCS 指数稳定的充分界, $\bar{b}_i$ 为第 i 个 NCS 的闭锁时间, 在设定 h_i 的上界时, 必须将其考虑进去.

这样, 我们得到一个关于 NCS 的优化问题, 优化的对象是各个 NCS 的传输周期. 这里性能指标函数 $J_i(h_i)$ 的选取是优化问题的关键所在, 在 NCS 的调度策略中, 我们一般将其选取为传输周期的二次函数或指数函数. 下面, 我们通过一个例子来说明对系统传输周期进行优化的详细过程.

例 4.2　我们考虑如下 NCS 系统 [27]

$$\begin{cases} \dot{x}(t) = ax(t) + k\hat{x}(t) \\ \hat{x}(t^+) = x(t_k) \end{cases} \tag{4.1}$$

其中 $x(t)$ 表示被控对象状态, $\hat{x}(t)$ 为控制器的状态, 其为分段连续的. 定义传输误差 $e(t) = x(t) - x(t_k)$ $t \in [t_k, t_{k+1})$, 则 $e(t)$ 也为分段连续的, 并且 $e(t) = 0$. 利用传输误差 $e(t)$ 作为系统 (4.1) 的性能指标, 得误差系统

$$\dot{e}(t) = ae(t) + \bar{a}x(t_k) \tag{4.2}$$

由于 (4.2) 中 a 和 $\bar{a}$ 均为标量, 则可从中解出 $e(t)$ 为

$$e(t) = \frac{\bar{a}}{a}\left[e^{at} - 1\right]x(t_k)$$

传输过程中的相对误差为,

$$\left|\frac{e(t)}{x(t_k)}\right| = \frac{-\bar{a}}{a}\left[e^{at} - 1\right]$$

我们用一个单调递增的凸函数作为 NCS i 的性能指标, 表示如下,

$$J_i(h_i) = \frac{-\bar{a}}{a_i}e^{a_i h_i} \tag{4.3}$$

下面我们通过 RM 算法来寻找最优的 NCS 调度策略, 使得系统的性能指标达到最大 (或最小). 令 $N = 3$, 即我们考虑的对象是由 3 个 NCS 耦合而成的控制系统, a 的取值分别为 $25, 20, 5$, k 的取值分别为 $50, 45, 30$. 其他参数如例 4.1 中所示, 得到如下的优化问题

$$\min J(h_i) = \sum_{i=1}^{3} J_i(h_i) \tag{4.4}$$

- RM 调度算法约束:

$$h_1 \leqslant h_2 \leqslant h_3$$

$$\frac{c_1}{h_1} + \frac{\bar{b}_{l,1}}{h_1} = 0.3077 \leqslant 1(2^1 - 1) = 1$$

$$\frac{c_1}{h_1} + \frac{c_2}{h_2} + \frac{\bar{b}_{l,2}}{h_2} = 0.4205 \leqslant 2(2^{1/2} - 1) = 0.8284$$

$$\frac{c_1}{h_1} + \frac{c_2}{h_2} + \frac{c_3}{h_3} = 0.4048 \leqslant 3(2^{1/3} - 1) = 0.7798$$

- NCS 的稳定性约束条件:

$$h_i \leqslant h_{t,i} - \bar{b}_i$$

其中 $h_{t,i}$ 表示使 NCS 指数稳定的充分必要界, $\bar{b}_i$ 为最差状态下的闭锁时间, 其取值如表 4.1 所示

表 4.1 最差情况下的闭锁时间和传输周期的范围

NCS i	$\bar{b}_i = \bar{b}_{h,i} + \bar{b}_{l,i}$	$h_i \in$
1	0+0.004 = 0.004s	[0.022, 0.030]
2	0.004+0.004 = 0.008s	[0.022, 0.038]
3	0.008+0 = 0.008s	[0.026, 0.042]

通过 Matlab 工具箱中的 fmincon 函数, 我们可以解得优化传输周期分别为

$$h_1 = 0.0146\text{s}, \quad h_2 = 0.0150\text{s}, \quad h_3 = 0.0167\text{s}.$$

□

4.1.3 MEF-TOD 动态调度算法

静态调度算法事先分配节点传送权限, 一旦算法确定, 所有结点将按某一固定的次序征用网络带宽, 因此其不能随网络及传送结点的情况动态分配权限, 这势必给系统的设计带来较大的保守性. 我们这里介绍一种利用系统的实时信息动态分配网路资源的调度方法, MEF-TOD (Maximum Error First-Try Once Discard) 调度算法. MEF-TOD 分为两部分, 一是 MEF 调度策略, 即拥有最大加权误差的结点优先传输, 这里的误差是指结点需传送的信息和该结点上一次传输给控制器的信息之差. 另一部分是 TOD 协议, TOD 协议的基本思想是, 对于实时控制系统, 最新的数据是最好的数据, 如果能得到新的采样数据, 那么旧的尚未传输的数据将被抛弃. 因此我们规定在 MEF-TOD 中, 一个数据包在一次竞争网络带宽的过程中失败, 则这个数据包将会被抛弃, 下一次竞争重新使用新的采样数据.

注 4.2 TOD 协议可以方便地在 CAN 网络中实现. 另外, 假设 NCS 中有 p 个结点需要传输信息, 则在 MEF-TOD 中, 并不能保证每 p 次传输中每个结点都至少传输一次.

我们假设被控对象具有如下的动态行为,

$$\dot{x}_p(t) = A_p x_p(t) + B_p u(t) \tag{4.5}$$

$$y_p(t) = C_p x_p(t) \tag{4.6}$$

其中 $x_p \in \mathbb{R}^{n_p}$ 和 $x_p \in \mathbb{R}^{n_r}$ 分别表示被控对象的状态和输出. 控制器的动态行为可用如下状态方程描述,

$$\dot{x}_c(t) = A_c x_c(t) + B_c \hat{y}_p(t) \tag{4.7}$$

$$u(t) = C_c x_p(t) + D_c \hat{y}_p(t) \tag{4.8}$$

其中 $x_p \in \mathbb{R}^{n_c}$ 表示控制器的状态, $\hat{y}_p(t) \in \mathbb{R}^{n_r}$ 为控制器接收到的传感器的输出信号. 考虑网络环境的影响, 并用传感器的输出 $y_p(t)$ 和控制器的输入 $\hat{y}_p(t)$ 之差作为网络的性能指标, 即 $e(t) = y_p(t) - \hat{y}_p(t)$. 令状态变量 $z(t) = \begin{bmatrix} x(t) \\ e(t) \end{bmatrix}$, 其中 $x(t) = \begin{bmatrix} x_p(t) \\ x_p(t) \end{bmatrix}$, 对于任意 $t \in [t_i,\ t_{i+1})$, $i = 0, 1, 2, \cdots$, 联合式 (4.5)~(4.8) 得,

$$\dot{z}(t) = Az(t) \tag{4.9}$$

其中,

$$A = \begin{bmatrix} A_{11} & A_{12} \\ A_{21} & A_{22} \end{bmatrix}$$

$$A_{11} = \begin{bmatrix} A_p - B_p D_c C_p & B_p C_c \\ -B_c C_p & A_c \end{bmatrix}, \quad A_{12} = \begin{bmatrix} B_p D_c & B_p \\ B_c & 0 \end{bmatrix},$$

$$A_{21} = -\begin{bmatrix} C_p & 0 \\ 0 & C_p \end{bmatrix} A_{11}, \qquad A_{22} = -\begin{bmatrix} C_p & 0 \\ 0 & C_p \end{bmatrix} A_{12}.$$

注 4.3 *若忽略网络的作用, 即 $e(t) = 0$, 则式 (4.9) 即为 $\dot{x}(t) = A_{11}x(t)$. 由于控制器可以在没有网络影响的情况下使系统渐进稳定, 因此 A_{11} 为 Hurwitz 矩阵. 故存在唯一对称矩阵正定矩阵 P, 使得*

$$A_{11}^{\mathrm{T}} P + P A_{11} = -I \tag{4.10}$$

为分析在 MEF-TOD 调度策略下系统 (4.9) 的稳定性, 我们引入最大允许传输区间 (Maximum allowable transfer interval, MATI) 的概念, 记为 τ, 即如果数据包到达时间为 a_0, 那么其必须在时间区间 $(a_0,\ a_0 + \tau]$ 内完成传输过程. 我们的目标是, 找到一个 MALI, 使得闭环系统在 MEF-TOD 调度算法下保持稳定或其他特性.

定理 4.3 *对于给定的网络控制系统 (4.9), p 个传感器结点在 MEF-TOD 调度算法下, 如果最大允许传输区间 MALI 满足*

$$\tau < \min\left\{ \frac{\ln 2}{p\|A\|}, \frac{1}{8\|A\|\left(\sqrt{\frac{\sigma_2}{\sigma_1}}+1\right)\sum_{i=1}^{p} i}, \frac{1}{16\sigma_2\sqrt{\frac{\sigma_2}{\sigma_1}}\|A\|^2\left(\sqrt{\frac{\sigma_2}{\sigma_1}}+1\right)\sum_{i=1}^{p} i} \right\} \tag{4.11}$$

其中 $\sigma_1 = \lambda_{\min}(P)$, $\sigma_2 = \lambda_{\max}(P)$, P 由 (4.10) 给出, 则 (4.9) 全局指数稳定.

定理 4.3 的证明过程, 有兴趣的读者可参阅文献 [76] 中定理 2. 若系统 $\dot{x}(t) = A_{11}x(t)$ 的 Lyapunov 函数 $V(x) = x^{\mathrm{T}}(t)Px(t)$ 满足更一般的形式, 即

$$A_{11}^{\mathrm{T}}P + PA_{11} = -Q \tag{4.12}$$

其中 P、Q 均为对称正定矩阵, 则我们可以得到定理 4.3 的更一般的形式, 证明过程参阅文献 [12] 定理 1 的推论 2.

定理 4.4 *对于给定的网络控制系统 (4.9), p 个传感器结点在 MEF-TOD 调度算法下, 如果最大允许传输区间MALI满足*

$$\tau < \min \left\{ \frac{\ln 2}{p\|A\|},\ \frac{1}{8\|A\|\left(\sqrt{\frac{\sigma_2}{\sigma_1}}+1\right)\sum_{i=1}^{p} i},\ \frac{\lambda_{\min}(Q)}{16\sigma_2\sqrt{\frac{\sigma_2}{\sigma_1}}\|A\|^2\left(\sqrt{\frac{\sigma_2}{\sigma_1}}+1\right)\sum_{i=1}^{p} i} \right\} \tag{4.13}$$

其中 $\sigma_1 = \lambda_{\min}(P)$, $\sigma_2 = \lambda_{\max}(P)$, P 和 Q 由式 (4.12) 给出, 则 (4.9) 为全局指数稳定的. 由于式 (4.13) 的第三项最小, 因此, 式(4.13)可写为

$$\tau < \frac{\lambda_{\min}(Q)}{16\sigma_2\sqrt{\frac{\sigma_2}{\sigma_1}}\|A\|^2\left(\sqrt{\frac{\sigma_2}{\sigma_1}}+1\right)\sum_{i=1}^{p} i} \tag{4.14}$$

例 4.3 我们考虑如下状态空间模型,

$$\begin{cases} \dot{x}(t) = \begin{bmatrix} 0 & 1 \\ 0 & -0.1 \end{bmatrix} x(t) + \begin{bmatrix} 0 \\ 0.1 \end{bmatrix} u \\ y = \begin{bmatrix} 1 & 0 \end{bmatrix} x(t) \end{cases} \tag{4.15}$$

时间连续的状态反馈控制器为 $u(t) = -Kx(t)$, $K = \begin{bmatrix} 3.75, & 11.5 \end{bmatrix}$.

我们考虑一种简单的情形, 令 $p = 1$, 通过定理 4.3, 我们可得 $\tau = 2.7 \times 10^{-4}$s. 我们利用定理 4.4 来探讨上述系统, 随机地选择矩阵 P 和 Q, 通过 200 次尝试, 我们得到最大的允许传输区间为 $\tau = 4.5 \times 10^{-4}$. 可以看出定理 4.3 的结果较定理 4.4 的结果, 存在一定的保守性. □

另外, G. Walsh 等人将定理 4.3 和实际应用背景相结合, 得到使系统 (4.9) 指数稳定且具有更小保守性的条件, 感兴趣的读者请参阅文献 [8] 定理 1, 定理描述如下:

定理 4.5 *对于给定的网络控制系统 (4.9), p 个传感器节点在MEF-TOD或静态调度策略下, 如最大允许传输区间MATI满足:*

$$\tau < \left\{ \tau_0, \frac{\tau_0}{2\sigma_2\|A\|\sqrt{\frac{\sigma_2}{\sigma_1}}} \right\} \tag{4.16}$$

其中 $\tau_0 = \left(4p(p+1)\|A\|\sqrt{\frac{\sigma_2}{\sigma_1}+1}\right)^{-1}$, $\sigma_1 = \lambda_{\min}(P)$, $\sigma_2 = \lambda_{\max}(P)$, P 由式 (4.10) 给出, 则 (4.9) 全局指数稳定.

4.1.4　网络控制中的模糊增益调制方法

在 4.1.3 小节中, 我们介绍了利用系统的状态信息, 动态地调整系统结点的传输次序的调度算法. 这一节我们进一步介绍一种利用现有的传输网络, 通过外加模糊调制器的方法改变控制器输出增益, 使得在网络 QoS 发生变化的状况下, 无需改变控制器设计参数, 系统能实现自适应调节.

模糊增益调度器结构

在基于网络采用 PI 控制方法对 DC 电机的控制中, 为补偿由于网络延迟带来的问题, 可采用模糊调制方法. 输入模糊调制器的信号为参考信号与系统反馈信号的偏差, 模糊调制器的输出 β 作为调制因子修正已有 PI 控制器的输出. 此种方法的主要优点是在网络服务质量发生变化的情况下, 无需改变控制器设计, 只要根据网络 QoS 情况, 由模糊调制器的输出 β 对已有控制器的输出加以修正. 系统结构如图 4.3 所示.

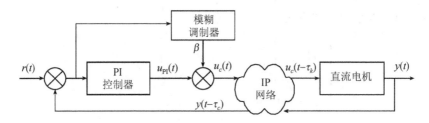

图 4.3　网络下的模糊增益调度结构

为补偿不同网络延迟下控制器输出, 促进 PI 控制器控制系统性能, 由图 4.3 可知, 引入参数 β 与 PI 控制器输出相乘:

$$u_c(t) = \beta u_{\mathrm{PI}}(t) \tag{4.17}$$

其中 $u_c(t)$ 为基于 PI 控制器输出 $u_{\mathrm{PI}}(t)$ 修正后的信号, 修正参数 β 由下式给出:

$$\beta = h_{fz}(e(t)) \tag{4.18}$$

其中 h_{fz} 为描述模糊调节器输入输出关系的非线性函数. 通过增加调节时间和超调量, 网络推导延迟使闭环系统性能下降. 此外, 对网络 DC 电机控制而言, 网络延迟的影响体现为增加了 PI 控制器的输出 $u_{\mathrm{PI}}(t)$, 基于此, 模糊调节器的输出由下面两条模糊规则组成.

$$\text{if } e \text{ is Small then } \beta = \beta_1 \qquad (4.19)$$

$$\text{if } e \text{ is Large then } \beta = \beta_2 \qquad (4.20)$$

其中 $0 < \beta_1 < \beta_2 < 1$.

隶属度函数整定方法

误差信号 e 的隶属度函数定义在: $e \in (-\infty, r]$, 其中 r 为参考输入信号. 模糊调节器输出 β 的反模糊化方法采用重心法.

$$\beta = \frac{\beta_1 \mu_{\text{small}}(e) + \beta_2 \mu_{\text{large}}(e)}{\mu_{\text{small}}(e) + \mu_{\text{large}}(e)} \qquad (4.21)$$

其中, $\mu_{\text{small}}(e)$ 和 $\mu_{\text{large}}(e)$ 为描述输入变量 e 的隶属度函数. 输入变量 e 与输出变量 β 的隶属度函数的初始值设置如图 4.4 所示.

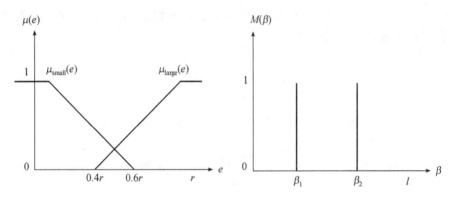

图 4.4 隶属度函数的初始设置

PI 参数化方法

根据 (4.17) 的模糊增益调制方法, 将标定的时不变 PI 参数控制器变化为变参数的一类新的 PI 控制器.

$$u_c(t) = \beta u_{\text{PI}}(t) = \beta K_p e(t) + \beta K_i \int e(t)\mathrm{d}t \qquad (4.22)$$

即具有变参数 $(\beta K_p, \beta K_i)$ 的新的比例和积分参数的 PI 控制器.

模糊参数整定方法

(1) 在线整定方法 1: 瞬时法

在采用在线的部分 AFM (adaptive fuzzy modulation) 中, 采用最小化瞬时性能函数 $J(k)$ 的方法更新相应参数. 瞬时性能函数 $J(k)$ 定义为:

$$J(k) = e(k)^2 \tag{4.23}$$

其中 $J(k)$ 起到对反应时间和收敛速度的瞬时惩罚作用. 相应的参数采用最速下降法获得:

$$\beta_1(k+1) = \beta_1(k) + 2\eta e(t)\mu_{\text{small}}(e(k))u_{\text{PI}}(t)/A(k) \tag{4.24}$$

$$\beta_2(k+1) = \beta_2(k) + 2\eta e(t)\mu_{\text{large}}(e(k))u_{\text{PI}}(t)/A(k) \tag{4.25}$$

其中

$$A(k) = \left(k_p(k) + \frac{k_i(k)h}{2}\right)(\beta_1(k)\mu_{\text{small}}(e(k)) + \beta_2(k)\mu_{\text{large}}(e(k))) \tag{4.26}$$

(2) 在线整定方法 2: 滑动窗口法

另一种在线整定方法采用最小化滑动窗口性能函数 $J(k)$ 的方法更新相应参数. 滑动窗口性能函数 $J(k)$ 定义为:

$$J(k) = \sum_{i=k-m}^{k} e(i)^2 \tag{4.27}$$

其中 m 为滑动窗口的大小. 应用梯度下降最小化算法获得相应参数:

$$\beta_1(k+1) = \beta_1(k) + 2\eta \sum_{i=k-m}^{k} e(i)\mu_{\text{small}}(e(i))u_{\text{PI}}(i)/A(i) \tag{4.28}$$

$$\beta_2(k+1) = \beta_2(k) + 2\eta \sum_{i=k-m}^{k} e(i)\mu_{\text{large}}(e(i))u_{\text{PI}}(i)/A(i) \tag{4.29}$$

(3) 离线参数选择法

为选择相应的模糊隶属度函数参数, 定义如下性能函数:

$$J = \alpha J_1 + (1-\alpha)J_2 \tag{4.30}$$

$$J_1(\beta_1, \beta_2) = \frac{\sum_{k=0}^{N} e(k)^2}{\|J_1(\beta_1, \beta_2)\|_\infty}, \quad J_2(\beta_1, \beta_2) = \frac{\sum_{i=0}^{M} \Delta e_h(i)^2}{\|J_2(\beta_1, \beta_2)\|_\infty} \tag{4.31}$$

其中 $0 < \beta_1 < \beta_2 < 1$, $\{\Delta e_h(i)\} = \{\Delta e(k)|e(k)\Delta e(k) > 0\}$, $J_1(\beta_1, \beta_2)$ 表示对反应时间和收敛速度的惩罚函数, $J_2(\beta_1, \beta_2)$ 表示对超调量、振荡等的惩罚函数, α 表

示在两个罚函数之间的权重矩阵. 在一定的网络 QoS 下, 通过不断搜索 β_1, β_2 值使性能函数 (4.30) 最小, 建立网络性能与 β_1, β_2 的对应关系表, 实际应用时通过网络 QoS 的估计或测量值查询离线时建立的关系表, 获取控制器输出增益.

下面通过一个例子来说明增益调度的有效性, 这里采用三种仿真策略:

(1) 不采用增益调度, 控制器增益不随网络 QoS 变化;

(2) 采用固定的预先估计的增益参数 β_1, β_2;

(3) 根据实时测量的网络 QoS 性能, 在线或离线计算增益参数 β_1, β_2.

例 4.4　以 DC 电机的速度控制为对象进行仿真, 仿真结果如图 4.5 所示. 其中左图取网络延迟较小时系统在不采取延迟补偿策略下仍然稳定, 右图取网络延迟较大时系统在不采取延迟补偿策略下不稳定.

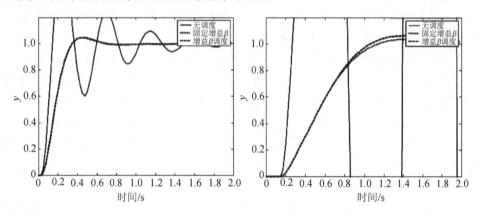

图 4.5　增益调度仿真

由图 4.5 可见, 在网络延迟较小的情况下, 时不变的控制器输出性能很差, 如调节时间很长, 振荡剧烈. 在网络延迟较大的情况下, 时不变的网络控制器不能使系统稳定, 系统发散. 但采用固定增益或变增益的调整增益的方法, 系统能保持性能. 说明了增益调度方法的有效性.　　　　　　　　　　　　　　　　　□

4.2　控制器与 QoS 协作设计

4.2.1　基于网络 QoS 的保成本控制器设计

网络控制系统综合性能与网络 QoS 紧密相关, 假设网络能提供足够的带宽, 控制性能能够得到保证. 但由于时变的网络流量和未知扰动的影响, 网络并不总是能提供系统设计时所需性能. 另外, 以最坏网络状况下设计的网络控制器不能充分利用有效网络资源, 对 NCS 而言, 可用的网络资源有时是时变的不可预估的, 因此同时考虑控制器设计与实时网络 QoS 状况非常重要. 将网络控制器与网络提供的性能结合起来进行联合设计是提高系统综合性能的有效措施. 当网络不能提供所需资源时, 控制系统应能够按照可用的网络资源最大可能地完成控制任务, 而尽可能不以降低系统综合性能指标为代价. 本节将研究将网络 QoS 作为控制系统设计时的重要参数, 使网络保成本控制器能够自适应网络 QoS 变化的联合设计方法.

问题描述

对 NCS 而言, 定义 QoS 有不同的方法 [33], 本节采用如下 3 种最常用的测量值作为衡量网络服务质量 QoS 的参数.

QoS_1: 点对点的网络允许丢包率. 用来揭示网络传输过程中数据丢包概率.

QoS_2: 网络点对点传输过程中, 网络传输包的最大允许延迟. 用来揭示在保证网络系统控制性能如稳定性、保成本、H_∞ 等性能指标下, 从传感器发送数据包到执行器接收数据过程中最大允许延迟.

QoS_3: 网络吞吐量. 用来揭示网络传输过程中数据包采样或发送的速率.

对 NCS 而言, 系统采样周期 h、数据丢包率 ε 和最大允许延迟 τ_{i_k} 决定了系统性能. 为便于分析, 定义与网络 QoS 相关的参数 η 作为最大允许综合界.

定义 4.4 网络控制系统最大允许综合界 MAEDB (maximum allowable equivalent delay bound) η, 满足 $(i_{k+1} - i_k)h + \tau_{i_{k+1}} \leqslant \eta$ $(k = 1, 2, 3, \cdots)$ 其中 h 为采样周期, i_k $(k = 1, 2, 3, \cdots)$ 为整数且 $\{i_1, i_2, i_3, \cdots\} \subset \{0, 1, 2, 3, \cdots\}$, $\tau_{i_{k+1}}$ 为网络诱导延迟.

假设数据单包传输且不同数据包具有相同长度 L, 在 $t \in [i_k h + \tau_{i_k}, i_{k+1}h + \tau_{i_{k+1}})$ 时, 由网络吞吐量调度器分配的网络吞吐量为 Q_{i_k} 显然

$$\tau_{i_k} = \frac{L}{Q_{i_k}} \tag{4.32}$$

对特定的网络拓扑类型, 可通过在线测量方法获取 QoS (QoS_1, QoS_2, QoS_3), 然后转换为 η 作为最大允许综合界, η 可作为网络控制器设计的参数, 这样就建立起网络性能与控制性能相关的分析与综合方法.

网络控制系统可描述为如下通用形式:

$$\dot{x}(t) = f(x(t), u(t), p_{x(t)}, \eta(\text{QoS})) \tag{4.33}$$

$$x(t) = \varphi(t), t \in [-d, 0] \tag{4.34}$$

其中 $x(t) \in \mathbb{R}^n$ 和 $u(t) \in \mathbb{R}^m$ 分别为状态矢量和控制输入矢量. $p_{x(t)} \in \mathbb{R}^r$ 为远程控制对象参数. $\eta(\text{QoS})$ 为与网络服务质量相关的参数. $f \in \mathbb{R}^n$ 为网络系统转换函数. d 为网络系统延迟, $\varphi(t)$ 为系统初始状态函数.

假设传感器为时间驱动, 控制器和执行器为事件驱动, 数据单包传输且系统状态完全可测, 状态反馈控制器输出 $u(t)$ 通过零阶保持器实现. 显然 $u(t)$ 是分段连续的函数. 网络控制系统可描述为

$$\dot{x}(t) = f(x(t), u(t), p_{x(t)}, \eta(\text{QoS})), \quad t \in \left[i_k h + \tau_{i_k}, \quad i_{k+1} h + \tau_{i_{k+1}} \right) \tag{4.35}$$

$$u(t^+) = Kx(t - \tau_{i_k}), \quad t \in \{i_k h + \tau_{i_k}, k = 1, 2, \cdots\} \tag{4.36}$$

系统 (4.35)~(4.36) 可重写为

$$\dot{x}(t) = f(x(t), Kx(i_k h), p_{x(t)}, \eta(\text{QoS})), \quad t \in \left[i_k h + \tau_{i_k}, \quad i_{k+1} h + \tau_{i_{k+1}} \right) \tag{4.37}$$

对于给定的正定对称矩阵 Q_1 和 R_1, 考虑成本函数

$$J = \int_0^\infty [x^{\mathrm{T}}(t)Q_1 x(t) + u^{\mathrm{T}}(t)R_1 u(t)]\mathrm{d}t \tag{4.38}$$

作为网络控制性能指标.

定义 4.5 考虑系统(4.37), 假如存在控制律 $u(t)$ 和标量 $\gamma > 0$, 使基于网络的闭环系统 (4.37) 渐近稳定且性能函数 (4.38) 满足 $J \leqslant \gamma$, 那么对系统 (4.37) 而言, γ 为保成本上界, $u(t)$ 为保成本控制律.

保成本控制器设计

考虑如下含状态时滞的系统

$$\dot{x}(t) = Ax(t) + A_1 x(t - d) + Bu(t) \tag{4.39}$$

$$x(t) = \varphi(t), \quad t \in [-d, 0] \tag{4.40}$$

其中 $x(t) \in \mathbb{R}^n$ 和 $u(t) \in \mathbb{R}^m$ 分别为状态矢量与控制矢量. $\varphi(t)$ 为初始函数. A, A_1 和 B 为适当维数的矩阵. 根据 (4.37), (4.39), (4.40) 可写为

$$\dot{x}(t) = Ax(t) + A_1 x(t - d) + BKu(i_k h), \quad t \in \left[i_k h + \tau_{i_k}, \quad i_{k+1} h + \tau_{i_{k+1}} \right) \tag{4.41}$$

$$x(t) = \varphi(t), \quad t \in [-d, 0] \tag{4.42}$$

基于检测的 QoS 状况 η, 针对系统 (4.41)~(4.42), 给出如下结果.

定理 4.6 对于给定的 η 和 $\lambda_i(i = 2, 3, 4)$, 假设存在矩阵 $\widetilde{P}$, $\widetilde{S}$ 和 $\widetilde{R} > 0$,

X, Y, $\widetilde{M}_i$ $(i = 1, 2, 3, 4)$ 具有适当的维数, 使

$$
\begin{bmatrix}
\widetilde{\Pi}_{11} & \widetilde{\Pi}_{12} & \widetilde{\Pi}_{13} & \widetilde{\Pi}_{14} & \eta\widetilde{M}_1 & X & 0 \\
* & \widetilde{\Pi}_{22} & \widetilde{\Pi}_{23} & \widetilde{\Pi}_{24} & \eta\widetilde{M}_2 & 0 & 0 \\
* & * & \widetilde{\Pi}_{33} & \widetilde{\Pi}_{34} & \eta\widetilde{M}_3 & 0 & Y^{\mathrm{T}} \\
* & * & * & \widetilde{\Pi}_{44} & \eta\widetilde{M}_4 & 0 & 0 \\
* & * & * & * & \eta\widetilde{R} & 0 & 0 \\
* & * & * & * & * & -Q_1^{-1} & 0 \\
* & * & * & * & * & * & -R_1^{-1}
\end{bmatrix} < 0 \tag{4.43}
$$

成立, 其中

$$\widetilde{\Pi}_{11} = \widetilde{S} + AX^{\mathrm{T}} + XA^{\mathrm{T}} + \widetilde{M}_1 + \widetilde{M}_1^{\mathrm{T}} \qquad \widetilde{\Pi}_{12} = A_1 X^{\mathrm{T}} + \lambda_2 XA^{\mathrm{T}} + \widetilde{M}_2^{\mathrm{T}}$$

$$\widetilde{\Pi}_{13} = BY + \lambda_3 XA^{\mathrm{T}} - \widetilde{M}_1 + \widetilde{M}_3^{\mathrm{T}} \qquad \widetilde{\Pi}_{14} = \widetilde{P} + \lambda_4 XA^{\mathrm{T}} - X^{\mathrm{T}} + \widetilde{M}_4^{\mathrm{T}}$$

$$\widetilde{\Pi}_{22} = -\widetilde{S} + \lambda_2 A_1 X^{\mathrm{T}} + \lambda_2 XA_1^{\mathrm{T}} \qquad \widetilde{\Pi}_{23} = \lambda_2 BY + \lambda_3 XA_1^{\mathrm{T}} - \widetilde{M}_2$$

$$\widetilde{\Pi}_{24} = -\lambda_2 X^{\mathrm{T}} + \lambda_4 XA_1^{\mathrm{T}} \qquad \widetilde{\Pi}_{33} = \lambda_3 BY + \lambda_3 Y^{\mathrm{T}} B^{\mathrm{T}} - \widetilde{M}_3 - \widetilde{M}_3^{\mathrm{T}}$$

$$\widetilde{\Pi}_{34} = -\lambda_3 X^{\mathrm{T}} + \lambda_4 Y^{\mathrm{T}} B^{\mathrm{T}} - \widetilde{M}_4^{\mathrm{T}} \qquad \widetilde{\Pi}_{44} = \eta\widetilde{R} - \lambda_4 X^{\mathrm{T}} - \lambda_4 X$$

则具有反馈增益 $K = YX^{-\mathrm{T}}$ 的系统 (4.41) $\sim$ (4.42) 是渐近稳定的, 且性能函数 (4.38)J 满足如下约束:

$$
J \leqslant \varphi^{\mathrm{T}}(0) X^{-1} \widetilde{P} X^{-\mathrm{T}} \varphi(0) + \int_{-d}^{0} \varphi^{\mathrm{T}}(t) X^{-1} \widetilde{S} X^{-\mathrm{T}} \varphi(t) \mathrm{d}t
$$

$$
+ \int_{-\eta}^{0} \int_{s}^{0} \dot{\varphi}^{\mathrm{T}}(v) X^{-1} \widetilde{R} X^{-\mathrm{T}} \dot{\varphi}(v) \mathrm{d}v \mathrm{d}s \tag{4.44}
$$

证明　设 $y(t) = \dot{x}(t)$, 构建如下 Lyapunov 候选函数:

$$V(t) = V_1(t) + V_2(t) + V_3(t) \tag{4.45}$$

其中 $V_1(t) = x^{\mathrm{T}}(t) P x(t)$, $V_2(t) = \displaystyle\int_{t-d}^{t} x^{\mathrm{T}}(v) S x(v) \mathrm{d}v$, $V_3(t) = \displaystyle\int_{t-\eta}^{t} \int_{s}^{t} y^{\mathrm{T}}(v) R y(v) \mathrm{d}v \mathrm{d}s$, $P > 0$, $S > 0$, $R > 0$. 当 $t \in [\, i_k h + \tau_{i_k},\ i_{k+1} h + \tau_{i_{k+1}} \,)$ 对 $V(t)$ 求导可得:

$$\dot{V}_1(t) = 2x^{\mathrm{T}}(t) P y(t) \tag{4.46}$$

$$\dot{V}_2(t) = x^{\mathrm{T}}(t) S x(t) - x^{\mathrm{T}}(t - d) S x(t - d) \tag{4.47}$$

$$\dot{V}_3(t) = \eta y^{\mathrm{T}}(t) R y(t) - \int_{t-\eta}^{t} y^{\mathrm{T}}(s) R y(s) \mathrm{d}s \tag{4.48}$$

利用 Newton-Leibniz 公式 $x(t) - x(i_k h) - \int_{i_k h}^{t} y(s)\mathrm{d}s = 0$ 和 (4.41)，显然存在合适维数的矩阵 N_i 和 M_i ($i = 1,\ 2,\ 3,\ 4$)，使下面两式成立.

$$\begin{aligned}
&\left[x^{\mathrm{T}}(t)M_1 + x^{\mathrm{T}}(t-d)M_2 + x^{\mathrm{T}}(i_k h)M_3 + y^{\mathrm{T}}(t)M_4\right] \\
&\qquad \times \left[x(t) - x(i_k h) - \int_{i_k h}^{t} y(s)\mathrm{d}s\right] = 0
\end{aligned} \tag{4.49}$$

$$\begin{aligned}
&\left[x^{\mathrm{T}}(t)N_1 + x^{\mathrm{T}}(t-d)N_2 + x^{\mathrm{T}}(i_k h)N_3 + y^{\mathrm{T}}(t)N_4\right] \\
&\qquad \times \left[Ax(t) + A_1 x(t-d) + BKx(i_k h) - y(t)\right] = 0
\end{aligned} \tag{4.50}$$

利用 (4.46)~(4.50) 可得，当 $t \in \left[\, i_k h + \tau_{i_k},\ \ i_{k+1} h + \tau_{i_{k+1}}\,\right)$ 时，

$$\begin{aligned}
\dot{V}(t) = {}& x^{\mathrm{T}}(t)[S + N_1 A + A^{\mathrm{T}} N_1^{\mathrm{T}} + M_1 + M_1^{\mathrm{T}}]x(t) \\
&+ 2x^{\mathrm{T}}(t)[N_1 A_1 + A^{\mathrm{T}} N_2^{\mathrm{T}} + M_2^{\mathrm{T}}]x(t-d) \\
&+ 2x^{\mathrm{T}}(t)[N_1 BK + A^{\mathrm{T}} N_3^{\mathrm{T}} - M_1 + M_3^{\mathrm{T}}]x(i_k h) \\
&+ 2x^{\mathrm{T}}(t)[P + A^{\mathrm{T}} N_4^{\mathrm{T}} - N_1 + M_4^{\mathrm{T}}]y(t) \\
&+ x^{\mathrm{T}}(t-d)[-S + N_2 A_1 + A_1^{\mathrm{T}} N_2^{\mathrm{T}}]x(t-d) \\
&+ 2x^{\mathrm{T}}(t-d)[N_2 BK + A_1^{\mathrm{T}} N_3^{\mathrm{T}} - M_2]x(i_k h) \\
&+ 2x^{\mathrm{T}}(t-d)[-N_2 + A_1^{\mathrm{T}} N_4^{\mathrm{T}}]y(t) \\
&+ x^{\mathrm{T}}(i_k h)[N_3 BK + K^{\mathrm{T}} B^{\mathrm{T}} N_3^{\mathrm{T}} - M_3 - M_3^{\mathrm{T}}]x(i_k h) \\
&+ 2x^{\mathrm{T}}(i_k h)[-N_3 + K^{\mathrm{T}} B^{\mathrm{T}} N_4^{\mathrm{T}} - M_4^{\mathrm{T}}]y(t) + y(t)[\eta R - N_4 - N_4^{\mathrm{T}}]y(t) \\
&- \int_{t-\eta}^{t} y^{\mathrm{T}}(v)Ry(v)\mathrm{d}v - 2\xi^{\mathrm{T}}(t)M^{\mathrm{T}} \int_{i_k h}^{t} y(s)\mathrm{d}s
\end{aligned} \tag{4.51}$$

当 $t \in \left[\, i_k h + \tau_{i_k},\ \ i_{k+1} h + \tau_{i_{k+1}}\,\right)$ 时，有

$$-\int_{t-\eta}^{t} y^{\mathrm{T}}(s)Ry(s)\mathrm{d}s \leqslant -\int_{i_k h}^{t} y^{\mathrm{T}}(v)Ry(v)\mathrm{d}v \tag{4.52}$$

$$-2\xi^{\mathrm{T}}(t)M^{\mathrm{T}} \int_{i_k h}^{t} y(s)\mathrm{d}s \leqslant \eta \xi^{\mathrm{T}}(t)M^{\mathrm{T}} R^{-1} M\xi(t) + \int_{i_k h}^{t} y^{\mathrm{T}}(v)Ry(v)\mathrm{d}v \tag{4.53}$$

其中 $\xi^{\mathrm{T}}(t) = \left[x^{\mathrm{T}}(t),\ \ x^{\mathrm{T}}(t-d),\ \ x^{\mathrm{T}}(i_k h),\ \ y^{\mathrm{T}}(t)\right]$, $M = \left[M_1^{\mathrm{T}},\ \ M_2^{\mathrm{T}},\ \ M_3^{\mathrm{T}},\ \ M_4^{\mathrm{T}}\right]$. 结合 (4.51)~(4.53) 可得

$$\dot{V}(t) \leqslant \xi^{\mathrm{T}}(t) \begin{bmatrix} \Pi_{11} & \Pi_{12} & \Pi_{13} & \Pi_{14} \\ * & \Pi_{22} & \Pi_{23} & \Pi_{24} \\ * & * & \Pi_{33} & \Pi_{34} \\ * & * & * & \Pi_{44} \end{bmatrix} \xi(t) + \eta \xi^{\mathrm{T}}(t) M^{\mathrm{T}} R^{-1} M\xi(t) \tag{4.54}$$

其中

$$\Pi_{11} = S + N_1 A + A^{\mathrm{T}} N_1^{\mathrm{T}} + M_1 + M_1^{\mathrm{T}} \qquad \Pi_{12} = N_1 A_1 + A^{\mathrm{T}} N_2^{\mathrm{T}} + M_2^{\mathrm{T}}$$

$$\Pi_{13} = N_1 BK + A^{\mathrm{T}} N_3^{\mathrm{T}} - M_1 + M_3^{\mathrm{T}} \qquad \Pi_{14} = P + A^{\mathrm{T}} N_4^{\mathrm{T}} - N_1 + M_4^{\mathrm{T}}$$

$$\Pi_{22} = -S + N_2 A_1 + A_1^{\mathrm{T}} N_2^{\mathrm{T}} \qquad\qquad \Pi_{23} = N_2 BK + A_1^{\mathrm{T}} N_3^{\mathrm{T}} - M_2$$

$$\Pi_{24} = -N_2 + A_1^{\mathrm{T}} N_4^{\mathrm{T}} \qquad\qquad\qquad \Pi_{33} = N_3 BK + K^{\mathrm{T}} B^{\mathrm{T}} N_3^{\mathrm{T}} - M_3 - M_3^{\mathrm{T}}$$

$$\Pi_{34} = -N_3 + K^{\mathrm{T}} B^{\mathrm{T}} N_4^{\mathrm{T}} - M_4^{\mathrm{T}} \qquad \Pi_{44} = \eta R - N_4 - N_4^{\mathrm{T}}$$

$$\tag{4.55}$$

若下式成立

$$\begin{bmatrix} \Pi_{11} + Q_1 & \Pi_{12} & \Pi_{13} & \Pi_{14} & \eta M_1 \\ * & \Pi_{22} & \Pi_{23} & \Pi_{24} & \eta M_2 \\ * & * & \Pi_{33} + K^{\mathrm{T}} R_1 K & \Pi_{34} & \eta M_3 \\ * & * & * & \Pi_{44} & \eta M_4 \\ * & * & * & * & -\eta R \end{bmatrix} < 0 \tag{4.56}$$

定义 $N_2 = \lambda_2 N_1$, $N_3 = \lambda_3 N_1$, $N_4 = \lambda_4 N_1$, $Y = KX^{\mathrm{T}}$, $X = N^{-1}$, $\widetilde{P} = XPX^{\mathrm{T}}$, $\widetilde{R} = XRX^{\mathrm{T}}$, $\widetilde{S} = XSX^{\mathrm{T}}$, $\widetilde{M_i} = XM_iX^{\mathrm{T}}$ ($i = 1, 2, 3, 4$), 用 diag(X, X, X, X, X) 和它的转置阵左乘和右乘 (4.56) 得

$$\begin{bmatrix} \widetilde{\Pi}_{11} + XQ_1X^{\mathrm{T}} & \widetilde{\Pi}_{12} & \widetilde{\Pi}_{13} & \widetilde{\Pi}_{14} & \eta \widetilde{M_1} \\ * & \widetilde{\Pi}_{22} & \widetilde{\Pi}_{23} & \widetilde{\Pi}_{24} & \eta \widetilde{M_2} \\ * & * & \widetilde{\Pi}_{33} + Y^{\mathrm{T}} R_1 Y & \widetilde{\Pi}_{34} & \eta \widetilde{M_3} \\ * & * & * & \widetilde{\Pi}_{44} & \eta \widetilde{M_4} \\ * & * & * & * & -\eta \widetilde{R} \end{bmatrix} < 0 \tag{4.57}$$

利用 Schur 补可知, (4.43) 与 (4.57) 等价. 而 (4.57) 成立保证了 (4.56) 成立. 结合 (4.54) 和 (4.56) 得, 当 $t \in [i_k h + \tau_{i_k}, \ i_{k+1} h + \tau_{i_{k+1}})$ 时,

$$\dot{V}(t) \leqslant -x^{\mathrm{T}}(t) Q_1 x(t) - x^{\mathrm{T}}(i_k h) K^{\mathrm{T}} R_1 K x(i_k h) < 0 \tag{4.58}$$

因为 $\bigcup_{k=1}^{\infty} [i_k h + \tau_{i_k}, i_{k+1} h + \tau_{i_{k+1}}) = [t_0, \infty)$, $x(t)$ 是 t 的连续函数, 所以当 $t \in [t_0, \infty)$ 时, $V(t)$ 是连续的 [13]. 因此当 $t \in [t_0, \infty)$, 根据 (4.58) 可推导出 $\dot{V}(t) < 0$. 应用 Lyapunov-Krasovskii 理论, 闭环系统 (4.41)~(4.42) 是渐近稳定的. 此外, 对 (4.58)

式从 0 到 T 积分并利用初始条件, 可得:

$$-\int_0^T [x^T(t)Q_1 x(t) + u^T(t)R_1 u(t)]\mathrm{d}t$$
$$\geqslant x^T(T)Px(T) - x^T(0)Px(0) + \int_{T-d}^T x^T(v)Sx(v)\mathrm{d}v$$
$$-\int_{-d}^0 x^T(v)Sx(v)\mathrm{d}v + \int_{T-\eta}^T \int_s^T y^T(v)Ry(v)\mathrm{d}v\mathrm{d}s$$
$$-\int_{-\eta}^0 \int_s^0 y^T(v)Ry(v)\mathrm{d}v\mathrm{d}s \tag{4.59}$$

由于闭环系统 (4.41)∼(4.42) 是渐近稳定的, 因此

$$\lim_{T\to\infty} x^T(T)Px(T) = 0, \tag{4.60}$$

$$\lim_{T\to\infty} \int_{T-d}^T x^T(v)Sx(v)\mathrm{d}v = 0, \tag{4.61}$$

$$\lim_{T\to\infty} \int_{T-\eta}^T \int_s^T y^T(v)Ry(v)\mathrm{d}v\mathrm{d}s = 0 \tag{4.62}$$

联合 (4.59)∼(4.62), 可得:

$$\int_0^\infty [x^T(t)Q_1 x(t) + u^T(t)R_1 u(t)]\mathrm{d}t$$
$$\leqslant \varphi^T(0)P\varphi(0) + \int_{-d}^0 \varphi^T(v)S\varphi(v)\mathrm{d}v + \int_{-\eta}^0 \int_s^0 \dot{\varphi}^T(v)R\dot{\varphi}(v)\mathrm{d}v\mathrm{d}s \tag{4.63}$$

定理证毕. ∎

基于 QoS 的增益调度

从条件 (4.43) 可知, 不同的网络 QoS 对应不同的控制器增益 K. 在大多数情况下, 终端用户不能调节或控制网络 QoS, 但是用户能够通过合适的中间件检测网络所能提供的 QoS [31]. 当网络 QoS 变化时终端用户可以基于网络所能提供的 QoS 调节控制器增益. 增益调度是控制系统跟随外在网络环境变化而有效保证系统综合性能的方法. 基于特定 QoS 设计的控制器增益放到一张表中, 然后基于在线测量或预估 $QoS(QoS_1, QoS_2, QoS_3)$ 技术, 根据 MAEDB 的值 η 采用查表或插值技术, 得到一定网络服务质量下的最佳控制器增益. 通过建立增益表作为先验知识, 当特定的 QoS 没有相应的增益与之对应时, 采用计算智能技术如神经元网络或多项式插值等建立控制器增益与 η 间的映射.

增益调度可通过中间件进行 [33, 32]. 假设增益调度中间件处理传感器与执行器间的所有连接, 其中包含如发送和接收数据包等典型的网络操作. 设增益调度中间件结构如图 4.6 所示. 增益调度中间件主要由如下构件组成:

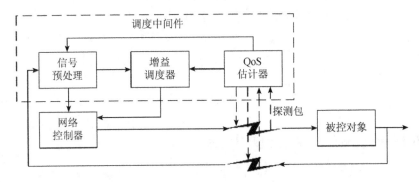

图 4.6　增益调度中间件结构

(1) 网络 QoS 估计器: 在特定周期 h, 通过向远端单元发送探测数据包, 在线获取或监测网络服务质量是网络 QoS 估计器的主要功能. 主要基于探测数据包的来回时间与丢包率等实时信息计算 MAEDB.

(2) 增益调度器: 根据网络 QoS 估计器获取的 MAEDB, 增益调度器通过查表或插值技术在线调整控制器输出增益. 修正输出增益的算法取决于全局网络配置, 在这一步有许多算法可以应用, 如多项式插值、最速下降法、模糊调度法等.

(3) 信号预处理器: 在网络 QoS 预估器发送信号到控制器前, 信号预处理器主要用于对反馈信号和网络 QoS 估计器信号预处理, 如采取滤波技术处理传输噪声或采用信号重构技术处理信息传送过程中的丢包现象.

例 4.5　考虑如下系统

$$\dot{x}(t) = Ax(t) + A_1 x(t - d) + Bu(t) \tag{4.64}$$

其中

$$A = \begin{bmatrix} 0 & 1 \\ 0 & -0.1 \end{bmatrix}, \ A_1 = \begin{bmatrix} -0.1 & 0 \\ 0 & -0.1 \end{bmatrix}, \ B = \begin{bmatrix} 0 \\ 0.1 \end{bmatrix} \tag{4.65}$$

假设初始条件为 $x_1(t) = 0.02\mathrm{e}^{t+1}$, $x_2(t) = 0$, $d = 0.3$, $t \in [-\max(\eta, \, d), 0]$.

考虑上述系统在网络状况下的保成本控制问题. 性能指标中的权重矩阵选择为 $Q_1 = 0.1I_{2\times2}$, $R_1 = 0.1$. 通过网络测量中间件, 将测量的网络 QoS 转化为 MAEDB 的值 η. 给定初始性能指标 $\gamma_{\mathrm{sub}} = 30$ 和 $d = 0.3$, 基于定理 4.6 可获取保成本上界和相应的反馈增益 K. 表 4.2 为获取的保成本上界和相应的反馈增益 K.

表 4.2 成本上界与反馈增益

η	γ	K
4.55	29.9753	$[-0.1576,\quad -1.5735]$
3.55	29.9837	$[-0.1489,\quad -1.6612]$
2.55	29.9805	$[-0.0972,\quad -1.7459]$
1.55	29.9904	$[-0.0300,\quad -1.7333]$

假设基于网络 QoS 预估器可计算出 η 从 4.55, 3.55, 2.55 到 1.55 变化, 图 4.7 显示数字仿真过程中网络控制性能, 表明状态变量的 2 阶范数随时间变化的情况. 实线表示在网络 QoS 变化情况下, 不改变控制器增益的控制效果. 虚线表示在网络 QoS 变化情况下, 根据网络 QoS 自适应地改变控制器增益的控制效果. 显然, 虚线部分的调节时间和超调量都较小. 仿真结果清楚地显示, 当网络 QoS 变化时变增益调度方法能显著地改进系统综合性能. □

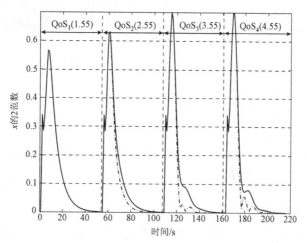

图 4.7 网络增益调度性能对比

4.2.2 基于网络 QoS 的网络控制器优化设计

本节将研究在非理想网络服务质量下的网络控制器的优化问题, 其中控制器的设计方法采用离散线性二次型调节器设计 (DLQR, linear-quadratic regulator design for discrete-time systems). 网络服务质量 (QoS) 包含网络延迟、丢包、错序等. 为简化分析, 本节仅考虑对系统性能影响较大的网络延迟作为主要因素.

NCS 系统描述

考虑如下线性时不变连续系统

$$\dot{x}(t) = Ax(t) + Bu(t) \tag{4.66}$$

$$y(t) = Cx(t) \tag{4.67}$$

其中 $x(t) \in \mathbb{R}^n$ 和 $u(t) \in \mathbb{R}^m$ 分别是状态和控制输入, A 和 B 是常数矩阵. 假设传感器是时钟驱动, 控制器和执行器是事件驱动且数据单包传送. 当网络延迟 $\tau_k < h$ 时, 将 (4.66)~(4.67) 离散化可以得到

$$x((k+1)h) = \Phi x(kh) + \Gamma_0 u(kh) + \Gamma_1 u((k-1)h) \tag{4.68}$$

$$y(kh) = Cx(kh) \tag{4.69}$$

其中 h 为采样周期,

$$\Phi = \mathrm{e}^{Ah}, \Gamma_0 = \int_0^{h-\tau_k} \mathrm{e}^{As} B \mathrm{d}s, \Gamma_1 = \int_{h-\tau_k}^h \mathrm{e}^{As} B \mathrm{d}s.$$

定义增广矢量 $Z(kh) = \begin{bmatrix} x^{\mathrm{T}}(kh), & u^{\mathrm{T}}((k-1)h) \end{bmatrix}^{\mathrm{T}}$, 系统 (4.68)~(4.69) 可化为

$$Z((k+1)h) = \tilde{A}Z(kh) + \tilde{B}u(kh) \tag{4.70}$$

其中 $\tilde{A} = \begin{bmatrix} \mathrm{e}^{Ah} & \Gamma_1 \\ 0 & 0 \end{bmatrix}, \tilde{B} = \begin{bmatrix} \Gamma_0 \\ I \end{bmatrix}.$

从前面的分析可以看出, 系统 (4.70) 中的参数矩阵与网络延迟有关, 而网络延迟会随着网络结构、类型的改变而改变. 也就是说, 在网络协作过程中通过调节网络 QoS 可以得到不同的网络延迟.

NCS 中控制与调度的联合设计过程

当控制系统通过网络连接时, 网络调度成为网络控制中的一类重要问题. 若传输实体间没有协作, 则有可能发生并发任务. 由于网络传输带宽限制和避免冲突机制, 一些传输节点将不得不推迟或取消传输任务, 这样会引起延迟, 甚至会导致延迟大于系统能容忍的最大延迟 MADB (maximum allowable deadline bound) [77], 从而导致系统性能不稳定. 好的调度算法应该尽量弱化网络传输对控制性能带来的影响.

NCS 设计应是基于被控对象和网络性能指标约束的全局目标优化. 在网络与控制交互设计过程中应同时考虑控制和网络性能约束, 例如在最大允许延迟下的稳定性约束及 RM 调度规则的可调度性约束下, 可求出多对象的优化采样周期 [78, 79]. 假设网络控制性能可通过如下函数来描述

$$J = \sum_{i=0}^N \omega_i J_i(\alpha, \beta) \tag{4.71}$$

其中 J 表示全局性能指标, J_i 表示第 i 个控制回路的性能指标, ω_i 表示权重系数, α, β 表示与性能指标相关的设计参数, 如控制器与网络等. 网络控制的协作问题可转化为在网络传输性能和控制性能约束下的优化问题, 可表述为

$$\min(J) = \min \sum_{i=0}^{N} \omega_i J_i(\alpha, \beta) \tag{4.72}$$

网络与控制联合设计过程如图 4.8 所示. 首先, 根据控制性能要求分别对控制器和网络结构进行设计, 其中控制器的设计应满足稳定性指标、时域指标等约束, 网络结构要求满足网络有效带宽、网络延迟等约束. 在多任务环境下, 我们需要进行网络调度. 若控制约束和网络性能约束不能同时满足, 则进行联合设计和参数优化, 优化结果通过 TrueTime 工具箱进行仿真. 仿真的目的是对控制约束和性能约束进行验证, 若满足要求则退出协作过程; 否则, 重新进行规则调整和性能分配, 进行新一轮的协作过程, 直至满足需求为止.

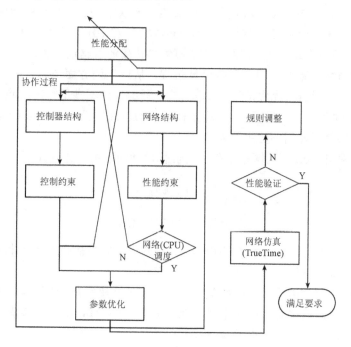

图 4.8 网络控制与调度交互协作设计过程

基于 DLQR 的网络控制器联合设计

考虑如下网络控制问题: 系统中存在单个被控对象, 网络可以是优先权网络, 如 CAN、Rolling 等网络, 也可以是 CSMA/CD 等随机竞争网络. 单对象的网络传

输调度与控制器的协作问题有两个方面：一方面是在满足一定的网络特征和服务质量的前提下，为特定的被控对象设计合适的控制器，并使该控制器满足一些控制性能指标；另一方面，若采用的控制器设计方法不能满足控制性能指标，网络服务质量可以作为一个参数加以设计，最后完成如图 4.8 所示的控制器与网络协作设计过程. 其中网络服务质量与选定的网络类型 (令牌网、轮询网、以太网等) 相关，控制性能与被控对象特征 (如传感器采样周期、控制器、执行器处理时间等) 和网络 QoS (延迟、丢包、错序等) 等相关. 在网络存在时变延迟的情况下，协作过程能测量并预估该延迟，并根据延迟特征，设计出合理的控制器. 这样设计出来的控制器与具有时不变特性的控制器相比较应该具有更好的控制性能. 为衡量不同控制效果及说明控制器与网络协作设计过程，采用如下性能指标

$$J(kh) = \sum \left\{ x^{\mathrm{T}}Qx + u^{\mathrm{T}}Ru + 2x^{\mathrm{T}}Nu \right\} \tag{4.73}$$

其中 Q、R、N 为给定的系统性能参数，u 为控制矢量，x 为状态矢量.

注 4.4　从 (4.70) 式可以看出 u 和 x 是互相关联的，因此性能指标 (4.73) 是关于控制量和状态量的综合指标. 网络QoS体现在 (4.70) 的网络延迟 τ_k 中，且网络延迟 τ_k 与网络有效带宽、网络类型、网络中传输的数据包有关.

为说明网络控制器与网络联合设计过程，从以下两方面考虑：一是确定网络 QoS 下的网络控制器的优化设计；二是当控制器的设计不满足给定性能指标时，改变网络 QoS 的联合设计过程. 在性能指标 (4.73) 的约束下，如何设计控制器的反馈增益是这部分将要阐述的主要问题.

对确定网络 QoS 下的网络控制器的优化设计问题可转化为如下的优化问题.

$$\min J(kh) \tag{4.74}$$

$$约束条件：(4.70), (4.73)$$

在网络增广模型 (4.70) 和性能指标 (4.73) 约束下的控制器优化设计问题 (4.74)，可通过如下定理求解 [①].

定理 4.7　对于选择的网络类型和给定的系统性能参数，通过在线测量或预估网络延迟，在满足网络延迟小于采样周期约束下，运用Matlab中离散系统线性二次性设计方法(DLQR)设计反馈增益阵 K

$$[K, S, E] = \mathrm{DLQR}(\tilde{A}, \tilde{B}, Q, R, N) \tag{4.75}$$

其中 E 为计算后的特征值，S 为Riccati方程 ($\tilde{A}^{\mathrm{T}}S\tilde{A} - S(\tilde{A}^{\mathrm{T}}S\tilde{A} + N)(R + \tilde{B}^{\mathrm{T}}S\tilde{B})$ $(\tilde{B}^{\mathrm{T}}S\tilde{B} + N^{\mathrm{T}}) + Q = 0$) 的解，$Q$，$R$，$N$ 为给定的系统性能参数，$\tilde{A}$，$\tilde{B}$ 为 (4.70)

---

① Networked control systems course. http://infolab.ulsan.ac.kr/suh/ce/.

中对应的参数矩阵. 当特征值 E 位于单位圆内时, 系统 $(4.66) \sim (4.67)$ 稳定, 且状态反馈增益满足最小化性能指标 (4.73).

证明: 当网络延迟小于采样周期时, 考虑系统 (4.70)

$$Z(k+1) = \tilde{A}(\tau_k)Z(k) + \tilde{B}(\tau_k)u(k) \qquad (4.76)$$

在性能指标 (4.73) 的约束下, 应用离散系统线性二次性设计方法 (DLQR), 可以求出离散系统 (4.70) 中的反馈增益 K. 显然, 对于离散系统, 当系统特征值 E 位于单位圆内时, 系统稳定, 且设计的状态反馈增益使性能指标 (4.73) 最优. ∎

显然, (4.70) 是与网络性能相关的时变系统, 在交互设计过程中, 首先将连续方程离散化, 然后利用离散 DLQR 方法设计反馈增益, 在以下有两种不同设计方法:

(1) 根据给定的采样周期和系统能允许的最大时滞将连续状态方程离散化, 然后根据离散 LQR 方法设计状态反馈增益, 在时变延迟下不改变此增益.

(2) 通过在线测量或预估技术, 得到网络系统时变延迟 τ_k, 然后根据此延迟动态将连续方程 $(4.66) \sim (4.67)$ 离散化为 (4.70), 由定理 4.7 相应设计反馈增益 K.

注 4.5 在网络 QoS 变化较大时或快变的网络控制系统中, 采用方法 (2) 可能带来系统无法忍受的计算开销或使系统综合性能下降甚至不稳定, 在此情况下可以采用类似 [30], [33] 中网络延迟预估方法, 离线优化计算控制器参数, 然后据网络延迟, 采用插值查表技术解决此类问题.

如果根据定理 4.7 设计的控制器不满足给定性能指标, 则需完成网络 QoS 与控制器设计的联合设计. 也就是说, 对给定 NCS 的性能指标上界 γ

$$\Pi = \min J(kh) \qquad (4.77)$$

$$约束条件 : \quad (4.68), (4.74)$$

若根据 (4.68), (4.74), (4.77) 得到的 Π 不满足 $\Pi \leqslant \gamma$, 则必须要对网络进行重新设计. 这样, 网络与控制的交互设计过程可概括为如下步骤:

(1) 确定初始网络状况及所设计的控制器性能指标;

(2) 据定理 4.7 求取优化控制器反馈增益及控制器性能指标;

(3) 比较步骤 1 中 $\min(J(kh))$ 与步骤 2 中 γ;

(4) 若 $\Pi > \gamma$, 改变初始网络状况, 回到步骤 (2);

(5) 如优化问题 (4.77) 满足 $\Pi \leqslant \gamma$, 完成协作设计过程, 输出控制器参数与网络 QoS 需求.

例 4.6 考虑如下系统

$$\dot{x}(t) = \begin{bmatrix} 1.1 & 0.8 \\ 0.4 & 1.2 \end{bmatrix} x(t) + \begin{bmatrix} 1 \\ 3 \end{bmatrix} u(t) \qquad (4.78)$$

在综合性能指标 (4.74) 中假设 $Q = I, R = I, N = 0$, 要求性能指标上界 $\gamma = 2$. 设网络状况初始状况为 $\tau_k \leqslant 0.5$s. 选取采样周期 $h = 1$s.

(1) 当网络延迟 $\tau_k = 0.5$s 时, 离散化的系统表达式为

$$Z((k+1)h) = \begin{bmatrix} 3.5148 & 2.6646 & 2.5832 \\ 1.3323 & 3.8478 & 3.0927 \\ 0 & 0 & 0 \end{bmatrix} Z(kh) + \begin{bmatrix} 2.1263 \\ 3.5673 \\ 1.0000 \end{bmatrix} u(kh) \qquad (4.79)$$

基于定理 4.7 设计的控制器增益 $K = [1.4332, 1.5667, 1.9932]$, 相应的闭环极点为 $(0.4077, 0.0000, -0.0354)$. 显然极点均在单位圆内, 系统稳定. 但是性能指标 $\Pi = 3.4 > \gamma$, 不符合设计要求. 根据网络与控制交互设计过程步骤 4, 需要改变初始网络状况.

(2) 改变初始网络状况, 令 $\tau_k = 0.2$s, 采取与上述同样的方法可以得到

$$K = [0.9117, 0.8645, 0.5825],$$

相应的闭环极点为 $(-0.0432, 0.0000, 0.4128)$. 显然闭环极点均在单位圆内, 系统稳定. 优化控制器性能指标 $\Pi = 1.8 < \gamma$. 优化问题中的性能指标要求得以满足, 协作过程完成, 输出控制器参数与网络 QoS 需求.

不同网络参数下性能指标 (4.73) 随时间变化趋势如图 4.9 所示, 显然在 $\tau_k \leqslant 0.2$s 时设计的优化控制器满足性能指标约束. $\square$

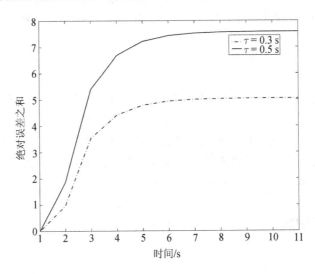

图 4.9   不同 QoS 参数下性能指标变化

第5章 网络控制的预测设计方法

由于网络的引入不可避免地带来网络延迟、数据丢包、错序等问题,如何有效地克服网络时延、数据丢失等非理想网络服务质量 QoS (quality of services) 所带来的负面影响,已经成为网络控制系统分析与综合的一个重点. 预测控制是当前在工业过程控制领域得到广泛重视和应用的一种新型控制算法,是近年来发展起来的一类新型的计算机控制算法. 由于它采用多步测试、滚动优化和反馈校正等控制策略,因此控制效果较好,适用于对不易建立精确数学模型且比较复杂的工业生产过程进行控制,所以它一出现就受到国内外工程界的重视,并已在石油、化工、电力、冶金、机械等工业部门的控制系统中得到了成功的应用. 近年来,人们将传统预测控制的设计思想应用到网络控制系统中,提出了对网络延迟或数据丢包具有一定补偿作用的网络预测设计方法 [1][34~36]. 本章将介绍这方面成果中的两种方法: 5.1 节的单输入 – 单输出系统的网络预测控制设计方法 [34~36] 和 5.2 节的多输入 – 多输出的网络预测控制设计方法 [2].

5.1 单输入 – 单输出系统的网络预测控制设计

5.1.1 网络预测控制器结构设计

构造如图 5.1 所示的网络预测控制系统. 系统主要由预测控制产生器 (CPG, controller prediction generator) 与网络延迟补偿器 (NDC, networked delay compersator) 构成. 预测控制产生器主要用来产生一系列将来控制信号,网络延迟补偿器主要用来补偿未知网络延迟. 在信号传送策略上充分利用包传送特征,前向网络中的连续预测信息打到同一包中传送至网络延迟补偿器.

5.1.2 预测控制产生器设计

在设计预测控制产生器之前,做如下假设:

(1) 前向和后向网络延迟分别用 k 和 f 表示;

① Liu G P, Xia Y Q, Reesy D, Huy W S. Design and stability criteria of networked predictive control systems with random network delay in the feedback channel. IEEE SMC(in press).

② Peng C. Predictive control of networked control systems with random network delay. submitted, 2006.

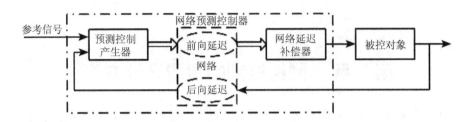

图 5.1   网络预测控制系统

(2) 前向网络传送过程中的连续丢包数不大于最大延迟 N;

(3) 数据传输过程中数据包带有时间标签.

为描述方便, 定义多项式集 $\mathcal{R}[z^{-1}, p]$, 对 $A_k(z^{-1}) \in \mathcal{R}[z^{-1}, p]$, 有 $A_k(z^{-1}) = a_{k,0} + a_{k,1}z^{-1} + \cdots + a_{k,p}z^{-p}$, 其中 p 为多项式非负整数, $a_{k,i} \in R_{>0}$ 为多项式系数.

考虑如下单输入 – 单输出离散系统

$$A(z^{-1})y(t+d) = B(z^{-1})u(t) \tag{5.1}$$

其中 $y(t)$ 和 $u(t)$ 分别为系统输出和控制输入. d 为系统时延, $A(z^{-1}) \in \mathcal{R}[z^{-1}, n]$、$B(z^{-1}) \in \mathcal{R}[z^{-1}, m]$ 为系统多项式. 假设在没有考虑网络影响时, 保证系统性能需求的控制器设计为

$$C(z^{-1})u(t) = D(z^{-1})e(t+d) \tag{5.2}$$

其中 $C(z^{-1}) \in \mathcal{R}[z^{-1}, n_c]$, $D(z^{-1}) \in \mathcal{R}[z^{-1}, n_d]$, $e(t+d) = r(t+d) - \hat{y}(t+d)$ 为系统将来参考输入与系统预测输出误差.

为补偿网络传输时延, t 时刻的预测控制序列 $u(t+i|t)$, $i = 0, 1, 2, \cdots, N$ 由下式产生

$$C(z^{-1})u(t+i|t) = D(z^{-1})(r(t+d+i) - \hat{y}(t+d+i|t)) \tag{5.3}$$

其中 $\hat{y}(t+d+i|t)$ 为 t 时刻系统预测输出, $r(t+d+i)$ 为系统将来的参考输入. 定义如下操作

$$x(t-i|t-i) = z^{-1}x(t-i+1|t-i+1), \quad i = 1, \cdots, t \tag{5.4}$$

$$x(t+i|t) = z^{-1}x(t+i+1|t), \quad i = 0, 1, 2, \cdots \tag{5.5}$$

其中 $x(\cdot)$ 表示 $\hat{y}(\cdot)$ 或 $u(\cdot)$. 当 $i = 1, 2, \cdots, N$ 时存在如下的丢番图方程

$$A(z^{-1})E_i(z^{-1}) + z^{-i-f}F_i(z^{-1}) = 1 \tag{5.6}$$

其中 $E_i(z^{-1}) \in \mathcal{R}[z^{-1}, i+f-1]$, $F_i(z^{-1}) \in \mathcal{R}[z^{-1}, i-1]$. 从假设 3 可知, 在预测控制产生器端, 过去的输出信号到 $t-f$ 时刻为止都是可用的. 结合 (5.1)~(5.6), 在

t 时刻可产生如下输出预测序列

$$
\begin{bmatrix}
\hat{y}(t+d|t) \\
\hat{y}(t+d+1|t) \\
\vdots \\
\hat{y}(t+d+N|t)
\end{bmatrix}
=
\begin{bmatrix}
F_d(z^{-1}) \\
F_{d+1}(z^{-1}) \\
\vdots \\
F_{d+N}(z^{-1})
\end{bmatrix}
y(t-f)
+
\begin{bmatrix}
B(z^{-1})E_d(z^{-1})u(t|t) \\
B(z^{-1})E_{d+1}(z^{-1})u(t+1|t) \\
\vdots \\
B(z^{-1})E_{d+N}(z^{-1})u(t+N|t)
\end{bmatrix}
\tag{5.7}
$$

将 (5.7) 右边第二项分解为包含 t 时刻前控制序列与预测时刻控制序列两项, 即

$$
\begin{bmatrix}
B(z^{-1})E_d(z^{-1})u(t|t) \\
B(z^{-1})E_{d+1}(z^{-1})u(t+1|t) \\
\vdots \\
B(z^{-1})E_{d+N}(z^{-1})u(t+N|t)
\end{bmatrix}
=
\begin{bmatrix}
G_d(z^{-1}) \\
G_{d+1}(z^{-1}) \\
\vdots \\
G_{d+N}(z^{-1})
\end{bmatrix}
u(t-1|t-1)
+
M_1
\begin{bmatrix}
u(t|t) \\
u(t+1|t) \\
\vdots \\
u(t+N|t)
\end{bmatrix}
\tag{5.8}
$$

其中 $G_k(z^{-1}) \in \mathcal{R}[z^{-1}, m+f+d-2]$, $M_1 \in \mathbb{R}^{(N+1)\times(N+1)}$, 因此

$$
\hat{Y}(t+d|t) = F(z^{-1})y(t-f) + G(z^{-1})u(t-1|t-1) + M_1 U(t|t) \tag{5.9}
$$

其中

$$
\hat{Y}(t+d|t) = [\hat{y}(t+d|t), \ldots, \hat{y}(t+d+N|t)]^{\mathrm{T}}
$$
$$
U(t|t) = [u(t|t), \cdots, u(t+N|t)]^{\mathrm{T}}
$$
$$
F(z^{-1}) = \left[F_d(z^{-1}), \cdots, F_{d+N}(z^{-1})\right]^{\mathrm{T}}
$$

在考虑网络延迟的控制器设计时, 显然预测控制序列可表示为

$$
C(z^{-1})U(t|t) = D(z^{-1})(R(t+d) - \hat{y}(t+d|t)) \tag{5.10}
$$

其中 $R(t+d) = [r(t+d), \cdots, r(t+d+N)]^{\mathrm{T}}$, 同样将上式分解为包含 t 时刻前控制序列与预测时刻控制序列两项,

$$
C(z^{-1})U(t|t) = H(z^{-1})(u(t-1|t-1) + LU(t|t)) \tag{5.11}
$$

其中 $H(z^{-1}) = \left[H_0(z^{-1}), \cdots, H_N(z^{-1})\right]^{\mathrm{T}}$, $H_i(z^{-1}) \in \mathbb{R}[z^{-1}, \max\{n_c - i - 1\}]$, $L \in \mathcal{R}^{(N+1)\times(N+1)}$, 结合 (5.9) ∼ (5.11) 可得

$$
H(z^{-1})u(t-1|t-1) + LU(t|t))
$$
$$
= D(z^{-1})R(t+d) - D(z^{-1})F(z^{-1})y(t-f) - D(z^{-1})G(z^{-1})u(t-1|t-1)
$$
$$
- D(z^{-1})M_1 U(t|t) \tag{5.12}
$$

定义

$$\Gamma(z^{-1})u(t-1|t-1) + MU(t|t) = D(z^{-1})\left[G(z^{-1})u(t-1|t-1) + M_1U(t|t)\right] \quad (5.13)$$

其中 $\Gamma(z^{-1}) = \left[\ \Gamma_0(z^{-1}),\ \cdots,\ \Gamma_N(z^{-1})\ \right]^{\mathrm{T}}$, $\Gamma_i(z^{-1}) \in \mathcal{R}\left[z^{-1},\ \max\{n_d + m + f + d - 2,\ 0\}\right]$, $M \in \mathbb{R}^{(N+1)\times(N+1)}$.

因此, 根据如下的预测控制器可得预测控制序列

$$U(t|t) = (L+M)^{-1}\{D(z^{-1})R(t+d) - D(z^{-1})F(z^{-1})y(t-f) \quad (5.14)$$
$$-[\Gamma(z^{-1}) + H(z^{-1})]u(t-1|t-1)\} \quad (5.15)$$

显然, 通过使用 $t-f+1$ 时刻前的输出 y 和 t 时刻前的控制信号 u, 可计算出控制预测序列 $U(t|t)$.

5.1.3　网络延迟补偿器设计

为充分利用网络能同时传送一系列数据包的特征, 可以将 t 时刻所有的预测信息打到一个 "块包" 中, 然后通过网络传送到被控对象端. 在接收到该快包后, 网络延迟补偿器可从被控对象端可用的预测序列中选择最新的预测控制信号对系统进行控制. 例如, 在被控对象端接收到如下预测控制序列值:

$$\begin{bmatrix} u(t-k_1|t-k_1) \\ u(t-k_1+1|t-k_1) \\ \vdots \\ u(t|t-k_1) \\ \vdots \\ u(t-k_1+N|t-k_1) \end{bmatrix},\cdots,\begin{bmatrix} u(t-k_t|t-k_t) \\ u(t-k_t+1|t-k_t) \\ \vdots \\ u(t|t-k_t) \\ \vdots \\ u(t-k_t+N|t-k_t) \end{bmatrix} \quad (5.16)$$

其中 $u(t|t-k_i)$, $i=1, 2, \cdots, t$, 为 t 时刻的候选预测控制信号.

网络延迟补偿器将选择

$$u(t) = u\left(t|t-\min\left\{\ k_1,\quad k_2,\quad \cdots,\quad k_l\ \right\}\right) \quad (5.17)$$

作为系统的输入信号, 即 t 时刻最新的预测控制值.

基于上述分析, 给出如下的网络预测控制系统的实现步骤:

(1) 在不考虑网络状况下, 运用通常的控制器设计方法如 PID, LQG, MPC 等方法设计控制器, 满足系统性能要求;

（2）基于历史的输出信号、控制器输入信号和参考输入信号，建立输出预估器，预测未来输出控制信号；

（3）计算预测控制产生器的输出序列；

（4）预测产生器在时钟驱动模式下，将预测控制产生器的输出序列打包并传送被控对象端的网络延迟补偿器；

（5）应用网络延迟补偿策略，从被控对象端网络延迟补偿器中选择最新控制值作为执行器输入信号.

5.1.4 网络预测控制系统的实现

为在实际系统中应用网络预测控制策略，中科院自动化研究所复杂系统与智能科学重点实验室与英国拉摩根大学电气学院联合建立了由网络控制台、网络执行面板和伺服电机控制对象组成的 ARM9 嵌入式网络控制试验平台. 系统核心芯片选用高能低值的基于以太网的嵌入式 ATMEL's AT91RM9200 32 位 RISC 微控制器[1]. 通过 UDP 数据包的传送方式，可以基于 Internet 网络在线检测网络预测控制系统的控制效果. 系统组成如图 5.2 所示.

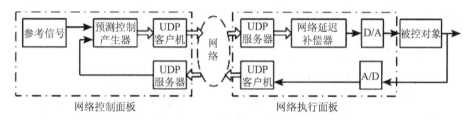

图 5.2　网络伺服控制系统结构

在采样周期为 0.04s 时，伺服电机模型为

$$G(z^{-1}) = \frac{A(z^{-1})}{B(z^{-1})} = \frac{0.05409z^{-2} + 0.115z^{-3} + 0.0001z^{-4}}{1 - 1.12z^{-1} + 0.213z^{-2} + 0.335z^{-3}}. \tag{5.18}$$

通过 Matlab/simulink 环境下实现上述系统有无网络延迟补偿措施两种情况下的仿真，与实际网络预测控制平台上的伺服电机控制试验结果分别如图 5.3, 5.4 所示. 试验结果显示对不同的网络状况，网络预测控制系统与没有网络延迟的控制系统具有类似的控制效果. 网络试验结果说明预测控制策略能有效地补偿网络延迟对

① Liu G P, Xia Y Q, Reesy D, Huy W S. Design and stability criteria of networked predictive control systems with random network delay in the feedback channel. IEEE SMC (in press).

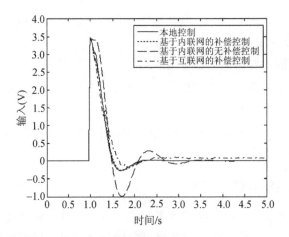

图 5.3   伺服控制系统输出（仿真）

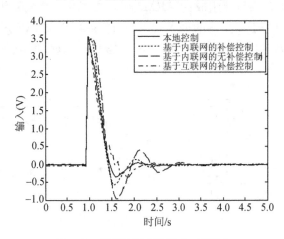

图 5.4   伺服控制系统输出（试验）

系统的影响. 基于上述预测控制器得到的预测控制序列对系统性能的有效性分析及考虑网络非理想状况, 如丢包、错序等情况则需要进一步的深入研究.

5.2   多输入 – 多输出系统的网络预测控制器设计

5.2.1   具有非理想网络 QoS 补偿的 NCS 结构

考虑如下线性系统

$$x(k+1) = Ax(k) + Bu(k) \tag{5.19}$$
$$y(k) = Cx(k)$$

其中 $x(k) \in \mathbb{R}^{n'}$，$u(k) \in \mathbb{R}^{m'}$，$y(k) \in \mathbb{R}^{p'}$ 分别为系统状态、系统输入和系统输出. A, B, C 为适当维数矩阵.

本节考虑从控制器到执行器端之间为非理想网络 QoS，并做如下假设：

（1）传感器与执行器以时间驱动方式运行，基于模型的预测控制产生器以事件驱动方式运行；

（2）传输延迟 τ_k^{ca} 为随机变量且 $0 \leqslant \tau_k^{ca} \leqslant mh$，其中 m 为整数，h 为采样周期，在下述描述中，假设 h 已被规范化为 1；

（3）允许空采样或数据连续丢包数为 $n(n \leqslant m)$；

（4）传感器采样周期为 h. 基于模型的预测控制器以脉冲模式工作，例如，一旦从传感器接收到采样信息包，预测模型将产生 $n+m$ 个预测控制信号. 在 k 时刻，执行器从网络补偿器中选择最新预测信息包作为被控对象控制输入；

（5）非理想网络 QoS 补偿器以先进先出 FIFO 的规则工作，并且具有 $(n+m) \times (n+m)$ 的存储空间. 当有新的数据包到达时，首先检查它的时间标签，仅仅具有最新时间标签的数据包存储在非理想网络 QoS 补偿器中.

为充分利用网络有效带宽和克服非理想网络 QoS 影响，本节提出的预测网络控制模型的结构如图 5.5 所示. 主要结构为

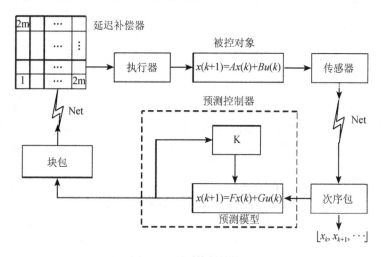

图 5.5 预测控制结构图

- 基于模型的预测控制器. 它位于控制器端，在接收到传感器传来的序列包后，它会产生 $n+m$ 个预测信号. 然后这些预测信号被打到同一个块包中送到执行器端的非理想网络 QoS 补偿器缓存中.
- 非理想网络 QoS 补偿器. 位于执行器端，用来补偿非理想网络 QoS 对系统性能的影响. 它从预测控制器端接收最新时间标签的块包，执行器以时间驱动方

式从中选择最新时刻的信息作为驱动输入.

5.2.2　基于预测模型的控制信号选择策略

为便于描述, 作如下符号定义.

定义 5.1　$\hat{x}(l+1|k-i)$ 表示基于系统状态 $x(k-i)$ 的、对时刻 $l+1$ 系统状态的预测信号. $\hat{u}(l+1|k-i)$ 表示基于 $\hat{x}(l+1|k-i)$ 产生的 $l+1$ 时刻的控制信号.

基于上述假设, 在采样间隔 $[k, k+1)$, 执行器可以接收到一个或多个 (直至 $m+n$) 控制信号. 在初始条件 $\hat{x}(k-i|k-i) = x(k-i)$ 下, 基于模型的预测产生器可描述为

$$\hat{x}(l+1|k-i) = A\hat{x}(l|k-i) + B\hat{u}(l|k-i), \quad l = k-i, \cdots, k-i+m+n-1 \quad (5.20)$$

$$\hat{u}(l+1|k-i) = -K\hat{x}(l+1|k-i) \tag{5.21}$$

其中 K 为预先设计的反馈增益, 它能使系统在无网络影响下保持稳定.

在 $k-i$ 时刻, 传感器发送状态 $x(k-i)$ 给预测产生器, 然后预测产生器基于预测模型 (5.20) 产生 $m+n$ 个预测信号

$$[\hat{x}(k-i+1|k-i), \hat{x}(k-i+2|k-i), \cdots, \hat{x}(k-i+m+n|k-i)], \quad i = 1, 2, \cdots$$
$$\tag{5.22}$$

基于 (5.20) 和 (5.22), 可以得到 $m+n$ 个预测控制信号

$$[\hat{u}(k-i+1|k-i), \hat{u}(k-i+2|k-i), \cdots, \hat{u}(k-i+m+n|k-i)] \tag{5.23}$$

然后控制器把 $[\hat{u}(k-i+1|k-i), \hat{u}(k-i+2|k-i), \cdots, \hat{u}(k-i+m+n|k-i)]$ 打到一个块包中一起传送. 假设在时刻 $k-i$, 控制器到执行器的网络延迟为 τ_{k-i}^{ca}, 所以块包到达 QoS 补偿器的时刻为 $k-i+\tau_{k-i}^{ca}$, 记 $u(l+1|k-i+\tau_{k-i}^{ca})$ 为被控对象在 $l+1$ 时刻的控制量输入. 假设信息包传输不改变信息包值, 即 $u(l+1|k-i+\tau_{k-i}^{ca}) = \hat{u}(l+1|k-i)$.

根据假设 5, 理想状况下在预测补偿器缓冲器中可得到如下预测控制序列:

$$[u(k|k-1+\tau_{k-1}^{ca}), \quad u(k+1|k-1+\tau_{k-1}^{ca}), \quad \cdots, \quad u(k+m+n-1|k-1+\tau_{k-1}^{ca})]$$
$$[u(k-1|k-2+\tau_{k-2}^{ca}), \quad u(k|k-2+\tau_{k-2}^{ca}), \quad \cdots, \quad u(k+m+n-2|k-2+\tau_{k-2}^{ca})]$$
$$\cdots \qquad\qquad \cdots \qquad\qquad \cdots \qquad\qquad \cdots$$
$$[\chi_1, \qquad\qquad \chi_2, \qquad\qquad \cdots, \quad u(k|k-m-n+\tau_{k-m-n}^{ca})]$$
$$\tag{5.24}$$

其中

$$\chi_1 = u(k-m-n+1|k-m-n+\tau_{k-m-n}^{ca})$$
$$\chi_2 = u(k-m-n+2|k-m-n+\tau_{k-m-n}^{ca})$$

在 (5.24) 中，$u(k|k-1+\tau_{k-1}^{ca})$，$u(k|k-2+\tau_{k-2}^{ca})$，$\cdots$，$u(k|k-m+\tau_{k-m-n}^{ca})$ 为 k 时刻的预测候选值，记为

$$\Pi_k = -K\,\Phi_{i=1}^{m+n}\hat{x}(k|k-i) \tag{5.25}$$

其中 Φ 表示信号的集合. 块包在 $k-i+\tau_{k-i}^{ca}$ 时刻到达预测补偿器缓冲区，所以只有当 $k-i+\tau_{k-i}^{ca} \leqslant k$ 时预测信号 $u(k|k-i+\tau_{k-i}^{ca})$ 在 k 时刻才是可用的（否则，就意味着在 k 时刻该信号还未到达预测补偿器缓冲区）. 此外，对指定的时刻 k，可能有多个候选信息值 $u(k|k-i+\tau_{k-i}^{ca})$（上限 $m+n$）. 基于 (5.25) 和上述分析，可用的候选信息值 $\tilde{\Pi}_k$ 可表示为

$$\tilde{\Pi}_k = -K\,\Phi_{i=1}^{m+n}(\delta(\tau_{k-i}^{ca}-i))\hat{x}(k|k-i) \tag{5.26}$$

$$\delta(\tau_{k-i}^{ca}-i) = \begin{cases} 1, & 若 \tau_{k-i}^{ca} \leqslant i \\ 0, & 若 \tau_{k-i}^{ca} > i \end{cases} \tag{5.27}$$

执行器以时间驱动模式从预测补偿器缓冲区 (5.24) 储存的 $u(k|k-i+\tau_{k-i}^{ca})$ 中选择驱动输入，选择最新时刻的预测信号 $u(k|k-i+\tau_{k-i}^{ca})$ 为驱动输入. 显然最先发现的 $u(k|k-i+\tau_{k-i}^{ca})$ 就是满足约束 (5.26) 的控制信号.

考虑网络控制中的非理想状况，基于最新可用信号选择模式可用如下模型表示:

$$u(k) = -K\sum_{i=1}^{m+n}\left(\prod_{j=1}^{i-1}[1-(\delta(\tau_{k-j}^{ca}-j))]\right)(\delta(\tau_{k-i}^{ca}-i))\hat{x}(k|k-i) \tag{5.28}$$

其中 $\sum$ 表示信息累加和，当 $i=1$ 时定义 $\prod_{j=1}^{0}[1-(\delta(\tau_{k-j}^{ca}-j))]=1$.

为具体说明信号选择策略，下面用实例说明. 假设 $m=3$，$n=3$，$\tau_{k-1}^{ca}=3$，$\tau_{k-2}^{ca}=2$，$\tau_{k-3}^{ca}=1$，$\tau_{k-4}^{ca}=3$，$\tau_{k-5}^{ca}=1$，$\tau_{k-6}^{ca}=2$，画出信号传送图，如图 5.6 所示.

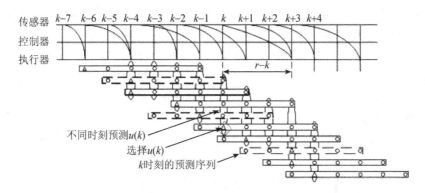

图 5.6 信号传输及选择示例

基于信号预测产生策略, 在不同时刻可得到:

$$[\hat{u}(k|k-1), \hat{u}(k+1|k-1), \cdots, \hat{u}(k+5|k-1)]$$
$$[\hat{u}(k-1|k-2), \hat{u}(k|k-2), \cdots, \hat{u}(k+4|k-2)]$$
$$[\hat{u}(k-2|k-3), \hat{u}(k-1|k-3), \cdots, \hat{u}(k+3|k-3)]$$
$$[\hat{u}(k-3|k-4), \hat{u}(k-2|k-4), \cdots, \hat{u}(k+2|k-4)]$$
$$[\hat{u}(k-4|k-5), \hat{u}(k-3|k-5), \cdots, \hat{u}(k+1|k-5)]$$
$$[\hat{u}(k-5|k-6), \hat{u}(k-4|k-6), \cdots, \hat{u}(k|k-6)]$$
$$\tag{5.29}$$

将 $[\hat{u}(k-i+1|k-i), \hat{u}(k-i+2|k-i), \cdots, \hat{u}(k-i+m+n|k-i)]$ 打到一个块包传送到非理想网络 QoS 补偿器中. 假设在 $k-i$ 时刻, 从控制器到执行器的网络延迟为 τ_{k-i}^{ca}, 到达缓冲区的控制信息包可写为 $[u(k-i+1|k-i+\tau_{k-i}^{ca}), u(k-i+2|k-i+\tau_{k-i}^{ca}), \cdots, u(k-i+m+n|k-i+\tau_{k-i}^{ca})]$. 根据此方法, 下在延迟补偿器缓冲区中可得到如下控制序列

$$[u(k|k-1+\tau_{k-1}^{ca}), u(k+1|k-1+\tau_{k-1}^{ca}), \cdots, u(k+5|k-1+\tau_{k-1}^{ca})]$$
$$[u(k-1|k-2+\tau_{k-2}^{ca}), u(k|k-2+\tau_{k-2}^{ca}), \cdots, u(k+4|k-2+\tau_{k-2}^{ca})]$$
$$[u(k-2|k-3+\tau_{k-3}^{ca}), u(k-1|k-3+\tau_{k-3}^{ca}), \cdots, u(k+3|k-3+\tau_{k-3}^{ca})]$$
$$[u(k-3|k-4+\tau_{k-4}^{ca}), u(k-2|k-4+\tau_{k-4}^{ca}), \cdots, u(k+2|k-4+\tau_{k-4}^{ca})]$$
$$[u(k-4|k-5+\tau_{k-5}^{ca}), u(k-3|k-5+\tau_{k-5}^{ca}), \cdots, u(k+1|k-5+\tau_{k-5}^{ca})]$$
$$[u(k-5|k-6+\tau_{k-6}^{ca}), u(k-4|k-6+\tau_{k-6}^{ca}), \cdots, u(k|k-6+\tau_{k-6}^{ca})]$$
$$\tag{5.30}$$

其中 $[u(k|k-1+\tau_{k-1}^{ca}), u(k+1|k-1+\tau_{k-1}^{ca}), \cdots, u(k+5|k-1+\tau_{k-1}^{ca})]$ 为在时刻 $k-1+\tau_{k-1}^{ca}$ 的预测控制序列. 图 5.6 中, 菱形所围的信号表示为在 k 时刻选择的控制信号. 矩形所围的信号表示在 k 时刻的具有 $(m+n)$ 长度的预测信号. 椭圆所围的信号表示预测的信号 $\hat{u}(k|k-i)$. 由图 5.6 可知, 矩形框实心圆所代表的信号不能作为候选信号, 也就是它们不满足 $k \geqslant k-i+\tau_{k-i}^{ca}$, 如信号 $u(k|k-1+\tau_{k-1}^{ca})$. 中空圆信号可作为控制信号候选值, 例如 $u(k|k-2+\tau_{k-2}^{ca})$, $\cdots$, $u(k|k-6+\tau_{k-6}^{ca})$. 基于设计的信号选择策略, 从图 5.6, 可知:

- 基于 (5.25), k 时刻的预测候选值为 $u(k|k-1+\tau_{k-1}^{ca})$, $u(k|k-2+\tau_{k-2}^{ca})$, $\cdots$, $u(k|k-6+\tau_{k-6}^{ca})$;

- 基于 (5.26) 和约束 $k \geqslant k-i+\tau_{k-i}^{ca}$, $u(k|k-1+\tau_{k-1}^{ca})(\tau_{k-1}^{ca}=3>1)$ 应该从候选集中排除;

- 基于 (5.27)、(5.28) 与 $\tau_{k-2}^{ca}=2$, $\tau_{k-3}^{ca}=1$, $\tau_{k-4}^{ca}=3$, $\tau_{k-5}^{ca}=1$, $\tau_{k-6}^{ca}=2$, 可算出

$$u_k = -K \sum_{i=1}^{6} \left(\prod_{j=1}^{i-1}[1-(\delta(\tau_{k-j}^{ca}-j))] \right) (\delta(\tau_{k-i}^{ca}-i))\hat{x}(k|k-i)$$
$$= -K\delta(\tau_{k-1}^{ca}-1)\hat{x}(k|k-1) - K[1-(\delta(\tau_{k-1}^{ca}-1))]\delta(\tau_{k-2}^{ca}-2)\hat{x}(k|k-2)$$

$$-K\bigg(\prod_{j=1}^{2}[1-(\delta(\tau_{k-j}^{ca}-j))]\bigg)(\delta(\tau_{k-3}^{ca}-i))\hat{x}(k|k-3)$$

$$-K\bigg(\prod_{j=1}^{3}[1-(\delta(\tau_{k-j}^{ca}-j))]\bigg)(\delta(\tau_{k-4}^{ca}-i))\hat{x}(k|k-4)$$

$$-K\bigg(\prod_{j=1}^{4}[1-(\delta(\tau_{k-j}^{ca}-j))]\bigg)(\delta(\tau_{k-5}^{ca}-i))\hat{x}(k|k-5)$$

$$-K\bigg(\prod_{j=1}^{5}[1-(\delta(\tau_{k-j}^{ca}-j))]\bigg)(\delta(\tau_{k-6}^{ca}-i))\hat{x}(k|k-6)$$

$$=-K\hat{x}(k|k-2) \tag{5.31}$$

所以预测序列值 $u(k|k-2-\tau_{k-2}^{ca})$ 被选择为 k 时刻的控制输入,选择过程结束.

根据非理想 QoS 信号选择策略,在满足假设 3 时,丢包和错序的情况同时包含在信号选择模型 (5.28) 中. 从示例中可见:

- 当多包同时到达缓冲区时,存储最新时刻的包,丢弃其他时刻的包. 比如在图 5.6 中,$k-5$ 和 $k-6$ 时刻的包同时到达缓冲区,丢弃 $k-6$ 时刻数据包存储 $k-5$ 时刻数据包;
- 当错序发生时,对于先发数据包可能后到的情况,按照信号存储规则,只有最新时刻的数据包才可能存储在缓冲区中,所以错序的包将被丢弃. 例如在 $k-4$ 和 $k-3$ 时刻,错序发生,$k-4$ 时刻的数据包被丢弃;
- 只要满足假设 3,允许一定的丢包及空采样存在. 模型 (5.20) 的预测长度为 $m+n$,可以保证在连续空采样或丢包数为 $n(n \leqslant m)$ 时缓冲区中至少有一个可用候选信息包存在. 如图 5.6 中,$k-5$ 时刻所送的信息包由于未知原因在传送过程中被丢弃. 但由于预测产生器 (5.20) 的预测区间为 $m+n$,缓冲区中至少有一个可用候选信息包存在.

5.2.3 网络预测控制稳定性分析

根据 (5.28),被控对象及预测模型可描述为:

$$被控对象:x(k+1) = Ax(k) + Bu(k) \tag{5.32}$$

$$u_k = -K\sum_{i=1}^{m+n}\bigg(\prod_{j=1}^{i-1}[1-(\delta(\tau_{k-j}^{ca}-j))]\bigg)(\delta(\tau_{k-i}^{ca}-i))\hat{x}(k|k-i), \quad k = k_0, \cdots, k_n \tag{5.33}$$

预测模型：　　　$\hat{x}(l+1|k-i) = A\hat{x}(l|k-i) + B\hat{u}(l|k-i),$ 　　　　(5.34)

$$l = k-i, \cdots, k-i+m+n-1$$

$$\hat{u}(l+1|k-i) = -K\hat{x}(l+1|k-i) \tag{5.35}$$

为了分析具有非理想 QoS 影响的闭环系统的稳定性, 基于对象状态和预测状态, 定义增广状态矢量 $\mathbb{Z}(k+1)$, $\mathbb{Z}(k)$

$$\mathbb{Z}(k+1) = \left[\begin{array}{cc} x^{\mathrm{T}}(k+1), & e^{\mathrm{T}}(k+1|k-r) \end{array} \right]^{\mathrm{T}}, \quad \mathbb{Z}(k) = \left[\begin{array}{cc} x^{\mathrm{T}}(k), & e^{\mathrm{T}}(k|k-r) \end{array} \right]^{\mathrm{T}} \tag{5.36}$$

其中 $e(k+1|k-r) = x(k+1) - \hat{x}(k+1|k-r)$, $r \in (1, m+n)$. 然后根据 (5.32)~(5.35), 具有补偿功能的 NCS 可描述为

$$\mathbb{Z}(k+1) = \Lambda\mathbb{Z}(k) \tag{5.37}$$

其中

$$\Lambda = \left[\begin{array}{cc} A-BK & BK\Xi_r \\ 0 & A \end{array} \right]$$

Ξ_r 中包含了信号选择过程, 即在 (5.33) 中第 $k-r$ 个预测包被选定使得 $\sum\limits_{i=1}^{m+n} \left(\prod\limits_{j=1}^{i-1} [1 - (\delta(\tau_{k-j}^{ca} - j))] \right) (\delta(\tau_{k-i}^{ca} - i)) = 1$.

注 5.1　从 (5.28) 可以看出, $\Xi_r \in [\Xi_1, \cdots, \Xi_{m+n}]$ 具有如下特性: 假如 $\Xi_r = 0$, 则 $\Xi_{r+i} = 0 (i \geqslant 1)$. 因此 Λ 是时变或定常的, 取决于 τ_{k-i}^{ca}.

利用 3.1.1 节类似的证明方法, 基于 (5.37) 可以得到以下结论.

引理 5.1　在初始条件 $\mathbb{Z}(k_0) = [x^{\mathrm{T}}(k_0), \quad 0]^{\mathrm{T}}$ 下, 如 (5.37) 描述的系统可表达为

$$\mathbb{Z}_k = \Lambda^{k-k_n} \left[I_s \Lambda^h I_s \right]^k \mathbb{Z}(k_0) \tag{5.38}$$

其中 $I_s = \left[\begin{array}{cc} I & 0 \\ 0 & 0 \end{array} \right]$, $k \in \left[k_n, \quad k_{n+1} \right)$, $k_{n+1} - k_n = h$.

定理 5.1　在初始条件 $\mathbb{Z}(k_0) = \left[\begin{array}{cc} x^{\mathrm{T}}(k_0), & 0 \end{array} \right]^{\mathrm{T}}$ 下, 假如 $I_s \Lambda^{\mathrm{T}} I_s$ 的特征值全在单位圆内, 由 (5.37) 描述的系统是全局指数稳定性的.

例 5.1　考虑如下系统

$$x(k+1) = \left[\begin{array}{cc} 1.0 & 0.05 \\ 0.05 & 1.0 \end{array} \right] x(k) + \left[\begin{array}{c} 0.01 \\ 0.05 \end{array} \right] u(k) \tag{5.39}$$

假设传输延迟是在区间 $[h,\ 3h]$ 内随机变化. 在不考虑网络影响下, 保证闭环系统稳定的状态控制器的反馈增益为 $K = [\ 9.5,\quad 3.45\ ]$.

在初始值 $x(0)=[\ 1,\quad -1\ ]^{\mathrm{T}}$ 下, 图 5.7 显示了在没有网络延迟补偿与有网络延迟补偿时两种情况的控制效果图. 从图中可看出, 与没有网络延迟补偿的网络控制相比, 具有网络延迟补偿的系统状态 x_1, x_2 较快地达到平衡点且超调量较小.

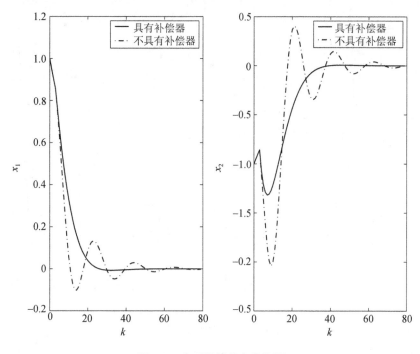

图 5.7 有无补偿状态变化图

此外据定理 5.1, $I_s \Lambda^{\mathrm{T}} I_s$ 的最大特征值是 0.869, 位于单位圆内, 说明系统是全局指数稳定的.   □

例 5.2 考虑如下系统

$$x(k+1) = \begin{bmatrix} 2 & -1.5 \\ 1 & -1 \end{bmatrix} x(k) + \begin{bmatrix} 0.5 \\ 1 \end{bmatrix} u(k) \tag{5.40}$$

假设传输延迟是在区间 $[h,\ 3h]$ 内随机变化. 在不考虑网络环境的影响下, 反馈增益 $K = [\ -5.92,\quad 3.56\ ]$ 保证系统稳定. 应用定理 5.1, 设定 $h = 1\mathrm{ms}$, $I_s \Lambda^h I_s$ 的最大特征值是 0.2828, 位于单位圆内, 这表示系统是全局指数稳定的.

在初始值 $x(0)=[\ 2,\quad -2\ ]^{\mathrm{T}}$ 下, 有与没有网络补偿器的系统状态变量 x_1, x_2 随时间变化如图 5.8 所示. 显然从图 5.8 的右图中可见, 在没有网络补偿措施下, 系统不能达到平衡点. 从图 5.8 的左图中可见, 采用本文提出的网络补偿措施后, 系统能较快地达到系统平衡点. 由上述可知, 基于模型的网络预测补偿策略能显著地改善系统性能, 是网络系统实施过程中较理想的控制策略.   □

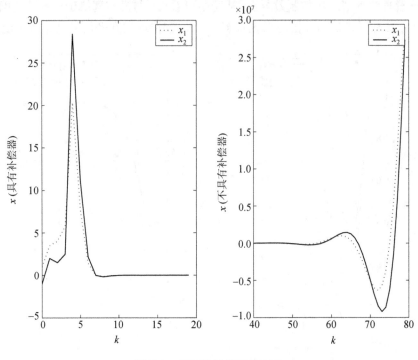

图 5.8   有无补偿状态变化图

第6章　网络控制系统的量化控制

在经典的反馈控制理论中，通常假设系统的输出能够直接传送到控制器，控制信号能够直接传送到驱动器. 而实际中，传感器信号的传输或控制信号在驱动端的执行通常需要进行数据格式的转换，如计算机控制中的 A/D 或 D/A 转换. 在网络控制系统中，考虑到网络传输能力的限制，数据的量化处理是必要的，也是通常采用的处理方法之一. 因此，在传感器到控制器网络和控制器到驱动器网络中，需要设置量化器. 量化器是一种装置，它能将实际的信号转换成一个在有限集中取值的分段常数信号. 量化器可以视为一个编码器，此时，我们需要研究的主要问题之一是，为了达到我们的控制目的，量化器需要传送的信息量的大小. 早在 1956 年，Kalman 就研究了数据量化对采样系统的影响，指出如果一个镇定控制器用一个有限列表量化器量化后，反馈系统有可能会产生极限环和混沌现象. 随后，量化对系统影响的研究一直受到人们的重视，并产生了许多有意义的研究成果（见 [37 ~ 39],[42],[43],[80],[81]和其后面的参考文献）.

本章将介绍近年来量化控制方面的一些研究成果，内容包括时不变量化控制的设计 [38, 39] 和时变量化控制的设计① [37,42~44,81]. 在 6.1 节中介绍了对数量化器的构造与性质，离散时间系统的对数量化镇定控制[39]，对数量化保证本控制[39] 和对数量化 H_∞ 控制 [39]，广义时滞系统的量化保成本控制 [51] 以及非理想网络环境下连续系统的量化状态与输出反馈控制 [40]；在 6.2 节中介绍了一类时变量化器的构造以及基于此量化器的时变量化控制设计，包括基于时间的时变量化控制 [41,42]，基于事件的时变量化控制[44]①. 在基于事件的时变量化控制设计部分，理想网络环境下的设计部分内容来自于 [44]，非理想网络环境下的设计部分内容来自于①.

6.1　时不变量化控制

6.1.1　对数量化器

考虑一个量化器 $f(\cdot)$，其满足对称关系，即 $f(-v) = -f(v)$，该量化器是静态的且是时不变的. 量化级集合定义为

$$\mathcal{U} = \{\pm u_i, i = \pm 1, \pm 2, \cdots\} \cup \{0\} \tag{6.1}$$

---

① Yue D, Lam J. Persistent disturbance rejection via state feedback for networked control systems. submitted, 2006.

$\mathcal{U}$ 将空间 $\mathbb{R}$ 分成系列片断, 量化器函数 $f(\cdot)$ 将每个片断映射成集合 $\mathcal{U}$ 的一个元素.

用 $\#g[\varepsilon]$ 表示在区间 $\left[\varepsilon, \dfrac{1}{\varepsilon}\right]$ 中量化级的数量. 量化器 $f(\cdot)$ 的密度定义为

$$\eta_f = \limsup_{\varepsilon \to 0} \frac{\#g[\varepsilon]}{-\ln \varepsilon} \tag{6.2}$$

注 6.1　由定义 (6.2), 当 $\left[\varepsilon, \dfrac{1}{\varepsilon}\right]$ 上升时, 一个非零且有限量化密度的量化器, 其量化级数将按对数方式增长. η_f 越小, 量化级数越小, 则量化器越粗糙. 反之, 量化器越精细. 若已知量化器的量化级数为一有限数, 则 $\eta_f = 0$, 而一个线性量化器有 $\eta_f = \infty$.

下面引入对数量化器的概念.

定义 6.1　一个量化器被称为对数量化器, 若它的量化级集合为

$$\mathcal{U} = \left\{ \pm u_i : u_i = \rho^i u_0, i = \pm 1, \pm 2, \cdots \right\} \cup \{\pm u_0\} \cup \{0\}, 0 < \rho < 1, u_0 > 0 \tag{6.3}$$

且映射关系 $f(\cdot)$ 定义为

$$f(v) = \begin{cases} u_i, & \text{当 } v > 0 \quad \text{且 } \dfrac{1}{1+\delta} u_i < v \leqslant \dfrac{1}{1-\delta} u_i \\ 0, & \text{当 } v = 0 \\ -f(-v), & \text{当 } v < 0 \end{cases} \tag{6.4}$$

这里

$$\delta = \frac{1-\rho}{1+\rho} \tag{6.5}$$

注 6.2　容易证明, 对于一个对数量化器, $\eta_f = \dfrac{\alpha}{\ln\left(\dfrac{1}{\rho}\right)}$. 该式显示, ρ 取得越

小, 量化器密度 η_f 越小, 对数量化器可以用图6.1表示.

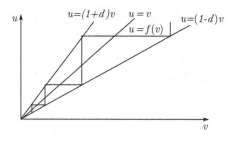

图 6.1　对数量化器

6.1.2 离散系统的对数量化镇定控制

本小节介绍线性离散系统的对数量化镇定控制问题, 分别对单输入单输出 (SISO) 系统和多输入多输出 (MIMO) 系统给出保证系统二次可镇定的量化密度界.

单输入单输出系统

考虑如下线性离散 SISO 系统

$$x(k+1) = Ax(k) + Bu(k) \tag{6.6}$$

$$y(k) = Cx(k) \tag{6.7}$$

其中 $A \in \mathbb{R}^{n \times n}$, $B \in \mathbb{R}^{n \times 1}$, $x(k)$、$u(k)$ 和 $y(k)$ 分别是状态量、量化反馈控制和输出量. 量化反馈控制 $u(k)$ 为

$$u(k) = f(v(k)), \quad v(k) = Kx(k) \tag{6.8}$$

这里 $f(\cdot)$ 是对数量化器.

定义 6.2 考虑系统 $x(k+1) = g(x(k))$, 称该系统为二阶稳定的, 如果存在函数 $V(\cdot): \mathbb{R}^n \to \mathbb{R}_{\geq 0}$ 使得

$$\nabla V(k) = V(x(k+1)) - V(x(k)) < 0$$

定义 6.3 考虑系统 $x(k+1) = g(x(k), u(k))$, 若存在 $u(k) = h(x(k))$ 使得系统 $x(k+1) = g(x(k), h(x(k)))$ 是二次稳定的, 则称系统 $x(k+1) = g(x(k), u(k))$ 是二次可镇定的.

定理 6.1 系统(6.6)和(6.8)是二次可镇定的充分必要条件为下面的不确定系统是二次可镇定的

$$x(k+1) = Ax(k) + B(1+\Delta)v(k) \tag{6.9}$$

$$v(k) = Kx(k), \quad \Delta \in [-\delta, \delta] \tag{6.10}$$

而且 δ 的最大允许值为

$$\delta_{\sup} = \frac{1}{\prod_i |\lambda_i^u|} \tag{6.11}$$

其中 λ_i^u 是 A 的不稳定特征根.

为了证明定理 6.1, 需要如下 3 个引理.

引理 6.1 给定矩阵 $K \in \mathbb{R}^{1 \times n}$, $\Omega_0 \in \mathbb{R}^{n \times n}$ 和一个向量函数 $\Omega_1(\cdot): R \to \mathbb{R}^{n \times 1}$, 一个标量函数 $\Delta(\cdot): R \to [-\delta, \delta]$, 且 $\Delta(\cdot)$ 满足, 对任何 $\Delta_0 \in [-\delta, \delta]$, 存在 $v_0 \neq 0$ 使得 $\Delta(v_0) = \Delta_0$. 定义矩阵函数

$$\Omega(\cdot) = \Omega_0 + \Omega_1(\cdot)K + K^{\mathrm{T}}\Omega_1^{\mathrm{T}}(\cdot) \tag{6.12}$$

则

$$x^{\mathrm{T}} \Omega \left(\Delta \left(Kx \right) \right) x < 0, \quad \forall x \neq 0, x \in R^n \tag{6.13}$$

当且仅当

$$\Omega \left(\Delta \right) < 0, \quad \forall \Delta \in [-\delta, \delta] \tag{6.14}$$

证明： 显然由 (6.14) 可以得到 (6.13).

假设 (6.13) 成立, 但 (6.14) 不成立, 则存在 $x_0 \neq 0$ 和 $\Delta_0 \in [-\delta, \delta]$ 使得

$$x_0^{\mathrm{T}} \Omega \left(\Delta_0 \right) x_0 \geqslant 0 \tag{6.15}$$

因此, 可推知 $Kx_0 \neq 0$. 因为, 若 $Kx_0 = 0$, 则

$$x_0^{\mathrm{T}} \Omega \left(\Delta \left(Kx_0 \right) \right) x_0 = x_0^{\mathrm{T}} \Omega_0 x_0 = x_0^{\mathrm{T}} \Omega_0 \left(\Delta_0 \right) x_0 \geqslant 0 \tag{6.16}$$

此与 (6.13) 矛盾, 因此, $Kx_0 \neq 0$.

由于 $Kx_0 \neq 0$ 是一个标量, 由 $\Delta \left(\cdot \right)$ 的性质可知, 对上面的 Δ_0, 存在 $\alpha \neq 0$ 使得 $\Delta \left(\alpha Kx_0 \right) = \Delta_0$. 定义 $x_1 = \alpha x_0 \neq 0$, 则

$$x_1^{\mathrm{T}} \Omega \left(\Delta \left(Kx_1 \right) \right) x_1^{\mathrm{T}} = \alpha^2 x_0^{\mathrm{T}} \Omega_0 \left(\Delta_0 \right) x_0 \geqslant 0$$

此与 (6.13) 矛盾. ∎

引理 6.2　考虑系统(6.9), 定义

$$G_c \left(z \right) = K \left(zI - A - BK \right)^{-1} B \tag{6.17}$$

则保证(6.9)是二次可镇定的 δ 的上确界为

$$\delta_{\mathrm{sup}} = \frac{1}{\inf_k \left\| G_c \left(z \right) \right\|_\infty} \tag{6.18}$$

证明： 由文献 [82] 可知, (6.9)是二次可镇定的充分必要条件为

$$\delta < \frac{1}{\inf_k \left\| G_c \left(z \right) \right\|_\infty}$$

取极限可得到 (6.18). ∎

引理 6.3　(6.11)是(6.18)的解.

引理 6.3 的证明见文献 [39].

下面给出定理 6.1 的证明.

定理 6.1 的证明：

定义量化误差变量

$$e = u - v = f(v) - v = \Delta(v) v \tag{6.19}$$

因此，由 $f(\cdot)$ 的定义 (6.4) 可知

$$\Delta(v) \in [-\delta, \delta] \tag{6.20}$$

此时量化反馈控制系统 (6.6) 和 (6.8) 可以描述为

$$x(k+1) = Ax(k) + B(1 + \Delta(Kx)) Kx(k) \tag{6.21}$$

其相应的二次镇定条件是存在 V 函数，这里取 $V(x) = x^{\mathrm{T}} P x$,

$$\nabla V(x) = V((A + B(1 + \Delta(Kx)) K) x) - V(x) < 0, \quad \forall x \neq 0 \tag{6.22}$$

定义

$$\nabla P(\Delta) = \left((A + B(1 + \Delta) K)^{\mathrm{T}} P(A + B(1 + \Delta) K) - P\right) < 0, \quad \forall \Delta \in [-\delta, \delta] \tag{6.23}$$

其中 Δ 与状态量无关. 由 $\Delta(v)$ 的性质可知, 对任何 $\Delta_0 \in [-\delta, \delta]$, 存在 $v_0 \neq 0$ 使得 $\Delta(v) = \Delta_0$. 利用引理 6.1 可知 (6.22) 与 (6.23) 等价. 而 (6.23) 是 (6.9) 二次可镇定的条件, 进一步, 利用引理 6.2 和引理 6.3 可完成定理证明. ∎

定理 6.1 给出了保证系统 (6.6) 在状态量化控制 (6.8) 作用下二次稳定的条件, 给出了量化器参数的边界条件. 下面将考虑采用动态输出量化控制的情形. 这里考虑两种情形.

情形 I 仅量化控制信号

定理 6.2 考虑系统 (6.6)~(6.7). 假设 (A, C) 是可观测的, 则保证 (6.6) 和 (6.8) 二次稳定的量化器参数边界条件 (6.11) 仍可保证在输出反馈作用下系统的二次稳定. 特别地, 相应的动态输出反馈控制器可取为

$$x_c(k+1) = Ax_c(k) + Bu(k) + L(y(k) - Cx_c(k)) \tag{6.24}$$

$$v(k) = Kx_c(k) \tag{6.25}$$

$$u(k) = f(v(k)) \tag{6.26}$$

这里 $f(\cdot)$ 为 (6.4) 中定义的对数量化器.

定理 6.2 的证明可直接完成, 此处略.

情形 II　仅量化系统输出信号

此时, 动态输出控制为

$$x_c(k+1) = Ax_c(k) + B_cf(y(k)) \tag{6.27}$$

$$u(k) = C_cx_c + D_cf(y(k)) \tag{6.28}$$

结合 (6.6)~(6.7) 可得到如下闭环系统

$$\bar{x}(k+1) = \mathcal{L}(\Delta(y(k)))\bar{x}(k) \tag{6.29}$$

其中 $\bar{x} = \begin{bmatrix} x^{\mathrm{T}}, & x_c^{\mathrm{T}} \end{bmatrix}^{\mathrm{T}}$, $\Delta(\cdot)$ 如 (6.20) 中定义

$$\bar{A} = \begin{bmatrix} A & 0 \\ 0 & 0 \end{bmatrix}, \bar{B} = \begin{bmatrix} 0 & B \\ I & 0 \end{bmatrix}, \bar{C} = \begin{bmatrix} 0 & I \\ C & 0 \end{bmatrix}$$

$$\hat{I} = \begin{bmatrix} 0 \\ I \end{bmatrix}, \hat{C} = \begin{bmatrix} C & 0 \end{bmatrix}, \bar{K} = \begin{bmatrix} A_c & B_c \\ C_c & D_c \end{bmatrix}$$

$$\mathcal{L}(\Delta) = \bar{A} + \bar{B}\bar{K}(\bar{C} + \hat{I}\Delta\hat{C})$$

定理 6.3　考虑系统(6.6)~(6.7), 给定量化密度 $\rho > 0$, 在量化控制(6.27)~(6.28)作用下系统是二次可镇定的充分必要条件是系统

$$\begin{aligned} x(k+1) &= Ax(k) + Bu(k) \\ v(k) &= (1+\Delta)Cx(k), \ \Delta \in [-\delta, \delta] \end{aligned} \tag{6.30}$$

在下面的控制作用下为二次可镇定的

$$\begin{aligned} x_c(k+1) &= A_cx_c(k) + B_cv(k) \\ u(k) &= C_cx_c + D_cv(k) \end{aligned} \tag{6.31}$$

这里 ρ 和 δ 的意义如(6.5). 最大允许 $\delta_{\sup}$ 为

$$\delta_{\sup} = \frac{1}{\inf_{\bar{k}} \|\bar{G}_c(z)\|_\infty} \tag{6.32}$$

这里

$$\bar{G}_c(z) = (1 - H(z)G(z))^{-1}H(z)G(z)$$

$$G(z) = C(zI - A)^{-1}B$$

$$H(z) = D_c + C_c(zI - A)^{-1}B_c$$

定理 6.3 的证明类似于定理 6.1 的证明, 此处略.

多输入多输出系统

类似于上小节, 这里仍考虑两种情形.

情形 I 仅量化控制信号

仍考虑系统 (6.6)~(6.7), 只是这里 $u \in \mathbb{R}^m$, $y \in \mathbb{R}^r$. 假设量化状态反馈为 (6.8), 且

$$f(v) = \text{diag}\{f_1(v_1),\ f_2(v_2),\cdots,f_m(v_m)\} \tag{6.33}$$

这里 $v \in (v_1, v_2, \cdots, v_m)^T$, $f_j(\cdot)$ 是按 (6.4) 中定义的对数量化器且量化密度满足 $0 < \rho_j < 1$. 下面将研究, 对给定量化密度 $\rho = [\rho_1, \rho_2, ..., \rho_m]$, 是否存在量化反馈控制器使 (6.6) 是二次可镇定的.

定理 6.4 考虑系统(6.6). 给定量化级向量 ρ 和如下辅助系统

$$x(k+1) = Ax(k) + B(I + \Delta(k))v(k) \tag{6.34}$$

其中 $|\Delta_j(k)| \leqslant \delta_j, j = 1, 2, \cdots, m$. δ_j 与 ρ_j 满足关系(6.5),

$$v(k) = Kx(k) \tag{6.35}$$

有如下结论

(1) 若(6.34)和(6.35)是二次可镇定的, 则(6.6)通过状态量化反馈控制是二次可镇定的;

(2) 若(6.6)通过状态量化反馈控制是二次可镇定的且当 $m > 1$ 时, $\dfrac{\ln \rho_i}{\ln \rho_j}$ $(i \neq j)$ 是无理数, 则对任何 $\varepsilon > 0$, 当 $|\Delta_j(k)| \leqslant \delta_j - \varepsilon$ 时, (6.34)和(6.35)是二次可镇定的;

(3) 若对某对角尺度矩阵 $\Gamma > 0$, 下面 H_∞ 控制问题有一个解 K, 即有一矩阵 K 满足

$$\left\| \Lambda \Gamma K (zI - A - BK)^{-1} B \Gamma^{-1} \right\|_\infty < 1 \tag{6.36}$$

其中 $\Lambda = \text{diag}\{\delta_1, \cdots, \delta_m\}$, 则(6.34)和(6.35)是二次可镇定的.

(4) 若 (A, C) 是可观测的且对给定 ρ, (6.6)通过状态量化反馈控制是二次可镇定的, 则对同样的 ρ, 在控制(6.24)~(6.26)作用下, 系统(6.6)是二次可镇定的.

为证明定理6.4, 需要如下 3 个引理.

引理 6.4 对量化器(6.4)和任何 $|\Delta| \leqslant \delta$, $\Delta(v)$ 的传递函数不唯一且满足

$$\ln \frac{v}{u_0} = i \ln \rho - \ln(\Delta + 1), \quad i = 0, \pm 1, \pm 2, \cdots \tag{6.37}$$

证明: 由 (6.19) 中的 $\Delta(v)$ 的定义可直接推得. ∎

引理 6.5   设 $f_j(\cdot)$, $j = 1, 2, \cdots, m$ 是一组满足(6.4)的量化器，其参数值 $u_j^{(0)}$ 且量化密度为 $0 < \rho_j < 1$. 设对所有 $1 \leqslant i$, $j \leqslant m$, $i \neq j$, $\dfrac{\ln \rho_i}{\ln \rho_j}$ 是无理数，则给定任何向量对 (v, Δ^0)，其中 $v = (v_1, v_2, \cdots, v_m)^{\mathrm{T}}$, $\Delta^0 = (\Delta_1^0, \Delta_2^0, \cdots, \Delta_m^0)^{\mathrm{T}}$ 且 $v_j \neq 0$ 和 $\left| \Delta_j^0 \right| \leqslant \delta_j$, $j = 1, 2, \cdots, m$, 且给定纯量 $\varepsilon > 0$, 存在一个纯量 $\alpha > 0$ 使得

$$\left| \Delta_j (\alpha v_j) - \Delta_j^0 \right| < \varepsilon, \quad j = 1, 2, \cdots, m \tag{6.38}$$

这里 $\Delta_j(\cdot)$ 如(6.19)和(6.20)所定义，也即，当 α 从 0 变到 ∞, 向量 $[\Delta_1, (\alpha v_1), \cdots, \Delta_m(\alpha v_m)]^{\mathrm{T}}$ 紧覆盖 $[-\delta_1, \delta_1] \oplus \cdots \oplus [-\delta_m, \delta_m]$.

证明：   注意 $\Delta_j(v)$ 关于 $\ln\left(\dfrac{v}{u_j^{(0)}}\right)$ 是周期的且周期为 $\ln \rho_j$. 在每个周期里，$\ln\left(\dfrac{v}{u_j^{(0)}}\right)$ 和 $\Delta_j(v)$ 之间的映射是一对一的. 因此，我们只需证明当 α 变化时，

$$\left[\mathrm{mod}\left(\ln \frac{\alpha v_1}{u_1^{(0)}}, \ln \rho_1 \right), \cdots, \mathrm{mod}\left(\ln \frac{\alpha v_m}{u_m^{(0)}}, \ln \rho_m \right) \right]^{\mathrm{T}}$$

紧覆盖 $\mathcal{B} = [\ 0, \ \ln \rho_1\ ] \oplus \cdots \oplus [\ 0, \ \ln \rho_m\ ]$. 这等价于 $\gamma = [\mathrm{mod}(\ln \alpha, \ln \rho_1), \cdots, \mathrm{mod}(\ln \alpha, \ln \rho_m)]^{\mathrm{T}}$ 紧覆盖 $\mathcal{B}$.

设 $\beta = [\beta_1, \cdots, \beta_m]^{\mathrm{T}} \in \mathcal{B}$. 需要证明可找到 α 使 γ 任意逼近 β. 由于假设 $\dfrac{\ln \rho_i}{\ln \rho_j}$ 是无理数，因此 $f_i(\cdot)$ 和 $f_j(\cdot)$, $i \neq j$, 不存在同样的周期. 若 $m = 1$, 取

$$\ln \alpha = \beta_1 + i_1 \ln \rho_1 \tag{6.39}$$

为一个解，这里 i_1 为任意整数. 若 $m = 2$, 变化 i_1, 取 (6.39) 中的 $\ln \alpha$. 由于 $f_1(\cdot)$ 和 $f_2(\cdot)$ 不存在同样的周期，当整数 i_1 从 $-\infty$ 变到 ∞ 时, $\mathrm{mod}(\ln \alpha, \ln \rho_2)$ 将紧覆盖集 $[0, \ln \rho_2]$. 设 I_1 和 I_2 是 i_1 的无限序列和 i_2 的无限序列，它们使 $\mathrm{mod}(\ln \alpha, \ln \rho_2)$ 对应的集充分逼近 β_2. 对 $m = 3$, 由于 $f_1(\cdot)$, $f_2(\cdot)$, $f_3(\cdot)$ 两两不存在同样的周期时，存在 I_1 的一个子序列 $\hat{I}_1$, 它能够生成 I_2 的一个子序列 $\hat{I}_2$ 和 i_3 的无限序列集 I_3, 使得 $\mathrm{mod}(\ln \alpha, \ln \rho_3)$ 也充分逼近 β_3. 此过程对 $m > 3$ 也成立，因此结论成立. ∎

引理 6.6   设 $f_j(\cdot)$, $j = 1, 2, \cdots, m$, 是满足引理6.5中条件的量化器. 给定常数矩阵 $K \in \mathbb{R}^{m \times n}$, $\Omega_0 = \Omega_0^{\mathrm{T}} \in \mathbb{R}^{n \times n}$ 和一个矩阵函数 $\Omega_1(\cdot) : \mathbb{R}^m \to \mathbb{R}^{n \times m}$, 定义

$$\Omega(\cdot) = \Omega_0 + \Omega_1(\cdot) K + K^{\mathrm{T}} \Omega_1^{\mathrm{T}}(\cdot) \tag{6.40}$$

假设 $\Omega(\cdot)$ 是严格凸的, 则, 若

$$\Omega(\Delta) < 0, \forall |\Delta_j| \leqslant \delta_j, j = 1, 2, \cdots, m \tag{6.41}$$

成立, 有

$$x^{\mathrm{T}} \Omega(\Delta(Kx)x) < 0, \quad \forall x \neq 0, x \in R^n \tag{6.42}$$

反之, 若(6.42)成立, 则

$$\Omega(\Delta) < 0, \forall |\Delta_j| \leqslant \delta_j - \varepsilon, j = 1, 2, \cdots, m \tag{6.43}$$

这里 $\varepsilon > 0$ 为任意正数.

证明: 显然 (6.41) 成立可得到 (6.42) 成立.

假设 (6.42) 成立, 但 (6.41) 不成立. 因此, 存在某 $x_0 \neq 0$ 和 $\Delta^0 = (\Delta_1^0, \cdots, \Delta_m^0)$, 其中 $|\Delta_j^0| \leqslant \delta_j, j = 1, 2, \cdots, m$, 使得

$$x_0^{\mathrm{T}} \Omega(\Delta^0) x_0 \geqslant 0 \tag{6.44}$$

若此 Δ^0 为一个边界点, 即对某 i, $|\Delta_i^0| = \delta_i$, 则 (6.43) 对任何 $\varepsilon > 0$ 成立. 下面我们假设 Δ^0 为一个内点.

可以证明 $Kx_0 \neq 0$. 事实上. 若 $Kx_0 = 0$, 则

$$x_0^{\mathrm{T}} \Omega(\Delta(Kx_0)) x_0 = x_0^{\mathrm{T}} \Omega_0 x_0 = x_0^{\mathrm{T}} \Omega(\Delta^0) x_0 \geqslant 0 \tag{6.45}$$

而由 (6.40) 和 (6.44) 可知, 这与 (6.42) 矛盾. 因此, $Kx_0 \neq 0$.

因为 $\Omega(\cdot)$ 是严格凸的, 则存在 $\Delta^1 = \left(\Delta_1^1, \quad \Delta_2^1, \quad \cdots, \quad \Delta_m^1 \right)$, 其中 $|\Delta_j^1| \leqslant \delta_j - \varepsilon_1, j = 1, 2, \cdots, m, \varepsilon_1 > 0$ 为一充分小数, 使得

$$x_0^{\mathrm{T}} \Omega(\Delta^0) x_0 > 0 \tag{6.46}$$

由于 (6.46) 是关于 x_0 连续的, 变化 x_0 且使得 (6.46) 仍成立, 而且保证 Kx_0 的每个元素是非零的.

利用引理 6.5 可知, $\Delta(\alpha Kx_0)$ 当 α 由 $-\infty$ 变到 ∞ 时紧覆盖 $[-\delta_1, \delta_1] \oplus \cdots \oplus [-\delta_m, \delta_m]$, 因此, 存在 $\alpha \neq 0$ 使

$$x_0^{\mathrm{T}} \Omega(\Delta(\alpha Kx_0)) x_0 > 0$$

定义 $x_1 = \alpha x_0$ 有

$$x_1^{\mathrm{T}} \Omega(\Delta(Kx_1)) x_1 > 0$$

此与 (6.42) 矛盾. 因此, Δ^0 不可能为内点. 则, 由 (6.42) 可得到 (6.43). ■

定理 6.4 的证明：结合引理 6.6 和定理 6.2 和文献 [82], 可证明定理结论.

情形 II 仅量化系统输出信号

结合引理 6.6 和定理 6.3 的证明方法, 可证明如下结论.

定理 6.5 考虑系统(6.6). 给定量化级向量 ρ 和如下辅助系统

$$x(k+1) = Ax(k) + Bu(k)$$
$$y(k) = Cx(k)$$
$$v(k) = (I + \Delta(k)) y(k) \tag{6.47}$$

其中 Δ_j, δ_j 和 ρ_j 的定义和定理6.4中一样, $v(k)$ 是用于反馈的输出量.

(1) 设辅助系统是二次可镇定的, 则在(6.27)~(6.28)作用下, (6.6)是二次可镇定的;

(2) 若在(6.27)~(6.28)作用下, (6.6)是二次可镇定的, 且当 $m > 1$ 时, 对所有 $i \neq j \frac{\ln \rho_i}{\ln \rho_j}$ 是无理数, 则对任意小 $\varepsilon > 0$, 当 $|\Delta_j(k)| \leqslant \delta_j - \varepsilon$ 时, 辅助系统(6.47)是二次可镇定的;

(3) 若对某对角尺度矩阵 $\Gamma > 0$, 下列状态反馈 H_∞ 控制问题有解

$$\left\| \Lambda\Gamma (I - G(z) H(z))^{-1} G(z) H(z) \Gamma^{-1} \right\|_\infty < 1$$

其中 $\Lambda = \mathrm{diag}\{\delta_1, \cdots, \delta_m\}$, 则辅助系统是二次可镇定的.

6.1.3 离散系统的对数量化保成本控制

考虑系统 (6.6), 其中 $B \in \mathbb{R}^{n \times m}$, 采用的控制律为状态量化控制 (6.8). 成本函数选取为

$$J(x(0)) = \sum_{k=0}^{\infty} \left\{ x^{\mathrm{T}}(k) Q x(k) + u^{\mathrm{T}}(k) R u(k) \right\} \tag{6.48}$$

其中 $Q = Q^{\mathrm{T}} \geqslant 0$, $R = R^{\mathrm{T}} > 0$, $x(0)$ 为一白噪声且其方差为

$$\mathbf{E} x(0) x^{\mathrm{T}}(0) = \sigma^2 I, \quad \sigma > 0$$

本节的目的是设计控制 (6.8) 使 (6.48) 在下面意义下取最小

$$\min \mathbf{E} J(x_0)$$

这里 $\mathbf{E}$ 表示期望.

考虑辅助系统 (6.34)~(6.35), 由定理 6.4 中 (1) 知道, (6.34)~(6.35) 二次可镇定, 则 (6.6) 和 (6.8) 也是二次可镇定的. 取 Lyapunov 函数

$$V(x) = x^{\mathrm{T}} P x, \quad P = P^{\mathrm{T}} > 0$$

定义

$$\nabla V\left(x\left(k\right)\right) = V\left(x\left(k+1\right)\right) - V\left(x\left(k\right)\right) \tag{6.49}$$

则 (6.48) 可写成

$$J\left(x\left(0\right)\right) = x^{\mathrm{T}}\left(0\right)Px\left(0\right) + \sum_{k=0}^{\infty}\left\{\nabla V\left(x\left(k\right)\right) + x^{\mathrm{T}}\left(k\right)Qx\left(k\right) + u^{\mathrm{T}}\left(k\right)Ru\left(k\right)\right\}$$

$$= x^{\mathrm{T}}\left(0\right)Px\left(0\right) + \sum_{k=0}^{\infty}x^{\mathrm{T}}\left(k\right)\Omega\left(\Delta\left(Kx\right)\right)x\left(k\right) \tag{6.50}$$

其中

$$\Omega\left(\Delta\right) = \left(A + B\left(I+\Delta\right)K\right)^{\mathrm{T}}P\left(A + B\left(I+\Delta\right)K\right) - P + Q + K^{\mathrm{T}}\left(I+\Delta\right)R\left(I+\Delta\right)K \tag{6.51}$$

当 $\Delta\left(\cdot\right) = 0$ 时, 即无量化情形, K 的最优解是使得 $x^{\mathrm{T}}\left(k\right)\Omega\left(0\right)x\left(k\right) = 0$, $\forall k$, 此时 $J\left(x\left(0\right)\right) = x^{\mathrm{T}}\left(0\right)Px\left(0\right)$, 因此, $J\left(x\left(0\right)\right)$ 的最小值是 $\mathrm{tr}\left(P\right)$ 的最小值. 下面引出保成本控制问题

保成本控制(GCC)问题

对给定的性能界 $\gamma > 0$ 和量化密度向量 $\rho = \left(\rho_1,\ \rho_2,\ \cdots,\ \rho_m\right) > 0$, 求解矩阵 P 和 K 使得

$$\mathrm{tr}\left(P\right) < \gamma \tag{6.52}$$

且

$$\Omega\left(\Delta\right) < 0, \quad \forall \left|\Delta_j\right| \leqslant \delta_j \tag{6.53}$$

这里 ρ_i 和 δ_j 满足关系 (6.5).

定理 6.6 如果存在矩阵 $\tilde{P} = \tilde{P}^{\mathrm{T}}$, $S = S^{\mathrm{T}}$, W, $\tilde{R}$ 和一个对角尺度矩阵 Γ_0 使得下列线性矩阵不等式成立

$$\mathrm{tr}\tilde{P} < \gamma, \quad \begin{bmatrix} -\tilde{P} & I \\ I & -S \end{bmatrix} \leqslant 0 \tag{6.54}$$

$$\begin{bmatrix} -S & * & * & * & * \\ -AS + BW & -S + B\Lambda\Gamma\Lambda B^{\mathrm{T}} & * & * & * \\ W & \Lambda\Gamma\Lambda B^{\mathrm{T}} & -\tilde{R} & * & * \\ W & 0 & 0 & -\Gamma & * \\ Q^{1/2}S & 0 & 0 & 0 & -I \end{bmatrix} < 0 \tag{6.55}$$

这里 $\Lambda = \mathrm{diag}\left\{\delta_1,\cdots,\delta_m\right\}$, $\tilde{R} = R^{-1} - \Lambda\Gamma\Lambda$, 则GCC问题(6.52)~(6.53)有解, 且

$$P = S^{-1}, \quad K = WP \tag{6.56}$$

证明: (6.53) 成立当且仅当

$$\begin{bmatrix} -P+Q & * & * \\ A+B\left(I+\Delta\right)K & P^{-1} & * \\ \left(I+\Delta\right)K & 0 & -R^{-1} \end{bmatrix} < 0 \tag{6.57}$$

定义 $S = P^{-1}$, $W = KS$, 且对上式左右分别乘 $\mathrm{diag}\left(\begin{array}{ccc} S, & 0, & 0 \end{array}\right)$ 得

$$\begin{bmatrix} -S+SQS & * & * \\ -AS+B\left(I+\Delta\right)W & -S & * \\ \left(I+\Delta\right)W & 0 & -R^{-1} \end{bmatrix} < 0 \tag{6.58}$$

(6.58) 等价于

$$\begin{bmatrix} -S+SQS & * & * \\ -AS+BW & -S & * \\ W & 0 & -R^{-1} \end{bmatrix} + \begin{bmatrix} 0 \\ B \\ I \end{bmatrix} \Delta \begin{bmatrix} W, & 0, & 0 \end{bmatrix} + \begin{bmatrix} W^{\mathrm{T}} \\ 0 \\ 0 \end{bmatrix} \Delta \begin{bmatrix} 0, & B^{\mathrm{T}}, & I \end{bmatrix} < 0 \tag{6.59}$$

而 (6.59) 成立的一个充分条件为

$$\begin{bmatrix} -S+SQS & * & * \\ -AS+BW & -S & * \\ W & 0 & -R^{-1} \end{bmatrix} + \begin{bmatrix} 0 \\ B\Lambda \\ \Lambda \end{bmatrix} \Gamma \begin{bmatrix} 0, & \Lambda B^{\mathrm{T}}, & \Lambda \end{bmatrix} + \begin{bmatrix} W^{\mathrm{T}} \\ 0 \\ 0 \end{bmatrix} \Gamma^{-1} \begin{bmatrix} W, & 0, & 0 \end{bmatrix} < 0 \tag{6.60}$$

利用 Schur 补可证 (6.60) 与 (6.55) 等价. ∎

注 6.3 *若 $\delta_j = \delta$, $j = 1, 2, \cdots, m$, 且取 $\Gamma = \varepsilon I$ (I 是单位矩阵), 由文献[83]中引理2.4知(6.59)与(6.60)是等价的, 因此, 定理6.6中条件是充分必要的. 特别地, 对单输入系统, 定理 6.6中条件是充分必要的.*

6.1.4　离散系统的对数量化 H_∞ 控制

本节介绍状态量化 H_∞ 控制设计方法. 考虑如下系统

$$x\left(k+1\right) = Ax\left(k\right) + Bu\left(k\right) + B_1\varpi\left(k\right) \tag{6.61}$$

$$z\left(k\right) = Cx\left(k\right) + Du\left(k\right) + D_1\varpi\left(k\right) \tag{6.62}$$

这里 $x \in \mathbb{R}^n$、$u \in \mathbb{R}^m$、$\varpi \in \mathbb{R}^q$ 和 $z \in \mathbb{R}^l$ 分别表示状态向量、控制输入、扰动和控制输出. 我们的目的是, 给定一个量化级向量 ρ 和 H_∞ 性能界 $\gamma > 0$, 设计反馈增益 K 使得在控制 (6.8) 作用下, 系统 (6.61)~(6.62) 满足

(1) 当 $\varpi(k) = 0$, 系统 (6.61) 和 (6.8) 是渐近稳定的;

(2) 在零初始条件下, 对任何 $\varpi(k) \in \mathcal{L}^2 = \left\{ \alpha(k) \mid \sum_{k=1}^{\infty} \|\alpha(k)\|^2 < \infty \right\}$ 有 $\|z(k)\|_2 \leqslant \gamma \|\varpi(k)\|_2$;

此时, (6.8) 为一个量化 H_∞ 控制.

在反馈 (6.8) 下, (6.61)~(6.62) 的闭环系统为

$$x(k+1) = [A + B(I + \Delta(v))K] x(k) + B_1 \varpi(k) \tag{6.63}$$

$$z(k) = [C + D(I + \Delta(v))K] x(k) + D_1 \varpi(k) \tag{6.64}$$

量化 H_∞ 性能控制(QHPC)问题

求解矩阵 $P = P^{\mathrm{T}} > 0$ 和 K 使得

$$x^{\mathrm{T}} \Pi(\Delta(Kx)) x < 0, \quad \forall x \neq 0 \tag{6.65}$$

其中

$$\Pi(\Delta) = A_\Delta^{\mathrm{T}} P A_\Delta - P + \gamma^{-2} \left(A_\Delta^{\mathrm{T}} P B_1 + C_\Delta^{\mathrm{T}} D_1 \right) \left[I - \gamma^{-2} \left(D_1^{\mathrm{T}} D_1 + B_1^{\mathrm{T}} P B_1 \right) \right]^{-1}$$
$$\times \left(B_1^{\mathrm{T}} P A_\Delta + D_1^{\mathrm{T}} C_\Delta \right) + C_\Delta^{\mathrm{T}} C_\Delta \tag{6.66}$$

$$A_\Delta = A + B(I + \Delta)K, \quad C_\Delta = C + D(I + \Delta)K \tag{6.67}$$

$$\text{且} \gamma^2 I > D_1^{\mathrm{T}} D_1 + B_1^{\mathrm{T}} P B_1 \tag{6.68}$$

注 6.4 若(6.8)中的 K 是QHPC的一个解, 则(6.8)是一个量化 H_∞ 控制.

定理 6.7 考虑系统(6.61)~(6.62)和(6.8), 给定量化级向量 ρ 和 H_∞ 性能界 γ, 有

(1) 若存在 $P = P^{\mathrm{T}} > 0$ 和 K 使(6.65)成立, 则(6.8)是一个量化 H_∞ 控制;

(2) 若 $\Pi(\Delta) < 0$ 对所有满足 $|\Delta_j| \leqslant \delta_j$ 的 $\Delta = (\Delta_1, \Delta_2, \cdots, \Delta_m)$ 成立, 则(6.65)成立. 若(6.65)成立, 对满足 $|\Delta_j| \leqslant \delta_j - \varepsilon$ 的 $\Delta = (\Delta_1, \Delta_2, \cdots, \Delta_m)$ 有 $\Pi(\Delta) < 0$, 这里 ε 为任意小的正数;

(3) 若 $\gamma^2 I > D_1^{\mathrm{T}} D_1$ 且存在 $S = S^{\mathrm{T}}$, W 和对角尺度矩阵 Γ 使得下LMI成立

$$\begin{bmatrix} -S & * & * & * \\ \bar{A}S + \bar{B}W & -S_1 & * & * \\ C + DW & D\Gamma\Lambda^2 \bar{B}^{\mathrm{T}} & -\gamma \bar{R}_1^{-1} + D\Gamma\Lambda^2 D^{\mathrm{T}} & * \\ W & 0 & 0 & -\Gamma \end{bmatrix} < 0 \tag{6.69}$$

其中

$$S_1 = S - \gamma^{-1}\bar{B}_1\bar{B}_1^{\mathrm{T}} - \bar{B}\Gamma\Lambda^2\bar{B}^{\mathrm{T}}$$

$$\bar{A} = A + \gamma^{-2}\bar{B}_1\bar{D}_1^{\mathrm{T}}C$$

$$\bar{B} = B + \gamma^{-2}\bar{B}_1\bar{D}_1^{\mathrm{T}}D$$

$$\bar{B}_1 = B_1\left(I - \gamma^{-2}D_1^{\mathrm{T}}D_1\right)^{-\frac{1}{2}}$$

$$\bar{D}_1 = D_1\left(I - \gamma^{-2}D_1^{\mathrm{T}}D_1\right)^{-\frac{1}{2}}$$

$$\bar{R}_1 = I + \gamma^{-2}\bar{D}_1\bar{D}_1^{\mathrm{T}}$$

则存在 P 和 K 使得 $\Pi(\Delta) < 0$ 成立, 这里 $|\Delta_j| \leqslant \delta_j$, $P = \gamma^{-1}S^{-1}$ 且 $K = WS^{-1}$. 若 $\delta_j = \delta$, $j = 1, 2, \cdots, m$, $\Gamma = \varepsilon I$(I 为单位矩阵), 则上述条件是充分必要的.

证明: (1) 是显然的. (2) 的证明可利用定理 6.4 的方法完成. 下面证明 (3).

(6.66) 可写成

$$\hat{A}_\Delta^{\mathrm{T}}P\hat{A}_\Delta - P + C_\Delta^{\mathrm{T}}\bar{R}_1C_\Delta + \gamma^{-2}\hat{A}_\Delta^{\mathrm{T}}PB_1\left[I - \gamma^{-2}\left(D_1^{\mathrm{T}}D_1 + B_1^{\mathrm{T}}PB_1\right)\right]^{-1}B_1^{\mathrm{T}}P\hat{A}_\Delta < 0 \tag{6.70}$$

其中 $\hat{A}_\Delta = \bar{A} + \bar{B}(I + \Delta)K$. (6.70) 又可写成

$$\hat{A}_\Delta^{\mathrm{T}}\left(P^{-1} - \gamma^{-1}\bar{B}_1\bar{B}_1^{\mathrm{T}}\right)^{-1}\hat{A}_\Delta - P + C_\Delta^{\mathrm{T}}\bar{R}_1C_\Delta < 0 \tag{6.71}$$

设 $S = \gamma P^{-1}$ 且利用 Schur 补知 (6.71) 等价于

$$\begin{bmatrix} S^{-1} & * & * \\ \bar{A} + \bar{B}K & -S + \gamma^{-1}\bar{B}_1\bar{B}_1^{\mathrm{T}} & * \\ C + DK & 0 & -\gamma^{-1}\bar{R}_1^{-1} \end{bmatrix} + \begin{bmatrix} 0 \\ \bar{B} \\ D \end{bmatrix}\Delta\begin{bmatrix} K, & 0, & 0 \end{bmatrix}$$

$$+ \begin{bmatrix} K^{\mathrm{T}} \\ 0 \\ 0 \end{bmatrix}\Delta^{\mathrm{T}}\begin{bmatrix} 0, & \bar{B}^{\mathrm{T}}, & D^{\mathrm{T}} \end{bmatrix} < 0 \tag{6.72}$$

容易证明, (6.72) 成立的一个充分条件为

$$\begin{bmatrix} -S^{-1} & * & * & * \\ \bar{A} + \bar{B}K & -S_1 & * & * \\ C + DK & D\Gamma\Lambda^2\bar{B}^{\mathrm{T}} & -\gamma\bar{R}_1^{-1} + D\Gamma\Lambda^2D^{\mathrm{T}} & * \\ K & 0 & 0 & -\Gamma \end{bmatrix} < 0 \tag{6.73}$$

对 (6.73) 左右分别乘 diag(S, I, I, I) 得 (6.69). 因为当 $\delta_j = \delta$ 且 $\Gamma = \varepsilon I$ 时, (6.72) 和 (6.73) 是等价的, 证毕. ∎

6.1.5 广义时滞系统的对数量化保成本控制

考虑如下由广义时滞微分方程描述的被控对象

$$E\dot{x}(t) = (A + \Delta A(t))x(t) + (A_\tau + \Delta A_\tau(t))x(t - \tau(t))$$
$$+ Bu(t) + B_h u(t - h(t)) \tag{6.74}$$
$$x(t) = \varphi(t), u(t) = \phi(t), \quad t \in [-\tau', 0], \quad \tau' = \max\{\tau, h\}$$

其中 $x(t) \in \mathbb{R}^n$ 和 $u(t) \in \mathbb{R}^m$ 分别表示状态量和控制输入. E, A, A_τ, B_h 为适当维数的常数矩阵. $\Delta A(t)$ 和 $\Delta A_\tau(t)$ 表示参数不确定性, 满足

$$\begin{bmatrix} \Delta A(t), & \Delta A_\tau(t) \end{bmatrix} = DF(t) \begin{bmatrix} E_a, & E_b \end{bmatrix} \tag{6.75}$$

这里 D, E_a 和 E_b 为已知矩阵, $F(t)$ 为不确定时变矩阵, 且 $\|F(t)\| \leqslant 1$. $\tau(t)$ 和 $h(t)$ 表示时变时滞且满足

$$0 \leqslant \tau(t) \leqslant \tau, \dot{\tau}(t) \leqslant d_\tau < 1$$
$$0 \leqslant h(t) \leqslant h, \dot{h}(t) \leqslant d_h < 1 \tag{6.76}$$

$\varphi(t)$, $\phi(t) \in \mathbf{C}_0$ 为初始条件函数. 本节中假设 $\mathrm{rank}(E) = q \leqslant n$.

选取成本函数为

$$J = \int_0^\infty \left[x^{\mathrm{T}}(t)Rx(t) + u^{\mathrm{T}}(t)Qu(t) \right] \mathrm{d}t \tag{6.77}$$

这里 $R > 0$, $Q > 0$.

本节我们选取的控制器为线性状态反馈控制器, 即

$$u(t) = Kx(t) \tag{6.78}$$

在整个控制系统中, 传感信号和控制信号均是通过一个公共的数字通信网络进行的. 考虑到信道传输能力的有限性, 在传感器到控制器以及控制器到驱动器之间设置了量化器, 结构如图 6.2 所示.

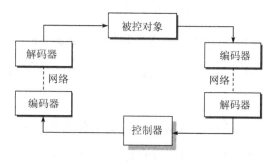

图 6.2 控制系统结构

此时, 到达驱动器的控制信号可以描述为

$$u(t) = f(v(t)) \tag{6.79}$$

$$v(t) = Kg(x(t)) \tag{6.80}$$

这里, $f(\cdot)$ 和 $g(\cdot)$ 是两个量化器, 定义为

$$f(v) = \begin{bmatrix} f_1(v_1), & f_2(v_2), & \cdots, & f_m(v_m) \end{bmatrix}^{\mathrm{T}} \tag{6.81}$$

$$g(x) = \begin{bmatrix} g_1(x_1), & g_2(x_2), & \cdots, & g_n(x_n) \end{bmatrix}^{\mathrm{T}} \tag{6.82}$$

其中 $f_i(\cdot)$ 和 $g_j(\cdot)\,(i = 1, 2, \cdots, m; j = 1, 2, \cdots, n)$ 为对称的, 即 $f_i(-v_i) = -f_i(v_i)$ 和 $g_j(-x_j) = -g_j(x_j)$. 本节选取 $f_i(\cdot)$ 和 $g_i(\cdot)$ 为对数量化器, 因此根据 6.1 节中讨论可知, $f_i(\cdot)$ 和 $g_i(\cdot)$ 可以用如下扇形界方式描述

$$f_i(v_i) = (1 + \Delta_{f_i}(v_i))\,v_i \tag{6.83}$$

$$g_j(x_j) = (1 + \Delta_{g_j}(x_j))\,x_j \tag{6.84}$$

这里 $|\Delta_{f_i}(v_i)| \leqslant \delta_{f_i}$, $|\Delta_{g_j}(x_j)| \leqslant \delta_{g_j}$. 为简单起见, 以后分别用 Δ_{f_i} 和 Δ_{g_j} 表示 $\Delta_{f_i}(v_i)$ 和 $\Delta_{g_j}(x_j)$.

定义

$$\Delta_f = \mathrm{diag}\left\{ \Delta_{f_1}, \quad \Delta_{f_2}, \quad \cdots, \quad \Delta_{f_m} \right\} \tag{6.85}$$

$$\Delta_g = \mathrm{diag}\left\{ \Delta_{g_1}, \quad \Delta_{g_2}, \quad \cdots, \quad \Delta_{g_n} \right\} \tag{6.86}$$

则 $f(\cdot)$ 和 $g(\cdot)$ 可表示为

$$f(v) = (I + \Delta_f)\,v \tag{6.87}$$

$$g(x) = (I + \Delta_g)\,x \tag{6.88}$$

结合(6.79)~(6.80)和(6.87)~(6.88), 到达驱动器的控制量可表示为

$$u(t) = (I + \Delta_f)\,K\,(I + \Delta_g)\,x(t) \triangleq (K + \Delta(K))\,x(t) \tag{6.89}$$

其中

$$\Delta(K) = \Delta_f K + K\Delta_g + \Delta_f K\Delta_g \tag{6.90}$$

定义 $\delta_i = \Delta_{f_i}$, $\delta_{ij} = \Delta_{g_j}(1 + \Delta_{f_i})$, $\quad i = 1, 2, \cdots, m; \quad j = 1, 2, \cdots, n$, 和

$$\Phi = \mathrm{diag}\left\{ \delta_1, \quad \delta_2, \quad \cdots, \quad \delta_m \right\} \tag{6.91}$$

则 $\Delta(K)$ 可表示为

$$\Delta(K) = \Phi K + \sum_{i=1}^{m}\sum_{j=1}^{n}\delta_{ij}\,G_i K H_j \tag{6.92}$$

这里

$$G_i = \begin{matrix} & & i & & \\ \begin{bmatrix} 0 & \cdots & 0 & \cdots & 0 \\ \vdots & & & & \vdots \\ 0 & \cdots & 1 & \cdots & 0 \\ \vdots & & & & \vdots \\ 0 & \cdots & 0 & \cdots & 0 \end{bmatrix} & \begin{matrix} \\ \\ i \\ \\ \\ \end{matrix} \end{matrix}_{m\times n}$$

$$H_j = \begin{bmatrix} 0 & \cdots & 0 & \cdots & 0 \\ \vdots & & & & \vdots \\ 0 & \cdots & 1 & \cdots & 0 \\ \vdots & & & & \vdots \\ 0 & \cdots & 0 & \cdots & 0 \end{bmatrix}_{n\times m} \begin{matrix} \\ \\ j \\ \\ \\ \end{matrix}$$

注 6.5 当不考虑量化的影响时, $\Delta K = 0$. 此时(6.89)成为(6.78). 当仅考虑状态量化时, $\Delta K = K\Delta_g$. 类似, 当仅考虑控制量化时, $\Delta K = \Delta_f K$.

结合 (6.74) 和 (6.89) 可得到闭环系统

$$E\dot{x}(t) = [A + \Delta A(t) + B(K + \Delta(K))]\,x(t) + (A_\tau + \Delta A_\tau(t))\,x(t-\tau(t))$$
$$+ B_h(K + \Delta(K))\,x(t-h(t)) \tag{6.93}$$

成本函数为

$$J = \int_0^\infty \left[x^{\mathrm{T}}(t)\,Rx(t) + x^{\mathrm{T}}(t)\,(K+\Delta(K))^{\mathrm{T}}\,Q\,(K+\Delta(K))\,x(t)\right]\mathrm{d}t \tag{6.94}$$

令

$$\bar{A}(t) = A + \Delta A(t) + B(K + \Delta(K))$$
$$\bar{A}_\tau(t) = A_\tau + \Delta A_\tau(t)$$
$$\bar{A}_h(t) = B_h(K + \Delta K)$$

(6.93) 可写成

$$E\dot{x}(t) = \bar{A}(t)\,x(t) + \bar{A}_\tau(t)\,x(t-\tau(t)) + \bar{A}_h(t)\,x(t-h(t)) \tag{6.95}$$

定义 6.4　若 $(E, A + \Delta A(t))$ 是正则的且无脉冲的, 则称系统(6.74)(当 $u(t) = 0$) 是正则的且无脉冲的.

定义 6.5　系统 (6.74) (当 $u(t) = 0$)称为指数稳定的, 若存在常数 $\alpha > 0$ 和 $\beta > 0$ 使得对所有允许的 $\Delta A(t)$ 和 $\Delta A_\tau(t)$ 有

$$\|x(t)\| \leqslant \alpha \mathrm{e}^{-\beta t}$$

本节将设计矩阵 K, 在考虑量化影响时, 保证闭环系统是正则、无脉冲且指数稳定的, 并满足所期望的性能需求.

定义 6.6　(6.79)~(6.80)称为量化保成本控制(QGCC), 如果在此控制作用下, 闭环系统(6.93)对所有允许的 $\Delta A(t)$ 和 $\Delta A_\tau(t)$ 是正则、无脉冲且指数稳定的, 并且存在 J^* 使得 $J \leqslant J^*$

引理 6.7　以下结论成立

(1) 对任何向量 x, y 和矩阵 $P > 0$ 有

$$2x^\mathrm{T} y \leqslant x^\mathrm{T} P^{-1} x + y^\mathrm{T} P y$$

(2) 设 A, D, E 和 F 是适当维数的矩阵且 $\|F\| \leqslant 1$, 则有

a) 对任何纯量 $\varepsilon > 0$, 有

$$DFE + E^\mathrm{T} F^\mathrm{T} D^\mathrm{T} \leqslant \varepsilon DD^\mathrm{T} + \varepsilon E^\mathrm{T} E$$

b) 对任何矩阵 $P > 0$ 和纯量 ε 使得 $\varepsilon I - EPE^\mathrm{T} > 0$, 有

$$(A + DFE) P (A + DFE)^\mathrm{T} \leqslant APA^\mathrm{T} + APE^\mathrm{T} \left(\varepsilon I - EPE^\mathrm{T}\right)^{-1} EPA^\mathrm{T} + \varepsilon DD^\mathrm{T}$$

引理 6.8　设分段连续实方矩阵 $A(t)$, X 和 $Q > 0$ 满足关系

$$A^\mathrm{T}(t) X + X^\mathrm{T} A(t) + Q < 0, \quad \forall t \in \mathbb{R}_{>0} \tag{6.96}$$

则有

(1) $A(t)$ 和 X 是可逆的;

(2) $\|A^{-1}(t)\| \leqslant \delta$, $\delta > 0$ 为某常数.

证明: 由于 $Q > 0$, 存在标量 $\alpha > 0$ 使得 $Q \geqslant \alpha I$. 由 (6.96) 可以得到下式

$$A^\mathrm{T}(t) X + X^\mathrm{T} A(t) + \alpha I < 0 \tag{6.97}$$

结合文献 [84], 可以得到

$$\mathrm{Re}\, \lambda(N) \leqslant \frac{1}{2} \lambda_{\max}\left(N + N^\mathrm{T}\right)$$

其中 N 是一个实数矩阵，我们能从 (6.97) 得到

$$\mathrm{Re}\lambda(A^{\mathrm{T}}(t)X) < -\frac{\alpha}{2}$$

因此，$A^{\mathrm{T}}(t)$ 对 t 是可逆的. 相应的，$A^{\mathrm{T}}(t)$ 和 X 对所有的 t 也是可逆的. 类似于文献 [85] 中引理 2.2 的证明，很容易证明 $\|A^{-1}(t)\| \leqslant \delta$ 对某常数 $\delta > 0$ 成立. ∎

引理 6.9 假设正函数 $f(t)$ 满足

$$f(t) \leqslant \zeta_1 \sup_{t-\tau \leqslant s \leqslant t} f(s) + \zeta_2 \mathrm{e}^{-\varepsilon t} \tag{6.98}$$

其中 $\varepsilon > 0$，$\zeta_1 < 1$，$\zeta_2 > 0$ 且 $\tau > 0$，则可知 $f(t)$ 满足

$$f(t) \leqslant \sup_{-\tau \leqslant s \leqslant 0} f(s) \mathrm{e}^{-\zeta_0 t} + \frac{\zeta_2 \mathrm{e}^{-\zeta_0 t}}{1 - \zeta_1 \mathrm{e}^{-\zeta_0 \tau}}, \quad t \geqslant 0 \tag{6.99}$$

这里 $\zeta_0 = \min\{\varepsilon, \zeta\}$，$0 < \zeta < \dfrac{1}{\tau}\ln\zeta_1$.

证明：从 (6.98) 我们知道

$$f(t) \leqslant \zeta_1 \sup_{t-\tau \leqslant s \leqslant t} f(s) + \zeta_2 \mathrm{e}^{-\zeta_0 t}, \quad t \geqslant 0 \tag{6.100}$$

接下来，我们首先证明对 $\varepsilon_0 > 0$，

$$f(t) < \sup_{-\tau \leqslant s \leqslant 0} f(s) \mathrm{e}^{-\zeta_0 t} + \frac{\zeta_2 \mathrm{e}^{-\zeta_0 t}}{1 - \zeta_1 \mathrm{e}^{\zeta_0 \tau}} + \varepsilon_0, \quad t \geqslant 0 \tag{6.101}$$

注意到

$$f(0) \leqslant \zeta_1 \sup_{-\tau \leqslant s \leqslant 0} f(s) + \zeta_2 < \sup_{-\tau \leqslant s \leqslant 0} f(s) + \frac{\zeta_2}{1 - \zeta_1 \mathrm{e}^{\zeta_0 \tau}} + \varepsilon_0$$

如果 (6.101) 不成立，那么 $\bar{t}$ 存在使得

$$f(\bar{t}) = \sup_{-\tau \leqslant s \leqslant 0} f(s) \mathrm{e}^{-\zeta_0 \bar{t}} + \frac{\zeta_2 \mathrm{e}^{-\zeta_0 \bar{t}}}{1 - \zeta_1 \mathrm{e}^{\zeta_0 \tau}} + \varepsilon_0 \tag{6.102}$$

并且

$$f(t) < \sup_{-\tau \leqslant s \leqslant 0} f(s) \mathrm{e}^{-\zeta_0 t} + \frac{\zeta_2 \mathrm{e}^{-\zeta_0 t}}{1 - \zeta_1 \mathrm{e}^{\zeta_0 \tau}} + \varepsilon_0, \quad t < \bar{t}. \tag{6.103}$$

实际上，对 $t \in [-\tau, 0]$，我们有

$$f(t) \leqslant \sup_{-\tau \leqslant s \leqslant 0} f(s) < \sup_{-\tau \leqslant s \leqslant 0} f(s) \mathrm{e}^{-\zeta_0 t} + \frac{\zeta_2 \mathrm{e}^{-\zeta_0 t}}{1 - \zeta_1 \mathrm{e}^{\zeta_0 \tau}} + \varepsilon_0$$

然而, 对所有的 $t \in [-\tau, \bar{t}]$, (6.103) 成立. 从 (6.100)～(6.103), 可知

$$
\begin{aligned}
f(\bar{t}) &\leqslant \zeta_1 \sup_{\bar{t}-\tau \leqslant s \leqslant \bar{t}} f(s) + \zeta_2 e^{-\zeta_0 \bar{t}} \\
&\leqslant \zeta_1 e^{\zeta_0 \tau} \sup_{-\tau \leqslant s \leqslant 0} f(s) e^{-\zeta_0 \bar{t}} + \frac{\zeta_1 e_2^{\zeta_0 \tau} \zeta_2 e^{-\zeta_0 \bar{t}}}{1 - \zeta_1 e^{\zeta_0 \tau}} + \zeta_1 \varepsilon_0 + \zeta_2 e^{-\zeta_0 \bar{t}} \\
&< \sup_{-\tau \leqslant s \leqslant 0} f(s) e^{-\zeta_0 \bar{t}} + \frac{\zeta_2 e^{-\zeta_0 \bar{t}}}{1 - \zeta_1 e^{\zeta_0 \tau}} + \varepsilon_0
\end{aligned}
$$

这与 (6.102) 相矛盾. 在 (6.101) 中, 通过令 $\varepsilon_0 \to 0$, 我们得到 (6.99).　∎

　　定理 6.8　考虑具有成本函数(6.77)的广义系统(6.74). 对给定的常数 $0 < a < 1$, 如果存在矩阵 $X > 0$, $S > 0$ 使得下面两式成立

$$
EX^{\mathrm{T}} = XE^{\mathrm{T}} \geqslant 0 \tag{6.104}
$$

$$
\begin{bmatrix}
X\bar{A}^{\mathrm{T}}(t) + \bar{A}(t)X^{\mathrm{T}} & \bar{A}_\tau(t)S & \bar{A}_h S & X & X & X(K+\Delta(K))^{\mathrm{T}} \\
S\bar{A}_\tau^{\mathrm{T}}(t) & -a(1-d_\tau)S & 0 & 0 & 0 & 0 \\
S\bar{A}_h^{\mathrm{T}} & 0 & -(1-a)(1-d_h)S & 0 & 0 & 0 \\
X^{\mathrm{T}} & 0 & 0 & -S & 0 & 0 \\
X^{\mathrm{T}} & 0 & 0 & 0 & -R^{-1} & 0 \\
(K+\Delta K)X^{\mathrm{T}} & 0 & 0 & 0 & 0 & -Q^{-1}
\end{bmatrix} < 0 \tag{6.105}
$$

则状态控制器(6.79)～(6.80) 为一个QGCC并且成本函数 J 的上界 J^* 由下式给出

$$
J^* = \varphi^{\mathrm{T}}(0)X^{-1}E\varphi(0) + a\int_{-\tau}^0 \varphi^{\mathrm{T}}(s)S^{-1}\varphi(s)\mathrm{d}s + (1-a)\int_{-h}^0 \varphi^{\mathrm{T}}(s)S^{-1}\varphi(s)\mathrm{d}s \tag{6.106}
$$

　　证明: 由式 (6.105), 利用引理 6.8, 我们可以看到矩阵变量 X 是可逆的. 构造如下 Lyapunov 函数

$$
V(t) = x^{\mathrm{T}}(t)X^{-1}Ex(t) + a\int_{t-\tau(t)}^t x^{\mathrm{T}}(s)S^{-1}x(s)\mathrm{d}s + (1-a)\int_{t-h(t)}^t x^{\mathrm{T}}(s)S^{-1}x(s)\mathrm{d}s \tag{6.107}
$$

$V(t)$ 对时间 t 的导数为

$$
\begin{aligned}
\dot{V}(t) = {} & 2x^{\mathrm{T}}(t)X^{-1}\bar{A}(t)x(t) + 2x^{\mathrm{T}}(t)X^{-1}\bar{A}_\tau(t)x(t-\tau(t)) \\
& + 2x^{\mathrm{T}}(t)X^{-1}\bar{A}_h x(t-h(t)) + x^{\mathrm{T}}(t)S^{-1}x(t) \\
& - a(1-\dot{\tau}(t))x^{\mathrm{T}}(t-\tau(t))S^{-1}x(t-\tau(t)) \\
& - (1-a)(1-\dot{h}(t))x^{\mathrm{T}}(t-h(t))S^{-1}x(t-h(t)) \\
\leqslant {} & \begin{bmatrix} x^{\mathrm{T}}(t) & x^{\mathrm{T}}(t-\tau(t)) & x^{\mathrm{T}}(t-h(t)) \end{bmatrix} U \begin{bmatrix} x(t) \\ x(t-\tau(t)) \\ x(t-h(t)) \end{bmatrix}
\end{aligned} \tag{6.108}
$$

其中

$$
U = \begin{bmatrix}
\bar{A}^{\mathrm{T}}(t)X^{-\mathrm{T}} + X^{-1}\bar{A}(t) + S^{-1} & * & * \\
\bar{A}_\tau^{\mathrm{T}}(t)X^{-\mathrm{T}} & -a(1-d_\tau)S^{-1} & * \\
\bar{A}_h^{\mathrm{T}}X^{-\mathrm{T}} & 0 & -(1-a)(1-d_h)S^{-1}
\end{bmatrix}
$$

并且 $*$ 代表矩阵的对称部分.

定义

$$
\begin{aligned}
U' & = \operatorname{diag}(X,\ S,\ S)\, U \operatorname{diag}(X^{\mathrm{T}},\ S,\ S) \\
& = \begin{bmatrix}
X\bar{A}^{\mathrm{T}}(t) + \bar{A}(t)X^{\mathrm{T}} + XS^{-1}X^{\mathrm{T}} & * & * \\
S\bar{A}_\tau^{\mathrm{T}}(t) & -a(1-d_\tau)S & * \\
S\bar{A}_h^{\mathrm{T}} & 0 & -(1-a)(1-d_h)S
\end{bmatrix}
\end{aligned} \tag{6.109}
$$

从 (6.105) 并且使用 Schur 引理, 我们可以得到

$$
U' < -\operatorname{diag}\left(XRX^{\mathrm{T}},\ 0,\ 0 \right)
$$

然而,

$$
U < -\operatorname{diag}\left(R,\ 0,\ 0 \right) \tag{6.110}
$$

由 (6.108), 我们可得到

$$
\dot{V}(t) \leqslant -\lambda x^{\mathrm{T}}(t)x(t) \tag{6.111}
$$

其中 $\lambda = \lambda_{\min}(R)$. 定义一个新的函数

$$
W(t) = \mathrm{e}^{\varepsilon t}V(t) \tag{6.112}
$$

对 $W(t)$ 求导得到

$$
\begin{aligned}
\dot{W}(t) & = \varepsilon \mathrm{e}^{\varepsilon t}V(t) + \mathrm{e}^{\varepsilon t}\dot{V}(t) \\
& \leqslant \varepsilon \mathrm{e}^{\varepsilon t}V(t) - \lambda \mathrm{e}^{\varepsilon t}\|x(t)\|^2
\end{aligned} \tag{6.113}
$$

对式 (6.113) 从 0 到 t 积分, 用跟文献 [86] 相似的方法, 可以证明存在 $\beta > 0$ 使得

$$V(t) \leqslant \beta e^{-\varepsilon t}, \quad t \geqslant 0 \tag{6.114}$$

由于 $\mathrm{rank}(E) = q \leqslant n$, 因此存在非奇异矩阵 M 和 N 使得下式成立

$$\bar{E} = MEN = \begin{bmatrix} I_q & 0 \\ 0 & 0 \end{bmatrix}$$

定义

$$\widetilde{A}(t) = M\bar{A}(t)N = \begin{bmatrix} A_{11}(t) & A_{12}(t) \\ A_{21}(t) & A_{22}(t) \end{bmatrix}, \widetilde{A}_\tau(t) = M\bar{A}_\tau(t)N = \begin{bmatrix} A_{\tau 11}(t) & A_{\tau 12}(t) \\ A_{\tau 21}(t) & A_{\tau 22}(t) \end{bmatrix}$$

$$\widetilde{A}_h = M\bar{A}_h N = \begin{bmatrix} A_{h11} & A_{h12} \\ A_{h21} & A_{h22} \end{bmatrix}$$

那么利用状态变换 $y(t) = N^{-1}x(t)$, 系统 (6.95) 可以转化为

$$\dot{y}_1(t) = A_{11}(t)y_1(t) + A_{12}(t)y_2(t) + A_{\tau 11}(t)y_1(t - \tau(t))$$
$$+ A_{\tau 12}(t)y_2(t - \tau(t)) + A_{h11}y_1(t - h(t)) + A_{h12}y_2(t - h(t)) \tag{6.115}$$

$$0 = A_{21}(t)y_1(t) + A_{22}(t)y_2(t) + A_{\tau 21}(t)y_1(t - \tau(t))$$
$$+ A_{\tau 22}(t)y_2(t - \tau(t)) + A_{h21}y_1(t - h(t)) + A_{h22}y_2(t - h(t)) \tag{6.116}$$

很容易看出从式 (6.104) 和 (6.105) 可以得到下面结果

$$X^{-1}E = E^{\mathrm{T}}X^{-\mathrm{T}} \geqslant 0 \tag{6.117}$$

$$\begin{bmatrix} \bar{A}^{\mathrm{T}}(t)X^{-\mathrm{T}} + X^{-1}\bar{A}(t) + \bar{S} + R & * & * \\ \bar{A}_\tau^{\mathrm{T}}(t)X^{-\mathrm{T}} & -a(1 - d_\tau)\bar{S} & * \\ \bar{A}_h^{\mathrm{T}}X^{-\mathrm{T}} & 0 & -(1 - a)(1 - d_h)\bar{S} \end{bmatrix} < 0 \tag{6.118}$$

其中 $\bar{S} = S^{-1}$. 进而, 我们可以证明矩阵 $\bar{E}$, $\widetilde{A}(t)$, $\widetilde{A}_\tau(t)$, $\widetilde{A}_h$ 满足下列关系

$$P\bar{E} = \bar{E}^{\mathrm{T}}P \geqslant 0 \tag{6.119}$$

$$\begin{bmatrix} \tilde{A}^{\mathrm{T}}(t)P^{\mathrm{T}} + P\tilde{A}(t) + \tilde{S} + \tilde{R} & * & * \\ \tilde{A}_\tau^{\mathrm{T}}(t)P^{\mathrm{T}} & -a(1 - d_\tau)\tilde{S} & * \\ \tilde{A}_h^{\mathrm{T}}P^{\mathrm{T}} & 0 & -(1 - a)(1 - d_h)\tilde{S} \end{bmatrix} < 0 \tag{6.120}$$

其中 $P = N^{\mathrm{T}} X^{-1} M^{-1}$，$\tilde{S} = N^{\mathrm{T}} \bar{S} N$，$\tilde{R} = N^{\mathrm{T}} R N$. 显然，矩阵 P 具有下列形式

$$P = \begin{bmatrix} P_1 & P_0 \\ 0 & P_2 \end{bmatrix}$$

对矩阵 $\tilde{R}, \tilde{S}$ 进行如下分块

$$\tilde{R} = \begin{bmatrix} R_1 & R_0 \\ R_0^{\mathrm{T}} & R_2 \end{bmatrix}, \tilde{S} = \begin{bmatrix} S_1 & S_0 \\ S_0^{\mathrm{T}} & S_2 \end{bmatrix}$$

并把矩阵 $P, \tilde{S}$ 和 $\tilde{T}$ 代入 (6.120) 可以得到

$$\begin{bmatrix} \begin{matrix} A_{11}^{\mathrm{T}}(t)P_1^{\mathrm{T}} + P_1 A_{11}(t) + A_{21}^{\mathrm{T}}(t)P_0^{\mathrm{T}} \\ + P_0 A_{21}(t) + R_1 + S_1 \end{matrix} & & * \\ A_{12}^{\mathrm{T}}(t)P_1^{\mathrm{T}} + A_{22}^{\mathrm{T}}P_0^{\mathrm{T}} + P_2 A_{21}(t) + R_0^{\mathrm{T}} + S_0^{\mathrm{T}} & & A_{22}^{\mathrm{T}}(t)P_2^{\mathrm{T}} + P_2 A_{22}(t) + R_2 + S_2 \\ A_{\tau 11}^{\mathrm{T}}(t)P_1^{\mathrm{T}} + A_{\tau 21}^{\mathrm{T}}P_0^{\mathrm{T}} & & A_{\tau 21}^{\mathrm{T}}(t)P_2^{\mathrm{T}} \\ A_{\tau 12}^{\mathrm{T}}(t)P_1^{\mathrm{T}} + A_{\tau 22}^{\mathrm{T}}P_0^{\mathrm{T}} & & A_{\tau 22}^{\mathrm{T}}(t)P_2^{\mathrm{T}} \\ A_{h11}^{\mathrm{T}}P_1^{\mathrm{T}} + A_{h21}^{\mathrm{T}}P_0^{\mathrm{T}} & & A_{h21}^{\mathrm{T}}P_2^{\mathrm{T}} \\ A_{h12}^{\mathrm{T}}P_1^{\mathrm{T}} + A_{h22}^{\mathrm{T}}P_0^{\mathrm{T}} & & A_{h22}^{\mathrm{T}}P_2^{\mathrm{T}} \end{bmatrix}$$

$$\begin{bmatrix} * & * & * & * \\ * & * & * & * \\ -a(1-d_\tau)S_1 & * & * & * \\ -a(1-d_\tau)S_0^{\mathrm{T}} & -a(1-d_\tau)S_2 & * & * \\ 0 & 0 & -(1-a)(1-d_h)S_1 & * \\ 0 & 0 & -(1-a)(1-d_h)S_0^{\mathrm{T}} & -(1-a)(1-d_h)S_2 \end{bmatrix} < 0$$

$$(6.121)$$

由 (6.121) 可知

$$U'' = \begin{bmatrix} A_{22}^{\mathrm{T}}(t)P_2^{\mathrm{T}} + P_2 A_{22}(t) + R_2 + S_2 & * & * \\ A_{\tau 22}^{\mathrm{T}}(t)P_2^{\mathrm{T}} & -a(1-d_\tau)S_2 & * \\ A_{h22}^{\mathrm{T}}P_2^{\mathrm{T}} & 0 & -(1-a)(1-d_h)S_2 \end{bmatrix} < 0$$

$$(6.122)$$

结合 (6.122) 并应用引理 6.8 我们得到 P_2 和 $A_{22}(t)$ 都可逆，并且存在常数 $\alpha' > 0$ 使得 $\|A_{22}^{-1}(t)\| \leqslant \alpha'$. 从文献 [87] 和定义 6.4 可以得到，系统 (6.95) 是正则和无脉冲的.

从 (6.114) 并且应用状态变换 $y(t) = N^{-1}x(t)$, 可以得到

$$\|y_1(t)\|^2 \leqslant \beta\lambda_{\min}^{-1}(P_1)\mathrm{e}^{-\varepsilon t} \tag{6.123}$$

进而, 由 $A_{21}(t)$、$A_{\tau21}(t)$ 和 A_{h21} 的定义可以看出, 存在 $\gamma > 0$ 使得

$$\|A_{21}(t)\|, \quad \|A_{\tau21}(t)\|, \quad \|A_{h21}\| \leqslant \gamma \tag{6.124}$$

定义

$$e(t) = A_{21}(t)y_1(t) + A_{\tau21}(t)y_1(t - \tau(t)) + A_{h21}y_1(t - h(t))$$

那么, 结合 (6.123) 和 (6.124), 我们有

$$\|e(t)\|^2 \leqslant 3\gamma^2\beta\lambda_{\min}^{-1}(P_1)(1 + 2\mathrm{e}^{\varepsilon\tau'})\mathrm{e}^{-\varepsilon t} \tag{6.125}$$

为了研究 $y_2(t)$ 的指数稳定, 我们构造如下函数

$$
\begin{aligned}
L(t) = {} & y_2^{\mathrm{T}}(t)S_2y_2(t) - a(1 - d_\tau)y_2^{\mathrm{T}}(t - \tau(t))S_2y_2(t - \tau(t)) \\
& -(1 - a)(1 - d_h)y_2^{\mathrm{T}}(t - h(t))S_2y_2(t - h(t))
\end{aligned} \tag{6.126}
$$

对 (6.116) 左乘 $2y_2^{\mathrm{T}}(t)P_2$ 可以得到

$$
\begin{aligned}
0 = {} & 2y_2^{\mathrm{T}}(t)P_2A_{22}(t)y_2(t) + 2y_2^{\mathrm{T}}(t)P_2A_{\tau22}(t)y_2(t - \tau(t)) \\
& + 2y_2^{\mathrm{T}}(t)P_2A_{h22}y_2(t - h(t)) + 2y_2^{\mathrm{T}}(t)P_2e(t)
\end{aligned} \tag{6.127}
$$

将 (6.127) 代入 (6.126), 并且应用 (6.122) 和引理 6.7, 可以得到

$$
\begin{aligned}
L(t) \leqslant {} & z^{\mathrm{T}}(t)\begin{bmatrix} A_{22}^{\mathrm{T}}(t)P_2^{\mathrm{T}} + P_2A_2(t) + S_2 & * & * \\ A_{\tau22}^{\mathrm{T}}(t)P_2^{\mathrm{T}} & -a(1 - d_\tau)S_2 & * \\ A_{h22}^{\mathrm{T}}P_2^{\mathrm{T}} & 0 & -(1 - a)(1 - d_h)S_2 \end{bmatrix}z(t) \\
& + \eta_1 y_2^{\mathrm{T}}(t)y_2(t) + \frac{1}{\eta_1}\mathrm{e}^{\mathrm{T}}P_2^2e(t) \\
\leqslant {} & -y_2^{\mathrm{T}}(t)\left[R_2 - \eta_1 I\right]y_2(t) + \frac{3\gamma^2\beta\lambda_{\max}^2(P_2)\lambda_{\min}^{-1}(P_1)(1 + 2\mathrm{e}^{\varepsilon\tau'})}{\eta_1}\mathrm{e}^{-\varepsilon t}
\end{aligned} \tag{6.128}
$$

其中 $z^{\mathrm{T}}(t) = \begin{bmatrix} y_2^{\mathrm{T}}(t), & y_2^{\mathrm{T}}(t - \tau(t)), & y_2^{\mathrm{T}}(t - h(t)) \end{bmatrix}$, η_1 是一个大于 0 的标量. 由于 η_1 可以是任意的正数, 因此 η_1 可以被选的足够小使得

$$R_2 - \eta_1 I > 0 \tag{6.129}$$

对给定的满足 (6.129) 的 η_1, 存在 $\eta_2 > 0$ 使得

$$S_2 + R_2 - \eta_1 I \geqslant (1 + \eta_2)S_2 \tag{6.130}$$

令

$$\zeta_1 = \frac{1}{1 + \eta_2}, \quad \zeta_2 = \frac{3\gamma^2\beta\lambda_{\max}^2(P_2)\lambda_{\min}^{-1}(P_1)(1 + 2\mathrm{e}^{\varepsilon\tau'})}{\eta_1(1 + \eta_2)}$$

那么从 $L(t)$ 的定义和 (6.128), 我们有

$$\begin{aligned}
y_2^{\mathrm{T}}(t)S_2y_2(t) \leqslant{}& \zeta_1 a(1 - d_\tau)y_2^{\mathrm{T}}(t - \tau(t))S_2y_2(t - \tau(t)) \\
&+ \zeta_1(1 - a)(1 - d_h)y_2^{\mathrm{T}}(t - h(t))S_2y_2(t - h(t)) + \zeta_2\mathrm{e}^{-\varepsilon t}
\end{aligned} \tag{6.131}$$

注意到 $1 \quad d_\tau \leqslant 1$ 并且 $1 - d_h \leqslant 1$, 令 $f(t) = y_2^{\mathrm{T}}(t)S_2y_2(t)$, 由 (6.131), 我们可以得到

$$f(t) \leqslant \zeta_1 \sup_{t - \tau' \leqslant s \leqslant t} f(s) + \zeta_2\mathrm{e}^{-\varepsilon t} \tag{6.132}$$

利用引理 6.8, 可以得到

$$f(t) \leqslant \sup_{-\tau' \leqslant s \leqslant 0} f(s)\mathrm{e}^{-\zeta_0 t} + \frac{\zeta_2\mathrm{e}^{-\zeta_0 t}}{1 - \zeta_1\mathrm{e}^{\zeta_0\tau'}}, \quad t \geqslant 0$$

其中 $\zeta_0 = \min\{\varepsilon, \zeta\}$, $0 < \zeta < -\dfrac{1}{\tau'}\ln\zeta_1$. 因此

$$\|y_2(t)\|^2 \leqslant \lambda_{\min}^{-1}(S_2)\lambda_{\max}(S_2) \sup_{-\tau' \leqslant s \leqslant 0} \|y_2(t)\|^2\,\mathrm{e}^{-\zeta_0 t} + \frac{\zeta_2\lambda_{\min}^{-1}(S_2)\mathrm{e}^{-\zeta_0 t}}{1 - \zeta_1\mathrm{e}^{\zeta_0\tau'}}, \quad t \geqslant 0$$

结合 (6.123) 和 $y(t) = N^{-1}x(t)$ 可以推出 $x(t)$ 是指数稳定的.

由 (6.108), 可证明

$$\begin{aligned}
\dot{V}(t) ={}& 2x^{\mathrm{T}}(t)X^{-1}\bar{A}(t)x(t) + 2x^{\mathrm{T}}(t)X^{-1}\bar{A}_\tau(t)x(t - \tau(t)) + 2x^{\mathrm{T}}(t)X^{-1}\bar{A}_h x(t - h(t)) \\
&+ x^{\mathrm{T}}(t)S^{-1}x(t) - a(1 - \dot{\tau}(t))x^{\mathrm{T}}(t - \tau(t))S^{-1}x(t - \tau(t)) \\
&- (1 - a)(1 - \dot{h}(t))x^{\mathrm{T}}(t - h(t))S^{-1}x(t - h(t)) \\
&+ x^{\mathrm{T}}(t)\left[R + (K + \Delta(K))^{\mathrm{T}}Q(K + \Delta(K))\right]x(t) - x^{\mathrm{T}}(t)Rx(t) - u^{\mathrm{T}}(t)Qu(t) \\
\leqslant{}& \left[\begin{array}{ccc} x^{\mathrm{T}}(t), & x^{\mathrm{T}}(t - \tau(t)), & x^{\mathrm{T}}(t - h(t)) \end{array}\right] U''' \left[\begin{array}{c} x(t) \\ x(t - \tau(t)) \\ x(t - h(t)) \end{array}\right] - x^{\mathrm{T}}(t)Rx(t) \\
&- u^{\mathrm{T}}(t)Qu(t)
\end{aligned} \tag{6.133}$$

其中

$$U''' = \begin{bmatrix} \bar{A}^{\mathrm{T}}(t)X^{-\mathrm{T}} + X^{-1}\bar{A}(t) + S^{-1} \\ +R + (K + \Delta(K))^{\mathrm{T}}Q(K + \Delta(K)) & * & * \\ \bar{A}_\tau^{\mathrm{T}}(t)X^{-\mathrm{T}} & -a(1 - d_\tau)S^{-1} & * \\ \bar{A}_h^{\mathrm{T}}X^{-\mathrm{T}} & 0 & -(1-a)(1-d_h)S^{-1} \end{bmatrix}$$

类似, 可以证明由 (6.105) 得到 $U''' < 0$, 因此, 从 (6.133), 我们有

$$\dot{V}(t) \leqslant -x^{\mathrm{T}}(t)Rx(t) - u^{\mathrm{T}}(t)Qu(t) \tag{6.134}$$

对 (6.134) 从 0 到 T 进行积分可以得到

$$\int_0^{\mathrm{T}} \left[x^{\mathrm{T}}(t)Rx(t) + u^{\mathrm{T}}(t)Qu(t) \right] \mathrm{d}t \leqslant V(0) - V(T) \tag{6.135}$$

由于当 $T \to \infty$ 时 $x(T) \to 0$, 因此, 当 $T \to \infty$ 时, $V(T) \to 0$. 在 (6.135) 中令 $T \to \infty$, 我们可以得到

$$\int_0^{\mathrm{T}} \left[x^{\mathrm{T}}(t)Rx(t) + u^{\mathrm{T}}(t)Qu(t) \right] \mathrm{d}t \leqslant V(0) \leqslant J^*$$

■

当 $u(t)$ 不含时滞项时, 也就是说 $B_h = 0$, 系统 (6.74) 变成

$$E\dot{x}(t) = (A + \Delta A(t))\, x(t) + (A_\tau + \Delta A_\tau(t))\, x(t - \tau(t)) + Bu(t) \tag{6.136}$$

此时, 我们有如下推论:

推论 6.1　考虑广义系统(6.136), 成本函数为(6.77), 如果存在矩阵 X 和 $S > 0$ 使得下面两式成立

$$EX^{\mathrm{T}} = XE^{\mathrm{T}} \geqslant 0 \tag{6.137}$$

$$\begin{bmatrix} X\bar{A}^{\mathrm{T}}(t) + \bar{A}(t)X^{\mathrm{T}} & \bar{A}_\tau(t)S & X & X & X(K + \Delta(K))^{\mathrm{T}} \\ S\bar{A}_\tau^{\mathrm{T}}(t) & -(1-d_\tau)S & 0 & 0 & 0 \\ X^{\mathrm{T}} & 0 & -S & 0 & 0 \\ X^{\mathrm{T}} & 0 & 0 & -R^{-1} & 0 \\ (K + \Delta(K))X^{\mathrm{T}} & 0 & 0 & 0 & -Q^{-1} \end{bmatrix} < 0 \tag{6.138}$$

则状态反馈控制器(6.79)~(6.80)为一个QGCC, 成本函数 J 的上界 J^* 如下式所示:

$$J^* = \varphi^{\mathrm{T}}(0)X^{-1}E\varphi(0) + \int_{-\tau}^0 \varphi^{\mathrm{T}}(s)S^{-1}\varphi(s)\mathrm{d}s \tag{6.139}$$

从定理 6.8 可以看出, 一个 QGCC 可以通过解矩阵不等式 (6.104) 和 (6.105) 得到. 然而, 由于 $\Delta A_\tau(t)$ 和 ΔK 出现在 (6.105) 中, 因此, (6.104) 和 (6.105) 不能直接用于求解. 下面给出几个保证 (6.104) 和 (6.105) 有解的充分条件. 以下假设 $|\delta_i| \leqslant \bar{\delta}_{1i} \leqslant 1$ 且 $|\delta_{ij}| \leqslant \hat{\delta}_{ij} \leqslant \bar{\delta}_{2j} \leqslant 1$.

定理 6.9 考虑广义系统(6.136), 其成本函数为(6.77). 对给定的标量 $0 < a < 1$ 和 $\rho > 0$, 如果存在矩阵 X, Y, $S > 0$, $Q_j > 0$, $R_j > 0$ $(j = 1, 2, \cdots, n)$ 和标量 $\varepsilon_i > 0$, $\beta_i > 0$ $(i = 1, 2, 3)$ 使得下列不等式成立

$$EX^{\mathrm{T}} = XE^{\mathrm{T}} \geqslant 0 \tag{6.140}$$

$$X + X^{\mathrm{T}} \geqslant (1 + \beta_i)I, \quad i = 1, 2, 3 \tag{6.141}$$

$$\begin{bmatrix} -\beta_1 I & Y^{\mathrm{T}} \\ Y & -\rho I \end{bmatrix} \leqslant 0 \tag{6.142}$$

$$\begin{bmatrix} -\beta_2 I & H_j X^{\mathrm{T}} \\ X H_j & -Q_j \end{bmatrix} \leqslant 0, \quad j = 1, 2, \cdots, n \tag{6.143}$$

$$\begin{bmatrix} -\beta_3 I & H_j S \\ S H_j & -R_j \end{bmatrix} \leqslant 0, \quad j = 1, 2, \cdots, n \tag{6.144}$$

$$\begin{bmatrix} -(1-a)(1-d_h)S + \sum_{j=1}^{n} m\bar{\delta}_{2j}R_j & \rho S \\ \rho S & -\rho\varepsilon_3 I \end{bmatrix} < 0 \tag{6.145}$$

$$\begin{bmatrix} AX^{\mathrm{T}} + XA^{\mathrm{T}} + BY + Y^{\mathrm{T}}B^{\mathrm{T}} + \varepsilon_1 DD^{\mathrm{T}} + \varepsilon_2 B\Psi^2 B^{\mathrm{T}} & \\ \quad + \sum_{j=1}^{n} m\bar{\delta}_{2j}Q_j + \varepsilon_3 B_h(I + 2\Psi + \Psi^2)B_h^{\mathrm{T}} & A_\tau S \\ SA_\tau^{\mathrm{T}} & -a(1-d_\tau)S \\ X^{\mathrm{T}} & 0 \\ X^{\mathrm{T}} & 0 \\ Y + \varepsilon_2 \Psi^2 B^{\mathrm{T}} & 0 \\ E_a X^{\mathrm{T}} & E_b S \\ Y & 0 \\ \sum_{j=1}^{n} \bar{\delta}_{2j}\Lambda B^{\mathrm{T}} & 0 \\ \sum_{j=1}^{n} \bar{\delta}_{2j}\Lambda B_h^{\mathrm{T}} & 0 \end{bmatrix}$$

$$
\left[
\begin{array}{ccccccc}
X & X & Y^{\mathrm{T}}+\varepsilon_2 B\Psi^2 & XE_a^{\mathrm{T}} & Y^{\mathrm{T}} & \left(\sum_{j=1}^n \bar\delta_{2j}\right)B\Lambda^{\mathrm{T}} & \left(\sum_{j=1}^n \bar\delta_{2j}\right)B_h\Lambda^{\mathrm{T}} \\
0 & 0 & 0 & SE_b^{\mathrm{T}} & 0 & 0 & 0 \\
-S & 0 & 0 & 0 & 0 & 0 & 0 \\
0 & -R^{-1} & 0 & 0 & 0 & 0 & 0 \\
0 & 0 & -Q^{-1}+\varepsilon_2\Psi^2 & 0 & 0 & \left(\sum_{j=1}^n \bar\delta_{2j}\right)\Lambda^{\mathrm{T}} & 0 \\
0 & 0 & 0 & -\varepsilon_1 I & 0 & 0 & 0 \\
0 & 0 & 0 & 0 & -\varepsilon_2 I & 0 & 0 \\
0 & 0 & \left(\sum_{j=1}^n \bar\delta_{2j}\right)\Lambda & 0 & 0 & -\left(\sum_{j=1}^n \bar\delta_{2j}\right)I & 0 \\
0 & 0 & 0 & 0 & 0 & 0 & -\left(\sum_{j=1}^n \bar\delta_{2j}\right)I
\end{array}
\right] < 0
$$

$$ \tag{6.146} $$

其中

$$
\Psi = \mathrm{diag}\left(\ \bar\delta_{11},\quad \bar\delta_{12},\quad \cdots,\quad \bar\delta_{1m}\ \right)
$$

$$
\Lambda = \left[\ G_1 Y,\quad G_2 Y,\quad \cdots,\quad G_m Y\ \right]^{\mathrm{T}}
$$

则状态反馈控制器(6.79)~(6.80)是一个QGCC, 并且 $K = YX^{-\mathrm{T}}$, 成本函数 J 的上界 J^* 在(6.106)中给出.

证明: 由于

$$
0 \leqslant (I - X^{\mathrm{T}})(I - X) = I - X - X^{\mathrm{T}} + X^{\mathrm{T}}X \tag{6.147}
$$

因而, 结合 (6.141) 和 (6.147) 可以得到

$$
X^{\mathrm{T}}X \geqslant \beta_i I, \quad i = 1,2,3 \tag{6.148}
$$

应用 Schur 引理, (6.142) 可以推出

$$
\rho^{-1}Y^{\mathrm{T}}Y \leqslant \beta_1 I \tag{6.149}
$$

由于 $Y = KX^{\mathrm{T}}$ 并且矩阵 X 是可逆的, 因此, 从 (6.148) 和 (6.149) 可以得到

$$
K^{\mathrm{T}}K \leqslant \rho I \tag{6.150}
$$

由 (6.143)，应用 Schur 引理，我们得到

$$H_j X^{\mathrm{T}} Q_j^{-1} X H_j \leqslant \beta_2 I \tag{6.151}$$

结合 (6.148) 和 (6.151)，我们有

$$H_j X^{\mathrm{T}} Q_j^{-1} X H_j \leqslant X^{\mathrm{T}} X \tag{6.152}$$

类似，可以得到

$$H_j S R_j^{-1} S H_j \leqslant X^{\mathrm{T}} X \tag{6.153}$$

定义

$$\Pi = \begin{bmatrix} X\bar{A}^{\mathrm{T}}(t) + \bar{A}(t)X^{\mathrm{T}} & \bar{A}_\tau(t)S & \bar{A}_h S & X \\ S\bar{A}_\tau^{\mathrm{T}}(t) & -a(1-d_\tau)S & 0 & 0 \\ S\bar{A}_h^{\mathrm{T}} & 0 & -(1-a)(1-d_h)S & 0 \\ X^{\mathrm{T}} & 0 & 0 & -S \\ X^{\mathrm{T}} & 0 & 0 & 0 \\ (K+\Delta(K))X^{\mathrm{T}} & 0 & 0 & 0 \end{bmatrix}$$

$$\begin{bmatrix} X & X(K+\Delta(K))^{\mathrm{T}} \\ 0 & 0 \\ 0 & 0 \\ 0 & 0 \\ -R^{-1} & 0 \\ 0 & -Q^{-1} \end{bmatrix}$$

$$\Pi' = \begin{bmatrix} AX^{\mathrm{T}} + XA^{\mathrm{T}} + BY + Y^{\mathrm{T}}B^{\mathrm{T}} & A_\tau S & 0 \\ SA_\tau^{\mathrm{T}} & -a(1-d_\tau)S & 0 \\ 0 & 0 & -(1-a)(1-d_h)S \\ X^{\mathrm{T}} & 0 & 0 \\ X^{\mathrm{T}} & 0 & 0 \\ Y & 0 & 0 \end{bmatrix}$$

$$\begin{bmatrix} X & X & Y^{\mathrm{T}} \\ 0 & 0 & 0 \\ 0 & 0 & 0 \\ -S & 0 & 0 \\ 0 & -R^{-1} & 0 \\ 0 & 0 & -Q^{-1} \end{bmatrix}$$

$$\mathcal{D}^{\mathrm{T}} = \begin{bmatrix} D^{\mathrm{T}}, & 0, & 0, & 0, & 0, & 0 \end{bmatrix}, \quad \mathcal{E} = \begin{bmatrix} E_a X^{\mathrm{T}}, & E_b S, & 0, & 0, & 0, & 0 \end{bmatrix}$$

$$\mathcal{B}^{\mathrm{T}} = \begin{bmatrix} B^{\mathrm{T}}, & 0, & 0, & 0, & 0, & I \end{bmatrix}, \quad \mathcal{Y} = \begin{bmatrix} Y, & 0, & 0, & 0, & 0, & 0 \end{bmatrix}$$

$$\mathcal{K}_{ij} = \begin{bmatrix} XH_j K^{\mathrm{T}} G_i B^{\mathrm{T}}, & 0, & 0, & 0, & 0, & XH_j K^{\mathrm{T}} G_i \end{bmatrix}, \quad \mathcal{I} = \begin{bmatrix} I, & 0, & 0, & 0, & 0, & 0 \end{bmatrix}$$

$$\mathcal{B}_h^{\mathrm{T}} = \begin{bmatrix} B_h^{\mathrm{T}}, & 0, & 0, & 0, & 0, & 0 \end{bmatrix}, \quad \mathcal{S} = \begin{bmatrix} 0, & 0, & KS, & 0, & 0, & 0 \end{bmatrix}$$

$$\mathcal{K}_{hij} = \begin{bmatrix} SH_j K^{\mathrm{T}} G_i B_h^{\mathrm{T}}, & 0, & 0, & 0, & 0, & 0 \end{bmatrix}, \quad \mathcal{I}_h = \begin{bmatrix} 0, & 0, & I, & 0, & 0, & 0 \end{bmatrix}$$

则可推知

$$
\begin{aligned}
\Pi \;=\; & \Pi' + \mathcal{D} F(t)\mathcal{E} + \mathcal{E}^{\mathrm{T}} F^{\mathrm{T}}(t)\mathcal{D}^{\mathrm{T}} + \mathcal{B}\Phi\mathcal{Y} + \mathcal{Y}^{\mathrm{T}}\Phi\mathcal{B}^{\mathrm{T}} \\
& + \sum_{i=1}^{m}\sum_{j=1}^{n}\delta_{ij}\mathcal{K}_{ij}^{\mathrm{T}}\mathcal{I} + \sum_{i=1}^{m}\sum_{j=1}^{n}\delta_{ij}\mathcal{I}^{\mathrm{T}}\mathcal{K}_{ij} + \mathcal{B}_h(I+\Phi)\mathcal{S} + \mathcal{S}^{\mathrm{T}}(I+\Phi)\mathcal{B}_h^{\mathrm{T}} \\
& + \sum_{i=1}^{m}\sum_{j=1}^{n}\delta_{ij}\mathcal{K}_{hij}^{\mathrm{T}}\mathcal{I}_h + \sum_{i=1}^{m}\sum_{j=1}^{n}\delta_{ij}\mathcal{I}_h^{\mathrm{T}}\mathcal{K}_{hij} \\
\;\leqslant\; & \Pi' + \varepsilon_1 \mathcal{D}\mathcal{D}^{\mathrm{T}} + \varepsilon_1^{-1}\mathcal{E}^{\mathrm{T}}\mathcal{E} + \varepsilon_2 \mathcal{B}\Psi^2\mathcal{B}^{\mathrm{T}} + \varepsilon_2^{-1}\mathcal{Y}^{\mathrm{T}}\mathcal{Y} + \sum_{j=1}^{n} m\bar{\delta}_{2j}\mathcal{I}^{\mathrm{T}}Q_j\mathcal{I} \\
& + \sum_{i=1}^{m}\sum_{j=1}^{n}\bar{\delta}_{ij}\mathcal{K}_{ij}^{\mathrm{T}}Q_j^{-1}\mathcal{K}_{ij} + \varepsilon_3 \mathcal{B}_h(I+2\Psi+\Psi^2)\mathcal{B}_h^{\mathrm{T}} + \varepsilon_3^{-1}\mathcal{S}^{\mathrm{T}}\mathcal{S} \\
& + \sum_{j=1}^{n} m\bar{\delta}_{2j}\mathcal{I}_h^{\mathrm{T}}R_j\mathcal{I}_h + \sum_{i=1}^{m}\sum_{j=1}^{n}\bar{\delta}_{ij}\mathcal{K}_{hij}^{\mathrm{T}}R_j^{-1}\mathcal{K}_{hij} \\
\;=\; & \Pi''
\end{aligned}
\tag{6.154}
$$

结合 (6.150), (6.152), (6.153)，我们得到

$$
\varepsilon_3^{-1}\mathcal{S}^{\mathrm{T}}\mathcal{S} \leqslant \rho\varepsilon_3^{-1}
\begin{bmatrix} 0 \\ 0 \\ S^{\mathrm{T}} \\ 0 \\ 0 \\ 0 \end{bmatrix}
\begin{bmatrix} 0, & 0, & S, & 0, & 0, & 0 \end{bmatrix}
\tag{6.155}
$$

$$
\sum_{i=1}^{m}\sum_{j=1}^{n}\bar{\delta}_{ij}\mathcal{K}_{ij}^{\mathrm{T}}Q_j^{-1}\mathcal{K}_{ij} \leqslant \sum_{i=1}^{m}\sum_{j=1}^{n}\bar{\delta}_{ij}\mathcal{G}_i^{\mathrm{T}}\mathcal{G}_i
\tag{6.156}
$$

$$\sum_{i=1}^{m}\sum_{j=1}^{n}\bar{\delta}_{ij}\mathcal{K}_{hij}^{\mathrm{T}}R_j^{-1}\mathcal{K}_{hij} \leqslant \sum_{i=1}^{m}\sum_{j=1}^{n}\bar{\delta}_{ij}\mathcal{G}_{hi}^{\mathrm{T}}\mathcal{G}_{hi} \tag{6.157}$$

其中

$$\mathcal{G}_i = \left[\begin{array}{cccccc} Y^{\mathrm{T}}G_iB^{\mathrm{T}}, & 0, & 0, & 0, & 0, & Y^{\mathrm{T}}G_i \end{array}\right]$$

$$\mathcal{G}_{hi} = \left[\begin{array}{cccccc} Y^{\mathrm{T}}G_iB_h^{\mathrm{T}}, & 0, & 0, & 0, & 0, & 0 \end{array}\right]$$

从 (6.154)~(6.157), 应用 Schur 引理, 可以证明由条件 (6.140)~(6.146) 可以推导出 $\Pi \leqslant \Pi'' < 0$. 利用定理 6.8 可完成证明. ∎

注 6.6 从(6.150)中可以看出状态反馈增益 K 由 ρ 所限定, 只要不等式(6.140)~(6.146)是可解的, 通过调整 ρ 的值, 可以达到对反馈增益 K 的上界的限定.

对系统 (6.136), 我们可以得到下面推论.

推论 6.2 考虑广义系统(6.136), 其成本函数为(6.77). 如果存在矩阵 $X, Y, S > 0$, $Q_j > 0$ $(j = 1, 2, \cdots, n)$ 和标量 $\varepsilon_i > 0$ $(i = 1, 2)$, $\beta > 0$ 使得下列不等式成立

$$EX^{\mathrm{T}} = XE^{\mathrm{T}} \geqslant 0 \tag{6.158}$$

$$X + X^{\mathrm{T}} \geqslant (1 + \beta)I \tag{6.159}$$

$$\left[\begin{array}{cc} -\beta I & H_jX^{\mathrm{T}} \\ XH_j & -Q_j \end{array}\right] \leqslant 0, \quad j = 1, 2, \cdots, n \tag{6.160}$$

$$\left[\begin{array}{cc} AX^{\mathrm{T}} + XA^{\mathrm{T}} + BY + Y^{\mathrm{T}}B^{\mathrm{T}} + \varepsilon_1 DD^{\mathrm{T}} + \varepsilon_2 B\Psi^2 B^{\mathrm{T}} + \sum_{j=1}^{n} m\bar{\delta}_{2j}Q_j & A_\tau S \\ SA_\tau^{\mathrm{T}} & -(1 - d_\tau)S \\ X^{\mathrm{T}} & 0 \\ X^{\mathrm{T}} & 0 \\ Y + \varepsilon_2 \Psi^2 B^{\mathrm{T}} & 0 \\ E_a X^{\mathrm{T}} & E_b S \\ Y & 0 \\ \sum_{j=1}^{n} \bar{\delta}_{2j}\Lambda B^{\mathrm{T}} & 0 \end{array}\right.$$

$$\left[\begin{array}{cccccc}
X & X & Y^{\mathrm{T}}+\varepsilon_2 B\Psi^2 & XE_a^{\mathrm{T}} & Y^{\mathrm{T}} & \left(\displaystyle\sum_{j=1}^{n}\bar{\delta}_{2j}\right)B\Lambda^{\mathrm{T}} \\
0 & 0 & 0 & SE_b^{\mathrm{T}} & 0 & 0 \\
-S & 0 & 0 & 0 & 0 & 0 \\
0 & -R^{-1} & 0 & 0 & 0 & 0 \\
0 & 0 & -Q^{-1}+\varepsilon_2\Psi^2 & 0 & 0 & \left(\displaystyle\sum_{j=1}^{n}\bar{\delta}_{2j}\right)\Lambda^{\mathrm{T}} \\
0 & 0 & 0 & -\varepsilon_1 I & 0 & 0 \\
0 & 0 & 0 & 0 & -\varepsilon_2 I & 0 \\
0 & 0 & \left(\displaystyle\sum_{j=1}^{n}\bar{\delta}_{2j}\right)\Lambda & 0 & 0 & -\left(\displaystyle\sum_{j=1}^{n}\bar{\delta}_{2j}\right)I
\end{array}\right]<0 \qquad (6.161)$$

其中

$$\Psi = \mathrm{diag}\left(\ \bar{\delta}_{11},\ \ \bar{\delta}_{12},\ \ \cdots,\ \ \bar{\delta}_{1m}\ \right)$$

$$\Lambda = \left[\ G_1 Y,\ \ G_2 Y,\ \ \cdots,\ \ G_m Y\ \right]^{\mathrm{T}}$$

则状态反馈控制器(6.79)~(6.80)是一个QGCC, 并且 $K = YX^{-\mathrm{T}}$, 成本函数 J 的上界 J^* 在(6.139)中给出.

注 6.7　由于 $\mathrm{rank}(E) = q < n$, 存在秩 $\mathrm{rank}(\Omega) = n-q$ 的矩阵 $\Omega \in \mathbb{R}^{n\times(n-q)}$ 使得 $E\Omega = 0$. 定义 $X = E\Theta + Z\Omega^{\mathrm{T}}$, 其中 $\Theta \in \mathbb{R}^{n\times n}$ 是正定的, $Z \in \mathbb{R}^{n\times(n-q)}$. 显然, $EX^{\mathrm{T}} = XE^{\mathrm{T}} \geqslant 0$ 成立. 将 $X = E\Theta + Z\Omega^{\mathrm{T}}$ 代入(6.141), (6.143)和(6.146), 我们得到一些新的线性矩阵不等式, 记为(6.141)', (6.143)', (6.146)'. 与(6.140)~(6.146)不同, (6.141)', (6.142), (6.143)', (6.144), (6.145), (6.146)'是严格意义上的线性矩阵不等式. 从(6.141)', (6.142), (6.143)', (6.144), (6.145), (6.146)'中解出矩阵 Θ, Ω, Z, Y, S, Q_j, R_j $(j = 1, 2, \cdots, n)$ 和变量 ε_i, β_i $(i = 1, 2, 3)$, 并应用关系 $X = E\Theta + Z\Omega^{\mathrm{T}}$, 最终我们可以设计QGCC为

$$u(t) = Y\left(E\Theta + Z\Omega^{\mathrm{T}}\right)^{-\mathrm{T}} x(t)$$

成本函数的上界 J^* 由下式给出

$$J^* = \varphi^{\mathrm{T}}(0)\left(E\Theta + Z\Omega^{\mathrm{T}}\right)^{-1}E\varphi(0)$$
$$+ a\int_{-\tau}^{0}\varphi^{\mathrm{T}}(s)S^{-1}\varphi(s)\mathrm{d}s + (1-a)\int_{-h}^{0}\varphi^{\mathrm{T}}(s)S^{-1}\varphi(s)\mathrm{d}s.$$

例 6.1 考虑带有如下参数的系统 (6.74)

$$E = \begin{bmatrix} 1 & 0 & 0 \\ 0 & 1 & 0 \\ 0 & 0 & 0 \end{bmatrix}, \quad A = \begin{bmatrix} -2 & 0 & 0.5 \\ 0.1 & -1 & 0.2 \\ 0 & 0.5 & -0.3 \end{bmatrix}, \quad A_\tau = \begin{bmatrix} 0.3 & 0.3 & 0 \\ 0.5 & -0.3 & 0.6 \\ 0.1 & -0.5 & -1 \end{bmatrix}$$

$$B = \begin{bmatrix} 0 & 0 \\ 1 & 0 \\ 0 & 1 \end{bmatrix}, \quad B_h = \begin{bmatrix} 0.1 & 0.1 \\ 0 & 0.1 \\ 0.1 & 0 \end{bmatrix}, \quad R = I_3, \quad Q = I_2$$

$$D = I_3, \quad E_a = E_b = 0.1I_3, \quad \tau(t) = h(t) = 1, \quad \varphi(t) = \begin{bmatrix} 1, & 0.5, & 0.5 \end{bmatrix}^{\mathrm{T}}$$

$$\phi(t) = 0, \quad t \in [-1, 0]$$

假设 $\bar{\delta}_{1i} = \bar{\delta}_1 \leqslant 1$ $(i = 1, 2)$ 并且 $\bar{\delta}_{2j} = \bar{\delta}_2 \leqslant 1$ $(j = 1, 2, 3)$. 选取 $\Omega = \begin{bmatrix} 0, 0, 1 \end{bmatrix}^{\mathrm{T}}$, $\rho = 3$, $a = 0.5$ 或 $a = 0.6$. 应用定理 6.9, 对不同的 ΔK, 表 6.1 体现了随着 $\bar{\delta}_1$ 或 $\bar{\delta}_2$ 的增加, 成本函数的上界 J^* 的变化趋势.

表 6.1 保成本函数的变化

$\bar{\delta}_1$	$\bar{\delta}_2$	$J^*(a = 0.5)$
0	0	2.7557
0	0.02	3.4726
0	0.04	4.1986
0	0.06	5.0683
0.02	0	2.5065
0.04	0	2.5077
0.06	0	2.5503
0.02	0.02	3.4729
0.04	0.02	3.4739
0.06	0.02	3.4758
0.02	0.04	4.1991
0.02	0.06	5.0708

当 $\bar{\delta}_1$ 和 $\bar{\delta}_2$ 固定时, 例如 $\bar{\delta}_1 = 0.02$, $\bar{\delta}_2 = 0.06$, 可以解出反馈增益 K 为

$$K = \begin{bmatrix} -0.0076 & -1.1693 & 0.0280 \\ -0.2027 & -0.1364 & -1.4743 \end{bmatrix}$$

从表 6.1 可以看出, 与 $\bar{\delta}_1$ 相比, $\bar{\delta}_2$ 的增加会引起成本函数上界更大的牺牲. ∎

6.1.6　非理想网络环境下连续系统的对数量化控制

状态量化保成本控制

被控对象为如下线性不确定系统

$$\dot{x}(t) = [A + \Delta A(t)]x(t) + Bu(t) \tag{6.162}$$

其中 $x(t) \in \mathbb{R}^n$, $u(t) \in \mathbb{R}^m$. 显然 (6.162) 是 (6.74) 的一个特例. 而在 6.1.5 节中, 仅考虑了理想网络环境下系统的量化控制问题. 然而, 许多实际系统, 由于网络带宽的限制, 信道衰减的影响以及数据包传输排队等因素, 导致信号传输的网络媒介是非理想的, 存在传输延迟、数据丢包以及错序等影响. 本节将讨论在考虑非理想网络环境影响的情况下, 系统 (6.162) 的量化保成本控制 (QGCC) 设计问题. 成本函数选为

$$J = \int_{t_0}^{\infty} \left[x^{\mathrm{T}}(t)Rx(t) + u^{\mathrm{T}}(t)Qu(t) \right] \mathrm{d}t$$

其中 $t_0 \geqslant 0$, $R > 0$, $Q > 0$. 网络控制系统的结构如图 6.2 所示, 只是本节还将考虑前向网络与后向网络中不确定因素对系统的影响. 假设传感器的采样周期为常数 h 且是时间驱动的, 控制器和驱动器均为事件驱动的. 考虑到网络环境影响和量化作用, 系统 (6.162) 的数学模型可描述为

$$\dot{x}(t) = [A + \Delta A(t)]x(t) + Bu(t) \tag{6.163}$$

$$u(t) = f(v(t)) \tag{6.164}$$

$$v(t) = Kg(x(i_k h)), t \in [i_k h + \tau_k, i_{k+1}h + \tau_{k+1}) \tag{6.165}$$

这里 $f(\cdot)$ 和 $g(\cdot)$ 的定义如 (6.81) 和 (6.82), $f(\cdot)$ 和 $g(\cdot)$ 的性质如 (6.83)~(6.84). 为简单起见, 假设 $\delta_{f_i} = \delta_f$ 且 $\delta_{g_j} = \delta_g$, 这里 δ_f 和 δ_g 为常数. 由 (6.5) 知, $\rho_{f_i} = \rho_f = \dfrac{1 - \delta_f}{1 + \delta_f}$ 和 $\rho_{g_j} = \rho_g = \dfrac{1 - \delta_g}{1 + \delta_g}$. $i_k \, (k = 1, 2, 3, \cdots)$ 是正整数且有 $\{i_1, i_2, i_3, \cdots\} \subset \{0, 1, 2, 3, \cdots\}$. τ_k 表示网络延迟, 该延迟是从传感器采样时刻 $i_k h$ 到控制信号到达驱动器的时间. 显然, $\bigcup\limits_{k=1}^{\infty} [i_k h + \tau_k, i_{k+1}h + \tau_{k+1}) = [t_0, \infty)$, $t_0 \geqslant 0$. 我们假设, 在第一个控制信号到达驱动器之前 $u(t) = 0$ 且存在一个常数 η 使得 $(i_{k+1} - i_k)h + \tau_{k+1} \leqslant \eta$, $k = 1, 2, \cdots$.

　　注 6.8　若 $f(v) = v$, $g(x) = x$, (6.163)~(6.165)成为

$$\dot{x}(t) = [A + \Delta A(t)]x(t) + Bu(t)$$

$$u(t) = Kx(i_k h), \quad t \in [i_k h + \tau_k, i_{k+1}h + \tau_{k+1})$$

它的镇定控制问题已在第3章给出.

结合 (6.163)~(6.165) 和 (6.89) 得

$$\dot{x}(t) = [A + \Delta A(t)] x(t) + [BK + B\Delta(K)] x(i_k h), \qquad (6.166)$$
$$t \in [i_k h + \tau_k, i_{k+1} h + \tau_{k+1})$$

$$x(t) = \Phi(t, t_0 - \eta) x(t_0 - \eta) \overset{\delta}{=} \phi(t), \quad t \in [t_0 - \eta, t_0] \qquad (6.167)$$

其中 $\Phi(t, t_0 - \eta)$ 是下方程的一个解

$$\dot{\Phi}(t, t_0 - \eta) = [A + \Delta A(t)] \Phi(t, t_0 - \eta), \quad t \in [t_0 - \eta, t_0] \qquad (6.168)$$

$\Delta(K)$ 的定义如 (6.90).

引理 6.10 给定常数 η, α 和矩阵 K, 若存在矩阵 $P > 0$, $T > 0$, $W > 0$ 和 N_j, M_j $(j = 1, 2, 3)$ 使得下列矩阵不等式成立

$$\begin{bmatrix} L_{11} + R + W & * & * & * \\ L_{21} & L_{22} + [K + \Delta(K)]^{\mathrm{T}} Q [K + \Delta(K)] & * & * \\ L_{31} & L_{32} & L_{33} + W & * \\ \eta N_1^{\mathrm{T}} & \eta N_2^{\mathrm{T}} & \eta N_3^{\mathrm{T}} & -\eta T \end{bmatrix} < 0$$
$$(6.169)$$

$$(i_{k+1} - i_k)h + \tau_{k+1} \leqslant \eta, \quad k = 1, 2, \cdots \qquad (6.170)$$

其中

$$L_{11} = N_1 + N_1^{\mathrm{T}} - M_1 [A + \Delta A(t)] - [A + \Delta A(t)]^{\mathrm{T}} M_1^{\mathrm{T}}$$
$$L_{21} = N_2 - N_1^{\mathrm{T}} - M_2 [A + \Delta A(t)] - [BK + B\Delta(K)]^{\mathrm{T}} M_1^{\mathrm{T}}$$
$$L_{31} = N_3 - M_3 [A + \Delta A(t)] + M_1^{\mathrm{T}} + P$$
$$L_{22} = -N_2 - N_2^{\mathrm{T}} - M_2 [BK + B\Delta(K)] - [BK + B\Delta(K)]^{\mathrm{T}} M_2^{\mathrm{T}}$$
$$L_{32} = -N_3 + M_2^{\mathrm{T}} - M_3 [BK + B\Delta(K)]$$
$$L_{33} = M_3 + M_3^{\mathrm{T}} + \eta T$$

则系统(6.166)~(6.167)是指数稳定的, 成本函数 J 的上界 J^* 在下式给出

$$J^* = x^{\mathrm{T}}(t_0) P x(t_0) + \int_{t_0 - \eta}^{t_0} \dot{\phi}^{\mathrm{T}}(s) T \dot{\phi}(s) \mathrm{d}s. \qquad (6.171)$$

证明: 构造下式所述的 Lyapunov 函数

$$V(t) = x^{\mathrm{T}}(t) P x(t) + \int_{t-\eta}^{t} \int_{s}^{t} \dot{x}^{\mathrm{T}}(v) T \dot{x}(v) \mathrm{d}v \mathrm{d}s \qquad (6.172)$$

其中 $P > 0$, $T > 0$.

由于 $x(t) - x(i_k h) - \int_{i_k h}^{t} \dot{x}(s)\mathrm{d}s = 0$ 并结合 (6.166), 可以得到, 对任意具有适当维数的矩阵 N_i 和 M_i $(i = 1, 2, 3)$ 下面两个式子满足

$$e^{\mathrm{T}}(t)N \left[x(t) - x(i_k h) - \int_{i_k h}^{t} \dot{x}(s)\mathrm{d}s \right] = 0 \tag{6.173}$$

和

$$e^{\mathrm{T}}(t)M \left\{ -[A + \Delta A(t)]\, x(t) - [BK + B\Delta(K)]\, x(i_k h) + \dot{x}(t) \right\} = 0 \tag{6.174}$$

其中 $e^{\mathrm{T}}(t) = \left[x^{\mathrm{T}}(t),\ x^{\mathrm{T}}(i_k h),\ \dot{x}^{\mathrm{T}}(t) \right]$, $N^{\mathrm{T}} = \left[N_1^{\mathrm{T}},\ N_2^{\mathrm{T}},\ N_3^{\mathrm{T}} \right]$, $M^{\mathrm{T}} = \left[M_1^{\mathrm{T}},\ M_2^{\mathrm{T}},\ M_3^{\mathrm{T}} \right]$.

在区间 $t \in \left[i_k h + \tau_k,\ i_{k+1} h + \tau_{k+1} \right)$ 对 $V(t)$ 求导, 并应用 (6.173) 和 (6.174), 可以得到

$$\begin{aligned}
\dot{V}(t) = {}& 2x^{\mathrm{T}}(t)P\dot{x}(t) \\
& + 2e^{\mathrm{T}}(t)N \left[x(t) - x(i_k h) - \int_{i_k h}^{t} \dot{x}(s)\mathrm{d}s \right] \\
& + 2e^{\mathrm{T}}(t)M \left\{ -[A + \Delta A(t)]\, x(t) - [BK + B\Delta(K)]\, x(i_k h) + \dot{x}(t) \right\} \\
& + \eta \dot{x}^{\mathrm{T}}(t)T\dot{x}(t) - \int_{t-\eta}^{t} \dot{x}^{\mathrm{T}}(s)T\dot{x}(s)\mathrm{d}s
\end{aligned} \tag{6.175}$$

其中 $\dot{V}(t) = \limsup_{\delta \to 0^+} \dfrac{1}{\delta} \left[V(t + \delta) - V(t) \right]$.

注意到 (6.170), 容易看出在区间 $t \in \left[i_k h + \tau_k,\ i_{k+1} h + \tau_{k+1} \right)$, 下式成立

$$-2e^{\mathrm{T}}(t)N \int_{i_k h}^{t} \dot{x}(s)\mathrm{d}s \leqslant \eta e^{\mathrm{T}}(t)NT^{-1}N^{\mathrm{T}}e(t) + \int_{t-\eta}^{t} \dot{x}^{\mathrm{T}}(s)T\dot{x}(s)\mathrm{d}s \tag{6.176}$$

结合 (6.175)~(6.176), 我们得到

$$\dot{V}(t) \leqslant e^{\mathrm{T}}(t)\Omega_1 e(t), \quad t \in \left[i_k h + \tau_k,\ i_{k+1} h + \tau_{k+1} \right) \tag{6.177}$$

其中

$$\Omega_1 = \begin{bmatrix} L_{11} & * & * \\ L_{21} & L_{22} & * \\ L_{31} & L_{32} & L_{33} \end{bmatrix} + \eta NT^{-1}N^{\mathrm{T}}$$

从 (6.169) 可以看出

$$\Omega_1 < \mathrm{diag}\left(-W,\ 0,\ -W \right) \tag{6.178}$$

结合 (6.177) 和 (6.178), 我们有

$$\dot{V}(t) \leqslant -\lambda \|x(t)\|^2 - \lambda \|\dot{x}(t)\|^2, \quad t \in \Big[\ i_k h + \tau_k, \ \ i_{k+1} h + \tau_{k+1}\ \Big) \tag{6.179}$$

其中 $\lambda = \lambda_{\min}(-W)$. 利用第 2 章的分析方法, 可以证明系统 (6.166)~(6.167) 是指数稳定的.

注意到当 $t \in [\, i_k h + \tau_k, \ \ i_{k+1} h + \tau_{k+1})$, $u(t)$ 可以被表示为

$$u(t) = [K + \Delta(K)]\, x(i_k h)$$

由 (6.177), 对 $t \in \Big[\ i_k h + \tau_k, \ \ i_{k+1} h + \tau_{k+1}\ \Big)$, 我们能得到 $\dot{V}(t)$ 的估计为

$$\begin{aligned}
\dot{V}(t) &\leqslant e^{\mathrm{T}}(t)\Omega_1 e(t) + x^{\mathrm{T}}(t)Rx(t) \\
&\quad + x^{\mathrm{T}}(i_k h)\,[K + \Delta(K)]^{\mathrm{T}}\, Q\, [K + \Delta(K)]\, x(i_k h) \\
&\quad - x^{\mathrm{T}}(t)Rx(t) - u^{\mathrm{T}}(t)Qu(t) \\
&= e^{\mathrm{T}}(t)\Omega_2 e(t) - x^{\mathrm{T}}(t)Rx(t) - u^{\mathrm{T}}(t)Qu(t)
\end{aligned} \tag{6.180}$$

其中 $\Omega_2 = \Omega_1 + \operatorname{diag}\Big(\ R, \ \ [K + \Delta(K)]^{\mathrm{T}}\, Q\, [K + \Delta(K)], \ \ 0\ \Big)$.

由 (6.169) 可知, $\Omega_2 < 0$. 因此, (6.180) 意味着

$$\dot{V}(t) \leqslant -x^{\mathrm{T}}(t)Rx(t) - u^{\mathrm{T}}(t)Qu(t), \quad t \in \Big[\ i_k h + \tau_k, \ \ i_{k+1} h + \tau_{k+1}\ \Big) \tag{6.181}$$

注意到 $\bigcup\limits_{k=1}^{\infty} \Big[\, i_k h + \tau_k, \ \ i_{k+1} h + \tau_{k+1}\Big) = [t_0, \infty)$. 对 (6.181) 的两端从 t_0 到 ∞ 进行积分可以得到

$$\int_{t_0}^{\infty} \big[x^{\mathrm{T}}(t)Rx(t) + u^{\mathrm{T}}(t)Qu(t)\big]\, \mathrm{d}t \leqslant V(t_0) \overset{\Delta}{=} J^*$$

■

基于引理 6.10 可得到如下求解反馈增益 K 的条件以及相应的成本函数的上界.

定理 6.10　*考虑系统* (6.163)~(6.165), *其中 $f(\cdot)$ 和 $g(\cdot)$ 如式*(6.81)~(6.82)*所示, 其量化密度分别为 ρ_f 和 ρ_g. 对给定的 η, 选择整数 l_j ($j = 2,3$) 和 γ, 如果存在矩阵 $\tilde{P} > 0$, $\tilde{T} > 0$, $\tilde{M} > 0$, 对称矩阵 X 和矩阵 $\tilde{N}_i$ ($i = 1,2,3$), Y 和标量 $\varepsilon_k > 0$ ($k = 1, 2, \cdots, 7$) 使得下列矩阵不等式成立*

$$XX \geqslant \tilde{M} \tag{6.182}$$

$$\begin{bmatrix} -\tilde{M} & * \\ Y & -\gamma I \end{bmatrix} < 0 \tag{6.183}$$

$$
\begin{bmatrix}
\tilde{\Gamma}_{11} + \varepsilon_1 DD^{\mathrm{T}} & & & & & \\
+\varepsilon_a BB^{\mathrm{T}} & * & * & * & * & * \\
\tilde{\Gamma}_{21} + \varepsilon_1 l_2 DD^{\mathrm{T}} & \tilde{\Gamma}_{22} + \varepsilon_1 l_2^2 DD^{\mathrm{T}} & & & & \\
+\varepsilon_a l_2 BB^{\mathrm{T}} & +\varepsilon_a l_2^2 BB^{\mathrm{T}} & * & * & * & * \\
\tilde{\Gamma}_{31} + \varepsilon_1 l_3 DD^{\mathrm{T}} & \tilde{\Gamma}_{32} + \varepsilon_1 l_2 l_3 DD^{\mathrm{T}} & \tilde{\Gamma}_{33} + \varepsilon_1 l_3^2 DD^{\mathrm{T}} & & & \\
+\varepsilon_a l_3 BB^{\mathrm{T}} & +\varepsilon_a l_2 l_3 BB^{\mathrm{T}} & +\varepsilon_a l_3^2 BB^{\mathrm{T}} & * & * & * \\
\eta \tilde{N}_1^{\mathrm{T}} & \eta \tilde{N}_2^{\mathrm{T}} & \eta \tilde{N}_3^{\mathrm{T}} & -\eta \tilde{T} & * & * \\
\Theta_1 & 0 & 0 & 0 & -\Xi_1 & * \\
0 & \Theta_2 & 0 & 0 & 0 & -\Xi_2
\end{bmatrix} < 0
$$

$$
(6.184)
$$

$$
(i_{k+1} - i_k)h + \tau_{k+1} \leqslant \eta, \quad k = 1, 2, \cdots \tag{6.185}
$$

其中

$$
\tilde{\Gamma}_{11} = \tilde{N}_1 + \tilde{N}_1^{\mathrm{T}} - AX^{\mathrm{T}} - XA^{\mathrm{T}}, \quad \tilde{\Gamma}_{21} = \tilde{N}_2 - \tilde{N}_1^{\mathrm{T}} - l_2 AX^{\mathrm{T}} - Y^{\mathrm{T}} B^{\mathrm{T}}
$$

$$
\tilde{\Gamma}_{31} = \tilde{N}_3 - l_3 AX^{\mathrm{T}} + X + \tilde{P}, \quad \tilde{\Gamma}_{22} = -\tilde{N}_2 - \tilde{N}_2^{\mathrm{T}} - l_2 BY - l_2 Y^{\mathrm{T}} B^{\mathrm{T}}
$$

$$
\tilde{\Gamma}_{32} = -\tilde{N}_3 + l_2 X - l_3 BY, \quad \tilde{\Gamma}_{33} = l_3 X + l_3 X^{\mathrm{T}} + \eta \tilde{T}
$$

$$
\Theta_1 = \begin{bmatrix} X, & XE_a^{\mathrm{T}} \end{bmatrix}^{\mathrm{T}}
$$

$$
\Theta_2 = \begin{bmatrix} Y^{\mathrm{T}}, & Y^{\mathrm{T}}, & \gamma \delta_g^2 X, & \gamma \delta_g^2 X, & Y^{\mathrm{T}}, & \gamma \delta_g^2 X, & \gamma \delta_g^2 X \end{bmatrix}^{\mathrm{T}}
$$

$$
\Xi_1 = \mathrm{diag} \begin{pmatrix} R^{-1}, & \varepsilon_1 I \end{pmatrix}
$$

$$
\Xi_2 = \mathrm{diag} \begin{pmatrix} Q^{-1} - \varepsilon_b I, & \varepsilon_2 I, & \gamma \delta_g^2 \varepsilon_3 I, & \gamma \delta_g^2 \varepsilon_4 I, & \varepsilon_5 I, & \gamma \delta_g^2 \varepsilon_6 I, & \gamma \delta_g^2 \varepsilon_7 I \end{pmatrix}
$$

$$
\varepsilon_a = \varepsilon_2 \delta_f^2 + \varepsilon_3 + \varepsilon_4 \delta_f^2, \quad \varepsilon_b = \varepsilon_5 \delta_f^2 + \varepsilon_6 + \varepsilon_7 \delta_f^2
$$

则, (6.164)~(6.165)是系统(6.162)的一个QGCC, 反馈增益为 $K = YX^{-1}$, 成本函数 J 的上界为

$$
J^* = x^{\mathrm{T}}(t_0) X^{-1} \tilde{P} X^{-1} x(t_0) + \int_{t_0-\eta}^{t_0} \dot{\phi}^{\mathrm{T}}(s) X^{-1} \tilde{T} X^{-1} \dot{\phi}(s) \mathrm{d}s \tag{6.186}
$$

证明: 定义

$$
\Pi = \begin{bmatrix}
L_{11} + R & * & * & * & * \\
L_{21} & L_{22} & * & * & * \\
L_{31} & L_{32} & L_{33} & * & * \\
\eta N_1^{\mathrm{T}} & \eta N_2^{\mathrm{T}} & \eta N_3^{\mathrm{T}} & -\eta T & * \\
0 & K + \Delta(K) & 0 & 0 & -Q^{-1}
\end{bmatrix}
$$

那么

$$\Pi = \Pi' + \mathcal{L}_D^{\mathrm{T}} F(t)\mathcal{E}_a + \mathcal{E}_a^{\mathrm{T}} F^{\mathrm{T}}(t)\mathcal{L}_D + \mathcal{L}_B^{\mathrm{T}}\Delta_f\mathcal{K} + \mathcal{K}^{\mathrm{T}}\Delta_f\mathcal{L}_B$$
$$+\mathcal{L}_B^{\mathrm{T}} K\mathcal{T}_g + \mathcal{T}_g^{\mathrm{T}} K^{\mathrm{T}}\mathcal{L}_B + \mathcal{L}_B^{\mathrm{T}}\Delta_f K\mathcal{T}_g + \mathcal{T}_g^{\mathrm{T}} K^{\mathrm{T}}\Delta_f\mathcal{L}_B$$
$$+\mathcal{T}_f^{\mathrm{T}} K\mathcal{I}_2 + \mathcal{I}_2^{\mathrm{T}} K^{\mathrm{T}}\mathcal{T}_f + \mathcal{I}_1^{\mathrm{T}} K\mathcal{T}_g + \mathcal{T}_g^{\mathrm{T}} K^{\mathrm{T}}\mathcal{I}_1$$
$$+\mathcal{T}_f^{\mathrm{T}} K\mathcal{T}_g + \mathcal{T}_g^{\mathrm{T}} K^{\mathrm{T}}\mathcal{T}_f,$$

其中

$$\Pi' = \begin{bmatrix} \Gamma_{11} & * & * & * & * \\ \Gamma_{21} & \Gamma_{22} & * & * & * \\ \Gamma_{31} & \Gamma_{32} & \Gamma_{33} & * & * \\ \eta N_1^{\mathrm{T}} & \eta N_2^{\mathrm{T}} & \eta N_3^{\mathrm{T}} & -\eta T & * \\ 0 & K & 0 & 0 & -Q^{-1} \end{bmatrix}$$

$$\Gamma_{11} = N_1 + N_1^{\mathrm{T}} - M_1 A - A^{\mathrm{T}} M_1^{\mathrm{T}} + R, \quad \Gamma_{21} = N_2 - N_1^{\mathrm{T}} - M_2 A - K^{\mathrm{T}} B^{\mathrm{T}} M_1^{\mathrm{T}}$$

$$\Gamma_{31} = N_3 - M_3 A + M_1^{\mathrm{T}} + P, \quad \Gamma_{22} = -N_2 - N_2^{\mathrm{T}} - M_2 BK - K^{\mathrm{T}} B^{\mathrm{T}} M_2^{\mathrm{T}}$$

$$\Gamma_{32} = -N_3 + M_2^{\mathrm{T}} - M_3 BK, \quad \Gamma_{33} = M_3 + M_3^{\mathrm{T}} + \eta T$$

$$\mathcal{L}_D = \begin{bmatrix} -D^{\mathrm{T}} M_1^{\mathrm{T}}, & -D^{\mathrm{T}} M_2^{\mathrm{T}}, & -D^{\mathrm{T}} M_3^{\mathrm{T}}, & 0, & 0 \end{bmatrix}$$

$$\mathcal{L}_B = \begin{bmatrix} -B^{\mathrm{T}} M_1^{\mathrm{T}}, & -B^{\mathrm{T}} M_2^{\mathrm{T}}, & -B^{\mathrm{T}} M_3^{\mathrm{T}}, & 0, & 0 \end{bmatrix}$$

$$\mathcal{E}_a = \begin{bmatrix} E_a, & 0, & 0, & 0, & 0 \end{bmatrix}, \quad \mathcal{K} = \begin{bmatrix} 0, & K, & 0, & 0, & 0 \end{bmatrix}$$

$$\mathcal{I}_1 = \begin{bmatrix} 0, & 0, & 0, & 0, & I \end{bmatrix}, \quad \mathcal{I}_2 = \begin{bmatrix} 0, & I, & 0, & 0, & 0 \end{bmatrix}$$

$$\mathcal{T}_g = \begin{bmatrix} 0, & \Delta_g, & 0, & 0, & 0 \end{bmatrix}, \quad \mathcal{T}_f = \begin{bmatrix} 0, & 0, & 0, & 0, & \Delta_f \end{bmatrix}$$

容易看出

$$\Pi \leqslant \Pi' + \varepsilon_1 \mathcal{L}_D^{\mathrm{T}}\mathcal{L}_D + \varepsilon_1^{-1}\mathcal{E}_a^{\mathrm{T}}\mathcal{E}_a + \varepsilon_2 \mathcal{L}_B^{\mathrm{T}}\Delta_f^2\mathcal{L}_B + \varepsilon_2^{-1}\mathcal{K}^{\mathrm{T}}\mathcal{K}$$
$$+\varepsilon_3 \mathcal{L}_B^{\mathrm{T}}\mathcal{L}_B + \varepsilon_3^{-1}\mathcal{T}_g^{\mathrm{T}} K^{\mathrm{T}} K\mathcal{T}_g + \varepsilon_4 \mathcal{L}_B^{\mathrm{T}}\Delta_f^2\mathcal{L}_B + \varepsilon_4^{-1}\mathcal{T}_g^{\mathrm{T}} K^{\mathrm{T}} K\mathcal{T}_g$$
$$+\varepsilon_5 \mathcal{T}_f^{\mathrm{T}}\mathcal{T}_f + \varepsilon_5^{-1}\mathcal{I}_2^{\mathrm{T}} K^{\mathrm{T}} K\mathcal{I}_2 + \varepsilon_6 \mathcal{I}_1^{\mathrm{T}}\mathcal{I}_1 + \varepsilon_6^{-1}\mathcal{T}_g^{\mathrm{T}} K^{\mathrm{T}} K\mathcal{T}_g$$
$$+\varepsilon_7 \mathcal{T}_f^{\mathrm{T}}\mathcal{T}_f + \varepsilon_7^{-1}\mathcal{T}_g^{\mathrm{T}} K^{\mathrm{T}} K\mathcal{T}_g \tag{6.187}$$

其中 $\varepsilon_i > 0$ $(i = 1, 2, \cdots, 7)$.

应用 Schur 引理, 由 (6.183) 可以推出

$$Y^{\mathrm{T}} Y \leqslant \gamma \tilde{M} \tag{6.188}$$

由于 $K = YX^{-1}$, 从 (6.182) 和 (6.188), 我们有

$$K^{\mathrm{T}}K \leqslant \gamma I \tag{6.189}$$

从 (6.187) 和 (6.189), 我们有

$$
\begin{aligned}
\Pi \leqslant{} & \Pi' + \varepsilon_1 \mathcal{L}_D^{\mathrm{T}} \mathcal{L}_D + \varepsilon_1^{-1} \mathcal{E}_a^{\mathrm{T}} \mathcal{E}_a + \left(\varepsilon_2 \delta_f^2 + \varepsilon_3 + \varepsilon_4 \delta_f^2 \right) \mathcal{L}_B^{\mathrm{T}} \mathcal{L}_B + \varepsilon_2^{-1} \mathcal{K}^{\mathrm{T}} \mathcal{K} \\
& + \left(\varepsilon_3^{-1} \gamma \delta_g^2 + \varepsilon_4^{-1} \gamma \delta_g^2 + \varepsilon_6^{-1} \gamma \delta_g^2 + \varepsilon_7^{-1} \gamma \delta_g^2 \right) \mathcal{I}_2^{\mathrm{T}} \mathcal{I}_2 + \varepsilon_5^{-1} \mathcal{I}_2^{\mathrm{T}} K^{\mathrm{T}} K \mathcal{I}_2 \\
& + \left(\varepsilon_5 \delta_f^2 + \varepsilon_6 + \varepsilon_7 \delta_f^2 \right) \mathcal{I}_1^{\mathrm{T}} \mathcal{I}_1 \triangleq \Pi''
\end{aligned} \tag{6.190}
$$

令 $M_1 = X^{-1}$, $M_2 = l_2 X^{-1}$, $M_3 = l_3 X^{-1}$ 并通过通常的矩阵计算, 得到

$$
\begin{aligned}
\hat{\Pi}'' ={}& \operatorname{diag}\Big(X, \ X, \ X, \ X, \ I \Big) \Pi'' \operatorname{diag}\Big(X, \ X, \ X, \ X, \ I \Big) \\
={}& \hat{\Pi}' + \varepsilon_1 \mathcal{F}_1^{\mathrm{T}} \mathcal{F}_1 + \varepsilon_1^{-1} \mathcal{F}_2^{\mathrm{T}} \mathcal{F}_2 + \left(\varepsilon_2 \delta_f^2 + \varepsilon_3 + \varepsilon_4 \delta_f^2 \right) \mathcal{F}_3^{\mathrm{T}} \mathcal{F}_3 \\
& + \left(\varepsilon_2^{-1} + \varepsilon_5^{-1} \right) \mathcal{I}_2^{\mathrm{T}} Y^{\mathrm{T}} Y \mathcal{I}_2 \\
& + \left(\varepsilon_3^{-1} \gamma \delta_g^2 + \varepsilon_4^{-1} \gamma \delta_g^2 + \varepsilon_6^{-1} \gamma \delta_g^2 + \varepsilon_7^{-1} \gamma \delta_g^2 \right) \mathcal{I}_2^{\mathrm{T}} X X \mathcal{I}_2 \\
& + \left(\varepsilon_5 \delta_f^2 + \varepsilon_6 + \varepsilon_7 \delta_f^2 \right) \mathcal{I}_1^{\mathrm{T}} \mathcal{I}_1
\end{aligned}
$$

其中

$$
\hat{\Pi}' =
\begin{bmatrix}
\tilde{\Gamma}_{11} + XRX & * & * & * & * \\
\tilde{\Gamma}_{21} & \tilde{\Gamma}_{22} & * & * & * \\
\tilde{\Gamma}_{31} & \tilde{\Gamma}_{32} & \tilde{\Gamma}_{33} & * & * \\
\eta \tilde{N}_1^{\mathrm{T}} & \eta \tilde{N}_2^{\mathrm{T}} & \eta \tilde{N}_3^{\mathrm{T}} & -\eta \tilde{T} & * \\
0 & Y & 0 & 0 & -Q^{-1}
\end{bmatrix}
$$

$$\tilde{N}_i = X N_i X \ (i = 1, 2, 3), \quad \tilde{P} = X P X, \quad \tilde{T} = X T X$$

$$
\begin{aligned}
\mathcal{F}_1 &= \begin{bmatrix} D^{\mathrm{T}}, & l_2 D^{\mathrm{T}}, & l_3 D^{\mathrm{T}}, & 0, & 0 \end{bmatrix} \\
\mathcal{F}_2 &= \begin{bmatrix} E_a X^{\mathrm{T}}, & 0, & 0, & 0, & 0 \end{bmatrix} \\
\mathcal{F}_3 &= \begin{bmatrix} B^{\mathrm{T}}, & l_2 B^{\mathrm{T}}, & l_3 B^{\mathrm{T}}, & 0, & 0 \end{bmatrix}
\end{aligned}
$$

应用 Schur 引理, 我们可以证明 (6.184) 等价于 $\hat{\Pi}'' < 0$. 因此, 从 (6.184) 可以推出 $\hat{\Pi}'' < 0$, 这样进一步可以得到 $\Pi'' < 0$. 定义 $\lambda = \lambda_{\min}(-\Pi'')$, $W = \lambda I$. 因此, 从 (6.190) 可以得到

$$\Pi + \operatorname{diag}\Big(W, \ 0, \ W, \ 0, \ 0 \Big) < 0 \tag{6.191}$$

由于 (6.191) 等价于 (6.169), 利用引理 6.10 可完成证明. ∎

注 6.9 (6.185)被用来描述网络状况. 从(6.184)和(6.185)可以看到, 量化器的量化密度和网络状况都会直接影响矩阵$X, Y, \tilde{P}$ 和$\tilde{T}$ 的求解, 因此会影响到反馈增益K和成本函数的上界.

为了减小 (6.186) 给出的成本函数的上界 J^*, 通常所用的方法是把其转化为一个优化问题 [88]. 然而, 用此优化方法求解需要事先知道初始函数. 也就是说, 优化问题的解依赖于给定的初始函数. 然而, 这样的优化问题的解只是理论上可行的, 并没有实际意义.

从 (6.168) 知道 $\dot{\phi}(t) = [A + \Delta A(t)]\phi(t)$. 假设存在 $\alpha_i > 0$ $(i = 1, 2)$ 使得

$$X^{-1}\tilde{P}X^{-1} \leqslant \alpha_1 I, \quad X^{-1}\tilde{T}X^{-1} \leqslant \alpha_2 I \tag{6.192}$$

那么, 从 (6.186) 可以得到

$$J^* \leqslant \alpha_1 x^{\mathrm{T}}(t_0)x(t_0) + q_a\alpha_2 \int_{t_0-\eta}^{t_0} \phi^{\mathrm{T}}(t)\phi(t)\mathrm{d}t \tag{6.193}$$

其中 $q_a = (\|A\| + \|D\|\,\|E_a\|)^2$.

在实际系统中, 初始条件的变化范围是可以事先知道的, 也就是说, 我们可以得到初始函数的上界的估计值. 假设存在 $q_b \geqslant 0$ 使得对 $t \in [t_0 - \eta, t_0]$, $\phi^{\mathrm{T}}(t)\phi(t) \leqslant q_b$. 因此, 从 (6.193) 我们有

$$J^* \leqslant q_b\alpha_1 + \eta q_a q_b\alpha_2 \tag{6.194}$$

接下来, 定义 $S_X = X^{-1}, S_T = \tilde{T}^{-1}, S_P = \tilde{P}^{-1}, S_M = \tilde{M}^{-1}$, 结合式 (6.182)~(6.184), (6.192), (6.194) 并且使用文献 [73] 的锥补线性化策略, 系统 (6.162) 的 QGCC 求解可以转化为求解下列优化问题, 这里考虑的控制器具有 (6.164)~(6.165) 的形式.

Minimize $\quad:\quad \mathrm{tr}\left(S_P\tilde{P} + S_T\tilde{T} + S_X X + S_M\tilde{M}\right) + q_b\alpha_1 + \eta q_a q_b\alpha_2$

Subject to $\quad:$

$$(6.183) \sim (6.184), \begin{bmatrix} -\alpha_1 I & S_X \\ S_X & -S_P \end{bmatrix} < 0, \begin{bmatrix} -\alpha_2 I & S_X \\ S_X & -S_T \end{bmatrix} < 0, \begin{bmatrix} -I & S_X \\ S_X & -S_M \end{bmatrix} < 0$$

$$\begin{bmatrix} S_M & I \\ I & \tilde{M} \end{bmatrix} \geqslant 0, \begin{bmatrix} S_P & I \\ I & \tilde{P} \end{bmatrix} \geqslant 0, \begin{bmatrix} S_T & I \\ I & \tilde{T} \end{bmatrix} \geqslant 0$$

$$\begin{bmatrix} -S_X & I \\ I & -X \end{bmatrix} \geqslant 0, \quad \tilde{P} > 0, \quad \tilde{T} > 0, \quad \tilde{M} > 0 \tag{6.195}$$

例 6.2　考虑系统

$$\dot{x}(t) = [A + \Delta A(t)]\, x(t) + Bu(t) \tag{6.196}$$

其中 $A = \begin{bmatrix} -2 & 0 \\ 1 & 1 \end{bmatrix}$，$B = \begin{bmatrix} 0 \\ 0.5 \end{bmatrix}$ 并且 $\|\Delta A(t)\| \leqslant 0.1$．假设对 $t \in [t_0 - \eta, t_0]$，初始函数 $\phi(t)$ 满足 $\phi^{\mathrm{T}}(t)\phi(t) \leqslant 1$．量化器 $f(\cdot)$ 和 $g(\cdot)$ 为对数量化器，量化级参数为 $\rho_f = \rho_g = 0.818$．网络状况满足 $(i_{k+1} - i_k)h + \tau_{k+1} \leqslant \eta$．成本函数 (6.162) 的参数矩阵选取为 $R = 0.1I$，$Q = 0.1$．对不同的网络状况，如 $\eta = 0.1$ 或 0.2，选取 $l_2 = 0.2$，$l_3 = 2$，$\gamma = 20$ 解优化问题 (6.195)，求出的反馈增益和成本函数的上界如表 6.2 中所示．对 $\eta = 0.1$ 或 0.2，采用反馈增益 $K = [-1.2466, \ -4.3625]$ 或 $K = [-1.4039, \ -4.2350]$，$\sqrt{x_1^2(t) + x_2^2(t)}$ 的变化情况如图 6.3 所示．

表 6.2　不同的 η 所对应的计算结果

η	反馈增益 K	成本函数的上界
0.1	$[-1.2466, \ -4.3625]$	38.8
0.2	$[-1.4039, \ -4.2350]$	39.7

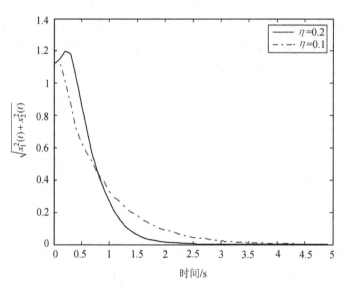

图 6.3　不同反馈增益对应的 $\sqrt{x_1^2(t) + x_2^2(t)}$ 的变化情况

动态输出量化控制

考虑如下线性连续系统

$$\dot{x}(t) = Ax(t) + Bu(t) \tag{6.197}$$

$$y(t) = Cx(t) \tag{6.198}$$

其中 $x(t) \in \mathbb{R}^n$, $u(t) \in \mathbb{R}^m$, $y(t) \in \mathbb{R}^p$ 分别表示状态向量、控制向量和输出向量. 当系统的状态量不完全可测时, 要考虑用输出反馈对系统 (6.197)~(6.198) 进行控制. 传统的基于观测器的输出反馈系统表示如下

$$\dot{\hat{x}}(t) = A\hat{x}(t) + Bu(t) + L(y(t) - C\hat{x}(t)) \tag{6.199}$$

$$u(t) = K\hat{x}(t) \tag{6.200}$$

其中 $\hat{x}(t) \in \mathbb{R}^n$ 是观测器状态, $L \in \mathbb{R}^{n \times p}$ 和 $K \in \mathbb{R}^{m \times n}$ 分别是观测器增益和控制增益. 当只考虑前向网络影响和输出量化的影响时, 控制系统的结构如图 6.4 所示.

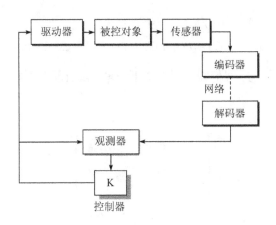

图 6.4 控制系统结构

此时, 系统 (6.199)~(6.200) 可以写成

$$\dot{\hat{x}}(t) = A\hat{x}(t) + Bu(t) + L(f(\bar{y}(t)) - C\hat{x}(t)) \tag{6.201}$$

$$u(t) = K\hat{x}(t), \quad t \in [i_k h + \tau_k, i_{k+1} h + \tau_{k+1}) \tag{6.202}$$

其中 $\bar{y}(t) = Cx(i_k h)$, $i_k (k = 1, 2, \cdots)$ 是正整数且 $\{i_1, i_2, \cdots\} \subset \{0, 1, 2, \cdots\}$. h 是采样周期, τ_k 是网络延迟. 量化器 $f(\cdot)$ 的定义如 (6.81) 所示, 其中 $f_i(\cdot)$ 是对数量化器, 其定义如 (6.4) 所示. 利用 (6.87), 当 $t \in [i_k h + \tau_k, i_{k+1} h + \tau_{k+1})$ 时, 系统

(6.201)~(6.202) 可以写成

$$\dot{\hat{x}}(t) = A\hat{x}(t) + Bu(t) + L\left((I + \Delta_f)Cx(i_kh) - C\hat{x}(t)\right) \tag{6.203}$$

其中

$$\Delta_f = \text{diag}\left\{ \begin{matrix} \Delta_{f_1}, & \Delta_{f_2}, & \cdots, & \Delta_{f_p} \end{matrix} \right\}, \ |\Delta_{f_i}| \leqslant \delta_i \tag{6.204}$$

为表示方便, 以下用 Δ 表示 Δ_f, Δ_i 表示 Δ_{f_i} $(i = 1, 2, \cdots, p)$.

定义误差变量 $e(t) = x(t) - \hat{x}(t)$, 根据系统 (6.197) 和 (6.203), 对 $t \in [i_kh + \tau_k, i_{k+1}h + \tau_{k+1})$, 有

$$\dot{x}(t) = (A + BK)x(t) - BKe(t) \tag{6.205}$$

$$\dot{e}(t) = (A - LC)e(t) + LCx(t) - L(I + \Delta)Cx(i_kh) \tag{6.206}$$

令 $\eta(t) = t - i_kh$, 因此, 当 $t \in [i_kh + \tau_k, i_{k+1}h + \tau_{k+1})$ 时, $\eta(t) \in [\tau_k, (i_{k+1} - i_k)h + \tau_{k+1})$. 定义 $\eta_m = \inf_k\{\tau_k\}$, $\eta_M = \sup_k\{(i_{k+1} - i_k)h + \tau_{k+1}\}$, 则 $\eta(t) \in [\eta_m, \eta_M]$.

此时, 系统 (6.205)~(6.206) 可以写成

$$\dot{x}(t) = (A + BK)x(t) - BKe(t) \tag{6.207}$$

$$\dot{e}(t) = (A - LC)e(t) + LCx(t) - L(I + \Delta)Cx(t - \eta(t)) \tag{6.208}$$

在给出主要结果前, 我们需要引入如下引理, 该引理在下面的分析中起着重要的作用.

引理 6.11　若有

$$\mathcal{A} = \begin{bmatrix} a_{11} & a_{12} & \cdots & a_{1n} \\ a_{21} & a_{22} & \cdots & a_{2n} \\ \vdots & \vdots & & \vdots \\ a_{n1} & a_{n2} & \cdots & a_{nn} \end{bmatrix} < 0 \tag{6.209}$$

$$\mathcal{B} = \begin{bmatrix} b_{11} & b_{12} & \cdots & b_{1m} \\ b_{21} & b_{22} & \cdots & b_{2m} \\ \vdots & \vdots & & \vdots \\ b_{m1} & b_{m2} & \cdots & b_{mm} \end{bmatrix} < 0 \tag{6.210}$$

其中 $a_{ij} \in \mathbb{R}$, $i, j = 1, 2, \cdots, n$, $b_{ij} \in \mathbb{R}$, $i, j = 1, 2, \cdots, m$. 则

$$\mathcal{C} = \begin{bmatrix} \mathcal{A} & 0_{n \times k} \\ 0_{k \times n} & 0_{k \times k} \end{bmatrix} + \begin{bmatrix} 0_{l \times l} & 0_{l \times m} \\ 0_{m \times l} & \mathcal{B} \end{bmatrix} < 0$$

其中 $k \leqslant n$, $l \leqslant m$, 并且 $n + k = l + m$.

证明： 对任意的 $x = [\ x_1, \quad x_2, \quad \cdots, \quad x_n\ ]$，$\zeta = [x_1, x_2, \cdots, x_n, y]$，其中 $x_i \in R$，$y \in R^k$. 如果 (6.209) 和 (6.210) 成立，可以得到

$$
\zeta^{\mathrm{T}} \left\{ \begin{bmatrix} \mathcal{A} & 0_{n\times k} \\ 0_{k\times n} & 0_{k\times k} \end{bmatrix} + \begin{bmatrix} 0_{l\times l} & 0_{l\times m} \\ 0_{m\times l} & \mathcal{B} \end{bmatrix} \right\} \zeta
$$

$$
= \begin{bmatrix} x_1 \\ x_2 \\ \vdots \\ x_n \end{bmatrix}^{\mathrm{T}} \begin{bmatrix} a_{11} & a_{12} & \cdots & a_{1n} \\ a_{21} & a_{22} & \cdots & a_{2n} \\ \vdots & \vdots & & \vdots \\ a_{n1} & a_{n2} & \cdots & a_{nn} \end{bmatrix} \begin{bmatrix} x_1 \\ x_2 \\ \vdots \\ x_n \end{bmatrix}
$$

$$
+ \begin{bmatrix} x_{l+1} \\ \vdots \\ x_n \\ y \end{bmatrix}^{\mathrm{T}} \begin{bmatrix} b_{11} & b_{12} & \cdots & b_{1m} \\ b_{21} & b_{22} & \cdots & b_{2m} \\ \vdots & \vdots & & \vdots \\ b_{m1} & b_{m2} & \cdots & b_{mm} \end{bmatrix} \begin{bmatrix} x_{l+1} \\ \vdots \\ x_n \\ y \end{bmatrix} \tag{6.211}
$$

由于 $\mathcal{A} < 0$ 并且 $\mathcal{B} < 0$，我们可以从 (6.211) 得到 $\mathcal{C} = \begin{bmatrix} \mathcal{A} & 0_{n\times k} \\ 0_{k\times n} & 0_{k\times k} \end{bmatrix} + \begin{bmatrix} 0_{l\times l} & 0_{l\times m} \\ 0_{m\times l} & \mathcal{B} \end{bmatrix}$

< 0. 结论成立. ∎

当控制增益 K 和观测器增益 L 同时出现在一个矩阵中时，怎样将它们分离开并分别设计一直是一个难点问题，尤其是当系统含有时滞并且比较复杂时. 应用引理 6.11 可以很方便地把它们分开. 但是，从上面的证明过程可以看出，如果 K 和 L 同时存在于矩阵 $\mathcal{C}$ 中，要想把它们分离到两个矩阵 $\mathcal{A}$ 和 $\mathcal{B}$ 中去，矩阵 $\mathcal{C}$ 必须要满足下面三个条件：

(1) 矩阵 $\mathcal{C}$ 左下角的 k 阶方阵必须是零矩阵；

(2) 控制增益 K 和观测器增益 L 不能同时出现在矩阵 $\mathcal{C}$ 的前 k 列；

(3) 在第二个条件成立的前提下，如果矩阵 $\mathcal{C}$ 的前 k 列包含控制增益 K，那么矩阵 $\mathcal{C}$ 的后 k 行元素不能出现反馈增益 K；反之，如果矩阵 $\mathcal{C}$ 的前 k 列包含观测器增益 L，那么矩阵 $\mathcal{C}$ 的后 k 行元素不能出现观测器增益 L.

定义

$$
\delta = \frac{1}{2}\left(\eta_M - \eta_m\right), \quad \eta_0 = \frac{1}{2}\left(\eta_M + \eta_m\right) \tag{6.212}
$$

则 $\eta(t) \in [\eta_0 - \delta, \eta_0 + \delta]$. 利用恒等式

$$
x\left(t - \eta\left(t\right)\right) = x\left(t - \eta_0\right) - \int_{t-\eta(t)}^{t-\eta_0} \dot{x}\left(s\right) \mathrm{d}s \tag{6.213}
$$

系统 (6.207)～(6.208) 可以写成

$$\dot{x}(t) = (A + BK)\,x(t) - BKe(t) \tag{6.214}$$

$$\dot{e}(t) = (A - LC)\,e(t) + LCx(t) - L(I + \Delta)\,Cx(t - \eta_0)$$

$$+ L(I + \Delta)\,C \int_{t-\eta(t)}^{t-\eta_0} \dot{x}(s)\,\mathrm{d}s \tag{6.215}$$

引理 6.12　对给定的标量 $\eta_m > 0$，$\eta_M > 0$ 和矩阵 K, L，如果存在适当维数的矩阵 $P_1 > 0$, $P_2 > 0$, $Q > 0$, $R > 0$, $S > 0$，$N_i(i = 1,2,3,4,5)$, $T_i(i = 1,2)$, $M_i\ (i = 1,2,3)$ 满足

$$
\Xi = \left[\begin{array}{cc}
Q + N_1 + N_1^{\mathrm{T}} + M_1 A + A^{\mathrm{T}} M_1^{\mathrm{T}} + M_1 BK + K^{\mathrm{T}} B^{\mathrm{T}} M_1^{\mathrm{T}} & * \\
N_2 - N_1^{\mathrm{T}} + M_2 A + M_2 BK & -Q - N_2 - N_2^{\mathrm{T}} \\
P_1 + N_3 + M_3 A + M_3 BK - M_1^{\mathrm{T}} & -N_3 - M_2^{\mathrm{T}} \\
N_4 - K^{\mathrm{T}} B^{\mathrm{T}} M_1^{\mathrm{T}} + T_1 LC & -N_4 - K^{\mathrm{T}} B^{\mathrm{T}} M_2^{\mathrm{T}} - T_1 L(I + \Delta) C \\
N_5 + T_2 LC & -N_5 - T_2 L(I + \Delta) C \\
\eta_0 N_1^{\mathrm{T}} & \eta_0 N_2^{\mathrm{T}} \\
\delta C^{\mathrm{T}}(I + \Delta) L^{\mathrm{T}} T_1^{\mathrm{T}} & \delta C^{\mathrm{T}}(I + \Delta) L^{\mathrm{T}} T_2^{\mathrm{T}}
\end{array}\right.
$$

$$
\left.\begin{array}{ccccc}
* & * & * & * & * \\
* & * & * & * & * \\
\eta_0 R + 2\delta S - M_3 - M_3^{\mathrm{T}} & * & * & * & * \\
-K^{\mathrm{T}} B^{\mathrm{T}} M_3^{\mathrm{T}} & T_1 A + A^{\mathrm{T}} T_1^{\mathrm{T}} - T_1 LC - C^{\mathrm{T}} L^{\mathrm{T}} T_1^{\mathrm{T}} & * & * & * \\
0 & P_2 + T_2 A - T_1^{\mathrm{T}} - T_2 LC & -T_2 - T_2^{\mathrm{T}} & * & * \\
\eta_0 N_3^{\mathrm{T}} & \eta_0 N_4^{\mathrm{T}} & \eta_0 N_5^{\mathrm{T}} & -\eta_0 R & * \\
0 & 0 & 0 & 0 & -\delta S
\end{array}\right] < 0 \tag{6.216}
$$

则系统(6.214)～(6.215)是渐近稳定的.

证明：构造 Lyapunov 函数如下

$$V(t) = x^{\mathrm{T}}(t) P_1 x(t) + e^{\mathrm{T}} P_2 e(t) + \int_{t-\eta_0}^{t} x^{\mathrm{T}}(s) Q x(s)\mathrm{d}s \tag{6.217}$$

$$+ \int_{t-\eta_0}^{t} \int_{s}^{t} \dot{x}^{\mathrm{T}}(v) R \dot{x}(v)\mathrm{d}v\mathrm{d}s + \int_{t-\eta_0-\delta}^{t-\eta_0+\delta} \int_{s}^{t} \dot{x}^{\mathrm{T}}(v) S \dot{x}(v)\mathrm{d}v\mathrm{d}s$$

对 $V(t)$ 求导可得

$$
\begin{aligned}
\dot{V}(t) &= 2x^{\mathrm{T}}(t)P_1\dot{x}(t) + 2e^{\mathrm{T}}P_2\dot{e}(t) + x^{\mathrm{T}}(t)Qx(t) - x^{\mathrm{T}}(t-\eta_0)Qx(t-\eta_0) \\
&\quad + \dot{x}^{\mathrm{T}}(t)\left(\eta_0 R + 2\delta S\right)\dot{x}(t) - \int_{t-\eta_0}^{t} \dot{x}^{\mathrm{T}}(s)R\dot{x}(s)\mathrm{d}s \\
&\quad - \int_{t-\eta_0-\delta}^{t-\eta_0+\delta} \dot{x}^{\mathrm{T}}(s)S\dot{x}(s)\mathrm{d}s
\end{aligned} \tag{6.218}
$$

对具有适当维数的矩阵 $N_i(i=1,2,3,4,5)$, $M_i(i=1,2,3)$, $T_i(i=1,2)$ ，可以得到

$$
2\xi^{\mathrm{T}}(t)N\left[x(t) - x(t-\eta_0) - \int_{t-\eta_0}^{t}\dot{x}(s)\mathrm{d}s\right] = 0 \tag{6.219}
$$

$$
2\left[x^{\mathrm{T}}(t)M_1 + x^{\mathrm{T}}(t-\eta_0)M_2 + \dot{x}^{\mathrm{T}}(t)M_3\right]\left[(A+BK)x(t) - BKe(t) - \dot{x}(t)\right] = 0 \tag{6.220}
$$

$$
\begin{aligned}
2\left[e^{\mathrm{T}}(t)T_1 + \dot{e}^{\mathrm{T}}(t)T_2\right]&\left[(A-LC)e(t) + LCx(t) \right. \\
&\left. -L(I+\Delta)Cx(t-\eta_0) - \dot{e}(t) + L(I+\Delta)C\int_{t-\eta(t)}^{t-\eta_0}\dot{x}(s)\mathrm{d}s\right] = 0
\end{aligned} \tag{6.221}
$$

其中

$$
\begin{aligned}
\xi^{\mathrm{T}}(t) &= \left[\ x^{\mathrm{T}}(t),\quad x^{\mathrm{T}}(t-\eta_0),\quad \dot{x}^{\mathrm{T}}(t),\quad e^{\mathrm{T}}(t),\quad \dot{e}^{\mathrm{T}}(t)\ \right], \\
N^{\mathrm{T}} &= \left[\ N_1^{\mathrm{T}},\quad N_2^{\mathrm{T}},\quad N_3^{\mathrm{T}},\quad N_4^{\mathrm{T}},\quad N_5^{\mathrm{T}}\ \right].
\end{aligned}
$$

在 (6.219) 中, 容易得到

$$
-2\xi^{\mathrm{T}}(t)N\int_{t-\eta_0}^{t}\dot{x}(s)\mathrm{d}s \leqslant \eta_0\xi^{\mathrm{T}}(t)NR^{-1}N^{\mathrm{T}}\xi(t) + \int_{t-\eta_0}^{t}\dot{x}^{\mathrm{T}}(s)R\dot{x}(s)\mathrm{d}s \tag{6.222}
$$

在 (6.221) 中, 当 $t-\eta_0 \leqslant t-\eta(t)$ 时, 有

$$
\begin{aligned}
&2\left[e^{\mathrm{T}}(t)T_1 + \dot{e}^{\mathrm{T}}(t)T_2\right]\left(L(I+\Delta)C\int_{t-\eta(t)}^{t-\eta_0}\dot{x}(s)\mathrm{d}s\right) \\
&\leqslant \delta\begin{bmatrix}e(t)\\\dot{e}(t)\end{bmatrix}^{\mathrm{T}}\begin{bmatrix}T_1\\T_2\end{bmatrix}L(I+\Delta)CS^{-1}C^{\mathrm{T}}(I+\Delta)L^{\mathrm{T}}\begin{bmatrix}T_1\\T_2\end{bmatrix}^{\mathrm{T}}\begin{bmatrix}e(t)\\\dot{e}(t)\end{bmatrix} \\
&\quad + \int_{t-\eta(t)}^{t-\eta_0}\dot{x}^{\mathrm{T}}(s)S\dot{x}(s)\mathrm{d}s
\end{aligned} \tag{6.223}
$$

与 (6.223) 的推导过程类似, 当 $t - \eta_0 > t - \eta(t)$ 时

$$
\begin{aligned}
& 2 \left[\mathrm{e}^{\mathrm{T}}(t) T_1 + \dot{e}^{\mathrm{T}}(t) T_2 \right] \left(L \left(I + \Delta \right) C \int_{t-\eta(t)}^{t-\eta_0} \dot{x}(s) \mathrm{d}s \right) \\
& = -2 \left[\mathrm{e}^{\mathrm{T}}(t) T_1 + \dot{e}^{\mathrm{T}}(t) T_2 \right] \left(L \left(I + \Delta \right) C \int_{t-\eta_0}^{t-\eta(t)} \dot{x}(s) \mathrm{d}s \right) \\
& \leqslant \delta \left[\begin{array}{c} e(t) \\ \dot{e}(t) \end{array} \right]^{\mathrm{T}} \left[\begin{array}{c} T_1 \\ T_2 \end{array} \right] L \left(I + \Delta \right) C S^{-1} C^{\mathrm{T}} \left(I + \Delta \right) L^{\mathrm{T}} \left[\begin{array}{c} T_1 \\ T_2 \end{array} \right]^{\mathrm{T}} \left[\begin{array}{c} e(t) \\ \dot{e}(t) \end{array} \right] \\
& \quad + \int_{t-\eta_0}^{t-\eta(t)} \dot{x}^{\mathrm{T}}(s) S \dot{x}(s) \mathrm{d}s
\end{aligned}
\tag{6.224}
$$

此外

$$
\left\{
\begin{array}{l}
\displaystyle \int_{t-\eta(t)}^{t-\eta_0} \dot{x}^{\mathrm{T}}(s) S \dot{x}(s) \mathrm{d}s \\
\displaystyle \int_{t-\eta_0}^{t-\eta(t)} \dot{x}^{\mathrm{T}}(s) S \dot{x}(s) \mathrm{d}s
\end{array}
\leqslant \int_{t-\eta_0-\delta}^{t-\eta_0+\delta} \dot{x}^{\mathrm{T}}(s) S \dot{x}(s) \mathrm{d}s,
\right.
\tag{6.225}
$$

将 (6.219)~(6.221) 代入 (6.218), 并应用 (6.222)~(6.225) 和 Schur 引理, 可证明

$$
\dot{V}(t) \leqslant \xi^{\mathrm{T}}(t) \Xi \xi(t)
\tag{6.226}
$$

由条件 (6.216) 可知 $\dot{V}(t) < 0$. 引理得证. ∎

从前面对引理 6.11 的分析我们知道, 如果想直接应用该引理, 矩阵 Ξ 必须要满足前面提到的三个条件. 对照这三个条件我们发现矩阵 Ξ 不满足前两个条件, 即

(1) 矩阵 Ξ 的左下角元素不是 0;

(2) 矩阵 Ξ 的第一列元素同时出现控制增益 K 和观测器增益 L.

因此, 矩阵 Ξ 必须要经过变形才能应用引理 6.11. 注意到矩阵 Ξ 的第 7 行第 3 列元素为 0, 因此, 如果把矩阵 Ξ 的第 1 行元素与第 3 行元素对换, 同时把第 1 列元素与第 3 列元素对换, 得到的新矩阵 Ξ' 就同时满足前面所说的 3 个条件. 此外, 我们还知道初等变换不会改变矩阵 Ξ 的性质, 即 $\Xi < 0 \Leftrightarrow \Xi' < 0$.

应用引理 6.11 和引理 6.12, 可以到下面的结果.

推论 6.3　对给定的标量 $\eta_m > 0$, $\eta_M > 0$ 和矩阵 K, L, 如果存在具有适当维数的矩阵 $P_1 > 0$, $P_2 > 0$, $Q > 0$, $R > 0$, $S > 0$, $Z_i > 0 (i = 1, 2, 3, 4, 5)$, $N_i (i = $

$1, 2, 3, 4, 5)$，$T_i (i = 1, 2)$ 和 M_i $(i = 1, 2, 3)$ 使得

$$
\Sigma = \begin{bmatrix}
\eta_0 R + 2\delta S - M_3 - M_3^{\mathrm{T}} & * \\
-N_3^{\mathrm{T}} - M_2 & -Q - N_2 - N_2^{\mathrm{T}} + Z_1 \\
\begin{array}{c} P_1 + N_3^{\mathrm{T}} + A^{\mathrm{T}} M_3^{\mathrm{T}} \\ + K^{\mathrm{T}} B^{\mathrm{T}} M_3^{\mathrm{T}} - M_1 \end{array} & \begin{array}{c} N_2^{\mathrm{T}} - N_1 + A^{\mathrm{T}} M_2^{\mathrm{T}} \\ + K^{\mathrm{T}} B^{\mathrm{T}} M_2^{\mathrm{T}} \end{array} \\
-K^{\mathrm{T}} B^{\mathrm{T}} M_3^{\mathrm{T}} & -N_4 - K^{\mathrm{T}} B^{\mathrm{T}} M_2^{\mathrm{T}} \\
0 & -N_5 \\
\eta_0 N_3^{\mathrm{T}} & \eta_0 N_2^{\mathrm{T}}
\end{bmatrix}
$$

$$
\begin{bmatrix}
* & * & * & * \\
* & * & * & * \\
\begin{array}{c} Q + N_1 + N_1^{\mathrm{T}} + M_1 A + A^{\mathrm{T}} M_1^{\mathrm{T}} \\ + M_1 B K + K^{\mathrm{T}} B^{\mathrm{T}} M_1^{\mathrm{T}} + Z_2 \end{array} & * & * & * \\
N_4 - K^{\mathrm{T}} B^{\mathrm{T}} M_1^{\mathrm{T}} & -Z_3 & * & * \\
N_5 & 0 & -Z_4 & * \\
\eta_0 N_1^{\mathrm{T}} & \eta_0 N_4^{\mathrm{T}} & \eta_0 N_5^{\mathrm{T}} & -\eta_0 R + Z_5
\end{bmatrix} < 0 \quad (6.227)
$$

和

$$
\Pi = \begin{bmatrix}
-Z_1 & * \\
0 & -Z_2 \\
-T_1 L (I + \Delta) C & T_1 L C \\
-T_2 L (I + \Delta) C & T_2 L C \\
0 & 0 \\
\delta C^{\mathrm{T}} (I + \Delta) L^{\mathrm{T}} T_2^{\mathrm{T}} & \delta C^{\mathrm{T}} (I + \Delta) L^{\mathrm{T}} T_1^{\mathrm{T}}
\end{bmatrix}
$$

$$
\begin{bmatrix}
\begin{array}{c} T_1 A + A^{\mathrm{T}} T_1^{\mathrm{T}} - T_1 L C \\ -C^{\mathrm{T}} L^{\mathrm{T}} T_1^{\mathrm{T}} + Z_3 \end{array} & * & * & * \\
\begin{array}{c} P_2 + T_2 A \\ -T_2 L C - T_1^{\mathrm{T}} \end{array} & -T_2 - T_2^{\mathrm{T}} + Z_4 & * & * \\
0 & 0 & -Z_5 & * \\
0 & 0 & 0 & -\delta S
\end{bmatrix} < 0 \quad (6.228)
$$

成立, 则系统(6.214)∼(6.215)是渐近稳定的.

　　证明: 首先, 矩阵 Ξ' 可以分成两个矩阵之和

$$\Xi' = \begin{bmatrix} \Sigma & * \\ 0_{1\times 6} & 0 \end{bmatrix} + \begin{bmatrix} 0 & * \\ 0_{6\times 1} & \Pi \end{bmatrix}$$

应用引理 6.11, 从 (6.227) 和 (6.228) 很容易得到 $\Xi' < 0$. 从前面的分析还可以看出 $\Xi' < 0$ 与 $\Xi < 0$ 等价. 这样, 通过引理 6.12 可以得到系统 (6.214), (6.215) 是渐近稳定的. ■

　　定理 6.11　考虑含有量化器(6.4)的网络控制系统(6.214), (6.215). 对给定的标量 $\eta_m > 0$, $\eta_M > 0$, α_1, α_2, β 和矩阵 Z_δ, 如果存在变量 $\varepsilon_1 > 0$, $\varepsilon_2 > 0$ 和具有适当维数的矩阵 $\tilde{P}_1 > 0$, $P_2 > 0$, $\tilde{Q} > 0$, $\tilde{R} > 0$, $S > 0$, $Z_j > 0 (j = 1, 2, 3, 4, 5)$, $\tilde{Z}_5 > 0$, $\tilde{T}$, $X(\tilde{T} 和 X 是非奇异的)$, $\tilde{N}_i (i = 1, 2, 3, 4, 5)$, $\tilde{L}$, Y 使得

$$\begin{bmatrix} \tilde{\Sigma} & * \\ \mathcal{X} & \Theta \end{bmatrix} < 0 \tag{6.229}$$

$$\begin{bmatrix} \tilde{\Pi} + \Gamma & 0 & 0 \\ \mathcal{L}_1^{\mathrm{T}} & -\varepsilon_1 I & 0 \\ \mathcal{L}_2^{\mathrm{T}} & 0 & -\varepsilon_2 I \end{bmatrix} < 0 \tag{6.230}$$

其中

$$\tilde{\Sigma} = \begin{bmatrix} \eta_0 \tilde{R} - \alpha_2 X - \alpha_2 X^{\mathrm{T}} & * \\ -\tilde{N}_3^{\mathrm{T}} - \alpha_1 X^{\mathrm{T}} & -\tilde{Q} - \tilde{N}_2 - \tilde{N}_2^{\mathrm{T}} \\ \begin{array}{c} \tilde{P}_1 + \tilde{N}_3^{\mathrm{T}} + \alpha_2 X A^{\mathrm{T}} \\ + \alpha_2 Y^{\mathrm{T}} B^{\mathrm{T}} - X^{\mathrm{T}} \\ - \alpha_2 Y^{\mathrm{T}} B^{\mathrm{T}} \end{array} & \begin{array}{c} \tilde{N}_2^{\mathrm{T}} - \tilde{N}_1 + \alpha_1 X A^{\mathrm{T}} \\ + \alpha_1 Y^{\mathrm{T}} B^{\mathrm{T}} \\ -\tilde{N}_4 - \alpha_1 Y^{\mathrm{T}} B^{\mathrm{T}} \end{array} \\ 0 & -\tilde{N}_5 \\ \eta_0 \tilde{N}_3^{\mathrm{T}} & \eta_0 \tilde{N}_2^{\mathrm{T}} \end{bmatrix}$$

$$\begin{bmatrix} * & * & * & * \\ * & * & * & * \\ \begin{array}{c} \tilde{Q} + \tilde{N}_1 + \tilde{N}_1^{\mathrm{T}} + A X^{\mathrm{T}} \\ + X A^{\mathrm{T}} + B Y + Y^{\mathrm{T}} B^{\mathrm{T}} \end{array} & * & * & * \\ \tilde{N}_4 - Y^{\mathrm{T}} B^{\mathrm{T}} & -X Z_3 X^{\mathrm{T}} & * & * \\ \tilde{N}_5 & 0 & -X Z_4 X^{\mathrm{T}} & * \\ \eta_0 \tilde{N}_1^{\mathrm{T}} & \eta_0 \tilde{N}_4^{\mathrm{T}} & \eta_0 \tilde{N}_5^{\mathrm{T}} & -\eta_0 \tilde{R} + \tilde{Z}_5 \end{bmatrix}$$

$$\mathcal{Z}_\delta = \mathrm{diag}\left(\begin{array}{cccc} \delta_1^2, & \delta_2^2, & \cdots, & \delta_p^2 \end{array}\right), \delta_i \text{ 如}(6.204)\text{所示}$$

$$\mathcal{X} = \begin{bmatrix} 2\delta X^{\mathrm{T}} & 0 & 0 & 0 & 0 & 0 \\ 0 & X^{\mathrm{T}} & 0 & 0 & 0 & 0 \\ 0 & 0 & X^{\mathrm{T}} & 0 & 0 & 0 \end{bmatrix}$$

$$\Theta = \mathrm{diag}\left(\begin{array}{ccc} 2\delta S^{-1}, & Z_1^{-1}, & Z_2^{-1} \end{array}\right)$$

$$\Gamma = \mathrm{diag}\left(\begin{array}{ccccc} \varepsilon_1 C^{\mathrm{T}}\mathcal{Z}_\delta C, & \varepsilon_2 C^{\mathrm{T}}\mathcal{Z}_\delta C, & 0, & 0, & 0 \end{array}\right)$$

$$\mathcal{L}_1^{\mathrm{T}} = \begin{bmatrix} 0, & 0, & -\tilde{L}^{\mathrm{T}}, & -\beta\tilde{L}^{\mathrm{T}}, & \delta\beta\tilde{L}^{\mathrm{T}} \end{bmatrix}$$

$$\mathcal{L}_2^{\mathrm{T}} = \begin{bmatrix} 0, & 0, & 0, & 0, & \delta\tilde{L}^{\mathrm{T}} \end{bmatrix}$$

$$\tilde{\Pi} = \begin{bmatrix} -Z_1 & * & * & * & * \\ 0 & -Z_2 & * & * & * \\ -\tilde{L}C & \tilde{L}C & TA+A^{\mathrm{T}}T^{\mathrm{T}}-\tilde{L}C-C^{\mathrm{T}}\tilde{L}^{\mathrm{T}}+Z_3 & * & * \\ -\beta\tilde{L}C & \beta\tilde{L}C & P_2+\beta TA-\beta\tilde{L}C-T^{\mathrm{T}} & -\beta T-\beta T^{\mathrm{T}}+Z_4 & * \\ \delta\beta C^{\mathrm{T}}\tilde{L}^{\mathrm{T}} & \delta C^{\mathrm{T}}\tilde{L}^{\mathrm{T}} & 0 & 0 & -\delta S \end{bmatrix}$$

成立, 则系统(6.214)~(6.215)是渐近稳定的, 其中控制器增益 $K = YX^{-\mathrm{T}}$, 观测器增益 $L = T^{-1}\tilde{L}$.

证明: 注意到在 (6.228) 中, 第 5 行和第 5 列元素除了 $-Z_5$ 外全为零并且我们知道 $Z_5 > 0$, 因此在 (6.228) 中删掉第 5 行和第 5 列, 剩下的矩阵 Π' 仍然是负定的, 即 $\Pi' < 0$. 定义 $M_2 = \alpha_1 M_1$, $M_3 = \alpha_2 M_1$, $M_1^{-1} = X$, 其中 X 为非奇异矩阵, 在 (6.227) 前后分别乘以 $\mathrm{diag}\left(\begin{array}{cccccc} X, & X, & X, & X, & X, & X \end{array}\right)$ 和其转置矩阵, 令 $Y = KX^{\mathrm{T}}$, $\tilde{P}_1 = XP_1X^{\mathrm{T}}$, $\tilde{Q} = XQX^{\mathrm{T}}$, $\tilde{R} = XRX^{\mathrm{T}}$, $\tilde{Z}_5 = XZ_5X^{\mathrm{T}}$, $\tilde{N}_i = XN_iX^{\mathrm{T}}(i = 1,2,3,4,5)$, 应用 Schur 引理可以得到 (6.229). 在 Π' 中定义 $T = T_1$, $T_2 = \beta T$, $\tilde{L} = TL$, 并且 Π' 可以分解为

$$\Pi' = \tilde{\Pi} + \mathcal{L}_1\mathcal{C}_1 + \mathcal{C}_1^{\mathrm{T}}\mathcal{L}_1^{\mathrm{T}} + \mathcal{L}_2\mathcal{C}_2 + \mathcal{C}_2^{\mathrm{T}}\mathcal{L}_2^{\mathrm{T}} \tag{6.231}$$

其中

$$\mathcal{C}_1 = \begin{bmatrix} \Delta C, & 0, & 0, & 0, & 0 \end{bmatrix}$$

$$\mathcal{C}_2 = \begin{bmatrix} 0, & \Delta C, & 0, & 0, & 0 \end{bmatrix}$$

利用引理 6.7, 可得

$$\mathcal{L}_i\mathcal{C}_i + \mathcal{C}_i^{\mathrm{T}}\mathcal{L}_i^{\mathrm{T}} \leqslant \varepsilon_i^{-1}\mathcal{L}_i\mathcal{L}_i^{\mathrm{T}} + \varepsilon_i\mathcal{C}_i^{\mathrm{T}}\mathcal{C}_i, \quad i = 1,2 \tag{6.232}$$

其中 $\varepsilon_i > 0$. 注意到 $\Delta = \mathrm{diag}\left\{\ \Delta_1,\ \ \Delta_2,\ \ \cdots,\ \ \Delta_p\ \right\}$, $|\Delta_i| \leqslant \delta_i$, 因此

$$\Delta^2 = \mathrm{diag}\left\{\ \Delta_1^2,\ \ \Delta_2^2,\ \ \cdots,\ \ \Delta_p^2\ \right\} \leqslant \mathrm{diag}\left(\ \delta_1^2,\ \ \delta_2^2,\ \ \cdots,\ \ \delta_p^2\ \right) \triangleq \mathcal{Z}_\delta \quad (6.233)$$

可以得到

$$\varepsilon_1 \mathcal{C}_1^{\mathrm{T}} \mathcal{C}_1 \leqslant \left[\ \varepsilon_1 C^{\mathrm{T}} \mathcal{Z}_\delta C,\ \ 0,\ \ 0,\ \ 0,\ \ 0\ \right] \quad (6.234)$$

$$\varepsilon_2 \mathcal{C}_2^{\mathrm{T}} \mathcal{C}_2 \leqslant \left[\ 0,\ \ \varepsilon_2 C^{\mathrm{T}} \mathcal{Z}_\delta C,\ \ 0,\ \ 0,\ \ 0\ \right] \quad (6.235)$$

结合 (6.231)~(6.235) 并应用 Schur 引理, 可以由 $\Pi' < 0$ 得到 (6.230). 定理得证. ■

令 $X Z_i X^{\mathrm{T}} > \tilde{Z}_i (i = 3, 4)$, 并定义 $\bar{S} = S^{-1}$, $\bar{X} = X^{-1}$, $\bar{Z}_i = Z_i^{-1}(i = 1, 2)$, $\tilde{Z}_{Ni} = \tilde{Z}_i^{-1}(i = 3, 4)$. 应用 Schur 补, 可以得到

$$\left[\begin{array}{cc} -Z_i & \bar{X} \\ \bar{X}^{\mathrm{T}} & -\tilde{Z}_{Ni} \end{array}\right] < 0 \quad (i = 3, 4) \quad (6.236)$$

采用锥补线性化策略可以得出如下算法:

步骤 1: 给定一组初始值 $\alpha_1, \alpha_2, \beta, \eta_m$ 和 η_M;

步骤 2: 找到一组可行解满足 (6.229)', (6.230), (6.236)

$$\left[\begin{array}{cc} S & I \\ I & \bar{S} \end{array}\right] > 0, \quad \left[\begin{array}{cc} X & I \\ I & \bar{X} \end{array}\right] > 0, \quad \left[\begin{array}{cc} Z_i & I \\ I & \bar{Z}_i \end{array}\right] > 0 \ (i = 1, 2),$$

$$\left[\begin{array}{cc} \tilde{Z}_i & I \\ I & \tilde{Z}_{Ni} \end{array}\right] > 0 (i = 3, 4) \quad (6.237)$$

其中 (6.229)' 是用 $\tilde{Z}_i(i = 3, 4)$, $\bar{S}$, $\bar{Z}_1$, $\bar{Z}_2$ 分别代替 (6.229) 中的 $X Z_i X^{\mathrm{T}}(i = 3, 4)$, S^{-1}, Z_1^{-1}, Z_2^{-1} 得到的新不等式. 令 $k = 1$;

步骤 3: 求解最小化问题

$$\min \ \mathrm{tr}\Bigg(S_k \bar{S} + \bar{S}_k S + X_k \bar{X} + \bar{X}_k X + \sum_{i=1}^{2} \left(Z_{ik} \bar{Z}_i + \bar{Z}_{ik} Z_i \right)$$

$$+ \sum_{i=1}^{2} \left(\tilde{Z}_{ik} \tilde{Z}_{Ni} + \tilde{Z}_{Nik} \tilde{Z}_i \right) \Bigg)$$

解出变量 $\left(S, \bar{S}, X, \bar{X}, Z_i, \bar{Z}_i(i = 1, 2), \tilde{Z}_i, \tilde{Z}_{Ni}(i = 3, 4) \right)$ 使之满足不等式 (6.229)', (6.230), (6.236), (6.237);

步骤 4: 如果对充分小的变量 $\varepsilon > 0$, (6.238) 成立, 则完成计算. 否则, 令 $k = k+1$, 然后判断: 若 $k < c$ (事先给定的迭代步数), 则增加 η_M 的值然后返回

步骤 2; 若 $k = c$, 退出.

$$\left| \mathrm{tr}\left(S_k \bar{S} + \bar{S}_k S + X_k \bar{X} + \bar{X}_k X + \sum_{i=1}^{2} \left(Z_{ik}\bar{Z}_i + \bar{Z}_{ik}Z_i \right) \right. \right.$$
$$\left. \left. + \sum_{i=1}^{2} \left(\tilde{Z}_{ik}\tilde{Z}_{Ni} + \tilde{Z}_{Nik}Z_i \right) \right) - 12n \right| < \varepsilon \tag{6.238}$$

其中 n 为方阵 S 的维数;

步骤 5：调整 α_1, α_2 和 β, 重复步骤 2 到步骤 4 直到找到最大的 η_M;

步骤 6：输出非理想网络状态的最大值 η_M、控制反馈增益 $K = YX^{-\mathrm{T}}$ 以及观测器增益 $L = T^{-1}\tilde{L}$.

例 6.3　考虑下列系统

$$\begin{bmatrix} \dot{x}_1 \\ \dot{x}_2 \end{bmatrix} = \begin{bmatrix} -1.7 & 3.8 \\ -1 & 1.8 \end{bmatrix} \begin{bmatrix} x_1 \\ x_2 \end{bmatrix} + \begin{bmatrix} 5 \\ 2.01 \end{bmatrix} \begin{bmatrix} u_1 \\ u_2 \end{bmatrix}$$
$$y(t) = \begin{bmatrix} 10.1 & 4.5 \end{bmatrix} \begin{bmatrix} x_1 \\ x_2 \end{bmatrix} \tag{6.239}$$

量化器采用对数量化器, 选取量化密度为 $\rho = 0.8$. 应用定理 6.11, 选取 $\alpha_1 = 0.4$, $\alpha_2 = 0.4$, $\beta = 0.3$, 对 $\eta_m = 0$, 我们可以得到非理想网络因素的上界为 $\eta_M = 5.89$, 即 $(i_{k+1} - i_k)h + \tau_{k+1} \leqslant 5.89$. 对应的反馈增益和观测器增益分别为 $K = [-0.3783, 0.1559]$ 和 $L = [0.8656, 0.4314]^{\mathrm{T}}$. 图 6.5 显示了在考虑网络环境影响和量化的情况下系统的状态响应图. 其中初值为 $x(0) = [-5, 7]^{\mathrm{T}}$.

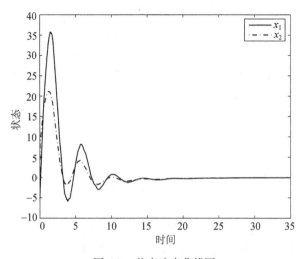

图 6.5　状态响应曲线图

6.2　时变量化控制

上节介绍了对数量化控制基于扇形界的设计内容, 所采用的对数量化器是静态的且时不变的, 而且量化级集合包含无限个元素, 因此, 要在实际中实现对数量化控制, 需要对量化级集合进行有限化处理, 得到一个量化级集合为有限的时不变量化控制. 由于是时不变的, 因此, 实现相对容易, 但该量化控制通常仅能保证闭环系统解收敛到一个有界区域内, 并不能保证其收敛到平衡点. 下面介绍一种时变量化器, 并给出量化控制的设计方法. 所设计的量化控制, 能够保证系统解收敛到平衡点.

6.2.1　时变量化器

设 $z \in \mathbb{R}^l$ 是量化变量. 量化器定义为一个分段常数函数 $q : \mathbb{R}^l \to \Omega$, 其中 Ω 是 $\mathbb{R}^l$ 中的一个有限子集. 这意味着将 $\mathbb{R}^l$ 对应到了一个有限的量化域, 形式为 $\{z \in \mathbb{R}^l : q(z) = i, i \in \Omega\}$. 量化域可用图 6.6 描述

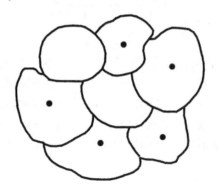

图 6.6　量化域示意图

本节讨论的量化器具有如下性质. 假设存在正实数 M 和 Δ 使得下列条件满足:

(1) 当 $\|z\| \leqslant M$ 时,

$$\|q(z) - z\| \leqslant \Delta \tag{6.240}$$

(2) 当 $\|z\| > M$ 时,

$$\|q(z)\| > M - \Delta \tag{6.241}$$

当量化器未达到饱和时, (6.240) 给出了量化误差的界, 而 (6.241) 给出了一种检测饱和的可能性. 通常称 M 为 q 的范围, Δ 为量化误差. 我们还假设当 x 在原点的某个区域时 $q(x) = 0$.

注 6.10 给定一个正整数 M_0 和一个非负实数 Δ_0. 定义量化器 $q : \mathbb{R}^l \to Z$(整数集合)为

$$q(x) = \begin{cases} M_0, & \text{当} \ x > \left(M_0 + \dfrac{1}{2}\right)\Delta_0 \\[2mm] -M_0, & \text{当} \ x < -\left(M_0 + \dfrac{1}{2}\right)\Delta_0 \\[2mm] \left[\dfrac{x}{\Delta_{0m}} + \dfrac{1}{2}\right], & \text{当} -\left(M_0 + \dfrac{1}{2}\right)\Delta_0 < x < \left(M_0 + \dfrac{1}{2}\right)\Delta_0 \end{cases} \tag{6.242}$$

显然, 在区间 $\left(\left(k - \dfrac{1}{2}\right)\Delta_0, \left(k + \dfrac{1}{2}\right)\Delta_0\right]$ 内, 这里 $k \in Z$ 且 $-M_0 \leqslant k \leqslant M_0$, 则 $q(x) = k$. 若选取 $q_i : \mathbb{R}^l \to Z$ 定义为 (6.242), 其中敏感系数为 Δ_0^i, 饱和系数为 M_0. 定义 $q(x) = (q_1(x_1), \cdots, q_n(x_n))$. 容易验证, 上述量化器 $q(x)$ 满足条件 (6.240)~(6.241).

在后面控制器的设计中, 将利用以下量化测量值

$$q_\mu(z) = \mu q\left(\frac{z}{\mu}\right) \tag{6.243}$$

这里 $\mu > 0$. 显然, 该量化器的范围是 $M\mu$, 量化误差为 $\Delta\mu$. μ 是一个缩放变量, 增加 μ 或减少 μ 将得到不同范围和量化误差的量化器. 当 μ 为固定值时, (6.243) 是时不变的. 在下面几节中, 将研究当 μ 变化时, 量化器 (6.243) 的性质, 并基于该量化器设计出时变量化控制. 研究结果显示, 通过调节缩放变量 μ, 所设计的量化控制能保证系统解收敛到平衡点.

6.2.2 线性连续系统的时变量化控制

量化控制的时变性是通过调节缩放变量 μ 体现的, 而 μ 的调节方法有两种, 一种是依赖于时间 t 的变化, 称为基于时间的方法; 另一种是依赖于事件的变化, 如依赖于系统状态或输出的变化, 称为基于事件的方法. 那么对应量化控制的设计有基于时间的设计方法和基于事件的设计方法. 以下对这两种方法分别介绍.

基于时间的时变量化控制

考虑如下线性连续系统

$$\dot{x}(t) = Ax(t) + Bu(t) \tag{6.244}$$

其中 $x(t) \in \mathbb{R}^n$ 和 $u(t) \in \mathbb{R}^m$. 假设 (A, B) 是可镇定的, 因此存在矩阵 K 使得 $A + BK$ 的特征根的实部为负. 由 Lyapunov 稳定性定理知, 存在正定矩阵 P 和 Q 使得

$$(A + BK)^{\mathrm{T}} P + P(A + BK) = -Q \tag{6.245}$$

当不考虑量化作用的影响时, 反馈控制 $u(t) = Kx(t)$ 能够保证系统 (6.244) 是渐近稳定的. 下面将讨论, 当考虑量化作用影响时, 是否还能保证闭环系统的稳定性. 这里将考虑 3 种情况.

情形 I 量化状态

假设仅对状态变量进行量化, 此时实际控制量可表示为

$$u(t) = Kq_\mu(x) \tag{6.246}$$

相应的闭环系统为

$$\begin{aligned}
\dot{x}(t) &= Ax(t) + BKq_\mu(x) \\
&= (A + BK)x(t) + BK\mu\left(q\left(\frac{x}{\mu}\right) - \frac{x}{\mu}\right)
\end{aligned} \tag{6.247}$$

引理 6.13 对任意 $\varepsilon > 0$, 假设 M 相对 Δ 足够大使得

$$\sqrt{\lambda_{\min}(P)}M > \sqrt{\lambda_{\max}(P)}\theta\Delta(1+\varepsilon) \tag{6.248}$$

其中 $\theta = \dfrac{2\|PBK\|}{\lambda_{\min}(Q)} > 0$, 则椭球

$$\mathcal{B}_1(\mu) = \left\{x : x^{\mathrm{T}}Px \leqslant \lambda_{\min}(P)M^2\mu^2\right\} \tag{6.249}$$

和

$$\mathcal{B}_2(\mu) = \left\{x : x^{\mathrm{T}}Px \leqslant \lambda_{\max}(P)\theta^2\Delta^2(1+\varepsilon)^2\mu^2\right\} \tag{6.250}$$

是系统(6.247)的不变域, 而且(6.247)从 $\mathcal{B}_1(\mu)$ 出发的解将在有限时间里进入 $\mathcal{B}_2(\mu)$.

证明: 若 $z = \dfrac{x}{\mu}$ 满足 (6.240), 则 $V(x) = x^{\mathrm{T}}Px$ 沿 (6.247) 的解关于时间 t 的导数有

$$\begin{aligned}
\dot{V}(x) &= -x^{\mathrm{T}}(t)Qx(t) + 2x^{\mathrm{T}}(t)PBK\mu\left(q\left(\frac{x}{\mu}\right) - \frac{x}{\mu}\right) \\
&\leqslant -\lambda_{\min}(Q)\|x(t)\|^2 + 2\|x(t)\|\|PBK\|\Delta\mu \\
&= -\|x(t)\|\lambda_{\min}(Q)(\|x(t)\| - \Delta\mu)
\end{aligned} \tag{6.251}$$

显然, 当 $\theta\Delta(1+\varepsilon)\mu \leqslant \|x\| \leqslant M\mu$ 时

$$\dot{V}(x) \leqslant -\lambda_{\min}(Q)\theta\Delta\varepsilon\mu\|x(t)\| \tag{6.252}$$

定义球

$$\bar{\mathcal{B}}_1(\mu) = \{x : \|x\| \leqslant M\mu\}$$

和

$$\bar{\mathcal{B}}_2(\mu) = \{x : \|x\| \leqslant \theta\Delta(1+\varepsilon)\mu\}$$

显然 $\bar{\mathcal{B}}_2(\mu) \subset \mathcal{B}_2(\mu) \subset \mathcal{B}_1(\mu) \subset \bar{\mathcal{B}}_1(\mu)$.

由 (6.252) 可推知 $\bar{\mathcal{B}}_1(\mu)$ 和 $\bar{\mathcal{B}}_2(\mu)$ 均为不变集, 因此 $\mathcal{B}_1(\mu)$ 和 $\mathcal{B}_2(\mu)$ 是不变集. 另外, 由 (6.252) 可推知, $\mathcal{B}_1(\mu)$ 中出发的解将在有限时间内到达 $\mathcal{B}_2(\mu)$. 事实上, 若在时刻 t_0, $x(t_0) \in \mathcal{B}_1(\mu)$, 则有 $x(t_0 + T) \in \mathcal{B}_2(\mu)$, 其中

$$T = \frac{\lambda_{\min}(P)M^2 - \lambda_{\max}(P)\theta^2\Delta^2(1+\varepsilon)^2}{\theta^2\Delta^2(1+\varepsilon)\lambda_{\min}(Q)\varepsilon} \tag{6.253}$$

下面给出一个结果, 保证在一定条件下, 存在一个量化控制能够使得闭环系统是全局渐近稳定的.

定理 6.12 假设 M 相对 Δ 充分大且满足

$$\sqrt{\frac{\lambda_{\min}(P)}{\lambda_{\max}(P)}}M > 2\Delta\max\left\{1, \frac{\|PBK\|}{\lambda_{\min}(Q)}\right\} \tag{6.254}$$

则存在一个量化控制使得系统(6.244)是全局渐近稳定的.

证明: 考虑控制 (6.246), 这里缩放变量 μ 是随时间变化的, 当 μ 增加时称为缩小, μ 减少时称为放大. 此时, 量化控制可表示为

$$u(t) = \begin{cases} 0, & 0 \leqslant t \leqslant t_0 \\ Kq_{\mu(t)}(x(t)), & t > t_0 \end{cases} \tag{6.255}$$

μ 缩小阶段. 设置 $\mu = 0$ 且 $\mu(0) = 1$. 以分段常数的形式增加 μ 且增加的速率高于 $\|e^{At}\|$. 则存在 $t \geqslant 0$ 使得

$$\left\|\frac{x(t)}{\mu(t)}\right\| \leqslant \sqrt{\frac{\lambda_{\min}(P)}{\lambda_{\max}(P)}}M - 2\Delta$$

由 (6.240) 知

$$\left\|q\left(\frac{x(t)}{\mu(t)}\right)\right\| \leqslant \sqrt{\frac{\lambda_{\min}(P)}{\lambda_{\max}(P)}}M - \Delta$$

因此

$$\left\|q_{\mu(t)}(x(t))\right\| \leqslant \sqrt{\frac{\lambda_{\min}(P)}{\lambda_{\max}(P)}}M\mu(t) - \Delta\mu(t) \tag{6.256}$$

设 t_0 时刻 (6.256) 成立, 则有

$$\left\| \frac{x(t_0)}{\mu(t_0)} \right\| \leqslant \sqrt{\frac{\lambda_{\min}(P)}{\lambda_{\max}(P)}} M$$

因此, $x(t_0) \in \mathcal{B}_1(\mu(t_0))$.

　　μ 放大阶段. 因为 (6.254), 则可以选取充分小 $\varepsilon > 0$ 使得 (6.248) 成立. 由于 $x(t_0) \in \mathcal{B}_1(\mu(t_0))$, 取 $\mu(t) = \mu(t_0), t \in [t_0, t_0 + T)$, 其中 T 满足 (6.253), 则 $x(t_0 + T) \in \mathcal{B}_2(\mu(t_0))$. 当 $t \in [t_0 + T, t_0 + 2T)$, 取

$$\mu(t) = \delta\mu(t_0)$$

其中 $\delta = \dfrac{\sqrt{\lambda_{\max}(P)}\theta\Delta(1+\varepsilon)}{\sqrt{\lambda_{\min}(P)}M}$. 由 (6.248) 知 $\delta < 1$, 因此 $\mu(t_0 + T) < \mu(t_0)$. 容易验证 $\mathcal{B}_2(\mu(t_0)) = \mathcal{B}_1(\mu(t_0 + T))$. 这意味着对 $t \geqslant t_0 + T$, 我们可以按上述方法继续我们的分析. 即可证明, $x(t_0 + 2T) \in \mathcal{B}_2(\mu(t_0 + T))$. 进一步, 当 $t \in [t_0 + 2T, t_0 + 3T)$, 取 $\mu(t) = \delta\mu(t_0 + T)$. 重复上述步骤, 可最终得到控制策略. 由 $\mu(t)$ 的结构可知 $\mu(t) \to 0, t \to \infty$, 则 $x(t) \to 0, t \to \infty$. 另外, 容易证明平衡点 $x = 0$ 的稳定性. 因此可知系统解是渐近稳定的. ∎

　　注 6.11　　在定理6.12中, $\mu(t)$ 的更新时间选取为 $t_0, t_0 + T, \cdots$. 实际上, 更新时刻可以选取为 $t_1, t_2, t_3, \cdots$. 只要 $t_{k+1} - t_k \geqslant T$ 即可.

　　情形 II　　量化控制输入

　　假设仅对控制输入进行量化, 则实际的控制输入量可表示为

$$u(t) = q_\mu(Kx(t)) \tag{6.257}$$

结合 (6.244) 和 (6.257) 得到闭环系统

$$\begin{aligned}
\dot{x}(t) &= Ax(t) + Bq_\mu(Kx(t)) \\
&= (A + BK)x(t) + B\mu\left(q\left(\frac{Kx}{\mu}\right) - \frac{Kx}{\mu}\right)
\end{aligned} \tag{6.258}$$

　　引理 6.14　　对任意 $\varepsilon > 0$, 假设 M 相对 Δ 足够大使得

$$\sqrt{\lambda_{\min}(P)}M > \sqrt{\lambda_{\max}(P)}\theta_1\|K\|\Delta(1+\varepsilon) \tag{6.259}$$

其中 $\theta_1 = \dfrac{2\|PB\|}{\lambda_{\min}(Q)}$, 则椭球

$$\mathcal{B}_1(\mu) = \left\{ x : x^{\mathrm{T}}Px \leqslant \frac{\lambda_{\min}(P)M^2\mu^2}{\|K\|^2} \right\} \tag{6.260}$$

和

$$\mathcal{B}_2\left(\mu\right) = \left\{x : x^{\mathrm{T}} P x \leqslant \lambda_{\max}\left(P\right) \theta_1^2 \Delta^2 \left(1 + \varepsilon\right)^2 \mu^2\right\} \tag{6.261}$$

是系统(6.258)的不变域, 而且, 所有从 $\mathcal{B}_1\left(\mu\right)$ 出发的(6.258)的解将在有限时间内到达 $\mathcal{B}_2\left(\mu\right)$.

证明: 证明方法类似于引理 6.13, 此处略. 而到达 $\mathcal{B}_2\left(\mu\right)$ 的时间为

$$T = \frac{\lambda_{\min}\left(P\right) M^2 - \lambda_{\max}\left(P\right) \theta_1^2 \left\|K\right\|^2 \Delta^2 \left(1 + \varepsilon\right)^2}{\theta_1^2 \left\|K\right\|^2 \Delta^2 \left(1 + \varepsilon\right) \lambda_{\min}\left(Q\right) \varepsilon} \tag{6.262}$$

■

定理 6.13 假设 M 相对 Δ 足够大使得

$$\sqrt{\frac{\lambda_{\min}\left(P\right)}{\lambda_{\max}\left(P\right)}} M > 2\Delta \frac{\left\|PB\right\| \left\|K\right\|}{\lambda_{\min}\left(Q\right)} \tag{6.263}$$

则存在一个量化反馈控制(6.257)使得系统(6.244)是全局指数渐近稳定的.

证明: 类似于定理 6.12, 此处略. ■

情形 III 基于输出量化的动态输出反馈控制

考虑系统 (6.244), 其输出为

$$y\left(t\right) = Cx\left(t\right) \tag{6.264}$$

其中 $y \in \mathbb{R}^p$. 设 (A, B) 是可镇定的, (C, A) 是可观测的, 因此, 存在矩阵 K 和 L 使得 $A + BK$ 和 $A + LC$ 的特征根均有负实部. 这里仅考虑输出 y 的量化影响. 构造如下基于观测器的动态输出反馈

$$\dot{\hat{x}}\left(t\right) = \left(A + LC\right) \hat{x}\left(t\right) + Bu\left(t\right) - Lq_\mu\left(y\right) \tag{6.265}$$

$$u\left(t\right) = K\hat{x}\left(t\right) \tag{6.266}$$

这里 $\hat{x}\left(t\right) \in \mathbb{R}^n$. 因此, 闭环系统为

$$\dot{\bar{x}}\left(t\right) = \bar{A}\bar{x}\left(t\right) + L \begin{bmatrix} 0 \\ q_\mu\left(y\right) - y \end{bmatrix} \tag{6.267}$$

其中

$$\bar{x}\left(t\right) = \begin{bmatrix} x\left(t\right) \\ \hat{x}\left(t\right) \end{bmatrix} \in \mathbb{R}^{2n}, \bar{A} = \begin{bmatrix} A + BK & -BK \\ 0 & A + LC \end{bmatrix}$$

显然, $\bar{A}$ 为稳定矩阵, 则存在正定矩阵 $\bar{P}$ 和 $\bar{Q}$ 使

$$\bar{A}^{\mathrm{T}} \bar{P} + \bar{P}^{\mathrm{T}} \bar{A}^{\mathrm{T}} = -\bar{Q}$$

引理 6.15　对任意 $\varepsilon > 0$，假设 M 相对 Δ 足够大使得

$$\sqrt{\lambda_{\min}\left(\bar{P}\right)}M > \sqrt{\lambda_{\max}\left(\bar{P}\right)}\theta_2\left\|C\right\|\Delta\left(1+\varepsilon\right) \tag{6.268}$$

其中 $\theta_2 = \dfrac{2\left\|\bar{P}L\right\|}{\lambda_{\min}\left(\bar{Q}\right)}$，则椭球

$$\mathcal{B}_1\left(\mu\right) = \left\{\bar{x} : \bar{x}^{\mathrm{T}}P\bar{x} \leqslant \frac{\lambda_{\min}\left(\bar{P}\right)M^2\mu^2}{\left\|C\right\|^2}\right\} \tag{6.269}$$

和

$$\mathcal{B}_2\left(\mu\right) = \left\{\bar{x} : \bar{x}^{\mathrm{T}}P\bar{x} \leqslant \lambda_{\max}\left(\bar{P}\right)\theta_2^2\Delta^2\left(1+\varepsilon\right)^2\mu^2\right\} \tag{6.270}$$

是系统(6.267)的不变域. 而且，(6.267)从 $\mathcal{B}_1\left(\mu\right)$ 出发的解将在有限时间内进入 $\mathcal{B}_2\left(\mu\right)$.

证明：类似于引理 6.13，只是这里

$$T = \frac{\lambda_{\min}\left(\bar{P}\right)M^2 - \lambda_{\max}\left(\bar{P}\right)\theta_2^2\left\|C\right\|^2\Delta^2\left(1+\varepsilon\right)^2}{\theta_2^2\left\|C\right\|^2\Delta^2\left(1+\varepsilon\right)\lambda_{\min}\left(\bar{Q}\right)\varepsilon} \tag{6.271}$$

类似于定理 6.12 和定理 6.13，可得如下结果　　　　　　　　　■

定理 6.14　假设 M 相对 Δ 充分大使得

$$\sqrt{\frac{\lambda_{\min}\left(\bar{P}\right)}{\lambda_{\max}\left(\bar{P}\right)}}M > \max\left\{3\Delta, 2\Delta\frac{\left\|\bar{P}L\right\|\left\|C\right\|}{\lambda_{\min}\left(\bar{Q}\right)}\right\} \tag{6.272}$$

则存在一个动态输出量化反馈控制(6.265)～(6.266) 使得系统(6.244)和(6.264)是全局指数渐近稳定的.

定理 6.14 的证明思路类似定理 6.12，详细证明此处略，有兴趣的读者可自行完成.

注 6.12　定理6.12所介绍的方法可以推广到非线性系统[①]. 这方面的内容可参考文献[41].

基于事件的时变量化控制

上面介绍了基于时间 t 的缩放参数 μ 的调节方法，并给出了时变量化控制器的设计方法. 下面介绍一种基于事件的参数 μ 的调节方法，这里主要介绍基于状态或输出的调节方法，并给出量化控制设计的方法及其性质分析.

情形 I　基于状态的方法

---

① Liberzon D. Quantization, time delays, and nonlinear stabilization. http://decision.csl. uiuc. edu/~liberzon/publication.html[2005].

这里介绍两个结果，一个是线性连续系统的状态量化 H_∞ 控制设计结果，另一个是当考虑非理想网络环境影响时，连续不确定系统状态量化摄动抑制控制的设计结果.

考虑如下线性连续系统

$$\dot{x}(t) = Ax(t) + B_1\varpi(t) + B_2u(t) \tag{6.273}$$

$$z(t) = C_1x(t) \tag{6.274}$$

其中 $x(t) \in \mathbb{R}^n$、$u(t) \in \mathbb{R}^m$、$\varpi(t) \in \mathbb{R}^r$ 和 $z(t) \in \mathbb{R}^p$ 分别表示状态量、控制输入、摄动及控制输入. (A, B) 是可镇定的. 设已知反馈控制

$$u(t) = Kx(t) \tag{6.275}$$

是系统 (6.273)~(6.264) 的状态 H_∞ 控制，即在控制 (6.275) 作用下，闭环系统满足

(1) 当 $\varpi(t) = 0$ 时，系统 $\dot{x}(t) = Ax(t) + Bu(t)$ 在控制 (6.275) 作用下是渐近稳定的.

(2) 零初始条件下，控制输入 $z(t)$ 满足 $\|z(t)\|_2 \leqslant \gamma\|\varpi(t)\|_2$，这里 $\varpi(t) \in \mathcal{L}_2[0, \infty)$，或 $\|C_1(sI - \bar{A}^{-1})B_1\|_\infty < \gamma$，其中 $\bar{A} = A + B_2K$.

利用有界实引理，存在正定矩阵 P 和 Q 使得

$$\bar{A}^{\mathrm{T}}P + P\bar{A} + \gamma^{-2}PB_1B_1^{\mathrm{T}}P + C_1^{\mathrm{T}}C_1 + Q = 0 \tag{6.276}$$

假设用于控制信号计算的是状态的量化后信息，类似 (6.243)，状态量化输出为 $q_\mu(x) = \mu q\left(\dfrac{x}{\mu}\right)$. 因此，控制输入为

$$u(t) = K\mu q\left(\frac{x}{\mu}\right) \tag{6.277}$$

在 (6.277) 作用下，(6.273)~(6.264) 的闭环系统为

$$\dot{x}(t) = \bar{A}x(t) + B_1\varpi(t) + D(\mu, x)$$

$$z(t) = C_1x(t) \tag{6.278}$$

其中

$$D(\mu, x) = \mu B_2K\left(q\left(\frac{x}{\mu}\right) - \left(\frac{x}{\mu}\right)\right) \tag{6.279}$$

由于量化的影响，在 (6.277) 作用下，未必能够保证 (6.278) 满足 H_∞ 性能要求. 下面给出一个结果，通过调节 μ，可以保证闭环系统 (6.278) 与 (6.273)~(6.275) 有相同的 H_∞ 扰动抑制作用.

定理 6.15　选取 M 相对 Δ 足够大使得

$$M > 2\Delta \frac{\|PB_2K\|}{\lambda_{\min}(Q)} \tag{6.280}$$

则存在一个量化控制使得(6.278)与(6.273)~(6.275) 有相同的 H_∞ 扰动抑制作用，即满足前述的(1)和(2).

证明： 当 $\|x(t)\| \leqslant M\mu$ 时，由 q 的定义知

$$\left\| q\left(\frac{x}{\mu}\right) - \left(\frac{x}{\mu}\right) \right\| \leqslant \Delta \tag{6.281}$$

取 Lyapunov 函数

$$V(x) = x^{\mathrm{T}}(t) Px(t) \tag{6.282}$$

当 $\|x(t)\| \leqslant M\mu$ 时，有

$$
\begin{aligned}
\dot{V}(x) &= \left(\bar{A}x(t) + B_1\varpi(t) + D(\mu,x)\right)^{\mathrm{T}} Px(t) + x^{\mathrm{T}}(t) P\left(\bar{A}x(t) + B_1\varpi(t) + D(\mu,x)\right) \\
&= -x^{\mathrm{T}}(t)\left(Q + \gamma^{-2}PB_1B_1^{\mathrm{T}}P + C_1^{\mathrm{T}}C_1\right)x(t) + \varpi^{\mathrm{T}}(t) B_1^{\mathrm{T}} Px(t) \\
&\quad + x^{\mathrm{T}}(t) PB_1\varpi(t) + D(\mu,x)^{\mathrm{T}} Px(t) + x^{\mathrm{T}}(t) PD(\mu,x) \\
&\leqslant -z^{\mathrm{T}}(t) z(t) + \gamma^2\varpi^{\mathrm{T}}(t)\varpi(t) - \lambda_{\min}(Q)\|x(t)\|^2 + 2\|x(t)\|\,\|PB_2K\|\Delta\mu \\
&= -z^{\mathrm{T}}(t) z(t) + \gamma^2\varpi^{\mathrm{T}}(t)\varpi(t) \\
&\quad -\lambda_{\min}(Q)\|x(t)\|\left(\|x(t)\| - 2\Delta\frac{\|PB_2K\|}{\lambda_{\min}(Q)}\mu\right)
\end{aligned}
\tag{6.283}
$$

由 (6.280) 可证，存在 $\varepsilon \in (0,1)$ 使得

$$M > 2\Delta\frac{\|PB_2K\|}{\lambda_{\min}(Q)} \times \frac{1}{1-\varepsilon} \tag{6.284}$$

因此

$$\frac{1}{1-\varepsilon} \times 2\Delta\frac{\|PB_2K\|}{\lambda_{\min}(Q)}\mu < M\mu \tag{6.285}$$

对任意 $x \neq 0$，可以找到 μ 使得

$$\frac{1}{1-\varepsilon} \times 2\Delta\frac{\|PB_2K\|}{\lambda_{\min}(Q)}\mu \leqslant \|x\| \leqslant M\mu \tag{6.286}$$

而当 $x = 0$ 时，可取 $\mu = 0$. 总之，我们可以选取 μ 使得 (6.286) 成立，则由 (6.283) 有

$$
\begin{aligned}
\dot{V}(x) &\leqslant -z^{\mathrm{T}}(t) z(t) + \gamma^2\varpi^{\mathrm{T}}(t)\varpi(t) - \varepsilon\lambda_{\min}(Q)\|x(t)\|^2 \\
&\leqslant -z^{\mathrm{T}}(t) z(t) + \gamma^2\varpi^{\mathrm{T}}(t)\varpi(t) - \varepsilon\frac{\lambda_{\min}(Q)}{\lambda_{\max}(P)}V(x) \\
&= -\varepsilon\frac{\lambda_{\min}(Q)}{\lambda_{\max}(P)}V(x) - \Gamma(t)
\end{aligned}
\tag{6.287}
$$

其中 $\Gamma(t) = z^{\mathrm{T}}(t) z(t) - \gamma^2 \varpi^{\mathrm{T}}(t) \varpi(t)$.

设 $\varpi(t) = 0$, 则由 (6.287) 可得到系统 (6.278) 渐近稳定性. 另外, 由 (6.287) 可得

$$V(x) - V(x(t_0)) \leqslant -\int_{t_0}^{t} \Gamma(s) \,\mathrm{d}s$$

因此

$$\int_{t_0}^{t} z^{\mathrm{T}}(s) z(s) \,\mathrm{d}s \leqslant V(x(t_0)) + \gamma^2 \int_{t_0}^{t} \varpi^{\mathrm{T}}(s) \varpi(s) \,\mathrm{d}s \tag{6.288}$$

注 6.13 (6.286)实际上给出了一个调节 μ 的策略, μ 的调节值依赖于当前状态的 $\|x(t)\|$ 值, 因此是依赖于状态的时变调节方法. 利用该方法得到的量化控制(6.277)是一个基于状态的时变量化控制.

在 (6.277) 中, 仅考虑了状态量化的影响. 下面给出一个结果, 研究同时存在状态和控制输入量化以及非理想网络环境影响时, 状态量化控制的设计方法以及性能分析. 这里所采用的量化器满足定义 (6.240) 和 (6.241).

考虑如下含不确定性的系统

$$\dot{x}(t) = Ax(t) + f(x(t)) + Bu(t) + B_\varpi \varpi(t) \tag{6.289}$$

$$z(t) = Cx(t) + D\varpi(t) \tag{6.290}$$

其中 $x(t)$、$u(t)$、$\varpi(t)$ 和 $z(t)$ 的含义与 (6.273) 中的相同. A, B, B_ϖ, C, D 是适当维数的常数矩阵. $f(\cdot): \mathbb{R}^n \to \mathbb{R}^n$ 表示非线性扰动, 满足

$$\|f(x(t))\| \leqslant \|Fx(t)\| \tag{6.291}$$

假设允许的摄动集合为 $B\mathbb{R}^r = \left\{ \varpi : \|\varpi\|_\infty \leqslant 1, \text{其中} \varpi : R \to \mathbb{R}^r \text{是可测的} \right\}$.

考虑网络环境的影响和量化作用, 系统控制结构可用图 6.2 来描述. 选取量化器 $q_i\,(i=1,2)$, 其量化范围为 M, 量化误差为 $\Delta_i\,(i=1,2)$. 将它们分别设置在前向网络和后向网络中, 此时, 用于控制计算的信息可表述为

$$\bar{x}(i_k h + \tau_k^{sc}) = \mu_{1k} q_1 \left(\frac{x(i_k h)}{\mu_{1k}} \right) \tag{6.292}$$

而到达驱动器的控制信号为

$$u(i_k h + \tau_k^{sc} + \tau_k^{ca}) = \mu_{2k} q_2 \left(\frac{K \mu_{1k} q_1 \left(\mu_{1k}^{-1} x(i_k h) \right)}{\mu_{2k}} \right) \tag{6.293}$$

其中 h 为采样周期, $i_k\,(k=1,2,3,\cdots)$ 为正整数, τ_k^{sc} 表示数据 $\mu_{1k} q_1 \left(\mu_{1k}^{-1} x(i_k h) \right)$ 的延迟, τ_k^{ca} 则表示数据 $\mu_{2k} q_2 \left(\mu_{2k}^{-1} K \mu_{1k} q_1 \left(\mu_{1k}^{-1} x(i_k h) \right) \right)$ 的延迟.

注 6.14　在下面设计过程中可见, μ_{2k} 的选取依赖于 μ_{1k}, 因此, 在控制端必须要有 μ_{1k} 的信息. 为减少由于 μ_{1k} 的传输所导致的网络传输量的增加, 对 μ_{1k} 进行如下量化处理.

选取 $\mu_{1k} = g(\bar{\mu}_{1k})$, 这里 $\bar{\mu}_{1k} = \bar{\mu}_1(i_k h)$, $\mu_{2k} = \mu_2(i_k h + \tau_k^{sc})$, $g(\cdot)$ 是一个按下面定义的对数量化器

$$g(\beta) = \begin{cases} \mu_i, & \text{当 } \dfrac{1}{1+\delta_g}\mu_i < \beta \leqslant \dfrac{1}{1-\delta_g}\mu_i, \ \beta > 0 \\ 0, & \text{当 } \beta = 0 \\ -g(-\beta), & \text{当 } \beta < 0 \end{cases} \tag{6.294}$$

$\delta_g = \dfrac{1-\rho_g}{1+\rho_g}, 0 < \rho_g < 1$. 量化级集合为 $\mathcal{U}_g = \{\pm u_i : u_i = \rho_g^i u_0, \ i = \pm 1, \pm 2, \cdots\}$ $\cup \{\pm u_0\} \cup \{0\}$. 由 6.11 节内容知, $g(\cdot)$ 可以用如下扇形界表达式描述

$$g(\bar{\mu}_{1k}) = (1 + \Delta_g)\bar{\mu}_{1k} \tag{6.295}$$

其中 $|\Delta_g| \leqslant \delta_g$.

考虑到网络环境的影响以及数据的量化, 系统 (6.289)~(6.290) 的闭环可以描述为

$$\dot{x}(t) = Ax(t) + f(x(t)) + Bu(t) + B_\varpi \varpi(t) \tag{6.296}$$

$$z(t) = Cx(t) + D\varpi(t) \tag{6.297}$$

$$u(t) = \mu_{2k} q_2 \left(\mu_{2k}^{-1} K \mu_{1k} q_1 \left(\mu_{1k}^{-1} x(i_k h)\right)\right) \tag{6.298}$$

$$t \in [i_k h + \tau_k, i_{k+1} h + \tau_{k+1})$$

其中 $\tau_k = \tau_k^{sc} + \tau_k^{ca}$, i_k 的意义和 (2.54) 中的一样. (6.296)~(6.298) 进一步可写成

$$\dot{x}(t) = Ax(t) + f(x(t)) + B\mu_{2k} q_2 \left(\mu_{2k}^{-1} K \mu_{1k} q_1 \left(\mu_{1k}^{-1} x(i_k h)\right)\right) + B_\varpi \varpi(t)$$

$$= Ax(t) + f(x(t)) + BKx(i_k h) + B_\varpi \varpi(t) - B\mu_{2k}\delta(\mu_{ik}, \mu_{2k}) \tag{6.299}$$

$$x(t) = \Phi(t, t_0 - \eta) \triangleq \phi(t), \quad t \in [t_0 - \eta, t_0] \tag{6.300}$$

$$z(t) = Cx(t) + D\varpi(t), \quad t \in [i_k h + \tau_k, i_{k+1} h + \tau_{k+1}) \tag{6.301}$$

这里

$$\delta(\mu_{ik}, \mu_{2k}) = \mu_{2k}^{-1} K x(i_k h) - q_2 \left(\mu_{2k}^{-1} K \mu_{1k} q_1 \left(\mu_{1k}^{-1} x(i_k h)\right)\right)$$

$\Phi(t_0, t_0 - \eta)$ 是方程

$$\dot{\Phi}(t_0, t_0 - \eta) = A\Phi(t_0, t_0 - \eta) + f(\Phi(t_0, t_0 - \eta))$$

$$\Phi(t_0 - \eta, t_0 - \eta) = x(t_0 - \eta), \quad t \in [t_0 - \eta, t_0]$$

的一个解.

定义 6.7 对给定 $\rho > 0$ 和初始条件 $\phi(t) = 0$, 若有 $\|z\|_\infty \leqslant \rho$ 对任意 $\varpi \in \mathcal{B}\mathbb{R}^r$ 成立, 则称系统(6.299)～(6.301)具有 ρ 性能.

针对(6.299)～(6.301), 我们要设计反馈增益 K 使得系统满足:

(1) 当 $\varpi(t) = 0$, 系统是渐近稳定的, 也称内渐近稳定的;

(2) 对给定 $\rho > 0$, 系统具有 ρ 性能.

定理 6.16 对给定的 $\rho > 0$, $\alpha \in (0,1)$ 和矩阵 $Q > 0$, 如果存在矩阵变量 $P > 0$, $T > 0$, $T_1 > 0$ 和 K, N_i, S_i $(i = 1, 2, 3)$ 和标量 $\varepsilon > 0$ 使得下列不等式成立

$$\begin{bmatrix} \Gamma + Q & * & * & * \\ \eta N^{\mathrm{T}} & -\eta T_1 & * & * \\ \varepsilon S^{\mathrm{T}} & 0 & -\varepsilon I & * \\ B_w^{\mathrm{T}} S^{\mathrm{T}} & 0 & 0 & -\alpha I \end{bmatrix} < 0, \tag{6.302}$$

$$T_1 - (1 - \alpha\eta)T < 0, \tag{6.303}$$

$$\begin{bmatrix} -\alpha P + C^{\mathrm{T}}C & * \\ D^{\mathrm{T}}C & -(\rho^2 - \alpha)I + D^{\mathrm{T}}D \end{bmatrix} < 0, \tag{6.304}$$

其中

$$\Gamma = \begin{bmatrix} N_1 + N_1^{\mathrm{T}} - S_1 A - A^{\mathrm{T}} S_1^{\mathrm{T}} \\ + \alpha P + \varepsilon^{-1} F^{\mathrm{T}} F & * & * \\ N_2 - N_1^{\mathrm{T}} - S_2 A - K^{\mathrm{T}} B^{\mathrm{T}} S_1^{\mathrm{T}} & -N_2 - N_2^{\mathrm{T}} - S_2 B K - K^{\mathrm{T}} B^{\mathrm{T}} S_2^{\mathrm{T}} & * \\ N_3 - S_3 A + S_1^{\mathrm{T}} + P & -N_3 + S_2^{\mathrm{T}} - S_3 B K & S_3 + S_3^{\mathrm{T}} + \eta T \end{bmatrix}$$

$$N^{\mathrm{T}} = \begin{bmatrix} N_1^{\mathrm{T}}, & N_2^{\mathrm{T}}, & N_3^{\mathrm{T}} \end{bmatrix}$$

$$S^{\mathrm{T}} = \begin{bmatrix} S_1^{\mathrm{T}}, & S_2^{\mathrm{T}}, & S_3^{\mathrm{T}} \end{bmatrix}$$

并且非理想网络环境影响和选取量化器参数满足下面条件:

(a) $(i_{k+1} - i_k)h + \tau_{k+1} \leqslant \eta$, $k = 1, 2, \cdots$;

(b) $M_1 > \dfrac{2\Delta(1 + \delta_g)\|SB\|\|Q^{-1}\|}{1 - \delta_g}$ 并且 $M_2 \geqslant \|K\|(\Delta_1 + M_1)$, 其中 $\Delta = \|K\|\Delta_1 + \Delta_2$;

(c) $\bar{\mu}_{1k}$ 在控制对象端被选取为

$$2\Delta(1 + \delta_g)\|SB\|\|Q^{-1}\| \leqslant \bar{\mu}_{1k}^{-1}\|x(i_k h)\| \leqslant (1 - \delta_g)M_1, \tag{6.305}$$

并且 $\mu_{1k} = g(\bar{\mu}_{1k})$, 其中 g 按(6.295)定义;

(d) $\mu_{2k} = \mu_{1k}$.

则系统(6.299)～(6.301)是内渐进稳定的且具有 ρ 性能.

证明: 构造 Lyapunov 函数如下

$$V(t) = x^{\mathrm{T}}(t)Px(t) + \int_{t-\eta}^{t}\int_{s}^{t}\dot{x}^{\mathrm{T}}(v)T\dot{x}(v)\mathrm{d}v\mathrm{d}s \tag{6.306}$$

其中 $P > 0$, $T > 0$.

在区间 $t \in [i_kh + \tau_k, i_{k+1}h + \tau_{k+1})$ 上, 对 $V(t)$ 求导并利用关系

$$e^{\mathrm{T}}(t)N\left[x(t) - x(i_kh) - \int_{i_kh}^{t}\dot{x}(s)\mathrm{d}s\right] = 0 \tag{6.307}$$

和

$$e^{\mathrm{T}}(t)S\left[-Ax(t) - f(x(t)) - BKx(i_kh) + B\mu_{2k}\delta(\mu_{1k},\mu_{2k}) - B_ww(t) + \dot{x}(t)\right] = 0, \tag{6.308}$$

我们有, 对 $t \in [i_kh + \tau_k, i_{k+1}h + \tau_{k+1})$,

$$\begin{aligned}
\dot{V}(t) ={}& 2x^{\mathrm{T}}(t)P\dot{x}(t) + 2e^{\mathrm{T}}(t)N\left[x(t) - x(i_kh) - \int_{i_kh}^{t}\dot{x}(s)\mathrm{d}s\right]\\
&+2e^{\mathrm{T}}(t)S\left[-Ax(t) - f(x(t)) - BKx(i_kh) + B\mu_{2k}\delta(\mu_{1k},\mu_{2k}) - B_ww(t) + \dot{x}(t)\right]\\
&+\eta\dot{x}^{\mathrm{T}}(t)T\dot{x}(t) - \int_{t-\eta}^{t}\dot{x}^{\mathrm{T}}(s)T\dot{x}(s)\mathrm{d}s.
\end{aligned} \tag{6.309}$$

其中 $e^{\mathrm{T}}(t) = \left[\begin{array}{ccc} x^{\mathrm{T}}(t), & x^{\mathrm{T}}(i_kh), & \dot{x}^{\mathrm{T}}(t) \end{array}\right]$.

容易得到, 对 $t \in [i_kh + \tau_k, i_{k+1}h + \tau_{k+1})$

$$-2e^{\mathrm{T}}(t)N\int_{i_kh}^{t}\dot{x}(s)\mathrm{d}s \leqslant \eta e^{\mathrm{T}}(t)NT_1^{-1}N^{\mathrm{T}}e(t) + \int_{t-\eta}^{t}\dot{x}^{\mathrm{T}}(s)T_1\dot{x}(s)\mathrm{d}s \tag{6.310}$$

$$-2e^{\mathrm{T}}(t)Sf(x(t)) \leqslant \varepsilon e^{\mathrm{T}}(t)SS^{\mathrm{T}}e(t) + \varepsilon^{-1}x^{\mathrm{T}}(t)F^{\mathrm{T}}Fx(t) \tag{6.311}$$

$$-2e^{\mathrm{T}}(t)SB_ww(t) \leqslant \alpha^{-1}e^{\mathrm{T}}(t)SB_wB_w^{\mathrm{T}}S^{\mathrm{T}}e(t) + \alpha w^{\mathrm{T}}(t)w(t) \tag{6.312}$$

其中 $T_1 > 0$, $\varepsilon > 0$.

从 (6.309)~(6.312), 应用一些常规的矩阵计算可证明, 对 $t \in [i_kh + \tau_k, i_{k+1}h + \tau_{k+1})$

$$\begin{aligned}
\dot{V}(t) \leqslant{}& e^{\mathrm{T}}(t)\Omega e(t) - \alpha x^{\mathrm{T}}(t)Px(t) - \int_{t-\eta}^{t}\dot{x}^{\mathrm{T}}(s)\left[T - T_1\right]\dot{x}(s)\mathrm{d}s\\
&+2e^{\mathrm{T}}(t)SB\mu_{2k}\delta(\mu_{1k},\mu_{2k}) + \alpha w^{\mathrm{T}}(t)w(t)
\end{aligned} \tag{6.313}$$

其中

$$
\Omega = \begin{bmatrix} N_1 + N_1^{\mathrm{T}} - S_1 A - A^{\mathrm{T}} S_1^{\mathrm{T}} \\ + \alpha P + \varepsilon^{-1} F^{\mathrm{T}} F & * & * \\ N_2 - N_1^{\mathrm{T}} - S_2 A - K^{\mathrm{T}} B^{\mathrm{T}} S_1^{\mathrm{T}} & -N_2 - N_2^{\mathrm{T}} - S_2 B K - K^{\mathrm{T}} B^{\mathrm{T}} S_2^{\mathrm{T}} & * \\ N_3 - S_3 A + S_1^{\mathrm{T}} + P & -N_3 + S_2^{\mathrm{T}} - S_3 B K & S_3 + S_3^{\mathrm{T}} + \eta T \end{bmatrix}
$$
$$
+ \eta N T_1^{-1} N^{\mathrm{T}} + \varepsilon S S^{\mathrm{T}} + \alpha^{-1} S B_w B_w^{\mathrm{T}} S^{\mathrm{T}}
$$

利用不等式

$$
\int_{t-\eta}^{t} \int_{s}^{t} \dot{x}^{\mathrm{T}}(v) T \dot{x}(v) \mathrm{d}v \mathrm{d}s \leqslant \eta \int_{t-\eta}^{t} \dot{x}^{\mathrm{T}}(s) T \dot{x}(s) \mathrm{d}s,
$$

(6.302) 和 (6.303),从 (6.313) 得到,对 $t \in [i_k h + \tau_k, i_{k+1} h + \tau_{k+1})$

$$
\dot{V}(t) \leqslant -\frac{1}{\|Q^{-1}\|} \|e(t)\|^2 + 2 e^{\mathrm{T}}(t) S B \mu_{2k} \delta(\mu_{1k}, \mu_{2k})
$$
$$
- \alpha x^{\mathrm{T}}(t) P x(t) - \alpha \int_{t-\eta}^{t} \int_{s}^{t} \dot{x}^{\mathrm{T}}(v) T \dot{x}(v) \mathrm{d}v \mathrm{d}s + \alpha w^{\mathrm{T}}(t) w(t)
$$
$$
= -\frac{1}{\|Q^{-1}\|} \|e(t)\|^2 + 2 e^{\mathrm{T}}(t) S B \mu_{2k} \delta(\mu_{1k}, \mu_{2k}) - \alpha V(t) + \alpha w^{\mathrm{T}}(t) w(t) \quad (6.314)
$$

注意到 $\delta(\mu_{1k}, \mu_{2k})$ 可表示为

$$
\delta(\mu_{1k}, \mu_{2k}) = \mu_{2k}^{-1} \mu_{1k} K \left[\mu_{1k}^{-1} x(i_k h) - q_1 \left(\mu_{1k}^{-1} x(i_k h) \right) \right]
$$
$$
+ \left\{ \mu_{2k}^{-1} K \mu_{1k} q_1 \left(\mu_{1k}^{-1} x(i_k h) \right) - q_2 \left(\mu_{2k}^{-1} K \mu_{1k} q_1 \left(\mu_{1k}^{-1} x(i_k h) \right) \right) \right\} \quad (6.315)
$$

由于 $M_1 > \dfrac{2\Delta(1 + \delta_g) \|SB\| \|Q^{-1}\|}{1 - \delta_g}$,对 $x(i_k h)$,可以选取 $\bar{\mu}_{1k}$ 使得 (6.305) 成立. 注意到

$$
(1 - \delta_g) \bar{\mu}_{1k} \leqslant g(\bar{\mu}_{1k}) \leqslant (1 + \delta_g) \bar{\mu}_{1k} \quad (6.316)
$$

结合 (6.305) 和 (6.316) 两式,容易证明

$$
2\Delta \|SB\| \|Q^{-1}\| \leqslant g^{-1}(\bar{\mu}_{1k}) \|x(i_k h)\| \leqslant M_1 \quad (6.317)
$$

也就是

$$
2\Delta \|SB\| \|Q^{-1}\| \leqslant \mu_{1k}^{-1} \|x(i_k h)\| \leqslant M_1 \quad (6.318)
$$

由量化器 q_1 的性质我们可以得到

$$
\left\| \mu_{1k}^{-1} x(i_k h) - q_1 \left(\mu_{1k}^{-1} x(i_k h) \right) \right\| \leqslant \Delta_1 \quad (6.319)
$$

和

$$\left\| \mu_{2k}^{-1} K \mu_{1k} q_1 \left(\mu_{1k}^{-1} x(i_k h) \right) \right\| \leqslant \mu_{2k}^{-1} \left\| K \right\| \mu_{1k} (\Delta_1 + M_1) = \left\| K \right\| (\Delta_1 + M_1) \leqslant M_2 \tag{6.320}$$

进一步得出

$$\left\| \mu_{2k}^{-1} K \mu_{1k} q_1 \left(\mu_{1k}^{-1} x(i_k h) \right) - q_2 \left(\mu_{2k}^{-1} K \mu_{1k} q_1 \left(\mu_{1k}^{-1} x(i_k h) \right) \right) \right\| \leqslant \Delta_2 \tag{6.321}$$

结合 $(6.315) \sim (6.321)$, 我们有

$$\left\| \delta(\mu_{1k}, \mu_{2k}) \right\| \leqslant \mu_{2k}^{-1} \left\| K \right\| \mu_{1k} \Delta_1 + \Delta_2 = \left\| K \right\| \Delta_1 + \Delta_2 = \Delta \tag{6.322}$$

由 (6.314) 和 (6.322) 可得到, 对任意的 $t \in [i_k h + \tau_k, i_{k+1} h + \tau_{k+1})$,

$$\dot{V}(t) \leqslant -\alpha V(t) + \alpha w^{\mathrm{T}} w(t) - \frac{1}{\| Q^{-1} \|} \| e(t) \|^2 + 2 \mu_{2k} \Delta \| SB \| \| e(t) \|$$

$$= -\alpha V(t) + \alpha w^{\mathrm{T}}(t) w(t) - \frac{1}{\| Q^{-1} \|} \| e(t) \| \left(\| e(t) \| - 2 \mu_{2k} \Delta \| SB \| \| Q^{-1} \| \right) \tag{6.323}$$

由 (6.318) 和条件 $\mu_{2k} = \mu_{1k}$ 容易得到

$$\| x(i_k h) \| \geqslant 2 \mu_{2k} \Delta \| SB \| \| Q^{-1} \|$$

从而有

$$\| e(t) \| \geqslant 2 \mu_{2k} \Delta \| SB \| \| Q^{-1} \| \tag{6.324}$$

因此, 由 (6.323) 和 (6.324), 我们有

$$\dot{V}(t) \leqslant -\alpha V(t) + \alpha w^{\mathrm{T}}(t) w(t), \quad t \in [i_k h + \tau_k, i_{k+1} h + \tau_{k+1}) \tag{6.325}$$

由于 $\bigcup\limits_{k=1}^{\infty} [i_k h + \tau_k, i_{k+1} h + \tau_{k+1}) = [t_0, \infty)$ 并且函数 $V(t)$ 的导数在区间 $[t_0, \infty)$ 存在, 可以推知对 $t \in [t_0, \infty)$, (6.325) 成立. 当 $w(t) = 0$, 从 (6.325) 可以得到系统 (6.299) 是渐近稳定的.

定义 $B = \{ x : V(t) \leqslant 1 \}$. 从 (6.325) 可以看出, B 是零初始状态下系统 $(6.299) \sim (6.301)$ 解的不变集. 定义

$$g(t) = \| Cx(t) + Dw(t) \|^2 - (\rho^2 - \alpha) w^{\mathrm{T}}(t) w(t) - \alpha x^{\mathrm{T}}(t) Px(t)$$

$$= \left[\begin{array}{cc} x^{\mathrm{T}}(t), & w^{\mathrm{T}}(t) \end{array} \right] \left[\begin{array}{cc} -\alpha P + C^{\mathrm{T}} C & * \\ D^{\mathrm{T}} C & -(\rho^2 - \alpha) I + D^{\mathrm{T}} D \end{array} \right] \left[\begin{array}{c} x(t) \\ w(t) \end{array} \right] \tag{6.326}$$

从 (6.304), 我们可以得到 $\rho^2 - \alpha > 0$ 并且 $g(t) < 0$, 从而可以进一步得出

$$\| Cx(t) + Dw(t) \|^2 < (\rho^2 - \alpha) w^{\mathrm{T}}(t) w(t) + \alpha x^{\mathrm{T}}(t) Px(t) \tag{6.327}$$

由 $V(t) \leqslant 1$ 可知 $x^{\mathrm{T}}(t)Px(t) \leqslant 1$. 因此, 从 (6.327) 可推知 $\|Cx(t) + Dw(t)\| \leqslant \rho$, 结论得证. ∎

注 6.15 为了满足条件(6.305), 被控对象需要具备一定的计算能力. 在定理6.16中, 范数 $\|Q^{-1}\|$ 的减小会减少量化器所需要的量化范围, 但是也会降低(6.302) 的可解性, 因此会使 η 的上界变小. 换句话说, 为了得到一个较大的 η 的上界, 我们需要选择具有较小特征值的矩阵 Q, 然而这样会导致量化器的量化范围变大.

基于定理 6.16, 下面我们给出反馈增益 K 的设计方法.

定理 6.17 对给定的标量 $\rho > 0$, $\alpha \in (0,1)$, λ_i $(i = 2,3)$ 和矩阵 $Q > 0$, 如果存在矩阵 $\tilde{P} > 0$, $\tilde{T} > 0$, $\tilde{T}_1 > 0$, 非奇异矩阵 X 和矩阵 Y, $\tilde{N}_i$ $(i = 1,2,3)$ 和标量 $\varepsilon > 0$ 使得下列不等式成立

$$
\begin{bmatrix}
\Sigma & * & * & * & * & * \\
\eta \tilde{N}^{\mathrm{T}} & -\eta \tilde{T} & * & * & * & * \\
\varepsilon \mathcal{S} & 0 & -\varepsilon I & * & * & * \\
B_w^{\mathrm{T}} \mathcal{S} & 0 & 0 & -\alpha I & * & * \\
\mathcal{F} & 0 & 0 & 0 & -\varepsilon I & * \\
\mathcal{X}^{\mathrm{T}} & 0 & 0 & 0 & 0 & -Q^{-1}
\end{bmatrix} < 0 \tag{6.328}
$$

$$
\tilde{T}_1 - (1 - \alpha\eta)\tilde{T} < 0 \tag{6.329}
$$

$$
\begin{bmatrix}
-\alpha \tilde{P} & * & * \\
D^{\mathrm{T}} C X^{\mathrm{T}} & -(\rho^2 - \alpha)I + D^{\mathrm{T}} D & * \\
C X^{\mathrm{T}} & 0 & -I
\end{bmatrix} < 0 \tag{6.330}
$$

其中

$$
\Sigma = \begin{bmatrix}
\tilde{N}_1 + \tilde{N}_1^{\mathrm{T}} - AX^{\mathrm{T}} - XA^{\mathrm{T}} + \alpha \tilde{P} & * \\
\tilde{N}_2 - \tilde{N}_1^{\mathrm{T}} - \lambda_2 AX^{\mathrm{T}} - Y^{\mathrm{T}} B^{\mathrm{T}} & -\tilde{N}_2 - \tilde{N}_2^{\mathrm{T}} - \lambda_2 BY - \lambda_2 Y^{\mathrm{T}} B^{\mathrm{T}} \\
\tilde{N}_3 - \lambda_3 AX^{\mathrm{T}} + X + \tilde{P} & -\tilde{N}_3 + \lambda_2 X - \lambda_3 BY
\end{bmatrix}
$$

$$
\begin{array}{c}
* \\
* \\
\lambda_3 X + \lambda_3 X^{\mathrm{T}} + \eta \tilde{T}
\end{array}
$$

$$
\mathcal{S} = \begin{bmatrix} I, & \lambda_2 I, & \lambda_3 I \end{bmatrix}, \quad \mathcal{F} = \begin{bmatrix} FX^{\mathrm{T}}, & 0, & 0 \end{bmatrix}, \quad \mathcal{X}^{\mathrm{T}} = \mathrm{diag}\begin{pmatrix} X^{\mathrm{T}}, & X^{\mathrm{T}}, & X^{\mathrm{T}} \end{pmatrix}
$$

$$
\tilde{N}^{\mathrm{T}} = \begin{bmatrix} \tilde{N}_1^{\mathrm{T}}, & \tilde{N}_2^{\mathrm{T}}, & \tilde{N}_3^{\mathrm{T}} \end{bmatrix},
$$

并且非理想网络环境影响和选定量化器的参数满足下列条件

(a) $(i_{k+1} - i_k)h + \tau_{k+1} \leqslant \eta$, $k = 1, 2, \cdots$;

(b) $M_1 > \dfrac{2\Delta(1+\delta_g)\left\|\left[\begin{array}{ccc} X^{-T} & \lambda_2 X^{-T} & \lambda_3 X^{-T} \end{array}\right]^T B\right\|\|Q^{-1}\|}{1-\delta_g}$，并且 $M_2 \geqslant$ $\|K\|(\Delta_1 + M_1)$，其中 $\Delta = \|YX^{-T}\|\Delta_1 + \Delta_2$；

(c) $\bar{\mu}_{1k}$ 在控制器端选取，并且满足下列条件

$$2\Delta(1+\delta_g)\left\|\left[\begin{array}{ccc} X^{-T} & \lambda_2 X^{-T} & \lambda_3 X^{-T} \end{array}\right]^T B\right\|\|Q^{-1}\| \leqslant \bar{\mu}_{1k}^{-1}\|x(i_k h)\| \leqslant (1-\delta_g)M_1,$$

$\mu_{1k} = g(\bar{\mu}_{1k})$，其中 g 如(6.293)所定义；

(d) $\mu_{2k} = \mu_{1k}$.

则具有反馈增益 $K = YX^{-T}$ 的系统(6.299)~(6.301)是内渐进稳定的且具有 ρ 性能.

证明：在定理 6.16 中定义 $S_1 = X^{-1}$，$S_2 = \lambda_2 X^{-1}$，$S_3 = \lambda_3 X^{-1}$，使用与定理 3.11 类似的分析方法可完成证明. ■

注 6.16　一般来说，对数量化器(6.294)的取值范围是无限的. 为了应用方便，一种具有有限量化级的改进型对数量化器在文献[38]中被提出. 本文中，我们应用具有下列形式的改进型对数量化器

$$g(\beta) = \begin{cases} u_i, & \text{当 } \dfrac{1}{1+\delta_g}u_i < \beta \leqslant \dfrac{1}{1-\delta_g}u_i, \ \beta > 0 \\[2mm] \rho_g^N u_0, & \text{当 } \beta \leqslant \dfrac{1}{1+\delta_g}\rho_g^N u_0 \\[2mm] -g(-\beta), & \text{当 } \beta < 0 \end{cases} \tag{6.331}$$

量化级的集合为 $U_g = \left\{\pm u^{(i)} : u^{(i)} = \rho_g^i u_0, \ i = \pm 1, \pm 2, \cdots, \pm N\right\} \cup \{\pm u_0\}$. 由于 $\rho_g < 1$，对任意给定的 $\varepsilon > 0$，当 $N > N_0$ 时存在 N_0 时使得 $\dfrac{1}{1+\delta_g}\rho_g^N u_0 < \varepsilon$ 成立. 容易看出，在满足定理6.16和定理6.17中对量化器(6.331)的要求的前提下，对任意给定的 $\rho > 0$ 和一个小的常数 $\varepsilon > 0$，只要 N 足够大，含有反馈增益 $K = YX^{-T}$ 的系统 (6.299)~(6.301)是实际内稳定的，并且对所有的 $w \in B\mathbb{R}^r$，满足 $\|z\|_\infty \leqslant \rho + \varepsilon$.

例 6.4　考虑系统 (6.289)~(6.290) 其参数矩阵为

$$A = \left[\begin{array}{cc} -1 & 0.2 \\ 0.1 & 0 \end{array}\right], \ B = \left[\begin{array}{c} 0 \\ 1 \end{array}\right], \ B_w = \left[\begin{array}{c} 0.1 \\ 0.1 \end{array}\right],$$

$$C = \left[\begin{array}{cc} 1, & 0 \end{array}\right], \ D = \left[\begin{array}{cc} 0.2, & 0.1 \end{array}\right], \ F = \left[\begin{array}{cc} 0.1 & 0 \\ 0 & 0.1 \end{array}\right].$$

设定 $\rho = 0.9$，下面利用定理 6.17 求解出保证闭环系统具有 ρ 性能的反馈增益 K 和量化器参数.

给定 $\alpha = 0.1$, $\lambda_2 = 0.2$, $\lambda_3 = 2$, $Q = I$. 通过解不等式 (6.328)~(6.330), 我们得到 η 的上界为 0.44, 相应的反馈增益为 $K = [-0.78852, \ -1.0202]$. 选取 $\rho_g = 0.8$, 那么 $\delta_g = \dfrac{1}{6}$. 因此量化器 q_1 需要的量化范围为 $M_1 > 9.5097\Delta$, 量化器 q_2 的量化范围为 $M_2 \geqslant 1.2894\Delta_1 + 8.7586\Delta$, 其中 $\Delta = 1.5372\Delta_1 + \Delta_2$. $\qquad\square$

情形 II 基于输出的方法

考虑如下线性连续系统

$$\dot{x}(t) = Ax(t) + B_1\varpi(t) + B_2u(t) \tag{6.332}$$

$$z(t) = C_1x(t) \tag{6.333}$$

$$y(t) = C_2x(t) \tag{6.334}$$

这里 $y \in \mathbb{R}^q$ 是系统输出, 其他变量和参数的定义与 (6.273) 和 (6.274) 类似.

假设 (A, B_2, C_2) 是可镇定且可检测的, 则存在矩阵 K 和 L, 使得采用如下基于观测器的动态输出反馈

$$\dot{\hat{x}}(t) = (A + LC_2)\hat{x}(t) + B_2u(t) - Ly(t) \tag{6.335}$$

$$u(t) = K\hat{x}(t) \tag{6.336}$$

闭环系统 (6.335)~(6.336) 是渐近稳定的且满足 H_∞ 性能指标 γ. 闭环系统可以写成如下形式

$$\dot{\bar{x}}(t) = \bar{A}\bar{x}(t) + \bar{B}_1\varpi(t) \tag{6.337}$$

$$z(t) = \bar{C}_1\bar{x}(t) \tag{6.338}$$

其中

$$\bar{x}(t) = \begin{bmatrix} x^{\mathrm{T}}(t), & e^{\mathrm{T}}(t) \end{bmatrix}^{\mathrm{T}} \quad e(t) = x(t) - \hat{x}(t)$$

$$\bar{A} = \begin{bmatrix} A + B_2K & -B_2K \\ 0 & A + LC_2 \end{bmatrix} \quad \bar{B}_1 = \begin{bmatrix} B_1 \\ B_2 \end{bmatrix} \quad \bar{C}_1 = \begin{bmatrix} C_1, & 0 \end{bmatrix}$$

由前面假设知, $\bar{A}$ 是 Hurwitz 稳定的且 $\left\| C_1 (sI - \bar{A})^{-1} \bar{B}_1 \right\|_\infty < \gamma$, 因此, 由有界实引理, 存在正定矩阵 $\bar{P}$ 和 $\bar{Q}$ 使得

$$\bar{A}^{\mathrm{T}}\bar{P} + \bar{P}\bar{A} + \gamma^{-2}\bar{P}\bar{B}_1\bar{B}_1^{\mathrm{T}}\bar{P} + \bar{C}_1^{\mathrm{T}}\bar{C}_1 + \bar{Q} = 0 \tag{6.339}$$

当考虑输出 y 的量化影响, (6.335)~(6.336) 可以描述为

$$\dot{\hat{x}}(t) = (A + LC_2)\hat{x}(t) + B_2u(t) - L\mu q\left(\frac{y}{\mu}\right) \tag{6.340}$$

$$u(t) = K\hat{x}(t) \tag{6.341}$$

此时闭环系统可写成

$$\dot{\bar{x}}(t) = \bar{A}\bar{x}(t) + \bar{B}_1\varpi(t) + D(\mu, y) \tag{6.342}$$

$$z(t) = \bar{C}_1\bar{x}(t) \tag{6.343}$$

$$y(t) = \bar{C}_2\bar{x}(t) \tag{6.344}$$

其中 $D(\mu, y) = -\mu L \begin{bmatrix} 0 \\ \left(\dfrac{y}{\mu}\right) - q\left(\dfrac{y}{\mu}\right) \end{bmatrix}, \bar{L} = \begin{bmatrix} 0 & 0 \\ 0 & L \end{bmatrix}, \bar{C}_2 = \begin{bmatrix} C_2, & 0 \end{bmatrix}.$

定理 6.18 假设 M 相对 Δ 是足够大, 使得

$$M > 2\Delta \frac{\|\bar{P}\bar{L}\| \|C_2\|}{\lambda_{\min}(\bar{Q})} \tag{6.345}$$

则存在一个动态输出量化控制(6.340)使得闭环系统(6.342)~(6.343)与(6.337)~(6.338)有相同的 H_∞ 扰动抑制作用.

证明: 当 $\|y\| \leqslant M\mu$ 时, 由 (6.240)~(6.241) 知

$$\left\| \frac{y}{\mu} - q\left(\frac{y}{\mu}\right) \right\| \leqslant \Delta \tag{6.346}$$

取 Lyapunov 函数

$$V(\bar{x}) = \bar{x}^{\mathrm{T}}(t)\bar{P}\bar{x}(t)$$

当 $\|y\| \leqslant M\mu$ 时, 对 $V(\bar{x})$ 关于时间 t 求导且利用定理 6.13 的证明方法, 可推得

$$\begin{aligned}
\dot{V}(\bar{x}) &\leqslant -z^{\mathrm{T}}(t)z(t) + \gamma^2\varpi^{\mathrm{T}}(t)\varpi(t) - \lambda_{\min}(\bar{Q})\|\bar{x}(t)\|^2 + 2\|\bar{x}(t)\|\|\bar{P}\bar{L}\|\Delta\mu \\
&= -\Gamma(t) - \lambda_{\min}(\bar{Q})\|\bar{x}(t)\|\left(\|\bar{x}(t)\| - 2\Delta\frac{\|\bar{P}\bar{L}\|}{\lambda_{\min}(\bar{Q})}\mu\right) \\
&\leqslant -\Gamma(t) - \lambda_{\min}(\bar{Q})\|\bar{x}(t)\|\left(\frac{\|y\|}{\|\bar{C}_2\|} - 2\Delta\frac{\|\bar{P}\bar{L}\|}{\lambda_{\min}(\bar{Q})}\mu\right) \\
&\leqslant -\Gamma(t) - \frac{\lambda_{\min}(\bar{Q})\|\bar{x}(t)\|}{\|\bar{C}_2\|}\left(\|y\| - 2\Delta\frac{\|\bar{P}\bar{L}\|\|\bar{C}_2\|}{\lambda_{\min}(\bar{Q})}\mu\right)
\end{aligned} \tag{6.347}$$

由 (6.345), 存在 $\bar{\varepsilon} \in [0, 1)$ 使得

$$\frac{1}{1-\bar{\varepsilon}} \times 2\Delta\frac{\|\bar{P}\bar{L}\|\|\bar{C}_2\|\mu}{\lambda_{\min}(\bar{Q})} < M\mu \tag{6.348}$$

因此类似于定理 6.15, 对任意 y 取 μ 使

$$\frac{1}{1-\bar{\varepsilon}} \times 2\Delta \frac{\|\bar{P}\bar{L}\| \|\bar{C}_2\|}{\lambda_{\min}(\bar{Q})}\mu \leqslant \|y\| \leqslant M\mu \tag{6.349}$$

则由 (6.347) 得

$$\dot{V}(\bar{x}) \leqslant -\varGamma(t) - \bar{\varepsilon}\frac{\lambda_{\min}(\bar{Q})\|\bar{x}(t)\|}{\|\bar{C}_2\|}\|y\| \tag{6.350}$$

利用类似定理 6.15 的证明方法可完成证明. ∎

第7章 网络控制系统的滤波器设计

状态估计对于控制策略的实现具有重要作用, 不考虑网络环境的影响, 过去的几十年中, 针对确定性系统、不确定系统、时滞系统、广义系统以及非线性系统, 人们提出了一些有效的滤波器设计方法 [53,59~63]. 然而将网络引入控制系统中, 信号的传输就带有了网络的特性, 比如随机延迟、丢包、误码等, 这给滤波器的设计带来了困难. 本章中将对网络控制系统中滤波器的设计方法进行探讨, 其中 7.1 节介绍一种基于 Kalman 滤波的远程滤波器的设计方法 [65]; 在 7.2 节中, 我们对基于网络的 H_∞ 滤波器进行探讨, 其中包括连续 NCS 的 H_∞ 滤波器的设计方法 [66] 和离散 NCS 的 H_∞ 滤波器的设计方法.

7.1 远程滤波器的设计

本节中我们将对一个连续的线性系统的滤波问题进行探讨, 线性系统的动态行为描述如下

$$\dot{x}(t) = Ax(t) + \omega(t) \tag{7.1}$$

$$y(t) = Cx(t) + \nu(t) \tag{7.2}$$

其中 $A \in \mathbb{R}^{n \times n}$, $C \in \mathbb{R}^{l \times n}$, (C, A) 为一个可观测对, $\omega(t) \in \mathbb{R}^n$ 和 $\nu(t) \in \mathbb{R}^l$ 为相互独立且均值为 0 的高斯白噪声, 协方差矩阵分别为 $\Sigma_\omega (> 0) \in \mathbb{R}^{n \times n}$ 和 $\Sigma_\nu (> 0) \in \mathbb{R}^{l \times l}$.

7.1.1 滤波器系统结构

我们考虑如图 7.1 所示的滤波器结构模型, 其由两部分组成, 一是微传感器, 另一部分是远程滤波器. 微传感器中包括一个 Kalman 滤波器和一个通信调度器. Kalman 滤波器计算本地的信息, 其采样周期可以非常小, 我们近似认为其以时间连续的方式工作. Kalman 滤波器的状态变量 $\tilde{x}(t)$ 通过网络被发送到远程滤波器, 数据包在传输过程中可能会丢失. Kalman 滤波器的发包策略由调度器来决定. 调度器安排数据包发送的时间序列, 时间序列的生成取决于远程滤波器的状态变量 $\hat{x}(t)$ 和 $\tilde{x}(t)$ 的匹配程度. 因此, 数据包在传输过程中会经历两个阶段, 一是数据包在微传感器中传输, 另一部分是数据包在网络中的传输. 从控制的角度来看他们的

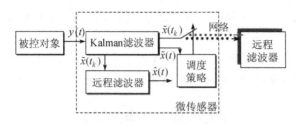

图 7.1　带 Kalman 滤波器的远程滤波结构示意图

区别在于, 当数据包在网络中传输时, 由于网络环境是未知的, 我们不能对其施加任何控制, 而数据包在微传感器中传输时, 其传输方式是受调度算法严格限制的.

系统 (7.1)~(7.2) 对应的 Kalman 滤波器具有如下的形式

$$\dot{\tilde{x}}(t) = A\tilde{x}(t) + L(y(t) - C\tilde{x}(t)) \tag{7.3}$$

其中 $\tilde{x}(t)$ 表示滤波器的状态, $L \in \mathbb{R}^{n \times l}$ 使得矩阵 $A - LC$ 为 Hurwitz 的.

估计器的状态变量有两份拷贝, 一份存于微传感器, 另一份存放在远程估计器中, 两份拷贝利用网络保持同步. 当估计器接收到 Kalman 滤波器的状态 $\tilde{x}(t)$ 时, 其按照如下状态方程计算其状态

$$\dot{\hat{x}}(t) = A\hat{x}(t) \tag{7.4}$$

$$\hat{x}(t_k) = \tilde{x}(t_k^-) - z_k \tag{7.5}$$

这里 t_k 表示信号到达远程滤波器的时刻, z_k 描述了系统信息传输过程中的量化误差. 我们假设 z_k 为独立同分布的有界变量, 其概率分布函数为 $\mu(z_k)$, 并且有限阶矩均为有界的, 即

$$\mathbf{E}\left[\, \|z_k\|^{2m} \right] < \Delta_z(m) < \infty, \quad m \geqslant 1,$$

下面我们探讨在一定的时间调度策略的假设下, 系统误差的动态特性.

7.1.2　滤波误差的动态特性

我们分别用 $\hat{e}(t)$、$\tilde{e}(t)$ 和 $\xi(t)$ 表示估计误差、信号传输误差和 Kalman 滤波误差, 其表达式如下

$$\hat{e}(t) = x(t) - \hat{x}(t), \quad \tilde{e}(t) = \tilde{x}(t) - \hat{x}(t), \quad \xi(t) = x(t) - \hat{x}(t) \tag{7.6}$$

在这 3 个量中, 只有 $\tilde{e}(t)$ 对微传感器是可知的, 我们建立估计器的目标是在保持 $\hat{e}(t)$ 的 $2m$ 阶矩有界的前提下, 使得数据的传输率尽可能的小. 数据的传输率是一个平均值, 定义为

$$R = \lim_{T \to \infty} \sup \mathbf{E}^{\omega, \nu} \left[\frac{M}{T} \right], \tag{7.7}$$

其中 M 为网络在 $[0,\ T]$ 时间段内发送的总信息量, $\mathbf{E}^{\omega,\nu}[\cdot]$ 表示和变量 ω,ν 相关的数学期望.

定义 7.1　对于给定的 $m \geqslant 1$, 过程 $\hat{e}(t)$ 是 $2m$ 阶矩意义上稳定的, 如果存在 $\Delta_0(m) > 0$ 和 $\Delta(m) < \infty$, 使得下式成立

$$\mathbf{E}\left[\|\hat{e}(t)\|^{2m}\right] < \Delta(m), \quad t > 0$$

$$\mathbf{E}\left[\|\hat{e}(0)\|^{2m}\right] < \Delta_0(m)$$

由式 (7.6) 不难得出, 要使得过程 $\hat{e}(t)$ 稳定, 只要使得 $\mathbf{E}\left[\|\tilde{e}(t)\|^{2m}\right]$ 和 $\mathbf{E}\left[\|\xi(t)\|^{2m}\right]$ 是有界的. 根据 (7.1)$\sim$(7.6) 可得 $\tilde{e}(t)$ 和 $\xi(t)$ 的滤波误差系统表达式如下

$$\dot{\tilde{e}}(t) = A\tilde{e}(t) + LC\xi(t) + L\nu(t) \tag{7.8}$$

$$\tilde{e}(t_k) = z_k \tag{7.9}$$

$$\dot{\xi}(t) = (A - LC)\xi(t) - L\nu(t) + \omega(t) \tag{7.10}$$

注 7.1　式 (7.8) $\sim$ (7.9) 是一个跳跃 – 扩散过程 (jump diffusion process, JDP), $\tilde{e}(t)$ 是左连续的, 并存在右极限. 式 (7.10) 中 $A - LC$ 的稳定性, 保证了 $\xi(t)$ 的所有有限阶矩均有界, 即

$$\mathbf{E}\left[\|\xi(t)\|^{2m}\right] < \Delta_\xi(m) \tag{7.11}$$

我们令状态变量 $e(t) = \begin{bmatrix} \tilde{e}(t) \\ \xi(t) \end{bmatrix}$, 则滤波误差系统可写为

$$\dot{e}(t) = \bar{A}e(t) + \bar{\omega}(t) \tag{7.12}$$

$$\tilde{e}(t_k) = z_k, \tag{7.13}$$

其中 $\bar{A} = \begin{bmatrix} A & LC \\ 0 & A - LC \end{bmatrix}$, $\bar{\omega}(t) \in \mathbb{R}^{2n}$, 其相应的协方差矩阵为

$$\Sigma = \begin{bmatrix} L\Sigma_\nu L^{\mathrm{T}} & L\Sigma_\nu L^{\mathrm{T}} \\ L\Sigma_\nu L^{\mathrm{T}} & L\Sigma_\nu L^{\mathrm{T}} + \Sigma_\omega \end{bmatrix} \geqslant 0. \tag{7.14}$$

注 7.2　由于矩阵 $\bar{A}$ 是一个上三角分块矩阵, 因此矩阵 $\bar{A}$ 的特征值可表示如下

$$\{\mathrm{eig}\,(\bar{A})\} = \{\mathrm{eig}\,(A)\} \cup \{\mathrm{eig}\,(A - LC)\} \tag{7.15}$$

7.1.3 调度器策略

在这一节中将介绍微传感器中的调度器对网络传输过程中包的调度策略. 假设在确定的网络中, 微传感器传送数据时使用的调度方式是固定不变的, 网络中的丢包概率为 p, 且独立同分布.

时间间歇 (intermittent time) 是指在两次包的传送之间的等待时间. 如果网络中的时间间歇确定了, 那么网络中数据包的调度方式也就确定了. 目前已有的时间间歇的定义方式有多种, 最简单的方式是采用周期性的发送方式. 当然我们也可以预先定义一个时间序列, 使包发送的时间间歇满足这一规律. 时间间歇可以是一个随机变量, 一个简单的例子是令其服从均值为 T 的指数分布, 其相应的过程为一个泊松过程, 泊松参数 $\lambda = \dfrac{1}{T}$.

为充分利用系统的动态信息来提高网络的性能, 间隙时间可以通过一个随机过程来确定. 这里利用一个双重随机泊松模型 (doubly stochastic poisson process, DSPP) 对调度器的时间序列进行建模. 所谓的双重随机的柏松模型, 实际上是一个时间相关的泊松流, 泊松流的事件到达强度是一个随机过程, 我们将这一过程记为 $N(t)$. $N(t)$ 是一个依赖于系统动态信息的整数值, 其为一个右连续的, 非减的函数. 我们规定在任意时刻, $N(t)$ 增量为 0 或者为 1, 即, $N(t) - \lim\limits_{s \to t^-} N(s) \in \{0, 1\}$. 在系统 (7.4)~(7.5) 中, 由于估计器的状态是一个右连续的量, 因此在时刻 t, 微传感器并不知道 $\hat{x}(t)$ 的确切值. 令 $\mathscr{M}(t^-)$ 表示时刻 t 微传感器能得到的所有的信息量, 这也是我们进行调度决策的最大信息集. 我们用 $\varphi(\mathscr{M}(t^-))$ 表示跳跃强度, 即在任意小的时间区间 $(t, \ t + \mathrm{d}t]$ 内

$$\Pr\left[N(t + dt) - \lim_{s \to t^-} N(s) = 1 \right] = \varphi(\mathscr{M}(t^-)). \tag{7.16}$$

注 7.3 若跳跃强度函数 $\varphi(\mathscr{M}(t^-)) = \lambda_0$, λ_0 为一常数, 则此时 $N(t)$ 即为一个泊松过程.

为了使系统的误差方差的估计最小, 这里跳跃强度函数取为传递误差 $\tilde{e}(t)$ 的函数, 即 $\varphi(\mathscr{M}(t^-)) = \lambda(\tilde{e}(t^-))$. 考虑在两种通信模式下, 滤波器信号的传输满足如下的随机过程

- 通信调度是由一个泊松过程驱动, 泊松参数为 λ, 网络中的丢包率为 p, $0 \leqslant p \leqslant 1$. 既然丢包率是独立于泊松过程的, 当数据到达远程估计器时, 其满足泊松率为 $(1 - p)\lambda$ 的泊松过程.

- 通信调度是通过一个整值过程驱动, 跳跃强度函数为 $\lambda(\tilde{e}(t^-))$, 网络丢包率为 p, 这样其作用效果相当于强度函数为 $(1 - p)\lambda(\tilde{e}(t^-))$ 的随机过程.

7.1.4　稳定性分析

根据 (7.6) 我们不难得到, 要使得过程 $\hat{e}(t)$ 稳定, 只要使得 $\mathbf{E}\left[\|\tilde{e}(t)\|^{2m}\right]$ 和 $\mathbf{E}\left[\|\xi(t)\|^{2m}\right]$ $(m>0)$ 有界, 即数据包在网络中传输, 以及在微传感器中传输的行为都要能满足系统稳定性的约束条件. 下面我们给出在这两部分通信环境下系统的稳定性分析.

网络部分的稳定性

我们考虑一个由泊松过程驱动的通信调度策略, 其泊松参数定义为

$$\gamma_{2m} = 2m \max\{\mathrm{Re}\,[\mathrm{eig}(A)]\} \tag{7.17}$$

其中 $\mathrm{Re}[x]$ 表示取 x 的实部, $\mathrm{eig}(A)$ 表示求矩阵 A 的特征值.

定义 7.2　对于给定的二阶连续可导的函数 $V \in \mathbb{R}^n$, 和 JDP 随机过程 $e(t)$, $e(t)$ 的无穷小算子定义为

$$(\mathscr{L}\,V)(x) = \lim_{\tau \to t} \frac{\mathbf{E}\left[V(e(\tau)) \mid e(t) = x\right] - V(x)}{\tau - t}, \quad \forall\, x \in \mathbb{R}^n,\ \tau > t \geqslant 0. \tag{7.18}$$

这里, $\mathbf{E}\left[V(e(\tau)) \mid e(t) = x\right] - V(x)$ 表示对于给定的 $e(t) = x$, $V(e(\tau))$ 的期望值.

我们在 (7.18) 中令 $x = e(t)$, 并两边取数学期望得到

$$\mathbf{E}(\mathscr{L}\,V)(e(t)) = \lim_{\tau \to t} \frac{\mathbf{E}\left[V(e(\tau))\right] - \mathbf{E}\left[V(e(t))\right]}{\tau - t} = \frac{\mathrm{d}}{\mathrm{d}t}\mathbf{E}\left[V(e(t))\right] \tag{7.19}$$

引理 7.1　式 (7.12) $\sim$ (7.13) 为一个 JDP 过程, 其无穷小算子如下式所示

$$(\mathscr{L}\,V)(e(t)) = \frac{\partial V(e(t))}{\partial e(t)} \cdot Ae(t) + \frac{1}{2}\mathrm{tr}\left(\Sigma \frac{\partial^2 V(e(t))}{\partial e(t)^2}\right)$$
$$+ \lambda(e(t^-))\left(\int V(z,\ \xi)\mathrm{d}\mu(z) - V(e(t^-))\right) \tag{7.20}$$

其中, $\dfrac{\partial V(e(t))}{\partial e(t)}$ 和 $\dfrac{\partial^2 V(e(t))}{\partial e(t)^2}$ 分别表示 V 的梯度和 Hessian 矩阵, Σ 由 (7.14) 给出, ξ 如式 (7.10) 中所示.

引理 7.2　对于给定的随机变量 X, 其以概率 1 非负, 则对于任意的常数 $\delta > 0$ 和 $k > l > 0$, 有 $\mathbf{E}\left[X^k\right] \geqslant \delta^l \mathbf{E}\left[X^{k-l}\right] - \delta^k$.

证明: 假设 X 为满足分布 $\mu(X)$ 的随机变量, 则对于任意的 $\delta > 0$

$$\mathbf{E}\left[X^k\right] \geqslant \int_{X \geqslant \delta} X^k \mathrm{d}\,\mu(X)$$
$$\geqslant \delta^l \int_{X \geqslant \delta} X^{k-l} \mathrm{d}\,\mu(X)$$

$$= \delta^l \left(\int_{X \geqslant 0} X^{k-l} \mathrm{d}\,\mu(X) - \int_{X < \delta} X^{k-l} \mathrm{d}\,\mu(X) \right)$$

$$\geqslant \delta^l \left(\mathbf{E}\left[X^{k-l} \right] - \delta^{(}k-l) \right) \tag{7.21}$$

$$= \delta^l \mathbf{E}\left[X^{k-l} \right] - \delta^k.$$

∎

定理 7.1 令估计误差 $\hat{e}(t)$ 由 (7.6) 定义,时间序列 t_k 由一个泊松过程产生,泊松参数为非负值 γ,对于任意 $m \geqslant 1$

(1) 如果 $\gamma > \gamma_{2m}$,则对于任意的 $t \geqslant 0$,$\mathbf{E}\left[(\hat{e}^{\mathrm{T}}(t)\hat{e}(t))^m \right]$ 是有界的;

(2) 如果 $\gamma < \gamma_{2m}$,则 $\lim_{t \to \infty} \mathbf{E}\left[(\hat{e}^{\mathrm{T}}(t)\hat{e}(t))^m \right] = \infty$.

证明: 在式 (7.12) 中,我们将矩阵 $\bar{A}$ 进行 Jordan 对角化,即

$$T\bar{A}T^{-1} = J = \begin{bmatrix} J_1 & & \\ & \ddots & \\ & & J_r \end{bmatrix} \tag{7.22}$$

这里 J_i $(1 \leqslant i \leqslant r$ 表示 Jordan 块,$T \in \mathbb{R}^{2n \times 2n}$ 为可逆矩阵.

泊松参数 γ 为常数,且 $\gamma > 2m\,\mathrm{Re}\left[\mathrm{eig}(\bar{A})\right]$,则总存在 $P > 0$ 和 $c_0 > 0$,使得

$$P\left(\bar{A} - \frac{\gamma}{2m}I \right) + \left(\bar{A} - \frac{\gamma}{2m}I \right)^{\mathrm{T}} P \leqslant -c_0 P$$

成立. 取正定函数 $V(e(t)) = (e^{\mathrm{T}}(t)Pe(t))^m$,$m \geqslant 1$,则过程 (7.12)~(7.13) 的无穷小算子为

$$\begin{aligned} \mathscr{L}V(e(t)) = &\, m(e^{\mathrm{T}}(t)Pe(t))^{m-1} \left[P(\bar{A} - \frac{\gamma}{2m}I) + (\bar{A} - \frac{\gamma}{2m}I)^{\mathrm{T}}P \right] e(t) + \gamma \mathbf{E}^Z \left[V(z, \xi) \right] \\ &+ 2m(m-1)(e^{\mathrm{T}}(t)Pe(t))^{m-2}e^{\mathrm{T}}(t)P\Sigma Pe(t) + m(e^{\mathrm{T}}(t)Pe(t))^{m-1}\mathrm{tr}(\Sigma P) \\ \leqslant &\, -c_0 m V(e(t)) + \gamma \mathbf{E}^Z\left[V(z, \xi) \right] + 2m(m-2)e^{\mathrm{T}}(t)P\Sigma Pe(t) \\ &+ m(e^{\mathrm{T}}(t)Pe(t))^{m-1}\mathrm{tr}(\Sigma P) \end{aligned} \tag{7.23}$$

由于 $P > 0$,因此 $\exists c_1 > 0$ 使得 $P\Sigma P < c_1 P$ 成立. 由引理 7.2 可得,对 $\forall \delta_1 > 0$

$$\mathbf{E}\left[(e^{\mathrm{T}}(t)Pe(t))^{m-1} \right] \leqslant \frac{1}{\delta_1} \mathbf{E}\left[V(e(t)) \right] + \delta_1^{m-1}.$$

我们对 (7.23) 两边分别求数学期望,并联合 (7.19) 得

$$\begin{aligned} \frac{\mathrm{d}}{\mathrm{d}t} \mathbf{E}\left[V\left(e(t) \right) \right] \leqslant &\left(-c_0 m + \frac{1}{\delta_1}\left(2c_1 m(m-1) + m\mathrm{tr}(\Sigma P) \right) \right) \mathbf{E}\left[V\left(e(t) \right) \right] \\ &+ (2c_1 m(m-1) + m\mathrm{tr}(\Sigma P))\delta_1^{m-1} + \gamma \mathbf{E}^Z\left[V\left(z,\, \xi \right) \right] \end{aligned} \tag{7.24}$$

由 (7.24)，我们总能选取足够大的 δ_1，使得 $\mathbf{E}\left[V\left(e(t)\right)\right]$ 的系数为负，而其他两项均是有界的量，所以 $\mathbf{E}\left[V\left(e(t)\right)\right]$ 是有界的. 由于 $\gamma > 2m \max\left\{\mathrm{Re}\left[\mathrm{eig}(\bar{A})\right]\right\}$，以上结论对任意的 Jordan 块都是成立的，因此我们可以得到结论，随机过程 (7.8)~(7.9) 的 $2m$ 阶矩是有界的.

若 $\gamma < 2m \max\left\{\mathrm{Re}\left[\mathrm{eig}(\bar{A})\right]\right\}$，则 $\exists P > 0$，$c_4 > 0$，使得下式成立

$$P\left(\bar{A} - \frac{\gamma}{2m}I\right) + \left(\bar{A} - \frac{\gamma}{2m}I\right)^{\mathrm{T}} P \geqslant -c_4 P$$

令 $V(e(t)) = (e^{\mathrm{T}}(t)Pe(t))^m$，显然有下式成立

$$\frac{\mathrm{d}}{\mathrm{d}t}\mathbf{E}\left[V\left(e(t)\right)\right] \geqslant c_4 m\mathbf{E}\left[V\left(e(t)\right)\right] + \gamma\mathbf{E}^Z\left[V\left(z,\,\xi\right)\right],$$

所以 $\lim\limits_{t\to\infty}\mathbf{E}\left[(\hat{e}^{\mathrm{T}}(t)\hat{e}(t))^m\right] = \infty$. 既然 P 为正定矩阵，联合 (7.11) 和 (7.15)，定理得证. ■

注 7.4　从定理 7.1 不难得到，γ_{2m} 是系统 $2m$ 阶矩稳定的严格边界，即对 $\forall \varepsilon > 0$，$\exists\,\gamma > \gamma_{2m} - \varepsilon$，使得 $\mathbf{E}\left[(\hat{e}^{\mathrm{T}}(t)\hat{e}(t))^m\right] \to \infty$，并且 γ_{2m} 的取值仅和被控对象有关.

微传感器部分的稳定性

考虑通信调度满足一个整值过程 $N(t)$，$N(t)$ 的跳跃强度由测量到的系统的动态误差来确定. 我们按如下方式选择跳跃强度函数

$$\lambda\left(\tilde{e}(t^-)\right) = \left(\tilde{e}^{\mathrm{T}}(t^-)P\tilde{e}(t^-)\right)^k \tag{7.25}$$

这里 $P > 0 \in \mathbb{R}^{n\times n}$，$k \in \mathbb{R} > 0$.

定理 7.2　令估计误差 $\hat{e}(t)$ 由 (7.6) 定义，时间序列 t_k 由一个计数过程产生，跳跃强度函数 $\lambda(\tilde{e}(t^-))$ 由式 (7.25) 给出，则对于任意 $t > 0$，$\hat{e}(t)$ 的所有有限阶矩均是有界的.

证明：由 (7.25) 知，跳跃强度函数 $\lambda(\cdot)$ 仅和 $\tilde{e}(t^-)$ 相关，并且 $\xi(t)$ 是有界的，我们取 $V = \left(\tilde{e}^{\mathrm{T}}(t)P\tilde{e}(t)\right)^m$，这里 $P(> 0) \in \mathbb{R}^{n\times n}$，则 JDP 过程 (7.8)~(7.9) 的无穷小算子为

$$(\mathscr{L}V)(\tilde{e}(t)) = \frac{\partial V(\tilde{e}(t))}{\partial\tilde{e}(t)}\cdot(A\tilde{e}(t) + LC\xi(t)) + \frac{1}{2}\mathrm{tr}\left(\Sigma_{L_\nu}\frac{\partial^2 V(\tilde{e}(t))}{\partial\tilde{e}(t)^2}\right)$$
$$+\lambda(\tilde{e}(t^-))\left(\int V(z)\mathrm{d}\mu(z) - V(\tilde{e}(t^-))\right) \tag{7.26}$$

其中，$\dfrac{\partial V(\tilde{e}(t))}{\partial\tilde{e}(t)}$ 和 $\dfrac{\partial^2 V(\tilde{e}(t))}{\partial\tilde{e}(t)^2}$ 分别表示 $V(e(t))$ 的梯度和 Hessian 矩阵，$\xi(t)$ 由式 (7.10) 给出，$\Sigma_{L_\nu} = L\Sigma_\nu L^{\mathrm{T}}$.

对于一个正定矩阵 P ，$\exists c_1, c_2 > 0$ ，使得

$$PA + A^{\mathrm{T}}P \leqslant c_1 P, \quad P\Sigma_{L_\nu}P \leqslant c_2 P$$

对于 $\forall\ \tilde{e}(t), \xi(t) \in \mathbb{R}^n$，$\exists c_3 > 0$ 使得

$$\tilde{e}^{\mathrm{T}}(t)(PLC + C^{\mathrm{T}}L^{\mathrm{T}}P^{\mathrm{T}})\xi(t) \leqslant c_3 \left(\tilde{e}^{\mathrm{T}}(t)P\tilde{e}(t)\right)^{\frac{1}{2}} \left(\xi^{\mathrm{T}}(t)\xi(t)\right)^{\frac{1}{2}} \tag{7.27}$$

下面考虑 $\tilde{e}(t)$ 的无穷小算子，为方便，下式中将 $\tilde{e}(t)$ 简写为 $\tilde{e}$

$$
\begin{aligned}
\mathscr{L}V(\tilde{e}) &= m\left(\tilde{e}^{\mathrm{T}}P\tilde{e}\right)^{m-1}\tilde{e}^{\mathrm{T}}(PA + A^{\mathrm{T}}P)\tilde{e} + m\left(\tilde{e}^{\mathrm{T}}P\tilde{e}\right)^{m-1}\tilde{e}^{\mathrm{T}}\left(PLC + C^{\mathrm{T}}L^{\mathrm{T}}P^{\mathrm{T}}\right)\xi(t) \\
&\quad + \left(\tilde{e}(t^-)P\tilde{e}(t^-)\right)^k \mathbf{E}^Z[V(z)] + 2m(m-1)\left(\tilde{e}^{\mathrm{T}}P\tilde{e}\right)^{m-2}\tilde{e}^{\mathrm{T}}P\Sigma_{L_\nu}P\tilde{e} \\
&\quad + m\left(\tilde{e}^{\mathrm{T}}P\tilde{e}\right)\operatorname{tr}(\Sigma_{L_\nu}P) - \left(\tilde{e}^{\mathrm{T}}(t^-)P\tilde{e}(t^-)\right)^{m+k} \\
&\leqslant c_1 m V(\tilde{e}) + c_3 m\left(\tilde{e}^{\mathrm{T}}P\tilde{e}\right)^{m-\frac{1}{2}}\left(\xi^{\mathrm{T}}(t)\xi(t)\right)^{\frac{1}{2}} + \left(\tilde{e}(t^-)P\tilde{e}(t^-)\right)^k \mathbf{E}^z[V(z)] \\
&\quad + m\left(2c_2(m-1) + \operatorname{tr}(\Sigma_{L_\nu}P)\right)\left(\tilde{e}^{\mathrm{T}}P\tilde{e}\right)^{m-1} - \left(\tilde{e}^{\mathrm{T}}(t^-)P\tilde{e}(t^-)\right)^{m+k}
\end{aligned}
$$

考虑 $m > k$ 的情形，在 (7.18) 中，令 $x = e(t)$，再分别在两边取数学期望得

$$\frac{\mathrm{d}}{\mathrm{d}t}\mathbf{E}[V(e(t))] = \mathbf{E}[(\mathscr{L}V)(e(t))] \tag{7.28}$$

因为过程 $\tilde{e}(t)$ 的跳跃的次数是可数的，在任意时刻其发生跳跃的概率为 0，因此我们得到

$$\mathbf{E}\left[(\tilde{e}^{\mathrm{T}}(t^-)P\tilde{e}(t^-))^k\right] = \mathbf{E}\left[(\tilde{e}^{\mathrm{T}}(t)P\tilde{e}(t))^k\right]$$
$$\mathbf{E}\left[(\tilde{e}^{\mathrm{T}}(t^-)P\tilde{e}(t^-))^{m+k}\right] = \mathbf{E}\left[(\tilde{e}^{\mathrm{T}}(t)P\tilde{e}(t))^{m+k}\right]$$

对关于 $\tilde{e}(t)$ 和 $\xi(t)$ 的无穷小算子取数学期望，对于任意正数 $\delta_1, \delta_2, \delta_3$，有

$$
\begin{aligned}
\mathbf{E}\left[(\tilde{e}^{\mathrm{T}}(t)P\tilde{e}(t))^k\right] &\leqslant \frac{\mathbf{E}\left[V(e(t))\right]}{\delta_1^{m-k}} + \delta_1^k \\
\mathbf{E}\left[(\tilde{e}^{\mathrm{T}}(t)P\tilde{e}(t))^{m+k}\right] &\geqslant \delta_2^k \mathbf{E}[V(\tilde{e}(t))] - \delta_2^{m+k} \\
\mathbf{E}\left[(\tilde{e}^{\mathrm{T}}(t)P\tilde{e}(t))^{m-1}\right] &\leqslant \frac{1}{\delta_3}\mathbf{E}[V(\tilde{e}(t))] + \delta_3^{m-1}
\end{aligned} \tag{7.29}
$$

由 Hölder 不等式, 以及引理 7.2 可得, 对于任意 $\delta_4 > 0$

$$\mathbf{E}^{\tilde{e},\xi}\left[(\tilde{e}^{\mathrm{T}}(t)P\tilde{e}(t))^{m-\frac{1}{2}}(\xi^{\mathrm{T}}(t)\xi(t))^{\frac{1}{2}}\right] \leqslant (\Delta_\xi(m))^{\frac{1}{2m}}\left(\frac{1}{\delta_4^{\frac{1}{2m}}}\mathbf{E}[V(\tilde{e}(t))] + \delta_4^{1-\frac{1}{2m}}\right) \tag{7.30}$$

这里 $\Delta_\xi(m)$ 同式 7.11 中定义. 通过 Comparison 引理, 联合式 (7.28)~(7.30), 若 δ_2 取充分大的正值, 则 $\mathbf{E}[V(e(t))]$ 是有界的.

若 $m \leqslant k$，同样使用引理 7.2，对于任意正数 $\delta_5 > 0$

$$\mathbf{E}\left[(\tilde{e}^{\mathrm{T}}(t)P\tilde{e}(t))^m\right] \leqslant \frac{1}{\delta_5^{k+1-m}}\mathbf{E}\left[(\tilde{e}^{\mathrm{T}}(t)P\tilde{e}(t))^{k+1}\right] + \delta_5^m \tag{7.31}$$

由于 $\mathbf{E}\left[(\tilde{e}^{\mathrm{T}}(t)P\tilde{e}(t))^{k+1}\right]$ 是有界的，因此 $\mathbf{E}\left[(\tilde{e}^{\mathrm{T}}(t)P\tilde{e}(t))^m\right]$ 是有界的.　∎

定理 7.3　令估计误差 $\hat{e}(t)$ 由 (7.6) 定义，时间序列 t_k 由一个整值过程产生，跳跃强度函数如下式

$$\lambda(\tilde{e}(t^-)) = \min\left\{\gamma,\ (\tilde{e}^{\mathrm{T}}(t^-)P\tilde{e}(t^-))^k\right\}$$

这里 $P > 0 \in \mathbb{R}^{n \times n}$，$k > 0$，$\gamma > \gamma_{2m}$，$m > 0$，则对于任意 $t > 0$，$\mathbf{E}\left[(\hat{e}^{\mathrm{T}}(t)\hat{e}(t))^m\right]$ 是有界的.

注 7.5　定理 7.3 的证明过程和定理 7.1 的证明过程类似，只需要令 $\lambda(\tilde{e}(t)) = \gamma - b(\tilde{e}(t))$，其中

$$b(\tilde{e}(t)) = \begin{cases} \gamma - (\tilde{e}^{\mathrm{T}}(t)P\tilde{e}(t))^k, & \tilde{e}^{\mathrm{T}}(t)P\tilde{e}(t) < \gamma \\ 0, & \tilde{e}^{\mathrm{T}}(t)P\tilde{e}(t) \geqslant \gamma \end{cases}$$

这里将证明过程省略.

若网络以周期为 T_s 的调度策略向网络发包，网络的丢包率为 p，则我们可以得到如下的推论.

推论 7.1　若网络丢包率 p 满足

$$p < e^{-2mT_s \max\{\mathrm{Re}[\mathrm{eig}(A)]\}} \tag{7.32}$$

则对于 $m \geqslant 1$ 估计误差的 $2m$ 阶矩均是有界的.

例 7.1　我们考虑一个二阶线性系统

$$\dot{x}(t) = \begin{bmatrix} 2.23 & 0 \\ 8.52 & 0.95 \end{bmatrix} x(t) + \omega(t)$$

$$y(t) = \begin{bmatrix} 1 & 1 \end{bmatrix} x(t) + \nu(t)$$

其中干扰项 $\omega(t)$ 和 $\nu(t)$ 所对应的协方差矩阵分别为，$\Sigma_\omega = \begin{bmatrix} 200 & 0 \\ 0 & 200 \end{bmatrix}$，$\Sigma_\nu = 25$.
Kalman 滤波器的增益 $L = \begin{bmatrix} 31.88 \\ 8.36 \end{bmatrix}$.

图 7.2 显示了对于不同的泊松参数 γ，在蒙特卡罗仿真试验中，误差方差随时间变化的示意图. 令 $\Gamma = 2\max\{\mathrm{Re}[\mathrm{eig}(A)]\} \approx 4.46$，图 7.2 表明当 $\gamma = 1.8\Gamma$ 时，误差的方差均小于 1000，当 γ 逐渐减小时，误差的协方差会变大. 当减小到 0.9Γ 时，在 3~4s 之间，误差的方差会达到很大的值，从而可能使系统不稳定.　□

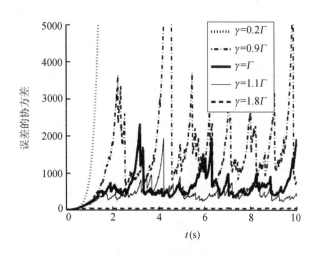

图 7.2 对于不同的泊松参数，误差协方差随时间变化的示意图

7.2 H_∞ 滤波器的设计

对于一个精确的系统，如果系统和测量中存在的扰动是已知的，比如均值和协方差矩阵已知的白噪声，已知谱密度的噪声等等，则可以通过估计误差方差作为衡量滤波器好坏的一个性能指标，进而通过对这一指标性能的最小化，来设计最优滤波器. 例如，在上一节中介绍的基于 Kalman 滤波器的远程滤波器的设计中，目标是在白噪声干扰已知的情况下，设计一个包的调度策略，使得误差系统在阶矩稳定的情况下，网络中传送的数据率达到最小. 但在实际应用中，系统扰动的统计特性是难以确定的，系统的参数也可能存在着不确定性，同时求解滤波器推导出的 Riccati 方程或不等式很困难，因此这种滤波策略在实际应用中存在一定的局限性. 针对这一问题，我们可以将扰动看成是具有有限能量的任意信号，因此可以将扰动作为估计误差系统的一个输入，利用估计误差系统的 H_∞ 范数作为滤波器的性能指标，通过对这一指标的最小化或令其小于某具体的值，来设计相应的 H_∞ 滤波器.

在这一节中，我们将介绍基于网络环境的系统 H_∞ 滤波器的设计问题.

7.2.1 连续 NCS 的 H_∞ 滤波器设计

和一般数据采样系统相比，基于网络的 H_∞ 滤波器的特点是数据包的传输具有网络的特性. 因此要建立理想的滤波器，首先须对网络进行建模，基于网络的滤波器的基本结构如图 7.3 所示. 数据包从传感器中发出，会经历丢包、延迟和其他不确定因素的影响，最后到达滤波器. 下面对这一过程进行数学描述和分析.

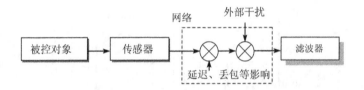

图 7.3　NCS 的 H_∞ 滤波结构示意图

基于网络的 H_∞ 滤波器建模

考虑带参数不确定项的线性系统, 系统的状态方程如下

$$\dot{x}(t) = [A + \Delta A(t)]x(t) + B\omega(t) \tag{7.33}$$

$$y(t) = [C_1 + \Delta C_1(t)]x(t) + D\omega(t) \tag{7.34}$$

$$z(t) = Lx(t) \tag{7.35}$$

这里 $x(t) \in \mathbb{R}^n$ 为系统的状态, $y(t) \in \mathbb{R}^r$ 为测量输出, $z(t) \in \mathbb{R}^q$ 为将要估计的信号, $\omega(t)$ 为干扰, A, B, C_1, D 为适当维数的常数矩阵, $\Delta A(t)$ 和 ΔC_1 表征参数摄动.

考虑用如下形式的滤波器来估计系统 (7.33)~(7.35) 的输出 $z(t)$

$$\dot{x}_f(t) = A_f x_f(t) + B_f \hat{y}(t) \tag{7.36}$$

$$z_f(t) = L_f x_f(t) \tag{7.37}$$

其中 $x_f(t) \in \mathbb{R}^n$ 表示滤波器的状态, $\hat{y} \in \mathbb{R}^r$ 为滤波器的输入, A_f, B_f, L_f 为需要确定的滤波器的系数矩阵.

注 7.6　在基于网络的 H_∞ 滤波器中, 网络的特性一般是通过 $\hat{y}(t)$ 的取值方式加以体现. 若忽略数据包在网络传输中的特性, 即令 $\hat{y}(t) = y(t)$, 则转化成一般的滤波问题.

区别于传统的滤波问题, 我们这里将对网络性能产生重大影响的丢包和延时综合考虑到滤波器的设计中, 即令 $\hat{y}(t) = y(i_k h)$, 则滤波器 (7.36)~(7.37) 的状态方程可写为

$$\dot{x}_f(t) = A_f x_f(t) + B_f[C_1 + \Delta C_1(i_k h)]x(i_k h) + B_f D\omega(i_k h),$$
$$t \in [i_k h + \tau_k, \ i_{k+1} h + \tau_{k+1}), \quad k = 1, 2, 3, \cdots \tag{7.38}$$

这里 h 表示采样周期, $i_k \in \mathbb{Z}_{>0}$, 并且 $i_k \neq i_j (k \neq j)$, τ_k 表示数据包从传感器到滤波器所经历的延时, 显然 $\bigcup_{k=1}^{\infty} [i_k h + \tau_k, \ i_{k+1} h + \tau_{k+1}) = [t_0 \ \infty), t_0 \geqslant 0$.

定义

$$\tau(t) = t - i_k h, \quad t \in [i_k h + \tau_k, \ i_{k+1} h + \tau_{k+1}),$$

将其代入式 (7.38) 中可得

$$\dot{x}_f(t) = A_f x_f(t) + B_f[C_1 + \Delta_1 C_1(t - \tau(t))]x(t - \tau(t)) + B_f D\omega(t - \tau(t)) \quad (7.39)$$

这里 $\tau_k \leqslant \tau(t) \leqslant (i_{k+1} - i_k)h + \tau_{k+1}$, $\forall\, t \in [i_k h + \tau_k, \ i_{k+1} h + \tau_{k+1})$.

令 $\tau_m = \inf\limits_k \tau_k$, 显然 $\tau_m \geqslant 0$; 假设 $(i_{k+1} - i_k)h + \tau_{k+1} \leqslant \tau_M$, 则 $\tau_m \leqslant \tau(t) \leqslant \tau_M, t \in [t_0\ \infty)$.

注 7.7 若忽略网络的特性, 即对于任意 $k > 0$, $\tau_k = 0$ 恒成立, 那么 (7.39) 就退化为传统的数据采样系统.

在 (7.39) 中令 $\Delta \tilde{C}_1(t) = \Delta C_1(t - \tau(t))$, $\nu(t) = \omega(t - \tau(t))$, 并结合系统 (7.36)$\sim$(7.37) , 我们得到在考虑网络影响下控制系统滤波器的一般形式

$$\dot{x}_f(t) = A_f x_f(t) + B_f[C_1 + \Delta\tilde{C}_1(t)]x(t - \tau(t)) + B_f D\nu(t) \quad (7.40)$$

$$Z_f(t) = L_f x(t) \quad (7.41)$$

注 7.8 通过比较滤波器状态方程 (7.36) $\sim$ (7.37) 和 (7.40) 不难发现, 基于网络环境的滤波器和传统滤波器存在较大差别. 就形式方面而言, 基于网络的滤波器在输入信号中, 综合考虑了网络诱导的延迟和丢包现象, 并且这个延迟可以是快时变的, 即我们无法保证 $\dot{\tau}(t) \leqslant d < 1$.

下面我们来探讨滤波器 (7.40)$\sim$(7.41) 的设计方法.

不失一般性, 我们考虑如下一个带参数摄动的线性系统

$$\dot{x}(t) = [A + \Delta A(t)]x(t) + [A_1 + \Delta A_1(t)]x(t - \tau(t)) + B\omega(t) \quad (7.42)$$

$$y(t) = [C + \Delta C(t)]x(t) + [C_1 + \Delta C_1(t)]x(t - \tau(t)) + D\nu(t) \quad (7.43)$$

$$z(t) = Lx(t) \quad (7.44)$$

$$x(t) = \psi(t), \ t \in [t_0 - \tau_M, \ t_0] \quad (7.45)$$

这里 $\psi(t)$ 表示系统的初始状态, $\tau_m \leqslant \tau(t) \leqslant \tau_M$, 其中 τ_m 和 τ_M 为已知常数, $\Delta A(t)$, $\Delta A_1(t)$, $\Delta C(t)$, $\Delta C_1(t)$ 表示参数的摄动项, 并且满足

$$\begin{bmatrix} \Delta A(t) & \Delta A_1(t) \\ \Delta C(t) & \Delta C_1(t) \end{bmatrix} = \begin{bmatrix} G_1 \\ G_2 \end{bmatrix} F(t)\, [E_1, \ E_2]. \quad (7.46)$$

我们需要设计的滤波器具有如下的形式

$$\dot{x}_f(t) = A_f x_f(t) + B_f y(t) \tag{7.47}$$

$$z_f(t) = L_f x_f(t) \tag{7.48}$$

$$x_f(t) = 0, \quad t \leqslant t_0 \tag{7.49}$$

定义状态变量 $\zeta(t) = \begin{bmatrix} x(t) \\ x_f(t) \end{bmatrix}$, $e(t) = z(t) - z_f(t)$, $\beta(t) = \begin{bmatrix} \omega(t) \\ \nu(t) \end{bmatrix}$, 联合系统 (7.42)~(7.45) 和 (7.47), 我们得到滤波误差系统如下

$$\dot{\zeta}(t) = [\tilde{A} + \Delta\tilde{A}(t)]\zeta(t) + [\tilde{A}_1 + \Delta\tilde{A}_1(t)]\zeta(t - \tau(t)) + \tilde{B}\beta(t) \tag{7.50}$$

$$e(t) = \tilde{L}\zeta(t) \tag{7.51}$$

$$\zeta(t) = \phi(t) \triangleq \begin{bmatrix} \psi(t) \\ 0 \end{bmatrix}, \quad t \in [t_0 - \tau_M, \quad t_0] \tag{7.52}$$

其中

$$\tilde{A} = \begin{bmatrix} A & 0 \\ B_f C & A_f \end{bmatrix}, \tilde{A}_1 = \begin{bmatrix} A_1 & 0 \\ B_f C_1 & 0 \end{bmatrix}, \quad \tilde{B} = \begin{bmatrix} B & 0 \\ 0 & B_f D \end{bmatrix}, \tilde{L} = [L, \quad -L_f],$$

$$\Delta\tilde{A}(t) = \begin{bmatrix} \Delta A(t) & 0 \\ B_f \Delta C(t) & 0 \end{bmatrix}, \qquad \Delta\tilde{A}_1(t) = \begin{bmatrix} \Delta A_1(t) & 0 \\ B_f \Delta C_1(t) & 0 \end{bmatrix}.$$

根据 (7.46), $\Delta\tilde{A}(t)$ 和 $\Delta\tilde{A}_1(t)$ 可表示为

$$\Delta\tilde{A}(t) = \begin{bmatrix} G_1 \\ B_f G_2 \end{bmatrix} F(t)[E_1, \quad 0] \triangleq GF(t)\tilde{E}_1$$

$$\Delta\tilde{A}_1(t) = \begin{bmatrix} G_1 \\ B_f G_2 \end{bmatrix} F(t)[E_2, \quad 0] \triangleq GF(t)\tilde{E}_2$$

注 7.9   在系统 (7.42) $\sim$ (7.45) 中令 $[A_1 + \Delta A_1(t)] = 0$, $[C + \Delta C(t)] = 0$, $\tau(t) = t - i_k h$, $t \in [i_k h + \tau_k, \quad i_{k+1} h + \tau_{k+1})$, 并将其中的 $y(t)$ 代入滤波器表达式 (7.47) $\sim$ (7.49) 中, 即可得滤波器 (7.40) $\sim$ (7.41), 因此, 这里研究的滤波形式是 (7.40) $\sim$ (7.41) 的拓展. 若系统 (7.33) $\sim$ (7.35) 中 $\Delta A(t)$ 和 $\Delta C_1(t)$ 具有如下形式

$$\Delta A(t) = G_a F(t) E_a, \quad \Delta C_1(t) = G_c F(t) E_c$$

则结合 (7.33) $\sim$ (7.35) 和 (7.36) $\sim$ (7.37) 可得到滤波误差系统, 记为系统 (7.50)′,

它具有系统 (7.50) 的结构形式, 其参数矩阵为

$$\tilde{A} = \begin{bmatrix} A & 0 \\ 0 & A_f \end{bmatrix}, \tilde{A}_1 = \begin{bmatrix} 0 & 0 \\ B_f C_1 & 0 \end{bmatrix}, \quad \tilde{B} = \begin{bmatrix} B & 0 \\ 0 & B_f D \end{bmatrix}, \tilde{L} = \begin{bmatrix} L, & -L_f \end{bmatrix},$$

$$\Delta\tilde{A}(t) = \begin{bmatrix} \Delta A(t) & 0 \\ 0 & 0 \end{bmatrix}, \qquad \Delta\tilde{A}_1(t) = \begin{bmatrix} 0 & 0 \\ B_f \Delta C_1(t) & 0 \end{bmatrix}. \quad (7.53)$$

$\Delta\tilde{A}(t)$ 和 $\Delta\tilde{A}_1(t)$ 可表示为

$$\Delta\tilde{A}(t) = \begin{bmatrix} G_1 \\ B_f G_2 \end{bmatrix} F(t)[E_1 \quad 0] \triangleq GF(t)\tilde{E}_1,$$

$$\Delta\tilde{A}_1(t) = \begin{bmatrix} G_1 \\ B_f G_2 \end{bmatrix} F(t)[E_2 \quad 0] \triangleq GF(t)\tilde{E}_2. \quad (7.54)$$

其中, $G_1 = [G_a \quad 0]$, $G_2 = [0 \quad G_c]$, $E_1 = \begin{bmatrix} E_a \\ 0 \end{bmatrix}$, $E_2 = \begin{bmatrix} 0 \\ E_c \end{bmatrix}$.

滤波误差系统 H_∞ 性能分析

我们首先分析滤波误差系统 (7.50) 的 H_∞ 性能.

定义

$$\tau_0 = \frac{1}{2}(\tau_M + \tau_m), \quad \delta = \frac{1}{2}(\tau_M - \tau_m)$$

则 $\tau(t)$ 可写成如下的表达式

$$\tau(t) = \tau_0 + \delta q(t) \quad (7.55)$$

其中

$$q(t) = \begin{cases} \dfrac{2\tau(t) - (\tau_M + \tau_m)}{\tau_M - \tau_m}, & \tau_M > \tau_m \\ 0, & \tau_M = \tau_m \end{cases}$$

显然 $|q(t)| \leqslant 1$, $\tau(t)$ 为一个在 $[\tau_0 - \delta, \ \tau_0 + \delta]$ 上取值的时间函数, δ 表示 $\tau(t)$ 的变化范围.

类似定理 2.12 和定理 2.13 的证明, 可得如下引理 7.3 和引理 7.4.

引理 7.3 对于给定的标量 τ_m, τ_M 和 γ, 如果存在矩阵 $P_k(k = 1, 2, 3)$, $W_j > 0$, $T_j > 0$, $R_j > 0(j = 1, 2)$ 和适当维数的矩阵 N_i, S_i 和 $M_i(i = 1, 2, 3, 4)$, 使得

$$\begin{bmatrix} \Xi_{11} + \text{diag}(W_1, \ 0, \ 0, \ W_2) & * \\ \Xi_{21} & \Xi_{22} \end{bmatrix} < 0 \quad (7.56)$$

$$\begin{bmatrix} P_1 & P_2 \\ P_2^{\mathrm{T}} & P_3 \end{bmatrix} > 0 \quad (7.57)$$

其中

$$\Xi_{11} = \begin{bmatrix} \Gamma_{11} & * & * & * \\ \Gamma_{21} & \Gamma_{22} & * & * \\ \Gamma_{31} & \Gamma_{32} & \Gamma_{33} & * \\ \Gamma_{41} & \Gamma_{42} & \Gamma_{43} & \Gamma_{44} \end{bmatrix} \tag{7.58}$$

$$\Xi_{21} = \begin{bmatrix} \tau_0 P_3 & 0 & -\tau_0 P_3 & \tau_0 P_2^{\mathrm{T}} \\ \tau_M N_1^{\mathrm{T}} & \tau_M N_2^{\mathrm{T}} & \tau_M N_3^{\mathrm{T}} & \tau_M N_4^{\mathrm{T}} \\ \delta S_1^{\mathrm{T}} & \delta S_2^{\mathrm{T}} & \delta S_3^{\mathrm{T}} & \delta S_4^{\mathrm{T}} \\ \tilde{L} & 0 & 0 & 0 \\ \tilde{B}^{\mathrm{T}} M_1^{\mathrm{T}} & -\tilde{B}^{\mathrm{T}} M_2^{\mathrm{T}} & -\tilde{B}^{\mathrm{T}} M_3^{\mathrm{T}} & -\tilde{B}^{\mathrm{T}} M_4^{\mathrm{T}} \end{bmatrix} \tag{7.59}$$

$$\Xi_{22} = \mathrm{diag}(-\tau_0 T_2, \ -\tau_M R_1, \ -\delta R_2, \ -I, \ -\gamma^2 I),$$

这里

$$\Gamma_{11} = P_2 + P_2^{\mathrm{T}} + T_1 + \tau_0 T_2 + N_1 + N_1^{\mathrm{T}} - M_1[\tilde{A} + \Delta\tilde{A}(t)] - [\tilde{A} + \Delta\tilde{A}(t)]^{\mathrm{T}} M_1^{\mathrm{T}},$$

$$\Gamma_{21} = N_2 - N_1^{\mathrm{T}} + S_1^{\mathrm{T}} - M_2[\tilde{A} + \Delta\tilde{A}(t)] - [\tilde{A} + \Delta\tilde{A}(t)]^{\mathrm{T}} M_1^{\mathrm{T}},$$

$$\Gamma_{31} = N_3 - P_2^{\mathrm{T}} - S_1^{\mathrm{T}} - M_3[\tilde{A} + \Delta\tilde{A}(t)],$$

$$\Gamma_{41} = M_1^{\mathrm{T}} + N_4 + P_1 - M_4[\tilde{A} + \Delta\tilde{A}(t)],$$

$$\Gamma_{22} = -N_2 - N_2^{\mathrm{T}} + S_2 + S_2^{\mathrm{T}} - M_2[\tilde{A}_1 + \Delta\tilde{A}_1(t)] - [\tilde{A}_1 + \Delta\tilde{A}_1(t)]^{\mathrm{T}} M_2^{\mathrm{T}},$$

$$\Gamma_{32} = -N_3 + S_3 - S_2^{\mathrm{T}} - M_3[\tilde{A}_1 + \Delta\tilde{A}_1(t)],$$

$$\Gamma_{42} = -N_4 + S_4 + M_2^{\mathrm{T}} - M_4[\tilde{A}_1 + \Delta\tilde{A}_1(t)],$$

$$\Gamma_{33} = -T_1 - S_3 - S_3^{\mathrm{T}},$$

$$\Gamma_{43} = -S_4 + M_3^{\mathrm{T}},$$

$$\Gamma_{44} = M_4 + M_4^{\mathrm{T}} + \tau_M R_1 + 2\delta R_2,$$

则系统 (7.50) 是内鲁棒指数稳定的, 且满足 H_∞ 范数界为 γ.

由于 (7.56) 中含有不确定项 $\Delta\tilde{A}(t)$ 和 $\Delta\tilde{A}_1(t)$, 因此引理 7.3 不能直接用来计算系统 (7.50) 的性能. 下面给出一个充分条件, 保证 (7.56) 是可解的.

引理 7.4　对于给定的标量 τ_m, τ_M 和 γ, 如果存在矩阵 $P_k(k=1,2,3)$, $T_j > 0$, $R_j > 0(j=1,2)$ 和适当维数的矩阵 N_i, S_i 和 $M_i(i=1,2,3,4)$, 以及标量 $\varepsilon > 0$, 使得

$$\begin{bmatrix} \Xi'_{11} & * \\ \Xi'_{21} & \Xi'_{22} \end{bmatrix} < 0, \tag{7.60}$$

其中

$$\Xi'_{11} = \begin{bmatrix} \Gamma'_{11} & * & * & * \\ \Gamma'_{21} & \Gamma'_{22} & * & * \\ \Gamma'_{31} & \Gamma'_{32} & \Gamma'_{33} & * \\ \Gamma'_{41} & \Gamma'_{42} & \Gamma'_{43} & \Gamma'_{44} \end{bmatrix} \tag{7.61}$$

$$\Xi'_{21} = \begin{bmatrix} \tau_0 P_3 & 0 & -\tau_0 P_3 & \tau_0 P_2^{\mathrm{T}} \\ \tau_M N_1^{\mathrm{T}} & \tau_M N_2^{\mathrm{T}} & \tau_M N_3^{\mathrm{T}} & \tau_M N_4^{\mathrm{T}} \\ \delta S_1^{\mathrm{T}} & \delta S_2^{\mathrm{T}} & \delta S_3^{\mathrm{T}} & \delta S_4^{\mathrm{T}} \\ \tilde{L} & 0 & 0 & 0 \\ \tilde{B}^{\mathrm{T}} M_1^{\mathrm{T}} & -\tilde{B}^{\mathrm{T}} M_2^{\mathrm{T}} & -\tilde{B}^{\mathrm{T}} M_3^{\mathrm{T}} & -\tilde{B}^{\mathrm{T}} M_4^{\mathrm{T}} \\ G^{\mathrm{T}} M_1^{\mathrm{T}} & G^{\mathrm{T}} M_2^{\mathrm{T}} & G^{\mathrm{T}} M_3^{\mathrm{T}} & G^{\mathrm{T}} M_4^{\mathrm{T}} \end{bmatrix}, \tag{7.62}$$

$$\Xi'_{22} = \mathrm{diag}(-\tau_0 T_2,\ -\tau_M R_1,\ -\delta R_2,\ -I,\ -\gamma^2 I,\ -\varepsilon I),$$

$$\Gamma'_{11} = P_2 + P_2^{\mathrm{T}} + T_1 + \tau_0 T_2 + N_1 + N_1^{\mathrm{T}} - M_1 \tilde{A} - \tilde{A}^{\mathrm{T}} M_1^{\mathrm{T}} + \varepsilon \tilde{E}_1^{\mathrm{T}} \tilde{E}_1,$$

$$\Gamma'_{21} = N_2 - N_1^{\mathrm{T}} + S_1^{\mathrm{T}} - M_2 \tilde{A} - \tilde{A}_1^{\mathrm{T}} M_1^{\mathrm{T}} + \varepsilon \tilde{E}_2^{\mathrm{T}} \tilde{E}_1,$$

$$\Gamma'_{31} = N_3 - P_2^{\mathrm{T}} - S_1^{\mathrm{T}} - M_3 \tilde{A},$$

$$\Gamma'_{41} = M_1^{\mathrm{T}} + N_4 + P_1 - M_4 \tilde{A},$$

$$\Gamma'_{22} = -N_2 - N_2^{\mathrm{T}} + S_2 + S_2^{\mathrm{T}} - M_2 \tilde{A}_1 - \tilde{A}_1^{\mathrm{T}} M_2^{\mathrm{T}} + \varepsilon \tilde{E}_2^{\mathrm{T}} \tilde{E}_2,$$

$$\Gamma'_{32} = -N_3 + S_3 - S_2^{\mathrm{T}} - M_3 \tilde{A}_1,$$

$$\Gamma'_{42} = -N_4 + S_4 + M_2^{\mathrm{T}} - M_4 \tilde{A}_1,$$

$$\Gamma'_{33} = -T_1 - S_3 - S_3^{\mathrm{T}},$$

$$\Gamma'_{43} = -S_4 + M_3^{\mathrm{T}},$$

$$\Gamma'_{44} = M_4 + M_4^{\mathrm{T}} + \tau_M R_1 + 2\delta R_2, \tag{7.63}$$

则系统 (7.50) 是内鲁棒指数稳定的, 且满足 H_∞ 范数界为 γ.

注 7.10 将 (7.53) $\sim$ (7.54) 中的 $\tilde{A}$, $\tilde{A}_1$, $\tilde{B}$ 和 $\tilde{L}$ 代入系统 (7.50), 可以得到新系统 (7.50)′. 结合注 7.9 和引理 7.4, 我们可以得到该系统的 H_∞ 性能分析结果, 记为引理 7.4′.

H$_\infty$ 滤波器设计

下面给出了系统 (7.42)$\sim$(7.45) 的 H_∞ 滤波器的设计.

定理 7.4 对于给定的 ρ_2, ρ_3, $\rho_4 > 0$, τ_m, τ_M 和 γ, 如果存在矩阵 $P_{ik}(i = 1, 2, 3)$, N_{jk}, $S_{jk}(j = 1, 2, 3, 4; k = 1, 2, 3, 4)$, T_{pq}, $R_{pq}(p = 1, 2; q = 1, 2, 3)$, $U_m(m =$

1, 2, 3) 和适当维数的矩阵 X, Y, 以及标量 $\varepsilon > 0$, 使得

$$
\begin{bmatrix}
\Pi_{11} & * & * & * & * & * & * & * & * & * \\
\Pi_{21} & \Pi_{22} & * & * & * & * & * & * & * & * \\
\Pi_{31} & \Pi_{32} & \Pi_{33} & * & * & * & * & * & * & * \\
\Pi_{41} & \Pi_{42} & \Pi_{43} & \Pi_{44} & * & * & * & * & * & * \\
\tau_0 \tilde{P}_3 & 0 & -\tau_0 \tilde{P}_3 & \tau_0 \tilde{P}_2 & -\tau_0 \tilde{T}_2 & * & * & * & * & * \\
\tau_M \tilde{N}_1^{\mathrm{T}} & \tau_M \tilde{N}_2^{\mathrm{T}} & \tau_M \tilde{N}_3^{\mathrm{T}} & \tau_M \tilde{N}_4^{\mathrm{T}} & 0 & -\tau_M \tilde{R}_1 & * & * & * & * \\
\delta \tilde{S}_1^{\mathrm{T}} & \delta \tilde{S}_1^{\mathrm{T}} & \delta \tilde{S}_1^{\mathrm{T}} & \delta \tilde{S}_1^{\mathrm{T}} & 0 & 0 & -\delta \tilde{R}_2 & * & * & * \\
\mathcal{L} & 0 & 0 & 0 & 0 & 0 & 0 & -I & * & * \\
\mathcal{B} & \rho_2 \mathcal{B} & \rho_3 \mathcal{B} & \rho_4 \mathcal{B} & 0 & 0 & 0 & 0 & -\gamma^2 I & * \\
\mathcal{G} & \rho_2 \mathcal{G} & \rho_3 \mathcal{G} & \rho_4 \mathcal{G} & 0 & 0 & 0 & 0 & 0 & -\varepsilon I
\end{bmatrix}
< 0,
$$

$$\tag{7.64}$$

$$
X + X^{\mathrm{T}} - Y - Y^{\mathrm{T}} < 0, \quad
\begin{bmatrix} \tilde{P}_1 & \tilde{P}_2 \\ \tilde{P}_2^{\mathrm{T}} & \tilde{P}_3 \end{bmatrix} > 0, \quad
\tilde{T}_p > 0, \tilde{R}_p > 0,
\tag{7.65}
$$

其中, 对于任意 $i, j = 1, 2, 3, 4$

$$
\Pi_{ij} = \begin{cases}
\begin{bmatrix} \Pi_{ij}^1 & * \\ \Pi_{ij}^2 & \Pi_{ij}^3 \end{bmatrix}, & i = j \\[12pt]
\begin{bmatrix} \Pi_{ij}^1 & \Pi_{ij}^2 \\ \Pi_{ij}^3 & \Pi_{ij}^4 \end{bmatrix}, & i > j
\end{cases}
\tag{7.66}
$$

$$\Pi_{11}^1 = P_{21} + P_{21}^{\mathrm{T}} + T_{11} + \tau_0 T_{21} + N_{11} + N_{11}^{\mathrm{T}} + A^{\mathrm{T}} Y + Y^{\mathrm{T}} A + \varepsilon E_1^{\mathrm{T}} E_1,$$

$$\Pi_{11}^2 = P_{23} + P_{22}^{\mathrm{T}} + T_{12}^{\mathrm{T}} + \tau_0 T_{22}^{\mathrm{T}} + N_{13} + N_{12}^{\mathrm{T}} + X^{\mathrm{T}} A + U_2 C + U_1 + A^{\mathrm{T}} Y$$
$$\qquad + \varepsilon E_1^{\mathrm{T}} E_1,$$

$$\Pi_{11}^3 = P_{24} + P_{24}^{\mathrm{T}} + T_{13} + \tau_0 T_{23} + N_{14} + N_{14}^{\mathrm{T}} + X^{\mathrm{T}} A + A^{\mathrm{T}} X + U_2 C + C^{\mathrm{T}} U_2^{\mathrm{T}}$$
$$\qquad + \varepsilon E_1^{\mathrm{T}} E_1;$$

$$\Pi_{21}^1 = N_{21} - N_{11}^{\mathrm{T}} - S_{11}^{\mathrm{T}} - \rho_2 Y^{\mathrm{T}} - A_1^{\mathrm{T}} Y + \varepsilon E_2^{\mathrm{T}} E_1,$$

$$\Pi_{21}^2 = N_{22} - N_{13}^{\mathrm{T}} - S_{13}^{\mathrm{T}} - \rho_2 Y^{\mathrm{T}} - A_1 X - C_1^{\mathrm{T}} U_2^{\mathrm{T}} + \varepsilon E_2^{\mathrm{T}} E_1,$$

$$\Pi_{21}^3 = N_{23} - N_{12}^{\mathrm{T}} - S_{12}^{\mathrm{T}} - \rho_2 X^{\mathrm{T}} A - \rho_2 U_2 C - \rho_2 U_1 - A_1^{\mathrm{T}} Y + \varepsilon E_2^{\mathrm{T}} E_1,$$

$$\Pi_{21}^4 = N_{24} - N_{14}^{\mathrm{T}} - S_{14}^{\mathrm{T}} - \rho_2 X^{\mathrm{T}} A - \rho_2 U_2 C - A_1^{\mathrm{T}} X - C_1^{\mathrm{T}} U_2^{\mathrm{T}} + \varepsilon E_2^{\mathrm{T}} E_1;$$

$$\Pi_{31}^1 = N_{31} - P_{21}^{\mathrm{T}} - S_{11}^{\mathrm{T}} - \rho_3 Y^{\mathrm{T}},$$

$$\Pi_{31}^2 = N_{32} - P_{23}^{\mathrm{T}} - S_{13}^{\mathrm{T}} - \rho_3 Y^{\mathrm{T}},$$

$$\Pi_{31}^3 = N_{33} - P_{22}^{\mathrm{T}} - S_{12}^{\mathrm{T}} - \rho_3 X^{\mathrm{T}} A - \rho_3 U_2 C - \rho_3 U_1,$$

$$\Pi_{31}^4 = N_{34} - P_{24}^{\mathrm{T}} - S_{14}^{\mathrm{T}} - \rho_3 X^{\mathrm{T}} A - \rho_3 U_2 C;$$

$$\Pi_{41}^1 = N_{41} + P_{11} + Y - \rho_4 Y^T,$$

$$\Pi_{41}^2 = N_{42} + P_{12} + X - X^T + Y^T - \rho_4 Y^T,$$

$$\Pi_{41}^3 = N_{43} + P_{13} + Y - \rho_4 X^T A - \rho_4 U_2 C - \rho_4 U_1,$$

$$\Pi_{41}^4 = N_{44} + P_{14} + X - \rho_4 X^T A - \rho_4 U_2 C;$$

$$\Pi_{22}^1 = -N_{21} - N_{21}^T + S_{21} + S_{21}^T - \rho_2 Y^T A_1 - \rho_2 A_1^T Y + \varepsilon E_2^T E_2,$$

$$\Pi_{22}^2 = -N_{23} - N_{22}^T + S_{23} + S_{22}^T - \rho_2 X^T A_1 - \rho_2 U_2 C_1 - \rho_2 A_1^T Y + \varepsilon E_2^T E_2,$$

$$\Pi_{22}^3 = -N_{24} - N_{24}^T + S_{24} + S_{24}^T - \rho_2 X^T A_1 - \rho_2 A_1^T X - \rho_2 U_2 C_1 - \rho_2 C_1^T U_2^T$$
$$+ \varepsilon E_2^T E_2;$$

$$\Pi_{32}^1 = -N_{31} + S_{31} - S_{21}^T - \rho_3 Y^T A_1,$$

$$\Pi_{32}^2 = -N_{32} + S_{32} - S_{23}^T - \rho_3 Y^T A_1,$$

$$\Pi_{32}^3 = -N_{33} + S_{33} - S_{22}^T - \rho_3 X A_1 - \rho_3 U_2 C_1,$$

$$\Pi_{32}^4 = -N_{34} + S_{34} - S_{24}^T - \rho_3 X^T A_1 - \rho_3 U_2 C_1;$$

$$\Pi_{42}^1 = -N_{41} + S_{41} + \rho_2 Y - \rho_4 Y^T A_1,$$

$$\Pi_{42}^2 = -N_{42} + S_{42} + \rho_2 X + \rho_2 Y^T - \rho_2 X^T - \rho_4 Y^T A_1,$$

$$\Pi_{42}^3 = -N_{43} + S_{43} + \rho_2 Y - \rho_4 X^T A_1 - \rho_4 U_2 C_1,$$

$$\Pi_{42}^4 = -N_{44} + S_{44} + \rho_2 X - \rho_4 X^T A_1 - \rho_4 U_2 C_1;$$

$$\Pi_{33}^1 = -T_{11} - S_{31} - S_{31}^T,$$

$$\Pi_{33}^2 = -T_{12}^T - S_{33} - S_{32}^T,$$

$$\Pi_{33}^3 = -T_{13} - S_{34} - S_{34}^T;$$

$$\Pi_{43}^1 = -S_{41} + \rho_3 Y,$$

$$\Pi_{43}^2 = -S_{42} + \rho_3 X + \rho_3 Y^T - \rho_3 X^T,$$

$$\Pi_{43}^3 = -S_{43} + \rho_3 Y,$$

$$\Pi_{43}^4 = -S_{44} + \rho_3 X;$$

$$\Pi_{44}^1 = \rho_4 Y + \rho_4 Y^T + \tau_M R_{11} + 2\delta R_{21},$$

$$\Pi_{44}^2 = 2\rho_4 Y + \rho_4 X^T - \rho_4 X + \tau_M R_{12}^T + 2\delta R_{22}^T,$$

$$\Pi_{44}^3 = \rho_4 X + \rho_4 X^T + \tau_M R_{13} + 2\delta R_{23}.$$

$$\tilde{N}_j = \begin{bmatrix} N_{j1} & N_{j2} \\ N_{j3} & N_{j4} \end{bmatrix}, \quad \tilde{S}_j = \begin{bmatrix} S_{j1} & S_{j2} \\ S_{j3} & S_{j4} \end{bmatrix}, \qquad j = 1, 2, 3, 4$$

$$\tilde{T}_p = \begin{bmatrix} T_{p1} & T_{p2} \\ T_{p2}^T & T_{p3} \end{bmatrix}, \quad \tilde{R}_p = \begin{bmatrix} R_{p1} & R_{p2} \\ R_{p2}^T & R_{p3} \end{bmatrix}, \qquad p = 1, 2$$

$$\mathscr{L} = [L - U_3, \ L] \quad , \quad \tilde{P}_i = \begin{bmatrix} P_{i1} & P_{i2} \\ P_{i3} & P_{i4} \end{bmatrix}, \quad i = 1, 2, 3$$

$$\mathcal{B} = - \begin{bmatrix} B^{\mathrm{T}}Y & B^{\mathrm{T}}X \\ 0 & D^{\mathrm{T}}U_2^{\mathrm{T}} \end{bmatrix}, \quad \mathcal{G} = [G_1^{\mathrm{T}}Y, \ G_1^{\mathrm{T}}X + G_2^{\mathrm{T}}U_2^{\mathrm{T}}],$$

成立, 则 H_∞ 滤波问题可解, 滤波器 (7.47) ~ (7.49) 的系数矩阵可由下式得到

$$A_f = J^{-1}U_1 Y^{-1} W^{-\mathrm{T}}, \quad B_f = J^{-1}U_2, \quad L_f = U_3 Y^{-1} W^{-\mathrm{T}}, \tag{7.67}$$

这里的 J 和 W 均为非奇异矩阵, 且满足

$$JW^{\mathrm{T}} = I - XY^{-1} \tag{7.68}$$

证明: 由 (7.64) 且 $\rho_4 > 0$, 可以证明

$$X + X^{\mathrm{T}} < 0, \quad Y + Y^{\mathrm{T}} < 0 \tag{7.69}$$

由 (7.69) 可知, X 和 Y 是非奇异的. 因此, 由 (7.65) 可得

$$(XY^{-1} - I)Y + Y^{\mathrm{T}}(XY^{-1} - I)^{\mathrm{T}} < 0 \tag{7.70}$$

从而可知 $XY^{-1} - I$ 是非奇异矩阵. 因此存在非奇异矩阵 J 和 W, 使得 $JW^{\mathrm{T}} = I - XY^{-1}$.

定义

$$\Phi_1 = \begin{bmatrix} Y^{-1} & I \\ W^{\mathrm{T}} & 0 \end{bmatrix}, \quad \Phi_2 = \begin{bmatrix} I & X \\ 0 & J^{\mathrm{T}} \end{bmatrix}$$

则

$$\mathcal{M}^{\mathrm{T}} = \Phi_2 \Phi_1^{-1} = \begin{bmatrix} X & J \\ J^{\mathrm{T}} & \Psi \end{bmatrix} \tag{7.71}$$

其中 $\Psi = W^{-1}Y^{-\mathrm{T}}(X^{\mathrm{T}} - Y^{\mathrm{T}})Y^{-1}W^{-\mathrm{T}}$.

在 (7.60) 中, 将 $M_1 = \mathcal{M}, M_2 = \rho_2\mathcal{M}, M_3 = \rho_3\mathcal{M}, M_4 = \rho_4\mathcal{M}$ 代入, 得到一个新矩阵, 记为 (7.60)'. 显然, 如果 (7.60)' 可解, 则 (7.60) 一定可解. 下面我们证明当 $\mathcal{M}^{\mathrm{T}}$ 满足 (7.71) 的分块形式时, (7.60)' 等价于 (7.64).

定义

$$\mathcal{N} = \mathrm{diag}(\tilde{Y}^{\mathrm{T}}\Phi_1^{\mathrm{T}}, \ \tilde{Y}^{\mathrm{T}}\Phi_1^{\mathrm{T}}, \ \tilde{Y}^{\mathrm{T}}\Phi_1^{\mathrm{T}}, \ \tilde{Y}^{\mathrm{T}}\Phi_1^{\mathrm{T}}, \ \tilde{Y}^{\mathrm{T}}\Phi_1^{\mathrm{T}}, \ \tilde{Y}^{\mathrm{T}}\Phi_1^{\mathrm{T}}, \ \tilde{Y}^{\mathrm{T}}\Phi_1^{\mathrm{T}}, \ I, \ I, \ I),$$

其中 $\tilde{Y} = \begin{bmatrix} Y & 0 \\ 0 & I \end{bmatrix}$. 在 (7.60)' 两边分别乘以 $\mathcal{N}$ 和 $\mathcal{N}^{\mathrm{T}}$, 并定义新矩阵 $\tilde{N}_i = \tilde{Y}^{\mathrm{T}}\Phi_1^{\mathrm{T}}N_i\Phi_1\tilde{Y}$, $\tilde{S}_i = \tilde{Y}^{\mathrm{T}}\Phi_1^{\mathrm{T}}S_i\Phi_1\tilde{Y}(i = 1, 2, 3, 4)$, $\tilde{T}_j = \tilde{Y}^{\mathrm{T}}\Phi_1^{\mathrm{T}}T_j\Phi_1\tilde{Y}$, $\tilde{R}_j = $

$\tilde{Y}^{\mathrm{T}}\varPhi_1^{\mathrm{T}}R_j\varPhi_1\tilde{Y}(j=1,2)$, $U_1=JA_fW^{\mathrm{T}}Y$, $U_2=JB_f$, $U_3=L_fW^{\mathrm{T}}Y$, $\tilde{P}_k=\tilde{Y}^{\mathrm{T}}\varPhi_1^{\mathrm{T}}P_k\varPhi_1\tilde{Y}(k=1,2,3)$. 经过一些简单的矩阵运算, 可以看出 (7.60)' 等价于 (7.64). 在矩阵 $\begin{bmatrix} P_1 & P_2 \\ P_2^{\mathrm{T}} & P_3 \end{bmatrix}>0$ 两边分别乘以 $\mathrm{diag}\begin{bmatrix} \tilde{Y}^{\mathrm{T}}\varPhi_1^{\mathrm{T}}, & \tilde{Y}^{\mathrm{T}}\varPhi_1^{\mathrm{T}} \end{bmatrix}$ 和它的转置, 可以得到 $\begin{bmatrix} \tilde{P}_1 & \tilde{P}_2 \\ \tilde{P}_2^{\mathrm{T}} & \tilde{P}_3 \end{bmatrix}>0$. 结合不等式 (7.64)~(7.66) 及引理 7.4, 定理得证. ■

注 7.11 在 (7.60)' 中, 由于 $\mathcal{M}^{\mathrm{T}}=\begin{bmatrix} X & J \\ J^{\mathrm{T}} & \varPsi \end{bmatrix}$, 可以得到 $\varGamma_{44}'=\rho_4\begin{bmatrix} X+X^{\mathrm{T}} & J+J^{\mathrm{T}} \\ J+J^{\mathrm{T}} & \varPsi+\varPsi^{\mathrm{T}} \end{bmatrix}+\tau_M R_1+2\delta R_2$. 如果 $\rho_4>0$, 为了保证 (7.60)' 成立, 必须要 $\varPsi+\varPsi^{\mathrm{T}}<0$, 即 $X+X^{\mathrm{T}}-Y-Y^{\mathrm{T}}<0$. 反之, 如果 $\rho_4<0$, 在 (7.65) 中就 必须要求 $X+X^{\mathrm{T}}-Y-Y^{\mathrm{T}}>0$.

注 7.12 在定理 7.4 中, 如果删掉含有 A_1 和 C 的项, 根据引理 7.4' 和注 7.10, 我们可以得到系统 (7.33) $\sim$ (7.35) 的网络滤波器的设计方法, 把此结果记为 定理 7.4'.

例 7.2 考虑系统 (7.33) $\sim$ (7.35) 的网络滤波问题, 系统的参数矩阵为

$$A=\begin{bmatrix} 0 & 3 \\ -4 & -5 \end{bmatrix}, \ B=\begin{bmatrix} -0.5 \\ 0.9 \end{bmatrix}, \ C_1=[0, \ 1], \ D=1, \ L=[1, \ 1] \qquad (7.72)$$

$\Delta A(t)$ 和 $\Delta C_1(t)$ 可表示为

$$\Delta A(t)=\begin{bmatrix} 0.3 \\ 0.3 \end{bmatrix}F(t)[1, \ 1], \ \ \Delta C_1(t)=0.1F(t)[1, \ 1]$$

将其写成注 7.9 的形式, 其中

$$G_1=\begin{bmatrix} 0.3 & 0 \\ 0.3 & 0 \end{bmatrix}, \ E_1=\begin{bmatrix} 1 & 1 \\ 0 & 0 \end{bmatrix}, \ G_2=\begin{bmatrix} 0, & 0.1 \end{bmatrix}, \ E_2=\begin{bmatrix} 0 & 0 \\ 1 & 1 \end{bmatrix}$$

采用 (7.36)~(7.37) 的滤波器, 假设网络传输的最小延迟是 0.2s, 即 $\tau_m=0.2\mathrm{s}$. 应用定理 7.4' 和注 7.12, 选取 $\rho_2=\rho_3=0.2$, $\rho_4=5$, H_∞ 性能指标 $\gamma=1.5$, 可以 解出数据包的最大允许延迟为 $\tau_M=0.48\mathrm{s}$, 此时可以得到

$$X=\begin{bmatrix} -1.5150 & -0.5616 \\ -0.6199 & -0.4832 \end{bmatrix}, \ Y=\begin{bmatrix} -0.4817 & -0.1938 \\ -0.2926 & -0.2196 \end{bmatrix}$$

$$U_1=\begin{bmatrix} -2.4776 & 1.4792 \\ -2.0235 & -0.7505 \end{bmatrix}, \ U_2=\begin{bmatrix} 0.0032 \\ -0.0361 \end{bmatrix}, \ U_3=[\ 1.2796, \ \ 0.9780 \ ]$$

为得到 (7.36)~(7.37) 的系数矩阵, 我们令 $J = \begin{bmatrix} 2 & 1 \\ 1 & 1 \end{bmatrix}$. 根据 (7.68), 可解得

$$W = \begin{bmatrix} -2.5382 & 2.6461 \\ 1.7656 & -3.0617 \end{bmatrix}$$

进而可求得滤波器的系数矩阵为

$$A_f = \begin{bmatrix} 5.0775 & 10.6633 \\ -9.0693 & -12.7620 \end{bmatrix}, \quad B_f = \begin{bmatrix} 0.0393 \\ -0.0754 \end{bmatrix}, \quad L_f = [3.7782 \ \ 3.6644].$$

通过这个例子, 我们可以看出, 只要非理想网络环境满足关系

$$(i_{k+1} - i_k)h + \tau_{k+1} \leqslant 0.48, \quad k = 1, \ 2, \ 3, \cdots$$

滤波器 (7.36)~(7.37) 就能给出信号 $z(t)$ 的一个估计 $z_f(t)$, 并且在一定的误差干扰 $\omega(t)$ 和参数不确定的情况下, 保证估计误差 $e(t) = z(t) - z_f(t)$ 满足一定的性能指标. 此外, 如果令 $\tau_m = 0$, 我们可以解得此时最大的允许值 $\tau_M = 0.45$s. 显然前者的保守性较小. □

例 7.3   考虑系统 (7.33) $\sim$ (7.35), 参数矩阵如下

$$A = \begin{bmatrix} -0.6 & 4 \\ -4 & -0.6 \end{bmatrix}, B = \begin{bmatrix} 0 & 0 \\ 1.5 & 0 \end{bmatrix},$$
$$C_1 = [0, \ 1], D = [0, \ 1], L = [1, \ 1].$$

不确定项 $\Delta A(t) = \begin{bmatrix} 0.4 \\ 0 \end{bmatrix} F(t) [0, \ 1]$, $\Delta C_1(t) = 0$. 在不考虑网络影响的情况下, 文献 [89] 中给出了一 H_∞ 滤波器设计方法, 其最优 H_∞ 性能指标 $\gamma_{\text{opt}} = 0.7624$.

考虑网络环境的影响, 应用定理 7.4' 和注 7.12, 选取 $\rho_2 = \rho_3 = 0.2$, $\rho_4 = 5$ 和 H_∞ 性能指标 $\gamma = 0.7624$, 可以得到 τ_M 的最大允许值为 0.4, 相应的滤波器参数为

$$A_f = \begin{bmatrix} 15.7425 & 11.4138 \\ -29.2242 & -18.3093 \end{bmatrix}, B_f = \begin{bmatrix} -0.002 \\ -0.0014 \end{bmatrix}, L_f = \begin{bmatrix} 11.6265, & 16.2950 \end{bmatrix}.$$

从这个例子可以发现, 对于相同的 H_∞ 性能指标 $\gamma = 0.7624$, 只要网络延迟和丢包的总合小于 0.40, 则所设计的滤波器能够保证滤波误差系统满足所需性能指标. 另外, 若令 $\tau_m = 0$, 非理想网络环境的上界 $\tau_M = 0.38$. □

7.2.2 离散 NCS 的 H_∞ 滤波器设计

上一节中我们讨论了基于网络的连续系统的 H_∞ 滤波器的设计问题. 这一节中我们考虑一类离散的网络控制系统 H_∞ 滤波器的设计问题.

考虑如下的离散系统

$$x(k+1) = Ax(k) + B\omega(k) \tag{7.73}$$

$$y(k) = Cx(k) + D\nu(k) \tag{7.74}$$

$$z(k) = Lx(k) \tag{7.75}$$

这里 $x(k) \in \mathbb{R}^n$ 为状态变量, $y(k) \in \mathbb{R}^r$ 为测量输出, $z(k) \in \mathbb{R}^q$ 为受控输出, $\omega(t)$ 为干扰信号, $A,\ B,\ C,\ D$ 为适当维数的常数矩阵.

我们考虑的滤波器具有如下形式

$$x_f(k+1) = A_f x_f(k) + B_f \hat{y}(k) \tag{7.76}$$

$$z_f(k) = L_f x_f(k) \tag{7.77}$$

其中 $x_f(t) \in \mathbb{R}^n$ 表示滤波器的状态, $\hat{y} \in \mathbb{R}^r$ 为滤波器的输入, $A_f,\ B_f,\ L_f$ 为需要确定的系数矩阵. 我们考虑网络环境的影响, 即

$$\hat{y}(k) = y(k - n(k)) \tag{7.78}$$

这里的 $n(k)$ 反应的是网络环境的不确定因素, 包括网络延迟和丢包的影响.

将式 (7.78) 代入滤波系统 (7.76)~(7.77), 可以得到如下形式的滤波器

$$
\begin{aligned}
x_f(k+1) &= A_f x_f(k) + B_f[Cx(k - n(k)) + D\nu(k - n(k))] \\
&= A_f x_f(k) + B_f Cx(k - n(k)) + B_f D\bar{\nu}(k)
\end{aligned}
\tag{7.79}
$$

考虑带参数摄动项的系统

$$x(k+1) = (A + \Delta A(k))x(k) + B\omega(k) \tag{7.80}$$

$$y(k) = (C + \Delta C(k))x(k) + D\nu(k) \tag{7.81}$$

$$z(k) = Lx(k) \tag{7.82}$$

其中 $\Delta A(k) = G_1 F(k) E_a$, $\Delta C(k) = G_2 F(k) E_b$, $G_1,\ G_2,\ E_a,\ E_b$ 为常数矩阵, $F(k)$ 满足 $\|F(k)\| \leqslant 1$.

类似前面的分析方法, 系统 (7.80)~(7.82) 所对应的滤波器具有如下形式

$$
\begin{aligned}
x_f(k+1) &= A_f x_f(k) + B_f[(C + \Delta C)x(k - n(k)) + D\nu(k - n(k))] \\
&= A_f x_f(k) + B_f(C + \Delta C)x(k - n(k)) + B_f D\bar{\nu}(k)
\end{aligned}
\tag{7.83}
$$

设 $\zeta(k) = \begin{bmatrix} x(k) \\ x_f(k) \end{bmatrix}$, $e(k) = z(k) - z_f(k)$, $\beta(k) = \begin{bmatrix} \omega(k) \\ \nu(k) \end{bmatrix}$, 可以得到滤波误差系统为

$$\zeta(k+1) = (\bar{A} + \Delta\bar{A}(k))\zeta(k) + (\bar{B} + \Delta\bar{B}(k))\zeta(k - n(k)) + \bar{B}_1\beta(k) \qquad (7.84)$$

$$e(k) = \bar{L}\zeta(k) \qquad (7.85)$$

其中

$$\bar{A} = \begin{bmatrix} A & 0 \\ 0 & A_f \end{bmatrix}, \quad \bar{B} = \begin{bmatrix} 0 & 0 \\ B_f C & 0 \end{bmatrix}, \quad \bar{B}_1 = \begin{bmatrix} B & 0 \\ 0 & B_f D \end{bmatrix},$$

$$\Delta\bar{A}(k) = \begin{bmatrix} \Delta A(k) & 0 \\ 0 & 0 \end{bmatrix}, \quad \Delta\bar{B}(k) = \begin{bmatrix} 0 & 0 \\ B_f \Delta C(k) & 0 \end{bmatrix}, \quad \bar{L} = \begin{bmatrix} L, & -L_f \end{bmatrix},$$

这里

$$\Delta\bar{A} = \begin{bmatrix} G_1 & 0 \\ 0 & B_f G_2 \end{bmatrix} F(k) \begin{bmatrix} E_a & 0 \\ 0 & 0 \end{bmatrix} \triangleq \bar{G}F(k)\bar{E}_1$$

$$\Delta\bar{B} = \begin{bmatrix} G_1 & 0 \\ 0 & B_f G_2 \end{bmatrix} F(k) \begin{bmatrix} 0 & 0 \\ E_b & 0 \end{bmatrix} \triangleq \bar{G}F(k)\bar{E}_2$$

滤波误差系统 H_∞ 性能分析

假设 $n(k) \in [n_{\min}, n_{\max}]$, 这里 $n_{\min}$ 和 $n_{\max}$ 均为正整数, 且 $n_{\min} \leqslant n_{\max}$. 定义

$$n_\tau = \left\lceil \frac{n_{\max} + n_{\min}}{2} \right\rceil, n_\delta = \left\lceil \frac{n_{\max} - n_{\min}}{2} \right\rceil$$

这里 $\lceil x \rceil$ 等于 x 的整数部分加上 1.

利用引理 3.5 和引理 3.6 的类似分析方法, 可得如下引理 7.5 和引理 7.6.

引理 7.5　*给定标量 $n_{\max}$, $n_{\min}$ 和 γ, 如果存在矩阵 $P_k (k=1,2,3)$, $T_j > 0$, $R_j > 0 (j=1,2)$ 和矩阵 N_i, S_i 和 $M_i (i=1,2,3,4)$ 使得下列 LMI 成立*

$$\begin{bmatrix} \Sigma_{11} & * \\ \Sigma_{21} & \Sigma_{22} \end{bmatrix} < 0 \qquad (7.86)$$

$$\begin{bmatrix} P_1 & * \\ P_2^{\mathrm{T}} & P_3 \end{bmatrix} > 0 \qquad (7.87)$$

其中

$$\Sigma_{11} = \begin{bmatrix} \Delta_{11} & * & * & * \\ \Delta_{21} & \Delta_{22} & * & * \\ \Delta_{31} & \Delta_{32} & \Delta_{33} & * \\ \Delta_{41} & \Delta_{42} & \Delta_{43} & \Delta_{44} \end{bmatrix}$$

$$\Sigma_{21} = \begin{bmatrix} P_3^{\mathrm{T}} & 0 & -P_3^{\mathrm{T}} & P_2 \\ n_{\max}N_1^{\mathrm{T}} & n_{\max}N_2^{\mathrm{T}} & n_{\max}N_3^{\mathrm{T}} & n_{\max}N_4^{\mathrm{T}} \\ n_\delta S_1^{\mathrm{T}} & n_\delta S_2^{\mathrm{T}} & n_\delta S_3^{\mathrm{T}} & n_\delta S_4^{\mathrm{T}} \\ -B_1^{\mathrm{T}}M_1^{\mathrm{T}} & -B_1^{\mathrm{T}}M_2^{\mathrm{T}} & -B_1^{\mathrm{T}}M_3^{\mathrm{T}} & -B_1^{\mathrm{T}}M_4^{\mathrm{T}} \\ \bar{L} & 0 & 0 & 0 \end{bmatrix}$$

$$\Sigma_{22} = \mathrm{diag}\left(-\frac{1}{(n_\tau-1)}T_2, \quad -n_{\max}R_1, \quad -n_\delta R_2, \quad -\gamma^2 I, \quad -I\right)$$

$\Delta_{11} = P_2 + P_2^{\mathrm{T}} + P_3 + T_1 + n_\tau T_2 + N_1 + N_1^{\mathrm{T}} + M_1(I - \bar{A} - \triangle\bar{A}) + (I - \bar{A} - \triangle\bar{A})^{\mathrm{T}}M_1^{\mathrm{T}},$

$\Delta_{21} = -N_1^{\mathrm{T}} + N_2 + S_1^{\mathrm{T}} + M_2(I - \bar{A} - \triangle\bar{A}) - (\bar{B} + \triangle\bar{B})^{\mathrm{T}}M_1^{\mathrm{T}},$

$\Delta_{22} = -N_2 - N_2^{\mathrm{T}} + S_2 + S_2^{\mathrm{T}} - M_2(\bar{B} + \triangle\bar{B}) - (\bar{B} + \triangle\bar{B})^{\mathrm{T}}M_2,$

$\Delta_{31} = -P_2^{\mathrm{T}} + N_3 - S_1^{\mathrm{T}} + M_3(I - \bar{A} - \triangle\bar{A}),$

$\Delta_{32} = -N_3 - S_2^{\mathrm{T}} + S_3 - M_3(\bar{B} + \triangle\bar{B}),$

$\Delta_{33} = -P_3 - T_1 - T_2 - S_3 - S_3^{\mathrm{T}},$

$\Delta_{41} = P_1 + P_2 + N_4 + M_4(I - \bar{A} - \triangle\bar{A}) + M_1^{\mathrm{T}},$

$\Delta_{42} = -N_4 + S_4 - M_4(\bar{B} + \triangle\bar{B}) + M_2^{\mathrm{T}},$

$\Delta_{43} = -S_4 + M_3^{\mathrm{T}},$

$\Delta_{44} = P_1 + n_{\max}R_1 + 2n_\delta R_2 + M_4 + M_4^{\mathrm{T}},$

则滤波误差系统 (7.84) ~ (7.85) 是鲁棒渐近稳定的且满足 H_∞ 性能指标 γ.

引理 7.6 给定标量 $n_{\max}$, $n_{\min}$ 和 γ, 如果存在矩阵 $P_k(k=1,2,3)$, $T_j > 0$, $R_j > 0(j=1,2)$ 和矩阵 N_i, S_i 和 $M_i(i=1,2,3,4)$ 以及标量 $\varepsilon > 0$, 使得下列LMIs成立

$$\begin{bmatrix} \Sigma_{11}' & * \\ \Sigma_{21}' & \Sigma_{22}' \end{bmatrix} < 0 \tag{7.88}$$

$$\begin{bmatrix} P_1 & * \\ P_2^{\mathrm{T}} & P_3 \end{bmatrix} > 0 \tag{7.89}$$

其中

$$\Sigma_{11}' = \begin{bmatrix} \Delta_{11}' & * & * & * \\ \Delta_{21}' & \Delta_{22}' & * & * \\ \Delta_{31}' & \Delta_{32}' & \Delta_{33}' & * \\ \Delta_{41}' & \Delta_{42}' & \Delta_{43}' & \Delta_{44}' \end{bmatrix} \tag{7.90}$$

$$\Sigma_{21}' = \begin{bmatrix} P_3^{\mathrm{T}} & 0 & -P_3^{\mathrm{T}} & P_2 \\ n_{\max}N_1^{\mathrm{T}} & n_{\max}N_2^{\mathrm{T}} & n_{\max}N_3^{\mathrm{T}} & n_{\max}N_4^{\mathrm{T}} \\ n_{\delta}S_1^{\mathrm{T}} & n_{\delta}S_2^{\mathrm{T}} & n_{\delta}S_3^{\mathrm{T}} & n_{\delta}S_4^{\mathrm{T}} \\ \bar{L} & 0 & 0 & 0 \\ -B_1^{\mathrm{T}}M_1^{\mathrm{T}} & -B_1^{\mathrm{T}}M_2^{\mathrm{T}} & -B_1^{\mathrm{T}}M_3^{\mathrm{T}} & -B_1^{\mathrm{T}}M_4^{\mathrm{T}} \\ \bar{G}^{\mathrm{T}}M_1^{\mathrm{T}} & \bar{G}^{\mathrm{T}}M_2^{\mathrm{T}} & \bar{G}^{\mathrm{T}}M_3^{\mathrm{T}} & \bar{G}^{\mathrm{T}}M_4^{\mathrm{T}} \end{bmatrix} \tag{7.91}$$

$$\Sigma_{22} = \mathrm{diag}\left(-\frac{1}{(n_\tau - 1)}T_2, \ -n_{\max}R_1, \ -n_{\delta}R_2, \ -I, \ -\gamma^2 I, \ -\varepsilon I \right) \tag{7.92}$$

$\Delta_{11}' = P_2 + P_2^{\mathrm{T}} + P_3 + T_1 + n_\tau T_2 + N_1 + N_1^{\mathrm{T}} + M_1(I - \bar{A}) + (I - \bar{A})^{\mathrm{T}}M_1^{\mathrm{T}} + \varepsilon \bar{E}_1^{\mathrm{T}}\bar{E}_1,$

$\Delta_{21}' = -N_1^{\mathrm{T}} + N_2 + S_1^{\mathrm{T}} + M_2(I - \bar{A}) - \bar{B}^{\mathrm{T}}M_1^{\mathrm{T}} + \varepsilon \bar{E}_2^{\mathrm{T}}\bar{E}_1,$

$\Delta_{22}' = -N_2 - N_2^{\mathrm{T}} + S_2 + S_2^{\mathrm{T}} - M_2\bar{B} - \bar{B}^{\mathrm{T}}M_2^{\mathrm{T}} + \varepsilon \bar{E}_2^{\mathrm{T}}\bar{E}_2,$

$\Delta_{31}' = -P_2^{\mathrm{T}} + N_3 - S_1^{\mathrm{T}} + M_3(I - \bar{A}),$

$\Delta_{32}' = -N_3 - S_2^{\mathrm{T}} + S_3 - M_3\bar{B},$

$\Delta_{33}' = -P_3 - T_1 - T_2 - S_3 - S_3^{\mathrm{T}},$

$\Delta_{41}' = P_1 + P_2 + N_4 + M_4(I - \bar{A}) + M_1^{\mathrm{T}},$

$\Delta_{42}' = -N_4 + S_4 - M_4\bar{B} + M_2^{\mathrm{T}},$

$\Delta_{43}' = -S_4 + M_3^{\mathrm{T}},$

$\Delta_{44}' = P_1 + n_{\max}R_1 + 2n_{\delta}R_2 + M_4 + M_4^{\mathrm{T}},$

则系统 (7.84) $\sim$ (7.85) 是鲁棒渐近稳定的且满足 H_∞ 性能指标 γ.

滤波器的设计

由引理 7.6, 并采用定理 7.4 的证明方法, 可得如下结论.

定理 7.5 对于给定的 ρ_2, ρ_3, $\rho_4 > 0$, $n_{\min}$, $n_{\max}$ 和 γ, 如果存在矩阵 $P_{ik}(i = 1, 2, 3)$, N_{jk}, S_{jk} $(j = 1, 2, 3, 4; k = 1, 2, 3, 4)$, T_{pq}, $R_{pq}(p = 1, 2; q = 1, 2, 3)$, $U_m(m = 1, 2, 3)$ 和适当维数的矩阵 X, Y, 以及标量 $\varepsilon > 0$, 使得

$$\begin{bmatrix} \Theta_{11} & * \\ \Theta_{21} & \Theta_{22} \end{bmatrix} < 0 \tag{7.93}$$

$$X + X^\mathrm{T} - Y - Y^\mathrm{T} < 0, \quad \begin{bmatrix} \tilde{P}_1 & * \\ \tilde{P}_2^\mathrm{T} & \tilde{P}_3 \end{bmatrix} > 0, \quad \tilde{T}_p > 0, \tilde{R}_p > 0, \qquad (7.94)$$

其中

$$\Theta_{11} = \begin{bmatrix} \Pi_{11} & * & * & * \\ \Pi_{21} & \Pi_{22} & * & * \\ \Pi_{31} & \Pi_{32} & \Pi_{33} & * \\ \Pi_{41} & \Pi_{42} & \Pi_{43} & \Pi_{44} \end{bmatrix}$$

$$\Theta_{21} = \begin{bmatrix} \tilde{P}_3^\mathrm{T} & 0 & -\tilde{P}_3^\mathrm{T} & \tilde{P}_2 \\ n_{\max}\tilde{N}_1 & n_{\max}\tilde{N}_2 & n_{\max}\tilde{N}_3 & n_{\max}\tilde{N}_4 \\ n_\delta\tilde{S}_1 & n_\delta\tilde{S}_2 & n_\delta\tilde{S}_3 & n_\delta\tilde{S}_4 \\ \tilde{L} & 0 & 0 & 0 \\ -\tilde{B} & -\rho_2\tilde{B} & -\rho_3\tilde{B} & -\rho_4\tilde{B} \\ \tilde{G} & \rho_2\tilde{G} & \rho_3\tilde{G} & \rho_4\tilde{G} \end{bmatrix}$$

$$\Theta_{22} = \mathrm{diag}\left(-\frac{1}{(n_\tau-1)}\tilde{T}_2, \quad -n_{\max}\tilde{R}_1, \quad -n_\delta\tilde{R}_2, \quad -I, \quad -\gamma^2 I, \quad -\varepsilon I \right)$$

对于任意 $i, j = 1, 2, 3, 4$

$$\Pi_{ij} = \begin{cases} \begin{bmatrix} \Pi_{ij}^1 & * \\ \Pi_{ij}^2 & \Pi_{ij}^3 \end{bmatrix}, & i = j \\[4mm] \begin{bmatrix} \Pi_{ij}^1 & \Pi_{ij}^2 \\ \Pi_{ij}^3 & \Pi_{ij}^4 \end{bmatrix}, & i > j \end{cases}$$

$\Pi_{11}^1 = P_{21} + P_{21}^\mathrm{T} + P_{31} + T_{11} + n_\tau T_{21} + N_{11} + N_{11}^\mathrm{T} + Y^\mathrm{T}(I - A) + (I - A)^\mathrm{T}Y$
$\qquad + \varepsilon\bar{E}_1^\mathrm{T}\bar{E}_1$

$\Pi_{11}^2 = P_{23} + P_{22}^\mathrm{T} + P_{33} + T_{13} + n_\tau T_{23} + N_{13} + N_{12}^\mathrm{T} + X^\mathrm{T}(I - A) + U_1 + (I - A)^\mathrm{T}Y$
$\qquad + \varepsilon\bar{E}_1^\mathrm{T}\bar{E}_1$

$\Pi_{11}^3 = P_{24} + P_{24}^\mathrm{T} + P_{34} + T_{14} + n_\tau T_{24} + N_{14} + N_{14}^\mathrm{T} + X^\mathrm{T}(I - A) + (I - A)^\mathrm{T}X$
$\qquad + \varepsilon\bar{E}_1^\mathrm{T}\bar{E}_1$

$\Pi_{21}^1 = -N_{11}^\mathrm{T} + N_{21} + S_{11}^\mathrm{T} + \rho_2 Y^\mathrm{T}(I - A)$

$\Pi_{21}^2 = -N_{13}^\mathrm{T} + N_{22} + S_{13}^\mathrm{T} + \rho_2 Y^\mathrm{T}(I - A) - C^\mathrm{T}U_2^\mathrm{T}$

$\Pi_{21}^3 = -N_{12}^\mathrm{T} + N_{23} + S_{12}^\mathrm{T} + \rho_2 X^\mathrm{T}(I - A) + \rho_2 U_1$

$\Pi_{21}^4 = -N_{14}^\mathrm{T} + N_{24} + S_{14}^\mathrm{T} + \rho_2 X^\mathrm{T}(I - A) - C^\mathrm{T}U_2^\mathrm{T}$

$\Pi_{22}^1 = -N_{21} - N_{21}^\mathrm{T} + S_{21} + S_{21}^\mathrm{T} + \varepsilon\bar{E}_2^\mathrm{T}\bar{E}_2$

$\Pi_{22}^2 = -N_{23} - N_{22}^\mathrm{T} + S_{23} + S_{22}^\mathrm{T} - \rho_2 U_2 C + \varepsilon\bar{E}_2^\mathrm{T}\bar{E}_2$

$\Pi_{22}^3 = -N_{24} - N_{24}^\mathrm{T} + S_{24} + S_{24}^\mathrm{T} - \rho_2 U_2 C - \rho_2 C^\mathrm{T}U_2^\mathrm{T} + \varepsilon\bar{E}_2^\mathrm{T}\bar{E}_2$

$$\Pi_{31}^1 = -P_{21}^T + N_{31} - S_{11}^T + \rho_3 Y^T (I - A)$$

$$\Pi_{31}^2 = -P_{23}^T + N_{32} - S_{13}^T + \rho_3 Y^T (I - A)$$

$$\Pi_{31}^3 = -P_{22}^T + N_{33} - S_{12}^T + \rho_3 X^T (I - A) + \rho_3 U_1$$

$$\Pi_{31}^4 = -P_{24}^T + N_{34} - S_{14}^T + \rho_3 X^T (I - A)$$

$$\Pi_{32}^1 = -N_{31} - S_{21}^T + S_{31}$$

$$\Pi_{32}^2 = -N_{32} - S_{23}^T + S_{32}$$

$$\Pi_{32}^3 = -N_{33} - S_{22}^T + S_{33} - \rho_3 U_2 C$$

$$\Pi_{32}^4 = -N_{34} - S_{24}^T + S_{34} - \rho_3 U_2 C$$

$$\Pi_{33}^1 = -P_{31} - T_{11} - T_{21} - S_{31} - S_{31}^T$$

$$\Pi_{33}^2 = -P_{33} - T_{13} - T_{23} - S_{33} - S_{32}^T$$

$$\Pi_{33}^3 = -P_{34} - T_{14} - T_{24} - S_{34} - S_{34}^T$$

$$\Pi_{41}^1 = P_{11} + P_{21} + N_{41} + \rho_4 Y^T (I - A) + Y$$

$$\Pi_{41}^2 = P_{12} + P_{22} + N_{42} + \rho_4 Y^T (I - A) + X + Y^T - X^T$$

$$\Pi_{41}^3 = P_{13} + P_{23} + N_{43} + \rho_4 X^T (I - A) + \rho_4 U_1 + Y$$

$$\Pi_{41}^4 = P_{14} + P_{24} + N_{44} + \rho_4 X^T (I - A) + X$$

$$\Pi_{42}^1 = -N_{41} + S_{41} + \rho_2 Y$$

$$\Pi_{42}^2 = -N_{42} + S_{42} + \rho_2 X + \rho_2 Y^T - \rho_2 X^T$$

$$\Pi_{42}^3 = -N_{43} + S_{43} - \rho_4 U_2 C + \rho_2 Y$$

$$\Pi_{42}^4 = -N_{44} + S_{44} - \rho_4 U_2 C + \rho_2 X$$

$$\Pi_{43}^1 = -S_{41} + \rho_3 Y$$

$$\Pi_{43}^2 = -S_{42} + \rho_3 X + \rho_3 Y^T - \rho_3 X^T$$

$$\Pi_{43}^3 = -S_{43} + \rho_3 Y$$

$$\Pi_{43}^4 = -S_{44} + \rho_3 X$$

$$\Pi_{44}^1 = P_{11} + n_{\max} R_{11} + 2n_\delta R_{21} + \rho_4 Y + \rho_4 Y^T$$

$$\Pi_{44}^2 = P_{13} + n_{\max} R_{13} + 2n_\delta R_{23} + \rho_4 X^T + 2\rho_4 Y - \rho_4 X$$

$$\Pi_{44}^3 = P_{14} + n_{\max} R_{14} + 2n_\delta R_{24} + \rho_4 X + \rho_4 X^T$$

$$\tilde{N}_j = \begin{bmatrix} N_{j1} & N_{j2} \\ N_{j3} & N_{j4} \end{bmatrix}, \quad \tilde{S}_j = \begin{bmatrix} S_{j1} & S_{j2} \\ S_{j3} & S_{j4} \end{bmatrix}, \quad j = 1, 2, 3, 4$$

$$\tilde{T}_p = \begin{bmatrix} T_{p1} & T_{p2} \\ T_{p2}^T & T_{p3} \end{bmatrix}, \quad \tilde{R}_p = \begin{bmatrix} R_{p1} & R_{p2} \\ R_{p2}^T & R_{p3} \end{bmatrix}, \quad p = 1, 2$$

$$\tilde{L} = \begin{bmatrix} L - U_3 & L \end{bmatrix}, \quad \tilde{P}_i = \begin{bmatrix} P_{i1} & P_{i2} \\ P_{i3} & P_{i4} \end{bmatrix}, \quad i = 1, 2, 3$$

$$\tilde{B} = \begin{bmatrix} B^T Y & B^T X \\ 0 & D^T U_2^T \end{bmatrix}, \quad \tilde{G} = \begin{bmatrix} G_1^T Y, & G_2^T U_2^T \end{bmatrix}$$

则滤波问题 (7.80) $\sim$ (7.83) 是可解的, 其系数矩阵为

$$A_f = I - J^{-1}U_1Y^{-1}W^{-T}, B_f = J^{-1}U_2, L_f = U_3Y^{-1}W^{-T}$$

这里的 J, W 均为非奇异矩阵, 且满足 $JW^{T} = I - XY^{-1}$.

例 7.4 考虑系统 (7.80) $\sim$ (7.82) , 其参数矩阵为

$$A = \begin{bmatrix} 0.1 & 0.4 \\ -0.4 & 0.1 \end{bmatrix}, B = \begin{bmatrix} -0.7 \\ 0.2 \end{bmatrix}, C = \begin{bmatrix} 0, & 1 \end{bmatrix}, D = 1, L = \begin{bmatrix} 1, & 1 \end{bmatrix}, \quad (7.95)$$

$$G_1 = \begin{bmatrix} 0.3 \\ 0.2 \end{bmatrix}, G_2 = 0.1, E_a = \begin{bmatrix} 0.1, & 0.2 \end{bmatrix}, E_b = \begin{bmatrix} 0.1, & -0.1 \end{bmatrix}$$

假设网络中最小的延迟为一个单位, 即 $n_{\min} = 1$, 取 $\rho_1 = 0.2104, \rho_2 = -0.2540, \rho_3 = 15.1254$, H_∞ 性能指标取为 $\gamma = 7.75$, 应用定理 7.5, 可解得最大允许延迟为 $n_{\max} = 9$. 此时

$$X = \begin{bmatrix} -2.7390 & 2.9993 \\ -0.4933 & -5.3117 \end{bmatrix}, Y = \begin{bmatrix} -1.7695 & 1.9264 \\ -0.3248 & -3.3329 \end{bmatrix},$$

$$U_1 = \begin{bmatrix} 0.9875 & -1.5049 \\ 0.7717 & 2.1664 \end{bmatrix}, U_2 = \begin{bmatrix} -0.0032 \\ -0.0031 \end{bmatrix}, U_3 = \begin{bmatrix} 0.5403, & 0.3685 \end{bmatrix}.$$

令 $J = \begin{bmatrix} 0.1 & -0.5 \\ 0.1 & 0.4 \end{bmatrix}$, 由于 $JW^{T} = I - XY^{-1}$, 故得 $W = \begin{bmatrix} -2.3696 & -3.2373 \\ 0.6236 & -0.6569 \end{bmatrix}$,

进而可求出滤波器的系数矩阵如下

$$A_f = \begin{bmatrix} 3.8677 & -3.3861 \\ 0.9976 & 0.3704 \end{bmatrix}, B_f = \begin{bmatrix} -0.0316 \\ 0.0002 \end{bmatrix}, L_f = \begin{bmatrix} -0.1876, & 0.2169 \end{bmatrix}.$$

$$(7.96)$$

$\square$

第 8 章　无线网络控制系统的跨层设计

在前面的章节中, 我们详细讨论了网络环境下控制器的设计方法及这一领域的最新研究动态和研究成果. 一般而言, NCS 可以分为基于有线网络的 NCS (WNCS) 和基于无线网络的 NCS (WiNCS). 由于应用的方便性、组网和维护的便利性、良好的可拓展性以及成本低廉等优点, 近年来, 无线网络的应用变得越来越广泛[67,90~92]. 在许多新建的网络环境中, 无线网络已成为首选的网络形式. 尤其是在应用对象为可运动的, 或对象所在的环境很难用有线网络连接的情况, 无线网络将起着不可替代的作用. 但是, 由于和有线网络通信相比, 无线网络更容易受到外界环境的影响、数据包的传输具有更长的通信延迟和更频繁的网络丢包的特性, 同时严格的分层结构使网络有限的资源不能得到充分地应用的缺点, 导致 WNCS 设计方法中的一些条件或假设难以在 WiNCS 中得到满足, 因此给 WiNCS 的设计提出了新的挑战.

近年来, 为解决无线网络数据包传输过程中存在的问题, 人们提出了跨层设计的方法 (crosslayer design method). 该方法模糊了网络协议栈中各层次之间严格的界限, 使层次之间能够相互共享有用信息, 从而达到优化设计的目的. 目前, 跨层设计的思想在无线网络设计中的应用得到了越来越多的关注, 典型的应用有提高无线网络视频传输、语音服务和文件传输等的服务质量[67,93~95], 以及解决无线网络中的功率控制等问题[96]. 本章将从控制的角度, 重点探讨介绍跨层设计的思想在 WiNCS 中的应用与实现. 其中 8.1 节给出无线网络的基本结构和特点; 8.2 节介绍跨层设计思想的基本原理及其实现方法; 在 8.3 节我们重点介绍 WiNCS 的基本概念及优缺点; 8.4 节讨论 WiNCS 中跨层设计思想的应用与实现[67].

8.1　无线网络基本结构和特点

参考 OSI (open system interconnection) 的经典七层协议模型, 以及 TCP/IP 的体系结构, 无线网络协议栈一般划分为五层, 即物理层 (physical layer), 链路层 (link layer), 网络层 (network layer), 传输层 (transport layer) 和应用层 (application layer), 其中链路层又分为逻辑链路子层和媒介接入控制子层 (MAC 层). 各层的作用和主要功能如表 8.1 所示.

虽然无线网络已经在现实生活的很多领域得到了应用, 但在对于数据传输实时性要求较高的控制系统中, 有线网络并不能简单地利用无线网络来代替. 和有线网络相比, 无线通信具有着很多特性, 因此在设计 WiNCS 时, 必须考虑到这些特

表 8.1 无线网络的五层结构及其主要功能

物理层	为数据链路层的对等实体之间的信息交换建立物理连接,在物理连接上正确、透明的传送物理层数据单元 (比特流).
链路层	在相邻结点的一个或多个物理连接上为网络层建立、维持、释放链路连接,并在链路连接上可靠地、正确地传送链路层协议数据单元 (帧).
网络层	在开放系统之间的网络环境中提供网络层对等实体建立、维持、终止网络连接的手段,并在网络连接上交换网络层协议数据单元 (分组,或数据包).
传输层	提供对上层透明的可靠的数据传输,它将应用层和其他处理数据的各层隔离开来,处理数据的单位为消息.
应用层	在网络实体间建立、管理和终止通讯应用服务请求和响应等会话,是用户运行其应用业务的接口.

性对系统控制性能的影响.

(1) 较长的延迟,高分组丢包率和比特差错率. 由于带宽和网络协议的限制,无线网络中更容易发生数据包碰撞的现象,从而使网络传输出现延迟,也增大了数据包丢失的概率. 另外,由于噪声和多径衰落的影响,以及多普勒效应的作用,在无线信道中存在较高的比特差错率.

(2) 动态链路特性,这是无线网络最重要的特性之一. 在大气环境中接收和发送无线信号,其传输极易受到噪声的影响,同时阴影效应、多径衰落,以及其他设备的接口都会导致信道状态的不可知. 另外,移动性也会给信道估计和预测带来困难,增加信道的误码率.

(3) 带宽的限制和起伏. 目前电缆或光缆通信还不能被无线通信彻底替代,其最大的考虑就是带宽问题. 相比于有线网络,无线网络的带宽要小得多. 另外,环境的影响,或其自身状态的不同,无线信道的通信能力也会随时间发生变化.

(4) 功率控制是一个涉及多个层次的问题. 在某些网络中,如码分多址 (CDMA) 蜂窝移动通信系统,理想的功率控制策略能够克服远近效应问题,消除干扰,提高信道的空间复用度,最终提高系统的容量. 在一般无线网络中,功率控制技术是在不牺牲系统性能的前提下,尽可能地降低节点的发射功率,从而降低节点的能耗,提高网络的生存时间和系统的能量效率.

(5) 无线网络信道具有快速多变的特点. 无线通信的可移动性,使得结点周围的环境会不断的发生变化. 既然无线网络以大气环境作为其通信媒介,环境的改变会造成系统各项参数,通信能力的相应改变.

在网络设计的过程中,OSI 参考模型有着普遍的指导意义. 作为一个通用的参考模型,OSI 模型解决了设计网络各方面可能遇到的问题,具备丰富的功能. 但另一方面在这种分层结构的框架下, 各层之间独立地进行操作和设计, 层次间的接口是静态的, 且网络的约束和应用需求没有任何必然的联系. 这样严格的分层设计方法不能很好地适应无线网络通信的特点, 导致有限的网络资源不能得到充分合理的利用. 为了解决这些问题, 人们提出跨层优化的反馈机制.

8.2   跨层设计方法

随着无线技术的飞速发展, 无线通信在社会生活很多方面得到了广泛的应用. 现阶段的无线通信产业主要集中在话音业务上, 但随着与爆炸式发展的因特网融合的实现, 无线通信业务范围将发展成多种业务结合的综合性业务. 不同的业务有不同的服务质量要求, 这对无线网络的性能提出了更高的要求. 针对这一业务的发展要求, 人们在无线接入技术、传输技术及网络结构等方面做了大量的研究, 并提出了多种有效的方案, 跨层设计的方法就是其中一种.

跨层设计的思想最初主要用于系统设计和软件设计 [97], 文献 [98] 中将跨层设计的思想应用到通信网络协议的设计过程中, Goldsmith 等人较早地将跨层设计的思想应用于自适应等问题 [99]. 目前跨层设计在无线网络设计中的应用主要集中于提高无线网络视频传输、语音服务和文件传输等的服务质量 [67, 93], 以及解决无线网络中的功率控制问题 [96].

跨层设计要求打破传统 OSI 参考模型中严格分层的束缚, 使网络各层共享与其他层次相关的信息, 针对各层相关模块或协议的不同状态和要求, 在整体框架内, 利用层与层之间的相互依赖和影响, 对网络协议进行综合设计, 以提高网络的性能或服务质量. 针对不同的网络协议和系统的性能要求, 人们提出了多种跨层设计的解决方案 [94,100~103]. 例如, 针对无线网络的媒体介入协议, 文献 [94] 给出了其优化和跨层设计的方法. 采用跨层设计的思想, 文献 [101] 研究了 CDMA 宽带网络 MAC 与传输层的优化设计与资源配置. 文献 [100] 中, 利用本地特征信息进行跨层设计, 从各个相关层中提取移动主机周期的更新信息作为跨层信息, 并存储在独立的本地特性文件中, 其他层可以选择获得所期望的信息. 文献 [102] 中介绍了 MobileMan 项目, 该项目主要是开发 MANET 的跨层设计. 根据需要达到的不同的网络性能或不同的应用问题, 跨层设计的实现方法也不径相同, 但其基本思想是一致的. 跨层设计的理论结构如图 8.1 所示, 其基本思想主要包括以下几个方面:

- 网络的每一层把会对其他层的工作产生影响的信息直接或间接地传递给相应的各层;
- 网络中的每一层分析其他层次中传递过来的信息, 并对本层通信的方式和策略作相应的调整;
- 对于影响多个层次的参数, 要结合应用性能的要求对各层进行综合考虑.

跨层设计思想的实现一般有两种方式, 一是综合考虑各层传输得到的信息, 对某层的协议进行优化, 从而提高网络的性能或服务质量. 例如, MAC 层可以将当前的网络丢包率传递给传输层, 那么 TCP 协议就可以更好地区分报文丢失是由拥塞还是信道出错造成的, 并进行相应处理, 从而提高了网络的吞吐量. 文献 [104] 中, 作者通过对 Rayleigh 信道的预测, 对 ad hoc 网络协议进行设计. 网络的物理层将网络连接的即时状态 (" Good" 或 " Bad") 传递给它的上层协议, 如 MAC 层. 如果网络出于 " Bad" 状态, 则上层协议将采取相应的措施, 或者暂停网络的传输, 或者按一定的调度策略进行包的传输, 直到网络的状态转为 " Good". 另一种跨层设计的方法是将处在各个不同层的协议合并成一个整体进行设计. 例如在 ad hoc 网络中, 为了联合考虑 MAC 层和路由协议的交互信息, 就可以将其合并为一个协议考虑. 在文献 [67] 中, 为了提高网络的性能, 链路层、MAC 层和应用层被联合, 并进行整体考虑 (详细内容见 8.4 节).

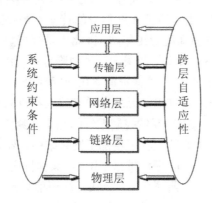

图 8.1 跨层设计的基本理论结构示意图

跨层设计的思想并不是完全否定了传统的无线网络的五层模式, 而是模糊了各层次之间的严格的界限, 将分散在网络各子层的特性参数协调融合. 因此, 所有层之间都可以交互信息, 使得协议栈能够以全局的方式适应特定应用所需的服务质量或网络状况的变化, 并根据系统的约束条件和网络特征来进行综合优化.

在现有的跨层设计的研究成果中, 大多是以视频、音频、WEB 浏览或 EMAIL 为应用目标的. 这些应用系统的特点是, 对数据传输的可靠性有较高的要求, 而对数据传输的实时性并没有严格的规定. 不同与上述应用系统, 在 WiNCS 中, 系统性能的保证对数据传输的实时性有较高要求, 因此如何优化各层参数, 保证数据传输的实时性, 减少传输延迟以及数据的破坏率, 对保证 WiNCS 的性能优化需求具有重要意义, 我们将在第 8.4 节对这一问题进行深入探讨.

8.3　无线网络控制系统

随着科学技术的不断进步, 特别是通信技术的飞速发展, 社会需求的不断增长, 许多现代化的控制系统中越来越迫切地需要无线网络作为其通信媒介, 比如高速公路自动驾驶控制系统、远程移动机器人控制系统、自动化加工工厂和智能家庭等. 我们将利用无线网络作为通信媒介的控制系统称为无线网络控制系统 (WiNCS). 相比于传统的有线网络控制系统 (WNCS), WiNCS 至少存在以下优点:

- 无线链接方便, 灵活, 可移动性强. WiNCS 中抛弃了传统 WNCS 中繁琐的布线过程, 硬件的架构比较方便; 节点可以在网络中漫游, 具有较高的移动性, 通信范围不受环境条件和布线的限制, 因此拓宽了网络的传输范围.

- WiNCS 可存在于相当恶劣的环境中, 或在一些人所不能及的场所进行操作.

- WiNCS 易于维护和升级. 既然无线信号的传输不需要固定的媒介, 并且可以方便地增加工作站或重新配置工作站, 因此当系统需要升级或更换时, 无线网络可以方便地适应这种变化, 能最大限度地降低系统维护的成本.

- 无线网络资源是一种廉价的环保资源. 在一定规范下的无线网络资源是一种环保的资源, 随着技术的进步, 无线电通讯的成本也变得相当便宜.

图 8.2 为一般带网络的闭环反馈控制系统的结构示意图. 在模型结构上和经典的闭环控制系统相比, 其主要特点在于增加了网络结构, 网络结构的引入给控制系统的稳定性分析和网络 QoS 的评估带来了困难. 具体问题及解决方案, 读者可参阅本书前面的章节. 正如我们前面介绍, 无线网络通信具有其自身的特点, 因此在 WiNCS 中, 我们将图 8.2 所示的结构具体化, 见图 8.3. WiNCS 相比于 WNCS 至少包含如下的网络通信特点:

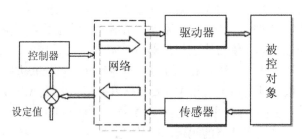

图 8.2　网络闭环控制系统结构示意图

(1) 无线网络主要处理移动节点之间的通信问题, 其网络应该具有空间结构.

(2) 移动控制系统中的节点不是单一的, 在一个空间中多个节点并存, 存在竞争带宽的问题.

(3) 无线网络传输受环境的影响较大, 存在较大的干扰. 因为随着无线网络通信技术的普及, 我们周围空间中将充斥着越来越多的无线电波, 这势必会给信号的传输造成一定的影响.

(4) 无线信道易受环境的影响, 本身存在着多变性, 甚至随机性. WiNCS 的一个重要应用就是对恶劣环境下的作业施行控制, 此时环境的影响将成为系统建模时需要考虑的主要因素. 另外, 网络传输过程中信道的衰弱, 以及移动节点之间距离的变化, 会导致网络中误码率的增加.

(5) 无线网络的部分节点存在功率控制的问题, 这是一个涉及网络结构中多个层次的问题;

(6) 在 WiNCS 中, 不可能在某一点同时观察到系统状态变量的每一个分量, 因此需要利用众多的传感器对系统进行采样.

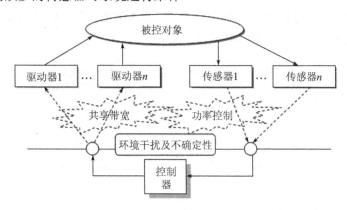

图 8.3 无线网络控制结构示意图

随着无线网络应用的发展, 人们开始关注对 WiNCS 的研究. 例如, 在文献 [23] 中, 作者利用离散随机跳系统理论方法, 研究了一类 WiNCS 的镇定控制, 其中考虑了数据丢失对系统控制性能的影响. 然而文献 [23] 中在设计控制策略时未考虑无线网络的时变性对设计效果的影响, 因此是一种较被动的设计方法. 结合文献 [23] 中的分析方法, 文献 [91] 通过调节采样周期来减少网络拥塞, 从而提高网络的 QoS, 并给出了可调的控制策略, 实现了初步的跨层设计目的. 由于无线网络拓扑结构的时变性, 节点的可移动性以及延迟和丢包的随机性等特点, 使得针对 WNCS 提出的许多研究方法, 对于 WiNCS 不再适用. 因此, 有必要针对无线网络的特点, 开展 WiNCS 的分析与综合问题的研究, 建立系统的理论研究体系与实现方法.

8.4 无线网络控制系统的跨层设计

控制系统设计的目标是设计出较高性能的控制器, 使得系统达到最佳的控制效果. 在 WiNCS 中, 系统的设计一般包括控制器的设计和通信网络的设计两部分.
从控制的角度看, 若控制器能得到系统的信息越多, 越及时, 控制效果越好. 但在
WiNCS 中网络资源很难保证信息都能及时可靠地传送到目的端, 因此我们需要减
小传感器的采样周期, 让其向控制器尽可能多地发送数据包, 然而这又必然会导致
网络中数据包碰撞概率的增大, 从而产生数据包的延迟和丢包, 使网络性能降低.
因此, 在设计控制系统时, 需要将控制器的设计和网络设计进行联合考虑, 在网络
的通信和控制器的设计之间寻求一个折中, 使得系统能得到最优的控制效果.

　　跨层设计的思想对提高网络的 QoS 发挥了很大的作用. 但一般的跨层设计的
方法不能照搬到控制系统的设计过程中, 因为控制系统中的通信存在其特殊性. 比
如平均延迟是衡量无线网络服务质量的一个重要指标, 但对于实时控制系统而言,
平均延迟的概念显然意义不大. 在本节中, 我们将对一个控制系统的无线网络进行
设计, 利用跨层设计的方法, 优化各层参数, 从而使系统得到较好的控制效果, 表
8.2 中列出了各层可以进行跨层优化的参数.

表 8.2　无线网络分层结构中各层和控制效果相关的参数

层次	相关的控制参数
应用层	采样周期, 性能指标等
网络层	路由算法, 流控制等
MAC 子层	媒介访问控制协议
链路层	调制方式, 编码方式, 纠错方式等

8.4.1　无线网络信道模型

　　首先从控制系统的角度来分析无线网络是如何传送数据包的, 从而对无线网
络通讯信道进行建模. 不同的网络连接 (如编码方式、调制方式和纠错方式等) 将
对应不同的网络性能. 我们假设在控制系统中的所有数据包都是通过同一个网络
进行传输, 也就是说, 对于每一个子系统而言, 所使用的网络连接和配置都完全相
同.

　　传感器按某一固定周期 h 对被控对象进行采样, 采样得到的信号被送往发射
器端等待发射. 我们对每一个发射器进行唯一的标识, 若有 M 个发射器, 则每一
个 ID 号将占据 $\lceil \log_2 M \rceil$ 个字节, 这里 $\lceil \cdot \rceil$ 表示向上取整. 无线网络连接的基本模
型如图 8.4 所示, 我们假设所有的信号传输均是成功的, 可靠的, 若在传输过程中
产生差错, 网络将自动启动向前纠错 (FEC) 或自动重发请求 (AQR) 机制. 在发射
器端, 数据 $y(k)$ 首先通过量化器被转化为二进制流. 二进制流经信道编码器进行
BCH 纠错和循环冗余校验 (CRC), 然后数据将会被送到缓存中, 等待传输. 当需要
传输数据时, 二进制流将被从缓存中调出, 经调制 (一般采用 BPSK 或 QPSK 或

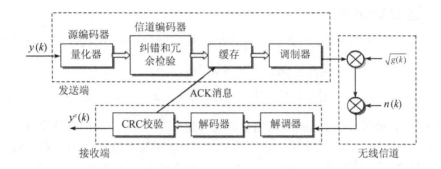

图 8.4 无线网络信道模型

MPSK 的方式) 后发射.

我们假设无线信道是一个离散、平稳且各态遍历的慢时变过程, 其增益用 $\sqrt{g(k)}$ 表示. 信道传输过程受到的白噪声 (AWGN) 干扰, 我们用 $n(k)$ 来表示. 因为控制信号往往包含较少的数据量, 即发射端和接收端的一次会话会在很短的时间内完成, 因此我们忽略传输过程中信道的衰弱. 假设信道功率的增益和输入信号的功率无关, 并且信道的传输功率不会因为信道的变化而变化.

在接收端信号将依次经过解调, 解码和进行循环冗余检查的过程. 在所有的校验完毕后接收端向发射端发送一个 ACK 消息. 在接到 ACK 消息后, 接收端将清空缓存, 否则将按一定的规则重传.

图 8.4 所示的网络通信结构, 使得数据包在传输过程中, 表现出复杂的网络特性. 从控制角度来看, 与控制效果相关的网络参数是传输的数据率, 延迟和丢包率. 因此我们把图 8.4 所示的信道模型简化为图 8.5 所示的参考模型. 在这个模型中反映了和系统的控制效果密切相关的参数. 若将数据包在网络中传输的特性建模为一个 Markov 模型, 网络中的数据率通过量化噪声 ν_q 的协方差矩阵得以体现, 传输中的延迟分布和丢包率由网络的 MAC 协议, 重传的次数和传输成功的概率 p_s 共同决定. 对于给定的无线网络设计, 若无线网络信道增益和传输的功率是已知的, 则网络中数据成功传输的概率也就被唯一确定了. 下面我们考虑跨层设计的思想在控制系统中的实现.

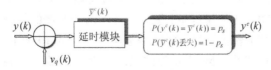

图 8.5 简化的无线信道模型

8.4.2　控制系统描述

设有 N 个被控对象, 且其动态行为均可通过连续时不变的线性系统来描述

$$\dot{x}_i(t) = A_i x_i(t) + B_i u_i(t) + \omega_i(t) \tag{8.1}$$

$$y_i(t) = C_i x_i(t) + \nu_i(t), \quad i = 1, 2, \cdots, N \tag{8.2}$$

其中 $x_i(t)$ 表示第 i 个系统的状态向量, A_i, B_i, C_i 为适当维数的系数矩阵, $\omega_i(t)$ 表示作用在被控对象上的干扰, $u_i(t)$ 为控制, $y_i(t)$ 是测量输出, $\nu_i(t)$ 表示测量干扰. 采用线性二次成本函数 (linear quadratic cost function) 来衡量系统的控制性能, 函数表达式如下,

$$J_{\mathrm{LQG}} = \sum_{i=1}^{n} \lim_{t \to \infty} \mathbf{E}\{x_i^{\mathrm{T}}(t) S_i x_i(t) + u_i^{\mathrm{T}}(t) W_i u_i(t)\} \tag{8.3}$$

其中 $S_i \geqslant 0$ 和 $W_i \geqslant 0$ 为权重函数.

注 8.1　既然所有的系统都具有相同的状态空间表示, 因此为了方便表述, 下面在不会产生歧义的情况下, 将省略下标 i.

我们假设这 n 个系统之间不存在必然的联系, 即除了由于共享网络的延迟和丢包之外, 他们是相互独立的系统. 若网络的延迟和丢包率是已知的或可测的, 则现有的很多控制方法都能为系统 (8.1) 设计出高效的控制器. 但在无线网络控制系统中, 这两项均是未知的, 且会随着环境的变化而变化. 采用 LQG 控制器, 下面将介绍通过跨层优化的方法对网络和控制器参数进行联合设计, 以提高控制效果的设计方法.

假设我们主动丢弃延迟超过一个周期的数据包, 则网络中所有数据包的延迟均小于一个采样周期. 网络通信中除了延迟以外, 还存在丢包的特性, 因此需要进行一些近似处理. LQG 控制器包括串联的两个部分: 一是 Kalman 滤波器, 另一部分为状态反馈控制器. Kalman 滤波器计算基于传感器测量信号的最小均方差估计. 当所有的传感器信号均成功接收时, 可以采用经典的静态 Kalman 滤波器来估计网络中的延迟; 如果所有的传感信号均不能成功接收, 则 Kalman 滤波器仍会向前运行一步; 若只有部分传感信号能成功接收, 此时我们不能判定 Kalman 滤波器是否存在稳定的解, 为了方便起见, 我们将这些接收不完整的信号主动丢弃. 状态反馈控制器的增益是系统闭环中总延迟的函数, 其具有零阶保持的特性, 并且只有在所有的测量信号均成功接收的情况下, 驱动器才会对控制器的控制信号做出反应.

为评估控制系统的性能, 我们将网络建模为一个 Markov 链. 考虑到网络中存在着延迟和丢包两种特性, Markov 链的状态取为 $r = (D, s)$, 这里 D 表示网络中控制信号的总延迟, s 表示传感测量的状态和控制信号的状态, 其取值和表示的意义如表 8.3 所示.

表 8.3　s 的取值及其表示的意义

s	表示的意义
0	所有信号均能成功接收
1	传感测量信息丢失, 控制信息在没有测量信息的情况下得到更新
2	传感测量信号和控制信号均成功接收, 控制信号没有使用新的测量信号更新
3	传感测量信号成功接收, 控制信号丢失
4	传感测量信息和控制信息均丢失

若 $D < h$, 其中 h 为系统的采样周期, 则 $s = 0$, 即数据包的传输会产生延迟, 但仍会在一个采样周期内完成数据的传输, 在这种情况下的 Markov 状态 $r_k \in \{1, 2, \cdots, L\}$; 若 $D = h$, s 的值可能取为 $0, 1, 2, 3, 4$, 因此这里 Markov 链共有 $L + 4$ 个状态.

设转移矩阵为 $Q = \{q_{ij}\}$, $i, j \in \{1, 2, \cdots, L + 4\}$, 其中

$$q_{ij} = P(r_{k+1} = j | r_k = i)$$

令 Markov 链处于状态 i 的概率为

$$\pi_i(k) = P(r_k = i)$$

Markov 链的状态分布向量为

$$\pi(k) = [\pi_1(k), \ \pi_1(k), \ \cdots, \ \pi_{L+4}(k)]$$

则 r_k 的概率分布可用如下的递推公式计算,

$$\pi(k + 1) = \pi(k)Q$$

$$\pi(0) = \pi_0(k)$$

我们将这个闭环系统用一个 MJLS(markovian jump linear system) 来表示, 通过选择合适的 Markov 模态来估计系统的控制性能. 定义系统的状态向量为

$$\tilde{x}(k) = \begin{bmatrix} x^{\mathrm{T}}(k), & \hat{x}^{\mathrm{T}}(k|k-1), & y^{\mathrm{T}}(k-1), & u^{\mathrm{T}}(k-1) \end{bmatrix}^{\mathrm{T}}$$

其中 $x(k)$ 为被控对象的状态, $\hat{x}(k|k-1)$ 为 Kalman 滤波器的状态估计, $y(k-1)$ 和 $u(k-1)$ 分别表示被控对象和控制器的输出. 噪声向量定义为 $\tilde{\omega}(k) = \begin{bmatrix} \omega^{\mathrm{T}}(k), & \bar{\nu}^{\mathrm{T}}(k) \end{bmatrix}^{\mathrm{T}}$, 这里 $\bar{\nu}(k) = \nu(k) + \nu_q(k)$, $\nu(k)$ 为作用在被控对象上的干扰, $\nu_q(t)$ 为信号在网络中传输受到的干扰. 将系统表示成 MJLS 形式, 即为

$$\bar{x}(k + 1) = F_r \bar{x}(k) + G_r \bar{\omega}(k) \tag{8.4}$$

这里 $r = 1, 2, \cdots, L+4$, F_r, G_r 为系统参数矩阵, $\bar{\omega}(k)$ 的协方差矩阵 $R = \mathbf{E}\left\{\bar{\omega}(k)\bar{\omega}^{\mathrm{T}}(k)\right\}$.

令状态的协方差 $P_i(k) = \mathbf{E}\left\{\bar{x}(k)\bar{x}^{\mathrm{T}}(k)|r_k = i\right\}$, 则

$$\tilde{P}_i(k) = P_i(k)\pi_i(k) = \mathbf{E}(z_k z_k^{\mathrm{T}} 1_{r_k=i}) \tag{8.5}$$

因此状态变量的协方差矩阵 $P(k) = \mathbf{E}\left\{\bar{x}(k)\bar{x}^{\mathrm{T}}(k)\right\}$ 可通过如下方式求得

$$P(k) = \sum_{i=1}^{L+4} P_i(k)\pi_i(k) = \sum_{i=1}^{L+4} \tilde{P}_i(k). \tag{8.6}$$

根据定理 6.1[1], (8.5) 所示的状态变量的协方差矩阵可通过如下递推公式求得

$$\tilde{P}(k+1) = \sum_{r=1}^{L+4} q_{ij}\mathbf{E}(F_r\tilde{P}(k)F_r^{\mathrm{T}} + \pi_i G_r R G_r^{\mathrm{T}}|r_k = i). \tag{8.7}$$

这里我们选取稳定的且规则的 Markov 链, 即递推式 $\tilde{P}(k)$ 是收敛的且 Markov 链中每个状态都是可达的. 令 Markov 状态协方差矩阵 $P^\infty = \lim_{k\to\infty} \tilde{P}(k)$, 此时就可以使用下式来作为系统控制效果的衡量标准

$$J_{\mathrm{LQG}} = \mathrm{tr}\left([S,\ 0,\ 0,\ 0]\,P^\infty\right) + \mathrm{tr}\left([0,\ 0,\ 0,\ W]\,P^\infty\right). \tag{8.8}$$

下面研究利用无线网络作为传输媒介对两个倒立摆模型进行控制. 倒立摆的实物模型如图 8.6 所示, 其各项物理参数如表 8.4 所示.

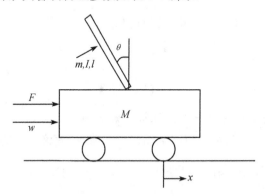

图 8.6　小车系统的实物图

---

① Nilsson J. Real-time control systems with delays. Ph.D. dissertation, Department of Automatic Control, Lund Institute of Technology, 1998.

表 8.4 倒立摆的各项物理参数

小车的质量	0.5 kg
摆杆的质量	0.2 kg
小车摩擦力	0.1 N/m/s
摆杆惯量	0.006 kg·m^2
重力加速度	9.8 N/kg
摆杆转动轴心到杆质心的长度	0.3 m

设 $x(t)$ 为小车的位置，$\theta(t)$ 表示摆杆偏离竖直位置的转角，系统的状态取为

$$z(t) = \left[x^{\mathrm{T}}(t), \ \dot{x}^{\mathrm{T}}(t), \ \theta^{\mathrm{T}}(t), \ \dot{\theta}^{\mathrm{T}}(t) \right]^{\mathrm{T}}$$

假设 $\theta(t)$ 在一个小范围内变化，可以近似认为

$$\sin(\theta) = 0, \ \cos(\theta) = 1, \ \lim_{\theta \to 0} \frac{\sin(\theta)}{\theta} = 1$$

则系统的线性近似方程可表示为

$$\dot{z}(t) = Az(t) + Bu(t) + \omega(t) \tag{8.9}$$

$$y(t) = Cz(t) + \nu(t) \tag{8.10}$$

其中，

$$A = \begin{bmatrix} 0 & 1 & 0 & 0 \\ 0 & 1 & -3.92 & 0 \\ 0 & 0 & 0 & 1 \\ 0 & 0 & 45.7333 & 0 \end{bmatrix}, \ B = \begin{bmatrix} 0 \\ 2 \\ 0 \\ -6.6667 \end{bmatrix}, \ C = [1, \ 0, \ 0, \ 0]. \tag{8.11}$$

在线性二次成本函数中，S_i 和 W_i 分别取值如下

$$S_1 = \begin{bmatrix} 1.5 & 0 & 0 & 0 \\ 0 & 0 & 0 & 0 \\ 0 & 0 & 2.5 & 0 \\ 0 & 0 & 0 & 0 \end{bmatrix}, \ S_2 = \begin{bmatrix} 1 & 0 & 0 & 0 \\ 0 & 0 & 0 & 0 \\ 0 & 0 & 100 & 0 \\ 0 & 0 & 0 & 0 \end{bmatrix}, \ W_1 = W_2 = 1$$

权重函数中矩阵 S_1, S_2, W_1, W_2 的选取反应了不同系统的信号属性，测量噪声 $\nu_s(k)$ 假设满足均值为 0，协方差矩阵为 Σ_s 的 Gauss 分布，其中 $\Sigma_s = \begin{bmatrix} 100 & 0 \\ 0 & 1 \end{bmatrix} \times 10^{-6}$.

8.4.3　跨层设计

WiNCS 跨层设计的方法是在各层次共享信息的基础上, 优化各层相应的参数, 使系统的整体性能达到最优. 因此首先必须确定哪些层次将参与优化, 参与优化的各层次优化的参数是哪些. 本节我们重点考虑链路层和 MAC 子层的设计对系统性能的影响.

链路层设计对系统性能的影响

无线网络的各项参数将按照如下方式配置:

(1) 假设无线网络信道采用时分多址 (TDMA) 技术, 在每个子系统中, 我们需要 2 个传感器分别采样 $x(t)$ 和 $\theta(t)$. 控制器与驱动器之间每个子系统需要一个发射器, 因此这里的 WiNCS 中共需 6 个发射装置, 其 ID 号将占据 $\lceil \log_2 6 \rceil = 3$ 个字节.

(2) 在此连接中, 我们使用两种调制方式 BPSK 和 QPSK. 在固定传输功率和带宽的情况下, QPSK 传输的数据率为 BPSK 的两倍, 其发生误码的概率也大大高于 BPSK.

(3) 我们考虑 3 种帧的容量, 24bit、32bit 以及 48bit. 另外, 在每个帧中有一个 16 位的 CRC, 并在传输过程中使用 1 个 bit 为准备时间 (guard time) 的标识.

(4) 我们使用 BCH 码进行循环纠错. BCH 码的表示方式为 (x, y), 其中 x 表示用于编码的总位数, y 表示其中用 y 位表示信息, 则 BCH 的编码率表示为 $\frac{y}{x}$. 对于帧容量为 32 bit 的情形, 我们使用 $(15, 11)$ 和 $(15, 7)$ 编码方式; 对于 48 bit 的帧, 可使用 $(31, 26)$、$(31, 21)$、$(31, 16)$ 和 $(31, 11)$ 的编码方式; 帧长为 24bit、32bit 和 48bit 的无纠错编码, 分别使用 $(7, 7)$、$(15, 15)$ 和 $(31, 31)$ 的编码方式.

(5) 假设数据率为 96Kbps , 则对于 QPSK 调制方式的数据率为 192Kbps, 传输功率为 10mW, 噪声密度 $\frac{N_0}{Z} = 10^{-8}$W/Hz, 信道的静态增益为 $g(k) = 0.2$.

图 8.7 显示了在 BPSK 和 QPSK 两种信道调制方式下, 对于不同的 BCH 编码的系统性能指标 J_{LQG} 的值. 在图中未表示出来的点表明在该方案下至少有一个倒立摆系统处于不稳定的状态, 即 $J_{\text{LQG}} = \infty$. 例如, 在 QPSK 调制方式下, 采用 $(31, 11)$ 编码. 图 8.7(a) 和 8.7(b) 分别显示了帧长为 48bit 和 32bit 时控制系统性能指标的值. 对于固定的帧长, QPSK 调制方式允许的时隙长为 BPSK 的两倍, 但是 QPSK 方式会产生较高的误比特率, 从而增加了帧传输的错误率, 这一问题可以通过有效的纠错机制得到解决. 图 8.7(b) 显示, 当 QPSK 的编码率降低时, 系统表现出良好的性能. 联合图 8.7(a) 和 8.7(b) 可以可看出, 在数据的编码率较高时, BPSK 编码方式优于 QPSK 的编码方式, 图 8.7(c) 反映了在没有纠错机制的情况下, 系统性能指标的分布情况. 综合图 8.7, 在链路层使用 TDMA 技术, 当采

样周期为 6ms, 每帧大小为 32bit, 无误码纠错时, 使用 BPSK 调制方式, 系统能取得较优的控制效果.

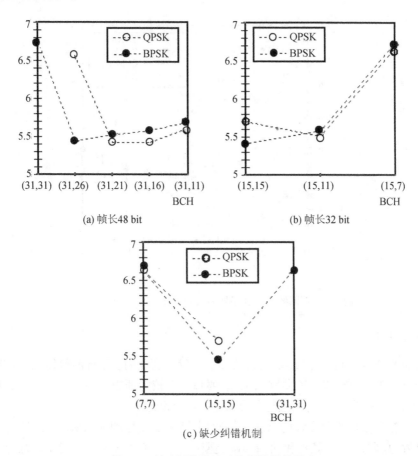

(a) 帧长 48 bit

(b) 帧长 32 bit

(c) 缺少纠错机制

图 8.7　链路层的设计对控制效果的影响

MAC 子层的设计

固定链路层的连接方法: 帧长为 32bit, QPSK 的调制方式, 使用 (15, 11) 的纠错编码. 另外, 当信道接入概率 (access probability) $p = 0.167$, 我们来看不同 MAC 层协议对 WiNCS 控制效果的影响. 图 8.8 反映了在 TDMA 协议, 带 ACK (acknowledgment) 的随机访问 (random access, RA)、不带 ACK 的 RA 以及载波侦听多路访问/冲突避免 (carrier sense multiple access with collision avoidance, CSMA/CA) 四种不同 MAC 协议下, 系统性能指标随采样周期变化的示意图, 其中, CSMA/CA 协议下的最小避退窗口 $CW_{\min} = 3$. 由图中可以看出, 不同的 MAC 子层协议对系统的控制效果会产生影响, 同时其他各层的参数也应该作为 MAC 层选择协议的参考. 因此, 设计 WiNCS 的一个最优控制, 仅仅对某一层次进行独立设计是不妥当的, 需要联合设计.

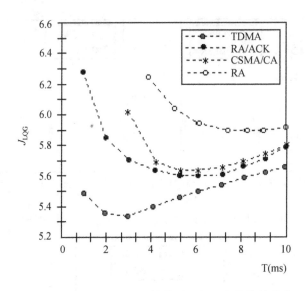

图 8.8　不同的 MAC 子层协议对 WiNCS 性能的影响

跨层设计

前面的分析表明, 当 MAC 层协议和参数发生变化时, 系统的整体性能可能会大大降低, 甚至会导致系统发散. 因此, 要想产生较为理想的控制效果, 需要对链路层, MAC 层, 甚至应用层进行联合考虑, 跨层设计.

我们确定参与跨层设计的层次为链路层、MAC 子层和应用层. 链路层需要优化的参数为调制方式、帧长和纠错编码类型; 对于 MAC 子层, 我们固定媒介访问的方式是带 ACK 的 RA, 需要优化的参数为信道接入概率 p; 应用层的优化参数为控制系统的采样周期 h. 跨层设计的算法如下.

步骤 1: 初始化采样周期 h, 信道访问概率 p.

步骤 2: 在链路层分别选取不同的帧长、调制方式和纠错编码方式, 根据式 (8.8) 计算系统的性能指标, 并选取使 J_{LQG} 最小的一组作为最优设计. 若当前最优设计和已存在的某设计一致, 则退出; 否则记录当前设计, 转步骤 3.

步骤 3: 利用链路层的最优配置, 固定采样周期 h, 在不同的信道访问概率 p 下计算系统的性能指标, 并选取使 J_{LQG} 最小的 p 作为最优设计. 若当前最优设计和已存在的某设计一致, 则退出; 否则记录当前设计, 转步骤 4.

步骤 4: 在已知的链路层和 MAC 层的当前最优设计下, 改变系统的采样周期 h, 计算 J_{LQG} 的值, 并选取使 J_{LQG} 最小的 h 作为应用层的最优设计. 若当前最优设计和已存在的某设计一致, 则退出; 否则记录当前, 转步骤 1.

这是一个递推的跨层设计方法. 下面我们将其应用到对两个倒立摆施行控制的网络设计中, 算法的计算结果如图 8.9 所示.

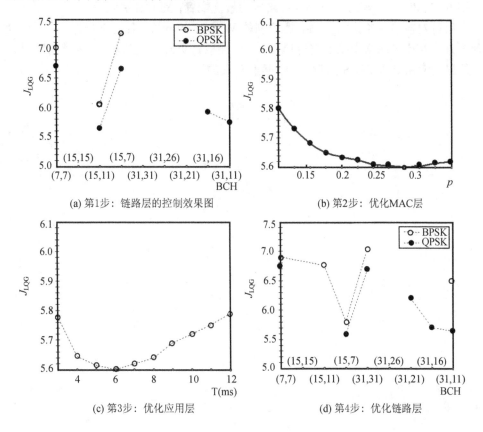

(a) 第1步: 链路层的控制效果图　　　　　　(b) 第2步: 优化MAC层

(c) 第3步: 优化应用层　　　　　　　　　　(d) 第4步: 优化链路层

图 8.9　跨层设计的控制效果示意图

首先初始化参数, 采样周期 h 设为 6ms, 信道接入概率 p 设为 0.17. 图 8.9(b) 为不同调制策略、错误校正方式以及帧的大小的情况下, 系统控制效果示意图. 其中能见到的仅有 8 个点, 其余 10 个点表示 $J_{LQG} = \infty$, 即系统处于不稳定状态. 因此我们可以得到, 最优的链路层设计为 QPSK 调制方式, $(15, 11)$ BCH 纠错方式, 帧的大小为 32bit.

其次优化 MAC 层参数, 当信道接入概率偏小, 可能会导致网络长时间的空闲. 若信道接入概率偏大, 则会导致网络中发生碰撞的概率变大, 从而增大数据包延迟时间和发生丢包的概率, 因此信道接入概率需要取一个折中值. 图 8.9(b) 表明, 在保持已有链路层参数配置的前提下, 信道接入概率的最优值 $p = 0.28$;

　　第 3 步是优化应用层的采样周期. 图 8.9(c) 为控制效果随采样周期变化的示意图，最优采样周期 $h = 6\text{ms}$；返回第 1 步.

　　图 8.9(d) 显示 $h = 6\text{ms}$ 和 $p = 0.28$ 时，采用 QPSK 调制方式、$(15, 11)$ BCH 纠错方式、32bit 的帧的大小仍为链路层的最优配置，此时算法收敛.

　　通过对被控对象为两个倒立摆控制的 WiNCS 的分析，我们不难得出，联合设计的方法相比对网络中某层进行单独设计，能取得更好的控制效果. 因此将跨层设计的思想应用到 WiNCS 的设计中，是有意义的.

第 9 章　网络控制系统仿真

本章主要介绍目前广泛使用的网络控制系统仿真研究方法与手段, 主要包含网络控制系统仿真工具箱 TrueTime [1][105], 网络传送特性仿真工具 NS2[106][2], 网络控制仿真包 NCS_simu[3] 等.

9.1　网络控制系统仿真工具箱 TrueTime

9.1.1　TrueTime 简介

1999 年瑞典 Lund 工学院的 Dan Henriksson 和 Anton Cervin 等学者针对网络控制系统的仿真, 提出一种名为 TrueTime 的网络控制系统仿真工具箱. TrueTime 工具箱的出现, 为研究网络控制系统提供了很好的研究工具. 可从 TrueTime 主页 http://www.control.lth.se/truetime/下载工具箱的压缩软件包及用户参考手册. TrueTime 是一种基于 MATLAB/Simulink 的联合仿真工具, 用来仿真分布式的实时控制系统和网络控制系统. 利用这种工具箱可以构建分布式实时控制系统的动态过程、控制任务执行以及网络交互的联合仿真环境. 在该仿真环境中, 可以研究各种调度策略和网络协议对控制系统性能的影响.

9.1.2　TrueTime 启动与安装

TrueTime 当前版本支持 MATLAB 7.0 (R14)/Simulink 6.0 和 MATLAB 6.5 (R13) Simulink 5.0. 早期的版本还支持 MATLAB 6.1 (R12.1)/Simulink 4.1 .

在 C++ 中运行 TrueTime 时需要 C++ 编译器, 而对于 MATLAB, 可以从 TrueTime 网站下载预编译文件. 目前支持的编译器如下:

(1) Visual Studio C++ 7.0 (for all supported MATLAB versions) for Windows

(2) gcc, g++ GNU project C and C++ Compiler for LINUX and UNIX

从 http://www.control.lth.se/truetime/下载并解压缩文件 (TrueTime-1.3.zip), 产生一个 TrueTime-1.3 路径, 本书中用 $DIR 表示.

---

① Martin Andersson A C, Dan Henriksson. Truetime 1.3-reference manual. http://www. control.lth.se/dan/truetime/[June 2005].

② Linux 平台下 NS–2 的安装. http://www.fixdown.com/wz/article/23/25/2006/57180.htm.

③ Intro_NCS_simu.pdf. http://www.sussex.ac.uk/Users/taiyang/.

启动 MATLAB 之前, 必须设置环境变量 TTKERNEL 来指出 TrueTime kernel 文件的路径: $DIR/kernel. 一般用如下方式完成:

(1) Unix/Linux: export TTKERNEL=$DIR/kernel

(2) Windows: use Control Panel/System/Advanced/Environment Variables

然后将下面的命令行添加到 MATLAB 启动脚本中, 设置到 TrueTime kernel 文件的所有必须路径.

addpath(getenv('TTKERNEL'))

init_truetime;

启动 MATLAB, 在第一次运行 TrueTime 之前, 必须编译 TrueTime 模块和 MEX 函数(若已经下载预编译文件, 则不需要编译), 输入命令: >> make_ truetime, 这样就实现了在 MATLAB 中运行 TrueTime 所需的所有编译.

输入命令: >> truetime, 将会打开 TrueTime 模块图, 如图 9.1 所示. 由图 9.1 可知, TrueTime 工具箱主要包含四个模块, 即计算机模块 (TrueTime Kernel)、有线网络模块 (TrueTime Network)、无线网络模块 (TrueTime Wireless Network) 和电池模块 (TrueTime Battery). 将 TrueTime 中的模块与 Simulink 中的常用模块相连, 就可以构建相应的实时控制系统或网络控制系统[①].

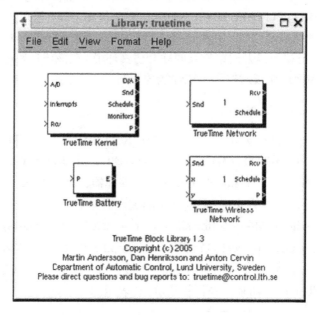

图 9.1　TrueTime 模块列表

① Martin Andersson A C, Dan Henriksson. Truetime 1.3-reference manual. http://www. control.lth.se/dan/truetime/[June 2005].

9.1.3 网络模块的设置

网络模块通过图 9.2 所示的对话框来配置参数, 也可以用命令 ttSetNetwork-Parameter 来设置每个节点的部分参数. 下面的网络参数对所有的网络模型都是适用的:

(1) Network number 网络模块数. 必须从 1 往上编号, 有线和无线网络不允许使用相同的编号.

(2) Number of nodes 连接到网络上的节点数目. 它决定了模块的 Snd, Rcv 和 Schedule 输入和输出的大小.

(3) Data rate (bits/s) 网络速度.

(4) Minimum frame size (bytes) 不足此最小帧的信息会得到填补. 这里最小帧大小是 64 bytes, 包含了由协议引入的任何开销. 例如以太网的最小帧大小是 64 bytes, 包含一个 14byte 的报头 (header) 和一个 4byte 循环冗余码校验 (CRC).

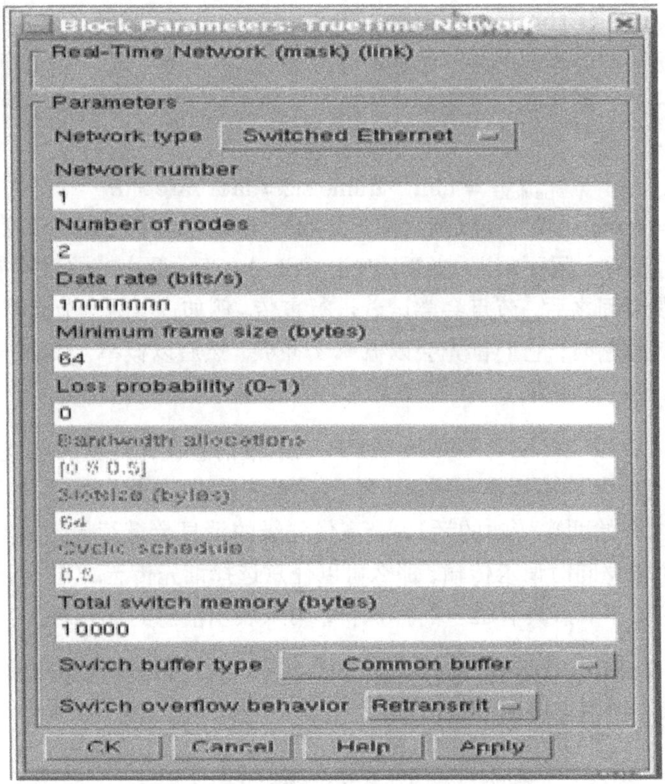

图 9.2 TrueTime 网络模块设置

(5) Pre-processing delay (s) 发送端网络接口引起的信息延迟. 可以用于建模, 例如在计算机和网络接口之间建立串行连接.

(6) Post-processing delay (s) 接收端网络接口引起的信息延迟.

(7) Loss probability (0–1) 传输过程中网络信息的丢失率. 丢失的信息会占用网络带宽, 但是却不能到达目的地.

9.1.4　TrueTime 有线网络模块

TrueTime 网络模块模拟了局域网中的媒介访问和包传递. 当某个节点要传输一条信息时, 就会在相应的输入信道中将一个触发信号传送给网络模块. 当信息的传输完成时, 网络模块就会在相应的输出信道中传送一个新的触发信号给接收节点. 该信息被存储在接收节点的缓冲区, 并以中断的方式通知目的节点.

该模块按照选定的网络模型模拟数据的发送与接收, 主要支持六种简单的网络模型:

CSMA/CD (e.g. Ethernet)、CSMA/AMP (e.g. CAN)、Round Robin (e.g. Token Bus)、FDMA、TDMA (e.g. TTP)、Switched Ethernet.

CSMA/CD (Ethernet) CSMA/CD 表示带冲突检测的载波侦听多路访问. 如果网络忙, 发送端会等到网络不忙的时候才发送. 如果发送了一条信息, 在 1 微秒内又传输另一条, 那么就会发生冲突. 当发生冲突时, 发送端将避退一段时间, 定义为:

$$t_{\text{backoff}} = \min \quad \text{frame size/data rate} \times R \tag{9.1}$$

其中 $R = \text{rand}(0, 2^K - 1)$ (离散均匀分布), K 表示一行中的冲突数目 (最大为 10, 但重传时没有上限要求). 注意, 对于 CSMA/CD, 最小帧数目不能为 0.

等待一段时间之后, 节点会尝试着进行重传. 例如, 当两个节点都在等待第三个节点完成其传输时, 它们首先会以概率 1 冲突, 然后以概率 $1/2(K=1)$ 冲突, 再然后 $1/4(K = 2)$ 冲突等.

CSMA/AMP (CAN) CSMA/AMP 表示带消息优先仲裁的载波侦听多路访问. 如果网络忙, 发送端会等到网络不忙的时候才发送. 如果发生了冲突 (同样, 如果在 1 微秒内开始两次传输的话), 最高优先级的消息会继续传送. 如果具有相同优先级的两个消息同时请求传输, 那么可以任意选择谁先传送. (在实际的 CAN 应用中, 所有的发送节点具有唯一的标识符, 用来表示消息的优先级.)

Round Robin (Token Bus) 网络中的各节点轮流传送帧 (节点号从低到高). 两次传送之间, 网络会空闲一段时间:

$$t_{\text{idle}} = \min \quad \text{frame size/date rate} \tag{9.2}$$

t_{idle} 表示传送一个记号到下一个节点的时间.

FDMA FDMA 表示频分多址. 不同节点的传输是完全独立的, 而且不会发生冲突. 在这种模式下, 具有附加属性: Bandwidth allocations 发送端节点共享的矢量, 其和至多为 1. 发送端实际的比特率用 allocated bandwidth×data rate 来计算.

TDMA (TTP) TDMA 表示时分多址. 工作原理类似 FDMA, 但各节点在其规定的时段占用带宽的 100%. 如果一个全帧不能在一个时段内传输, 那么会在下一个预定的时段中继续传输而没有任何额外损失. 注意正如在其他协议中一样, 每个帧会因此增加系统开销. 附加属性是: Slot size (bytes) 发送时段的大小. 因此时段时间由下式给定:

$$t_{slot} = \text{slot size/data rate} \tag{9.3}$$

另一个附加属性是: Schedule 发送端节点 ID 的向量 (1, ... nbrOfNodes), 确定一个周期的发送时刻表. 0 也可以作为节点 ID, 即在该时段不允许传输任何帧.

Switched Ethernet 在交换以太网中, 网络中的各节点与中央交换机连接时, 具有其特有的全双工通信. 与一般的以太网相比, 在交换以太网中网络段不会发生任何冲突. 交换机将接收的消息存储在一个缓冲器中, 然后将它们转送到目标节点. 这种方案称为存储及转送.

如果交换机中有许多消息朝向同一个节点, 那么采用 FIFO 顺序传输. 在交换机中既可以用一个队列保留所有的消息, 也可以用一个队列保留每个输出段. 万一通信繁忙并且消息队列过长, 交换机会用尽内存. 下面的选项与交换以太网有关:

Total switch memory (bytes): 交换机中可以存储消息的内存总量. 当一个消息在交换机中被完整接收时, 就分配等于该消息长度的存储空间. 当该消息完整地到达其最终目标节点后, 就释放所分配的存储空间.

Switch buffer type: 该设置描述了内存在交换机的分配情况. Common buffer 是指所有消息被存放在一个 FIFO 队列中, 并且共享同一个存储区域. Symmetric output buffers 是指内存被分为 n 等分, 各等分用于连接到交换机的每个输出段. 当一个输出队列用尽内存时, 不会再有消息被存储到这个特定的队列中.

Switch overflow behavior: 该选项描述了当交换机用尽内存时的情形. 整个消息被接收后, 在交换机中就会将其删除. Retransmit 是指交换机告知发送节点它将会重发消息. Drop 是指没有给出通知, 消息被完全删除.

9.1.5　TrueTime 无线网模块

无线网络模块的使用类似于有线网络模块, 它们的工作方式也基本相同. 同时考虑无线信号的路径损耗, 具有 x 和 y 输入, 用来指定节点的确切位置. 目前支持两种网络协议: IEEE 802.11b/g (WLAN) 和 IEEE 802.15.4 (ZigBee). 所采用的无

线模型包含的支持有:

(1) Ad-hoc 无线网;

(2) 无线信号的路径损耗建模为 $1/d^\alpha$, 其中 d 表示距离, 单位为米, α 表示模拟环境时适当选择的参数;

(3) 来自其他终端的干扰.

无线网络模块通过对话框来配置, 如图 9.3 所示.

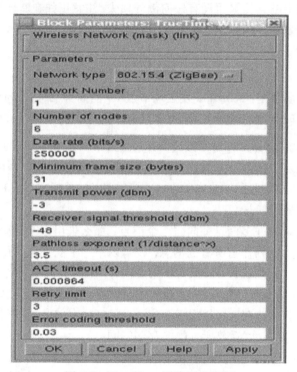

图 9.3   TrueTime 无线网络设置

802.11b/g (WLAN) IEEE 802.11b/g 目前主要用在许多微型计算机以及移动设备中. 该协议是在 CSMA/CA 的基础上作了一些修改.

在仿真中, 包的传输过程建模如下: 发送节点首先检查媒介是否空闲, 如果信道已空闲 50μs 或大于 50μs, 则进行传输; 如果发现媒介是忙的, 则选择一个随机的避退时间. 当该节点开始传输时, 可以计算在同一个网络中相对于其他节点的位置, 节点中的信号电平可根据路径损耗公式 $1/d^\alpha$ 来计算.

如果接收节点的信号电平大于某一阈值, 那么就假设该信号是可以被检测的. 就可以计算信噪比 (SNR) 并用其来寻找块误码率 (BLER). 在计算 SNR 时, 所有其他传输都作为背景噪声. BLER 和消息的大小用来计算消息中的比特误差数, 如果该数低于误差编码阈值, 那么就假设信道编码策略能够完全重构消息. 如果有从其他节点到接收节点正在进行传输, 并且它们各自的 SNR 比新的信噪比低, 那么所有这些消息都被标记为冲突. 同样, 如果当前的发送节点传输到达时有其他正在进行传输, 那么这些消息也被标记为冲突.

值得注意的是, 发送节点并不知道其消息是否发生了冲突, 因此在 MAC 协议层发送 ACK 消息. 从发送端节点看, 丢失消息和消息冲突是等价的, 也就是说没有收到 ACK. 如果在 ACK 应接收期间没有收到 ACK, 那么等待一段随机避退时间之后, 再次竞争窗口用于重传消息. 竞争窗口的大小是某个消息每次重传的两倍. 如果媒介繁忙或者至少再过 $50\mu s$ 才能空闲, 那么就停止避退定时器. 在发送端放弃消息并且再也不会重传之前, 只有重传次数的限制.

802.15.4 (ZigBee) ZigBee 是一种协议, 用传感器和简易控制网络的思想设计而成. 其带宽相当窄, 但功耗也相当低. 尽管它和 802.11b/g 一样都是基于 CSMA/CA 的协议, 但是 ZigBee 更简单, 而且两者是不同的协议. ZigBee 中的包传输模型类似于 WLAN, 但是 MAC 进程不同.

9.1.6 TrueTime 应用示例

在有线与无线网络环境下, 以直流电机为对象采用 PID 控制器进行网络控制为例, 说明 TrueTime 仿真工具箱的应用.

例 9.1 考虑以直流电机为对象, 采用简单 PID 控制, 利用在 TrueTime 工具箱中的模块以及 Simulink 中的模块, 构建一个分布式控制系统.

网络直流伺服过程可以用连续时间传递函数来描述:

$$G(s) = \frac{1000}{s(s+1)} \tag{9.4}$$

采用如下的离散 PID 控制器:

$$P(k) = K(r(k) - y(k)) \tag{9.5}$$

$$I(k+1) = I(k) + \frac{Kh}{T_i}(r(k) - y(k)) \tag{9.6}$$

$$D(k) = \alpha_d D(k-1) + b_d(y(k) - y(k-1)) \tag{9.7}$$

$$u(k) = P(k) + I(k) + D(k) \tag{9.8}$$

其中 $\alpha_d = \dfrac{T_d}{Nh + T_d}$, $b_d = \dfrac{NKT_d}{Nh + T_d}$, K 为比例系数, T_i 为积分系数, T_d 为微分系数, h 为采样周期.

基于 TrueTime 的仿真模型为 distributed.mdl, 系统结构如图 9.4 所示. 系统中

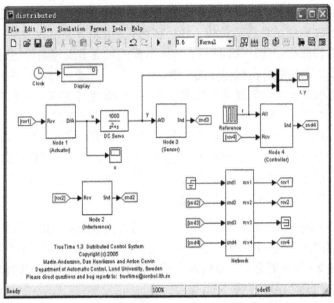

图 9.4　基于 TrueTime 的网络控制系统仿真图

包含了四个计算机节点, 各节点用 TrueTime 内核模块来表示. 一个时间驱动的传感器节点对过程进行周期性采样, 并经由网络将采样值发送到计算机节点. 计算机节点的任务是计算控制信号并将结果发送到执行器节点, 执行器节点随后执行该控制信号. 仿真还包括一个干扰节点, 它发送的信号干扰网络通信, 并且在计算机节点中执行干扰的高优先级任务. 打开仿真模型以及各节点的初始化程序, 进行下列操作:

(1) 观察不同节点的初始化脚本和代码函数. 初始化程序是 TrueTime 仿真实验的重要内容, 在运行仿真之前必须先初始化. 主要是对节点模块和网络模块进行初始化, 编写各种功能代码函数, 用于创建各种任务和网络中断句柄. 节点模块和网络模块的初始化分别采用函数 ttInitKernel (nbrInp, nbrOutp, prioFcn) 和 ttInitNetwork (nodenumber, handlername) 来表示. 其中 nbrInp、nbrOutp 分别为输入、输出通道的数目, prioFcn 为采用的调度策略, nodenumber 为网络中节点的地址, handlername 为被调用的中断句柄名. 在 TrueTime 工具箱中预定义的调度策略包括固定优先级 (FP, Fixed Priority)、单调速率 (RM, Rate Monotonic)、截止期单调 (DM, Deadline Monotonic)、最小截止期优先 (EDF, Earliest Deadline First), 计算机调度方式由用户决定.

(2) 在没有干扰通信而且控制器节点中也没有干扰的情况下进行仿真. 这可以通过在干扰节点的代码函数中将变量 BWshare 设置为 0 , 并在 controller_init 中注释任务'dummy' 的创建而得到. 在这种情况下, 可以得到一个不变的往返时延和满意的控制性能.

（3）接通干扰节点和控制器节点中的干扰任务. 将变量 BWshare 设置为网络带宽的百分数, 运行仿真, 观察控制性能和网络调度曲线的变化.

两种情况下的响应曲线和控制曲线分别如图 9.5 和图 9.6 所示, 其中方波表示参考输入 r, 非方波实线表示无干扰时系统的响应曲线和控制曲线, 黑色虚线表示有干扰时系统的响应曲线和控制曲线. 显然, 在没有干扰时, 对象输出 y 经过网络传输后, 能够迅速跟踪参考输入 r 的变化曲线, 采用 PD 控制方法可以进行快速、有效地调节, 系统的控制性能稳定. 在控制器和通信过程中加入干扰信号后, 虽然系统的控制性能明显降低了, 但所采用的控制策略仍可以进行有效的调节. 另外, 不同的调度策略决定网络与计算机的不同执行与传输方式以及不同的控制性能. 仿真表明, 网络控制系统的性能不仅与常规的控制系统的控制方法有关, 而且与网络的调度有关, 所以必须对网络控制系统的控制方法与调度进行综合研究. □

例 9.2 无线网络控制系统.

采用与上例相同控制对象与控制器 (9.4)~(9.8). 研究采用无线网络通信及能量损耗对无线控制的影响.

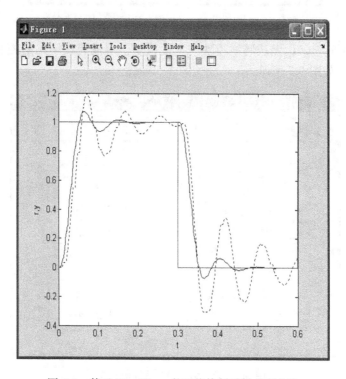

图 9.5 基于 TrueTime 的网络控制系统响应曲线

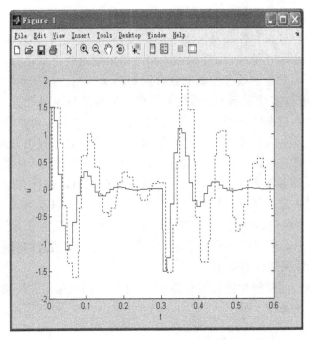

图 9.6　基于 TrueTime 的网络控制系统控制曲线

利用 TrueTimeT 无线网络模块与电池模块，组成无线网络的控制系统模型
wireless.mdl，如图 9.7 所示.

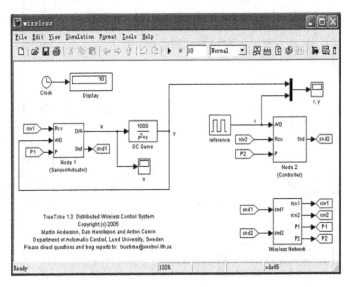

图 9.7　无线网络控制系统仿真模型

该无线网络控制系统模型包含两个计算机节点, 分别表示传感器/执行器节点和控制器节点, 时间驱动的传感器/执行器节点周期性地对过程采样并将采样值经网络发送到计算机节点. 该节点的控制任务是计算控制信号并将结果发送回传感器/执行器节点, 执行控制信号.

无线通信连接同时属于一种简单的功率控制策略. 功率控制任务同时在传感器/执行器节点和控制器节点中执行, 周期性地发送 ping 消息到其他节点, 检测信道传输. 如果收到答复, 就假设信道是好的且传输功率是最小的. 反之如果没有收到, 就认为传输功率一直增加直到饱和或再次收到答复.

打开基于无线网络的控制系统模型 wireless.mdl, 初始化程序之后, 运行仿真.

(1) 运行仿真之后, 观察测量值 y 与给定值 r 之间的偏差变化, 同时注意节点 1 和节点 2 中示波器所显示的电平变化. 可以看到 2 秒钟之后功率控制策略才被激活. 仿真曲线如图 9.8 所示.

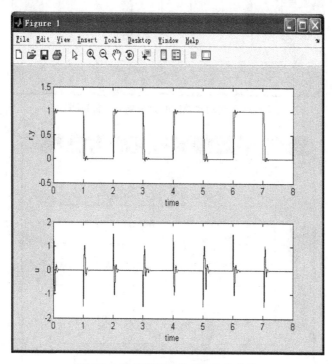

图 9.8 带功率控制的系统性能曲线

(2) 在控制器节点中切断功率控制策略. 这可以通过在控制器初始化程序 controller_init 中将 power_controller_task 任务注释掉来完成. 重新运行仿真, 从图中 9.9 可见功率消耗是连续的. 这会导致 TrueTime 中的电池能源耗光, 从而失去控制效果. 因此在无线网络控制系统中采用功率控制策略是必须的.

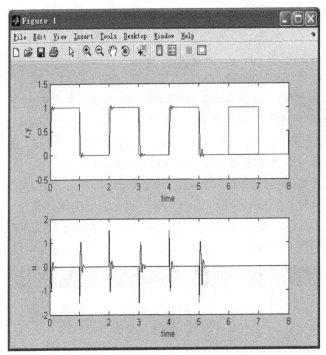

图 9.9　无功率控制的系统功率性能曲线

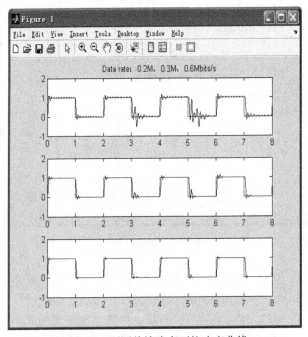

图 9.10　不同传输速率下的响应曲线

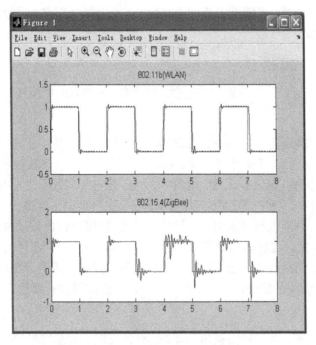

图 9.11 不同协议下的性能曲线

□

(3) 选择不同的数据传输速率, 对系统的控制性能进行仿真. 在该例中, 内核模块设定消耗为 10mW, 可以采用命令 ttSetKernelParameter 来改变它的值. 数据传输速率分别为 0.2M bits/s、0.3M bits/s 和 0.6M bits/s. 在这三种传输情况下系统的仿真曲线如图 9.10 所示. 从图 9.10 可见, 对象输出 y 经无线网络传输后, 能够跟踪参考输入 r 的变化曲线, 而且当数据传输速率越大时系统的控制效果越好.

(4) 用不同的网络协议进行实验, 观察它们如何影响控制行为. 目前无线网络模块主要支持两种网络协议: IEEE 802.11b/g (WLAN) 和 IEEE 802.15.4 (ZigBee). 不改变网络参数, 对这两种协议进行仿真实验比较, 仿真曲线如图 9.11 所示.

9.2 网络模拟器 NS2

NS2 (Network Simulation 2) 是一种针对网络技术的源代码公开的, 免费的软件模拟平台 (http://www.isi.edu/nsnam/ns/), 俗称 "网络模拟器" 或 "网络仿真器". 是美国 DARPA 支持的项目 VINT (Virtual InterNet Testbed) 开发的通用多协议网络模拟软件, NS2 在设计思路上试图满足网络研究界在网络研究上的多种需求, 力图为网络研究者提供一套模拟工具, 促进各种新的 Internet 上的协议和实施. 它包含的模块非常丰富，几乎涉及到网络技术的所有方面，研究人员使用它可以进行网络技术的开发[①].

9.2.1　NS2 原理概述

NS2 的原理可以从离散事件模拟器、构件库、分裂对象模型及开放的源代码等方面阐述.

离散事件模拟器　NS2 的核心部分是一个离散事件模拟引擎. NS2 中有一个"调度器（Scheduler）"类，负责记录当前时间，调度网络事件队列中的事件，并提供函数产生新事件，指定事件发生的时间. NS2 是一个离散事件模拟器. 离散事件模拟事件规定了系统状态的改变，状态的修改仅在事件发生时进行. 在一个网络模拟器中，典型的事件包括分组到达，时钟超时等. 模拟时钟的推进由事件发生的时间量确定. 模拟处理过程的速率不直接对应着实际时间. 一个事件的处理可能会产生后续的事件，例如对一个接收到的分组的处理触发了更多的分组的发送. 模拟器所做的就是不停的处理一个个事件，直到所有的事件都被处理往或某一特定的事件发送为止.

丰富的构件库　针对网络模拟，NS2 已经预先做了大量的模拟化工作，构建了大量的构件库. 对网络系统中一些通用的实体进行了建模. 例如链路、队列、分组、节点等，并用对象实现了这些实体的特性和功能. 用户可以充分利用这些已有的对象，进行少量的扩展，组合出所要研究的网络系统模型，然后进行模拟，这样就大大减轻了进行网络模拟研究的工作量，提高了效率.

NS2 构件库所支持的网络类型包括广域网、局域网、移动通信网、卫星通信网等，所支持的路由方式包括层次路由、动态路由、多播路由等. NS2 还提供了跟踪和监测的对象，可以把网络系统中的状态和事件记录下来以便分析.

分裂对象模型　NS2 中的构件一般都是由相互关联的两个类来实现的，一个在 C++ 中，一个在 Octl(Object toolkit command language) 中. 这种方式被称为分裂对象模型. 用户通过编写 Otcl 脚本来对这些对象进行配置、组合、描述、模拟过程，最后调用 NS2 完成模拟. 构件的主要功能通常在 C++ 中实现，Octl 中的类主要提供 C++ 对象面向用户的接口. 用户可以通过 Octl 来访问对应的 C++ 对象的成员变量和函数.

开放的源代码　NS2 是免费开发源代码的 (http://www.isi.edu/nsnam/ns/)，这使得利用 NS2 进行网络模拟的研究者可以很方便地扩展 NS2 的功能，也可以方便地共享和交流彼此的研究成果.

---

① The Network Simulator–NS-2. http://www.isi.edu/nsnam/ns/.

9.2.2 NS2 的安装方式

NS2 的安装方式主要有两种:

Redhat 下的 allinone 安装 也就是 all in one, 把所有的包都放到了一起, 只要执行 install 就可以一步到底, 需要 linux 环境. 这种方式比较常用. 最早使用 NS2 时便是这种方式, 安装和使用时比较麻烦, 毕竟, linux 下操作界面的友好程度远不如 windows 的好. 但是, 仿真的运行效率很高, linux 系统提供的 gcc 编译器也很方便使用, 这种方式比较适合于 C++ 层的功能扩展.

Windows+Cygwin+allinone Redhat 下的 allinone 安装需要专门安装操作系统, 往往会引入其他问题分散使用者的注意力. Cygwin 是一种虚拟平台, 在 windows 上虚拟 linux 环境, 可以为用户提供一种 linux 命令行界面, 这对于使用 NS2 来说已经足够了. 安装完成 Cygwin 后, 可以直接安装 allinone 版本. 但需要 VC 环境, 而且要手工安装每一个包, 比较繁琐, 不常使用.

网上对这种方式也推崇较多, 它结合了 windows 的友好操作界面和 linux 的 gcc 环境, 确实很方便. 只是执行效率比较低 [①].

9.2.3 NS2 构成模块

Ns-allinone2.1b7a 中含有 12 个模块, 如表 9.1 所示 [65].

表 9.1 Ns-allinone 2.1b7a含有模块

	模块	版本号	必选/可选
1	Tcl	Tcl release 8.3.2	必选
2	Tk	Tk release 8.3.2	必选
3	Octl	otcl release 1.oa6	必选
4	TclCL	tclcl release1.0b10	必选
5	Ns	ns release 2.1b7	必选
6	TclDebug	tcl-debug release 1.9	可选
7	Nam	Nam release 1.0a9	可选
8	graph	xgraph version12	可选
9	GT-ITM	Georgia Tech Interentwork topology modeler	可选
10	SGB	Stanford Graph Base package	可选
11	CWEB	CWeb version 1.0	可选
12	Zlib	Zlib version 1.1.3	可选

各模块主要功能为:

(1) Tcl: Tcl 提供了一个强有力的平台, 可以生成面向多种平台的应用程序、协议、驱动程序等. 它与 Tk (Toolkit) 协作, 可生成 GUI 应用程序, 可在 PC、Unix

---

① Linux 平台下NS–2 的安装.http://www.fixdown.com/wz/article/23/25/2006/57180.htm.

和 Macintosh 上运行. Tcl 还可用来完成与网页相关的任务, 或是为应用程序提供强有力的命令语言.

(2) Tk: 与 Tcl 协调的图形工具包.

(3) Otcl: MIt ObjictTcl 的简称, 是 Tcl/Tk 面向对象编程的扩展.

(4) Tclcl: 此目录下含 Tcl/C＋＋的接口, vic、vatns、rtp_play 和 nam 都会用到.

(5) Ns: NS 的主体代码, 内含有一个节点移动产生器、两个传输事件产生器.

(6) TclDebug: Tcl 调试工具包.

(7) Nam: 即 UCB/LBNL network AmiMator, 它与 NS 协同工作, 将 NS 仿真过程动态表现出来.

(8) Xgraph: Xgraph 是一 X-Windows 应用程序, 包含: 交互式测量和绘制; 动画效果.

(9) GT-ITM: GT Internetwork Topology Models 的简称, 产生 Internet 网络的拓扑图.

(10) SGB: Standford GraphBase 的简称, 图形产生器.

(11) Cweb: 与网页相关的工具.

(12) zlib: 通用数据压缩库 (data compression library).

9.2.4 功能示意图

NS2 功能如图 9.12 所示.

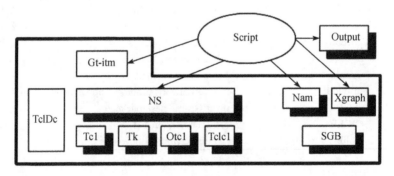

图 9.12 NS2 功能示意图

其中粗框为 NS2 的模块, 方框外的 Script 为我们写的脚本文件. NS2 解释脚本, 将输出写到输出文件中, 然后调用 Nam 或 Xgraph 显示输出文件.

9.2.5 使用 NS2 进行网络模拟的一般过程

NS2 模拟分两个层次：一是基于 Otcl 编程的层次，利用已有网络元素实现模拟，无需对 NS2 本身进行任何修改；另一个是基于 C++ 和 Otcl 编程的层次，如果 NS2 中没有所需的网络元素，就需要首先对 NS2 扩展，添加所需要的网络元素，添加新的 C++ 类和 Otcl 类，然后再编写 Otcl 脚本. 模拟过程如图 9.13 所示.

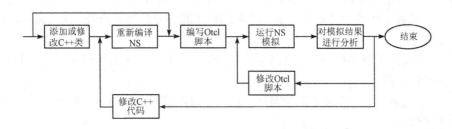

图 9.13 利用 NS2 进行网络模拟过程

假设用户已经完成对 NS2 的扩展，或 NS2 所包含的构件已经满足要求，那么进行一次模拟的步骤如下 [106]：

(1) 编写 Otcl 脚本. 首先配置模拟网络拓扑结构，确定网络链路的基本特征，如网络延迟，带宽和丢包策略等.

(2) 建立协议代理，包括端设备的协议绑定和通信业务量模型的建立.

(3) 配置业务量模型的参数，从而确定网络上的业务量分布.

(4) 设置 Trace 对象. Trace 对象能够把模拟过程中发生的特定类型的事件记录到 Trace 文件中. NS2 通过 Trace 文件来保存整个模拟过程，仿真完成后，用户可以对 Trace 文件进行分析研究.

(5) 编写其他的辅助过程，设定结束时间，完成 Otcl 脚本的编写.

(6) 用 NS2 解释执行编写的 Otcl 脚本.

(7) 对 Trace 文件进行分析，得出有用的数据. 也可以用 Nam 等工具观看网络模拟运行过程.

(8) 调整配置网络拓扑结构和业务量模型，重新进行上述模拟过程.

将 NS2 与 Matlab 控制系统工具箱相结合，研究基于 NS2 及 Matlab 的网络系统控制和网络性能联合仿真，是实现网络与控制系统交互设计，优化网络控制系统综合性能的有效途径.

9.3　网络控制仿真包 NCS_simu

在分析已有网络控制仿真工具基础上, 英国 Sussex 大学工程与设计系 Dr T. C. Yang 开发了网络控制仿真软件包 NCS_simu. TrueTime 工具箱比较适合于控制器设计与网络实时调度的协作设计仿真, 而网络控制仿真软件包 NCS_simu 主要适用于在网络统计特性已知情况下, 网络控制性能的分析仿真研究. NCS_simu 主要特征如下:

(1) 有助于全局控制系统 (高层次的设计) 的设计, 无需考虑嵌入式控制器的详细设计过程.

(2) 应用广泛, 适用于多种网络协议, 无需知道网络拓扑结构及网络调度方法的详细信息.

(3) 非理想网络状况可视化, 如数据丢包、错序、包传输延时等, 可通过网络数据包体现出来.

NCS_simu 仿真包主要包含三种脚本结构: Index_Gen、Samplers 、A/B Channel. 如图 9.14 所示. 详细的网络仿真使用方法及 Demo 程序可从开发者主页下载 (http:// www.sussex.ac.uk/ Users/ taiyang/) . 考虑 NCS 中的量化问题, 设计具有量化功能的 NCS 仿真工具等是需进一步研究的问题.

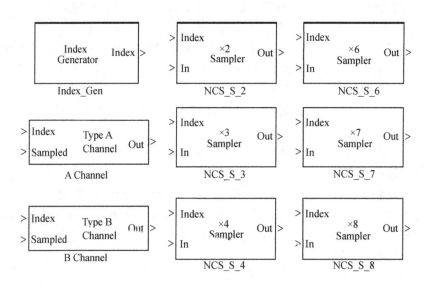

图 9.14　NCS_simu 仿真包构件

参 考 文 献

1　Lin H, Zhai G, Fang L, Antsaklis P. Stability and H_∞ performance preserving scheduling policy for networked control systems. In Proceedings of the 16th IFAC World Congress, Prague, July 2005

2　Mastellone S, Abdallah C. Networked control systems and communication networks: Integrated model and stability analysis. in Proceedings of the 16th IFAC World Congress, Prague, July 2005

3　Zhivoglyadov P, Middleton R. Networked control design for linear systems. Automatica, 2003, vol. 39: 743~750

4　Yue D, Han Q L, Chen P. State feedback controller design of networked control systems. IEEE Transactions on Circuits and Systems -II: Express Briefs, 2004, vol. 51, 640~644

5　Yue D. Delayed feedback control of uncertain systems with time-varying input delay. Automatica, 2005, vol. 41, no. 2: 233~240

6　Chow M, Tipsuwan Y. Network-based control systems: A tutorial. In Proceedings of the 27th Annual Conference of the IEEE Industrial Electronics Society, November, 2001, 1593~1602

7　Walsh G, Beldiman O, Bushnell L. Asymptotic behavior of nonlinear networked control systems. IEEE Transactions on Automatic Control, 2001, vol. 46: 1093~1097

8　Walsh G, Ye H. Scheduling of networked control systems. IEEE Control Systems Magazine, 2001, vol. 21: 57~65

9　Walsh G, Ye H, Bushnell L. Stability analysis of networked control systems. IEEE Transactions Control Systems Technology, 2002, vol. 10: 438~446

10　Montestruque L, Antsaklis P. On the model-based control of networked systems. Automatica, 2003, vol. 39: 1837~1843

11　Montestruque L, Antsaklis P. Stability of model-based networked control systems with time-varying transmission times. IEEE Transactions on Automatic Control, 2004, vol. 49: 1562~1572

12　Zhang W, Branicky M S, Phillips S M. Stability of networked control systems. IEEE Control Systems Magazine, 2001, vol. 21: 84~99

13　Yue D, Han Q L. Network-based robust H_∞ control of systems with uncertainty. Automatica, 2005, vol. 41: 999~1007

14　Kellett C M, Mareels I M, Nesic D. Stability result for networked control systems subject to packet dropouts. In Proceedings of the 16th IFAC World Congress, 2005, Prague, July

15　Nilsson J, Bernhardsson B, Wittenmark B. Stochastic analysis and control of real-time systems with random time delays. Automatica, 1998, vol. 34: 57~64

16　Hu S, Zhu Q. Stochastic optimal control and analysis of stability of networked control systems with long delay. Automatica, 2003, vol. 39: 1877~1884

17　于之训, 陈辉堂, 王月娟. 基于 Markov 延迟特性的闭环网络控制系统研究. 控制理论与应用, 2002, vol. 19: 263~267

18 Mu S M, Chu T G, Wang L. Impulsive control of discrete-time networked systems with communication delays. In Proceedings of the 16th IFAC World Congress, Prague, 2005, July

19 Hassibi A, Boyd S, How J P. Control of asynchronous dynamical systems with rate constraints on events. In Proceedings of the 38th Conference on Decision and Control, Phoenix, Arizona, 1999: 1345~1351

20 Kim D, Park L, Chu T, Hao F. Output-feedback H_∞ control of systems over communication networks using a deterministic switching system approach. Automatica, 2004, vol. 40: 1205~1212

21 Lin H, Zhai G S, Antsaklis P J. Robust stability disturbance attenuation analysis of a class networked control systems. In Proceedings of the 42nd IEEE Conference on Decision and Control, Maui, Hawaii, 2003: 1182~1187

22 Sadjadi B A. Stability networked control systems in the presence of packet losses. In Proceedings of the 42nd IEEE Conference on Decision and Control, Maui, Hawaii, 2003, 676~681

23 Selier P, Sengupta R. An H_∞ approach to networked control. IEEE Transactions on Automatic Control, 2006, vol. 50: 356~364

24 Yang T C. Networked control system: a brief survey. IEE Proceedings: Control Theory and Applications, 2006, vol. 153: 403~412

25 Liu J. Real time systems. Prentice Hall, Upper saddil River, NJ, 2000

26 Sha L, Rajkumar R, Lehoczky J. Priority inheritance protocols: an approach to real-time synchronization. IEEE Tansactions on Computers, 1990, vol. 390: 1175~1185

27 Zhang W. Stability analysis of networked control systems. Ph.D. dissertation, Department of Electrical Engineering and Computer Science, Case Western Reserve University, August 2001

28 Kim D S, Lee Y S, Kwon W H, Park H S. Maximum allowable delay bounds of networked control systems. Control Engineering Practice, 2003, vol. 11: 1301~1313

29 Park H S, Kim Y H, Kim D, Kwon W H. A scheduling method for network-based control systems. IEEE Transactions on Control Systems Technology, 2002, vol. 10(3): 318~330

30 Alumtairi B N, Chow M Y, Tipsuwan Y. Network-based controller DC motor with fuzzy compensation. In Proceedings of the 27th Annual Conference of the IEEE Industrial Electronics Society, 2001, vol. 3: 1844~1849

31 Tipsuwan Y, Chow M Y. Gain scheduler middleware: a methodology to enable existing controllers for networked control and teleoperation part I: networked control. IEEE Transactions on Industrial Electronics, 2004, vol. 51(6): 1218~1226

32 Tipsuwan Y, Chow M Y. On the gain scheduling for networked PI controller over IP network. IEEE Transactions on Mechatronics, 2004, vol. 9(3): 491~498

33 Chow M, Tipsuwan Y. Gain adaptation of networked DC motor controllers based on QoS variations. IEEE Transactions on Industry Electronics, 2003, vol. 50: 936~943

34 Liu G, Rees D, Chai S. Design and practical implementation of networked predictive control systems. In Proceedings of the 2005 Conference on Networking, Sensing and Control, 19~22 2005, 336~341

35 Liu G P, Mu J X, Rees D. Networked predictive control of system with random communication delay. In Proceedings of UKACC Control'04, 2004

36 Mu J X, Liu G P, Rees D. Design of robust networked predictive control of systems. In Proceedings of the 2005 American Control Conference, June 2005, 638~643

37　Brockett R, Liberzon D. Quantized feedback stabilization of linear systems. IEEE Transactions on Automatic Control, 2000, vol. 45: 1279~1289

38　Elia N, Mitter S. Stabilization of linear systems with limited information. IEEE Transactions on Automatic Control, 2001, vol. 46: 1384~1400

39　Fu M Y, Xie L. The sector bound approach to quantized feedback control. IEEE Transactions on Automatic Control, 2005, vol. 50: 1698~1711

40　Yue D, Peng C, Tang G Y. Guaranteed cost control of linear systems over networks with state and input quantizations. IEE Proceedings: Control Theory and Applications, 2006, vol. 153: 658~664

41　Liberzon D. Hybrid feedback stabilization of systems with quantized signals. Automatica, 2003, vol. 39: 1543~1554

42　Liberzon D. On stabilization of linear systems with limited information. IEEE Transactions on Automatic Control, 2003, vol. 48: 304~307

43　Nair G, Evans R. Exponential stabilizability of finite-dimensional linear systems with limited data rates. Automatica, 2003, vol. 39: 585~593

44　Zhai G, Mi Y, Imae J, Kobayashi T. Design of H_∞ feedback control systems with quantized signals. In Proceedings of the 16th IFAC World Congress, Prague, July 2005

45　Yue D, Won S. Design of robust controller for uncertain systems with delays in state and control input. Dynamics of Continuous, Discrete and Impulsive Systems Series B-Applications & Algorithms, Suppl. SI 2003, 320~339

46　Yue D, Won S. An improvement on delay and its time-derivative dependent robust stability of time-delayed linear systems with uncertainty. IEEE Transactions on Automatic Control, 2002, vol. 47, no. 2: 407~408

47　Yue D, Won S. Delay-dependent exponential stability of a class of neutral systems with time delay and time-varying parameter uncertainties: An LMI approach. JSME International Journal: Part C, 2003, no. 1: 245~251

48　Yue D, Won S. Delay-dependent stability of neutral systems with time delay: LMI approach. IEE Proceedings: Control Theory and Applications, 2003, vol. 150, no. 1: 23~27

49　Yue D, Won S. Suboptimal robust mixed H_2/H_∞ controller design for uncertain descriptor systems with distributed delays. Computers and Mathematics with Applications, 2003, vol. 47: 1041~1055

50　Yue D, Fang J, Won S. Delay-dependent robust stability of stochastic uncertain systems with time delay and markovian jump parameters. Circuits Systems and Signal Processing, 2003, vol. 22, no. 4: 351~365

51　Yue D, Lam J. Non-fragile guaranteed cost control for uncertain descriptor systems with time-varying state and input delays. Optimal Control Applications and Methods, 2005, vol. 26: 85~105

52　Yue D. Robust stabilization of uncertain systems with unknown input delay. Automatica, 2004, vol. 40, no.2: 331~336

53　Yue D, Han Q L. Robust H_∞ filter design of uncertain descriptor systems with discrete and distributed delays. IEEE Transactions on Signal Processing, 2004, vol. 52: 3200~3212

54　Gu K, Kharitonov V, Chen J. Stability of time-delay systems. Boston: Birkhäuser, 2003

55　Fridman E. New Lyapunov-Krasovskii functionals for stability of linear retarded and neutral type systems. Systems & Control Letters, 2001, vol. 43: 309~319

56 Han Q L. On robust stability of neutral systems with time-varying discrete delay and norm-bounded uncertainty. Automatica, 2004, vol. 40, no. 6: 1087~1092

57 Li H, Fu M. Linear matrix inequality approach to robust H_∞ filtering. IEEE Transactions on Signal Processing, 1997, vol. 45: 2338~2350

58 Theodor Y, Shaked U. Mixed H_2/H_∞ filtering. International Journal of Robust and Nonlinear Control, 1996, vol. 6, no. 4: 331~345

59 Wang Z, Yang F. Robust filtering for uncertain linear systems with delayed state and outputs. IEEE Transactions on Circuits and Systems–I: Fundamental Theory and Applications, 2002, vol. 49, no. 1: 125~130

60 Pila A, Shaked U, de Souza C. H_∞ filtering for continuous linear systems with delay. IEEE Transactions on Automatic Control, 1999, vol. 44: 1412~1417

61 Darouach M, Boutayeb M, Zasadzinski M. Kalman filtering for continuous descriptor systems. In Proceedings of the 1997 American Control Conference, Albuquerque, New Mexico, 1997, 2108~2112

62 Mahmoud M S. Robust Control and Filtering for Time-delay Systems. New York: Marcel Dekker Inc., 2000

63 de Souza C, Palhares R, Peres P. Robust H_∞ filter design for uncertain linear systems with multiple time-varying state delays. IEEE Transactions on Signal Processing, 2001, vol. 49, no. 3: 569~576

64 Foo K Y. Finite horizon H_∞ filtering with initial condition. IEEE Transactions on Circuits and Systems–II: Express Briefs, 2006

65 Xu Y, Hespanha J. Estimation under uncontrolled and controlled communications in networked control systems. In Proceedings of the 44th IEEE Conference on Decision and Control and 2005 European Control Conference, Seville, Spain, December, 2005, 842~847

66 Yue D, Han Q L. Network-based roubust H_∞ filtering for uncertain linear systems. IEEE Transactions on Signal Processing, 2006, vol. 54

67 Liu X, Goldsmith A. Wireless network design for distributed control. In Proceedings of the 43rd IEEE Conference on Decision and Control, December 2004, vol. 3: 2823~2829

68 Naghshtabrizi P, Hespanha J P. Designing an observer-based controller for a network control system. In Proceedings of 44nd IEEE Conference on Decision and Control, and European Control Conference, Seville, Spain, 2005, 848~853

69 Costa O L. Stability result for discrete-time linear systems with Markovian jumping parameters. Journal of Mathematical Analysis and Applications, 1993, vol. 179: 154~178

70 Ji Y, Chizeck H. Controllability, stabilizability and continuous-time markovian jump linear quardratic control. IEEE Transactions on Automatic Control, 1990, vol. 35, no. 7: 777~788

71 Moon Y S, Park P, Kwon W H. Delay-dependent robust stabilization of uncertain state-delayed systems. International Journal of Control, 2001, vol. 74, no. 14: 1447~1455

72 de Oliveira M, Camino J, Skelton R. A convexifying algorithm for the design of structured linear controllers. In Proceedings of 42nd IEEE Conference on Decision and Control, December 2000, 2781~2786

73 El Ghaoui L, Oustry F, AitRami M. A cone complementarity linearization algorithm for static output-feedback and related problems. IEEE Transactions on Automatic Control, 1997, vol.

42: 1171~1176

74 Almutairi N, Chow M Y. PI parameterization using adaptive fuzzy modulation (AFM) for networked control systems. In Proceedings of the 28th Annual Conference of the IEEE Industrial Electronics Society, Nov. 2002, vol. 4: 3152~3157

75 Lee K C, Lee S, Lee M H. QoS-based remote control of networked control systems via profibus token passing protocol. IEEE Transactions on Industrial Informatics, 2005, vol. 1(3): 183~191

76 Walsh G C, Ye H, Bushnell L. Stability analysis of networked control systems. In Proceedings of the 1999 American Control Conference, San Diego, California, June 1999, 2876~2880

77 Lian F L, Moyne J R, Tilbury D M. Network design consideration for distributed control systems. IEEE Transactions on Control Systems Technology, 2002, vol. 10, 297~307

78 Branicky M S, Phillips S M, Zhang W. Scheduling and feedback co-design for networked control systems. In Proceedings of the 41st IEEE Conference on Decision and Control, Las Vegas, Nevada USA, December 2002, 1211~1217

79 Branicky M S, Liberatore V, Phillips A M. Networked control system co-simulation for co-design. In Proceeding of the 2003 American control conference Denver, Colorado, June 2003, 3341~3346

80 Ishii H, Basar T. Remote control of LTI systems over networks with state quantization. Systems & Control Letters, 2005, vol. 54: 15~31

81 Verriest E, Egerstedt M. Control with delayed and limited information A first look. In Proceedings of the 41st IEEE Conference on Decision and Control, Las Vegas, Nevada USA, 2002, 1231~1236

82 Souza C, Fu M, Xie L. H_∞ analysis and synthesis of discrete-time systems with time-varying uncertainty. IEEE Transactions on Automatic Control, 1993, vol. 38: 459~462

83 Xie L. Output feedback H_∞ control of systems with parameter uncertainty. International Journal of Control, 1996, vol. 63: 741~750

84 Desoer C A, Vidyasagar M. Feedback Systems: Input-Output Properties. New York: Academic Press, 1975

85 Yoneyama J, Ichikawa A. H_∞ control for Takagi-Sugeno fuzzy descriptor systems. In Proceedings of the IEEE Conference on Systems, Man, and Cybernetics, Tokyo, Japan, 1999, III28~III33

86 Mao X, Koroleva N, Rodkina A. Robust stability of uncertain stochastic differential delay equations. Systems & Control Letters, 1998, vol. 35: 325~336

87 Dai L, Singular Control Systems, Ser. Lecture Notes in Control and Information Sciences. New York: Springer-Verlag, 1989

88 Yu L, Chu J. An LMI approach to guaranteed cost control of linear uncertain time-delay systems. Automatica, 1999, vol. 35: 1155~1159

89 Jin S, Park J. Robust H_∞ filtering for polytopic uncertain systems via convex optimisation. IEE Proceedings: Control Theory and Applications, 2001, vol. 148: 55~59

90 Akyildiz I F, Wang X, Wang W. Wireless mesh networks: a survey. Computer Networks, 2005, vol. 47: 445~487

91 Kawka P, Alleyne A G. Stability and feedback control of wireless networked systems. In Proceedings of the 2005 American Control Conference, June 2005, vol. 4: 2953~2959

92 Akyildiz I F, Su W, Sankarasubramaniam Y, Cayirci E. Wireless sensor networks: a survey.

Computer Networks, March, 2002, vol. 38: 393~422

93 Liu Q, Zhou S, Giannakis G. Cross-layer modeling of adaptive wireless links for QoS support in multimedia networks. In Proceedings of the 1st International Conference on Quality of Service in Heterogeneous Wired/Wireless Networks, 2004: 68~75

94 Toumpis S, Goldsmith A J. Performance, optimization, and cross-layer design of media access protocols for wireless ad hoc networks. in Procdings of IEEE International Conference on Communications, May 2003: 2234~2240

95 Gao X, Wu G, Miki T. End-to-end QoS provisioning in mobile heterogeneous networks. IEEE Wireless Communications, 2004, vol. 11: 24~34

96 Subramanian A, Sayed A H. A robust power and rate control method for state-delayed wireless networks. Automatica, 2005, vol. 41: 1917~1924

97 Bennington R W, DeClaris N. Multiprocessor implementations of neural networks. In Proceedings of the IEEE International Conference on Systems, Man and Cybernetics, Nov. 1990: 323~325

98 Leue S, Oechslin P. Formalizations and algorithms for optimized parallel protocol implementation. In Proceedings of International Conference on Network Protocols, 1994: 178~185

99 Goldsmith A, Chua S G. Variable-rate variable-power MQAM for fading channels. IEEE Transactions on Communications, 1997, vol. 45: 1218~1230

100 Chen K, Shan S H, Nahrstedt K. Cross-layer design for data accessibility in mobile ad hoc networks. Wireless Personal Communications, 2002, vol. 21: 49~76

101 Price J, Javidi T. Jointly optimal MAC and transport layers in CDMA broadband networks. In Proceedings of 44th IEEE Conference on Decision and Control, and 2005 European Control Conference, December 2005: 6046~6052

102 Conti M, Maselli G, Ture S, G. and Giordano. Cross-layering in mobile ad hoc network design. IEEE Computer, 2004: 48~51

103 方旭明, 马忠建. 无线 mesh 网络的跨层设计理论与关键技术. 西南交通大学学报, 2005, vol. 40: 711~719

104 Pham P P, Perreau S, Jayasuriya A. New cross-layer design approach to ad hoc networks under rayleigh fading. IEEE Journal on Selected Areas in Communications, 2005, vol. 23: 28~39

105 Johan Eker A C. A matlab toolbox for real-time and control systems co-design. In Proceedings of the 6th International Conference on Real-Time Computing Systems and Applications, Hong Kong, P.R.China, December 1999

106 许雷鸣, 庞博, 赵耀. NS 与网络模拟. 北京: 人民邮电出版社, 2003